零基础学

C语言

第3版

11.5小时多媒体教学视频

康莉 李宽 等编著

机械工业出版社
China Machine Press

图书在版编目（CIP）数据

零基础学 C 语言 / 康莉，李宽等编著. —3 版. —北京：机械工业出版社，2014.5
（2020.4 重印）
（零基础学编程）

ISBN 978-7-111-46108-1

Ⅰ. 零… Ⅱ. ①康… ②李… Ⅲ. C 语言 – 程序设计 Ⅳ. TP312

中国版本图书馆 CIP 数据核字（2014）第 047287 号

　　本书站在零基础学习的角度讲授 C 语言，使初学者能尽快掌握 C 语言程序设计的精髓，避免走弯路。在讲解知识点时，笔者采用由浅入深、逐级递进的学习方式进行内容设置安排。本书一共分为 4 篇，循序渐进地讲述了 C 语言的语法规则和编程思想，从基本概念到具体实践、从入门知识到高阶主题、从语法语义到数据结构和算法都进行了详细的阐述。主要内容包括数据的存储和获取、屏幕的输入与输出、运算符、表达式、分支语句、循环语句、函数、数组、指针、字符串处理、结构体、共用体、枚举、位运算、文件处理、作用域、预处理、数据结构等。最后一章通过对一些常见的 C 语言面试题的解析，为读者参加求职考试提供参考资料。

　　本书非常适合无 C 语言基础或基础薄弱的程序员阅读，并可作为开发人员的参考手册。

零基础学C语言

康莉　等编著

出版发行：机械工业出版社（北京市西城区百万庄大街22号　邮政编码：100037）

责任编辑：陈佳媛　　　　　　　　　　　　责任校对：董纪丽

印　　刷：北京瑞德印刷有限公司　　　　版　　次：2020年4月第3版第10次印刷

开　　本：185mm×260mm　1/16　　　　印　　张：28

书　　号：ISBN 978-7-111-46108-1　　　定　　价：69.00元（附光盘）
　　　　　ISBN 978-7-89405-409-8（光盘）

凡购本书，如有缺页、倒页、脱页，由本社发行部调换

客服热线：(010) 88379426　88361066　　　　投稿热线：(010) 88379604

购书热线：(010) 68326294　88379649　68995259　　读者信箱：hzit@hzbook.com

前　言

C 语言自 1972 年于贝尔实验室诞生以来，一直以其灵活和实用的特性得到了广大用户的喜爱，迅速发展成一种应用广泛的高级语言。不论是网站后台还是底层操作系统，也不论是多媒体应用还是大型网络游戏，均可使用 C 语言来开发。在工业领域，C 语言也是首选的系统语言。各种操作系统，如 UNIX、Linux 和 Windows 等的内核都是采用 C 语言和汇编语言来编写的。

创新推动着软件开发不断进步，在 C 语言之后，各种新的语言相继诞生，如 C++、Java、C# 等，但 C 语言的基础地位依然不可撼动。学好了 C 语言再去看上面几种语言，会发现其中的机理是相通的，所谓万变不离其宗，改变的只是语法的形式，编程思想却没有变化。而且，很多语言的编译器或者解释器就是用 C 语言编写出来的，比如风靡全球的 PHP、Ruby 等。

所以，C 语言是程序开发的基石。希望本书能像一盏明灯，照亮读者学习 C 语言之路。

本书特色

本书系统全面地介绍了 C 语言各个方面的知识，从最简单的"Hello World"程序写起，逐步深化、细化。书中对每个知识和技术要点都给出了翔实的示例及代码分析。和其他书籍中罗列代码的做法不同，本书中的代码力求短小精悍，直击要点，避免了细枝末节对读者思维的干扰。在讲解知识点的同时辅以笔者多年的 C 语言编程经验解析，可加深读者的理解。

本书的特点主要体现在以下几个方面：

- ❑ 编排采用密切结合、循序渐进的方式，每章主题鲜明，要点突出，适合初中级读者逐步掌握 C 语言的语法规则和编程思想。
- ❑ 示例丰富，关键知识点都辅以示例帮助读者理解。示例程序简洁，但并不是简单的代码罗列，而是采用短小精炼的代码紧扣所讲的技术细节，并配以详细的代码解释和说明，使读者印象深刻，对所学知识理解得更加透彻。
- ❑ 示例可移植性强，与编译环境和平台无关，读者可轻易地将代码复制到自己的机器上进行实验，自行实践和演练，直观体会所讲要点，感受 C 语言的无限魅力。本书的所有示例、源代码都附在随书光盘中，方便读者使用。
- ❑ 结构清晰，内容全面，几乎涉及了 C 语言的所有特性。
- ❑ 图文并茂，帮助读者对知识点建立直观印象。
- ❑ 结合笔者多年的 C 语言编程和系统开发经验，特别标注出易出错的技术点或初学者易误解的细节，使读者在学习中少走弯路，加快学习进度。

- 很多 C 语言书籍只讲语法规则，不讲数据结构，读者即便掌握了语法理论，也无法写出大型的 C 语言程序。而本书介绍了数据结构和算法的知识，阐述了结构化程序设计的思想，探讨了高质量编程的问题，为读者以后深入学习软件开发打下基础。
- 注重加强读者对技术点本质的理解，对诸如"编译器如何为程序实体分配内存"、"函数调用细节"等技术问题做了很多独创性的介绍。

本书内容

本书共分为 4 篇，23 章，第一篇从 C 语言的基础知识讲起，使读者初步了解 C 语言语法和编程机制。如果将编写 C 语言程序比作盖房子，那么基础知识就相当于砖瓦水泥。第二篇讲述如何将这些知识组织起来以构成完整的 C 语言程序。第三篇介绍了进阶内容，讨论一些深层次的技术细节，理解困难、易出错的要点。第四篇介绍了案例实践和面试技巧。

第一篇（第 1 章~第 9 章）C 语言基础。讲述了 C 语言的基础知识，包括 C 语言介绍、C 语言程序开发步骤、不同的开发环境、C 语言程序的组成、变量及数据类型、输入与输出、运算符和表达式、语句、分支、循环等。通过阅读本篇，读者可对 C 语言程序有个初步而全面的认识，了解 C 语言的由来及强大功能，明确开发环境如何通过文本形式的代码生成二进制形式的代码，熟悉 C 语言程序的结构，知道如何声明变量，如何组织语句。学完本篇，读者便可自行书写简单的 C 语言程序。这 9 章的知识是进一步学习的基础。

第二篇（第 10 章~第 15 章）一窥 C 语言门庭。C 语言博大精深，掌握了第一篇中的基础知识可以说只到了大门口。本篇从 C 语言的核心——函数讲起，介绍了与数组、指针、字符串和结构体相关的内容。指针是 C 语言的难点，也是 C 语言灵活性和实用性的直接体现。数组、字符串和结构体也是 C 语言初学者容易感觉头疼的地方。所以说，学完本篇才算迈进了 C 语言的大门。

第三篇（第 16 章~第 21 章）C 语言进阶主题。第二篇从较为独立的角度讲述了函数、数组、指针和结构体的知识，在实际应用中，这些要素彼此交叉，应用组合方式千变万化，这也是 C 语言灵活性的具体体现。本篇用两章的篇幅，分别介绍了指针和函数的技术细节，对初学者来说，理解起来可能略有难度，但这是通往高层次 C 语言学习的必经之路。此外，本篇还介绍了文件处理、编译及预处理、变量的生存期、作用域、可见域及数据结构方面的内容。本篇将使读者对 C 语言有更深入的体会和理解。

第四篇（第 22 章~第 23 章）C 语言程序设计实例与面试题解析。本篇旨在让读者掌握如何用 C 语言开发案例和实践项目。本篇提供了几种常见游戏的开发，帮助读者进一步掌握 C 语言的语法和一些经典算法。最后一章通过一些常见的 C 语言面试题，为读者踏入职场、参加求职考试提供参考资料。

本书由浅入深，由理论到实践，尤其适合初级、中级读者逐步学习和完善自己的知识结构。

本书读者对象

本书作为 C 语言的基础教程，适合于以下人士：

- C 语言的初、中级读者
- 了解 C 语言，但所学不全面的人员

- ❑ 高等院校学习 C 语言课程的学生
- ❑ 使用 C 语言进行毕业设计的学生
- ❑ 使用 C 语言进行项目开发的人员
- ❑ 其他相关技术人员

本书作者

　　本书主要由康莉、李宽编写，其他参与编写和资料整理的人员有：冯华君、刘博、刘燕、叶青、张军、张立娟、张艺、彭涛、徐磊、戎伟、朱毅、李佳、李玉涵、杨利润、杨春娇、武鹏、潘中强、王丹、王宁、王西莉、石淑珍、程彩红、邵毅、郑丹丹、郑海平、顾旭光。

编　者

2014 年 2 月

励志照亮人生　编程改变命运

目　　录

第二篇　一窥C语言门庭

励志照亮人生 编程改变命运

第三篇 C语言进阶主题

励志照亮人生　编程改变命运

第四篇 C语言程序设计实例与面试题解析

第一篇
C语言基础

第1章　踏上征程前的思想动员

C 语言是目前国内外广泛流行的高级程序设计语言，它是在 20 世纪 70 年代初问世的，是面向过程的较好的结构化程序设计语言。它不仅可以用来编写系统软件，也可以用来编写应用软件，同时也是面向对象程序设计技术的主要工具。C 语言是一门强大而灵活的语言，读者在学习时肯定会遇到很多困难，但恭喜读者选择了本书，因为笔者是十几年前自学 C 语言的，知道学习 C 语言的酸甜苦辣，因此笔者有信心带领读者轻松地学好 C 语言、用好 C 语言。

本章的主要知识点如下：

❑ 为什么选择 C 语言
❑ 如何学习 C 语言
❑ 机器语言进化史
❑ 认识 C 语言的代码
❑ 学习 C 语言的开发环境

1.1　为什么选择 C 语言

为什么要选择 C 语言？这是每个读者应该问的问题。如果掌握了 C 语言之后，还是不能满足读者的需求，那么学习 C 语言就是一件浪费时间的事情。笔者在本节尝试回答这个问题，如果笔者的回答不能令读者满意，也许读者应该选择另外一门编程语言。

1. 在计算机领域，C 语言"大小通吃"

C 语言的应用极其广泛，不论是网站后台还是底层操作系统，多媒体应用还是大型网络游戏，均可使用 C 语言来开发。

（1）C 语言可以写网站后台程序。用 C 语言编写 CGI（Common GateWay Interface，使浏览器能与用户交互的一种方法）程序，然后在 HTML 页面中嵌入 CGI，即可完成强大的功能，至于连接数据库，查询、插入数据等常规操作，当然也不在话下。对于有大量连接的网站，比如大型论坛、社区、游戏，用 C 语言编写的 CGI，比起用其他语言编写的后台程序，速度更快、性能更优。

（2）C语言可以写出绚丽的GUI界面。无论在Windows平台还是Linux平台上，用C语言都可以写出绚丽华美的GUI窗口界面来。类似QQ、MSN等软件的GUI界面，都可以通过C语言实现。

（3）C语言可以专门针对某个主题写出功能强大的程序库，然后供其他程序使用，从而节省其他程序的开发时间。比如常用的压缩、解压缩软件，就有专门的zlib库；mp3解码软件，有libmad库；还有以前的DOS时代Borland公司提供的图形库等。有了各种各样的程序库后，程序员开发软件时，就可以把这些库拿来直接使用，组装成自己所需的软件。而这些库一般都是用C语言写成的，既高效又稳定。上面提到的很多库中都有C语言源代码可以供学习研究。

（4）用C语言可以写出大型游戏的引擎。游戏中需要处理的事情繁多，很多游戏对实时的要求比较高，C语言运行高效、快捷，能满足这些需求。

（5）用C语言可以写出另一个语言。很多语言的编译器或者解释器就是用C语言编写出来的。比如风靡全球的PHP，常被用来写网站后台程序，再如Ruby等。

（6）用C语言可以写操作系统和驱动程序，并且这些只能用C语言编写。Linux操作系统的全部源代码都可以从网上得到。Windows操作系统虽然无法获取到源代码，但是一批开源运动者用C语言编写了一个Windows克隆版本的操作系统ReactOS，与Windows几乎一模一样，它的代码也是开源的，可以通过访问网站www.reactos.org获取相关信息。

（7）任何设备只要配置了微处理器，就都支持C语言。从微波炉到手机，都是由C语言技术来推动发展的。

一句话，没有C语言干不了的事情！何况它同时干了这么多事情。

2．掌握了C语言，其他类似语言不学自通

当掌握了C语言后，再去学习其他面向过程的语言，最多一个星期就能学会。因为万变不离其宗，其他语言只是在语法上有些许更改，而思想却没有更改。

3．C语言久经考验，有现成的大量优秀代码和资料

因为C语言已经存在很多年了，它有广泛的使用团体，并且有大量的现成代码可以利用。这就使读者能在过去程序的基础上，快速和高效地编写新的算法和函数。C语言是一个开源组织的语言，在全球著名的开源组织网站www.sourceforge.net上，能找到任何想要的开源代码。C语言使用者众多，讨论者也就众多，开发出了数不尽的资料可供学习。

4．简洁、紧凑，使用方便、灵活，功能强大，执行效率高

所有的优点都是基于C语言的简洁、紧凑，使用方便、灵活，功能强大，执行效率高。C语言仅有32个关键字，9种控制语句，却能完成无数的功能。在某些方面C语言可能确实不如其他语言优秀，比如在字符串处理方面就不如Perl语言；在数值计算方面就不如Fortran语言；在人工智能方面就不如Lisp语言。可是这些语言在其他方面却远远不及C语言。而且C语言其他的诸如表达力强、移植性好的特点，也许现在读者还无法理解，随着时间的推移，将会慢慢了解到。

如果上面的回答还是不能满足读者的需求，那么最后一条一定可以满足：精通C语言，工作不用愁！

1.2　如何学好 C 语言

无论出于什么目的，一旦下定决心准备学习 C 语言，就要端正思想，只是听说 C 语言难，所以觉得学不好，这是不可取的。只要读者掌握了一些方法，克服了畏难情绪，并且不轻言放弃，那么就完全可以学好。以下是一些基本方法：

（1）多动手多求人。所有的问题都可以通过自己编写代码、观察结果解决。凡是可以通过编写代码观察到结果的问题，都不应该成为一个问题。不会的，也不要太固执，多问问有经验的人。

（2）多学习优秀代码。C 语言灵活简洁，即使编写出不好的代码，也能编译出可以运行的程序来。但是还有更优秀的编程技巧，可以让程序更好地工作，这就要求读者多学习其他人编写的优秀代码。

（3）多以人类的思考方法来类比计算机。计算机需要什么数据、如何获取这些数据、得到后如何存放、如何处理、处理后如何表现等，对这些问题要多问些为什么，一旦理解了计算机处理这些问题的过程，编程就是一件非常轻松的事情了。

（4）C 语言只是一个基本工具，要想编写强大的软件，必须学习相关操作系统的 API（应用程序编程接口），熟悉其他类库的使用方法，才能开发出满足用户需求的软件。

本书已经考虑到 C 语言难学的情况，将难点分散到各个章节，尽量以非计算机专业术语讲解，容易理解。同时尽量用图示和实例代码来帮助读者更快地学会 C 语言。

1.3　语言概述

一提到语言这个词，人们自然会想到像英语、汉语这样的自然语言，因为语言是人和人相互交流信息不可缺少的工具。而今天，计算机遍布了我们生活的每一个角落，除了人和人之间的相互交流之外，我们还必须和计算机交流。用什么样的方式才能和计算机做最直接的交流呢？人们自然想到的是最古老同时也是最方便的方式——语言。

1.3.1　什么是语言

类比人类的语言，如汉语、英语、法语等，可以总结出语言有如下特点：

（1）语言是用来交流沟通的。有一方说，有另一方听，必须有两方参与，这是语言最重要的功能。语言就是用来表达意思、传递信息的。说的一方传递信息，听的一方接受信息；说的一方下达指令，听的一方遵从命令做事情。没有语言，双方就很难交流沟通。

（2）语言有独特的语法规则，交流双方都必须了解并遵守这些规则。一个只会说汉语的中国人，和一个只会说法语的法国人，如果戴上面具，只通过嘴巴发出声音互相交流，结果一定是鸡同鸭讲，信息完全传递不出去。为什么？因为互相不知道对方的语法规则，当然听不懂。为什么要戴面具？为什么只能通过嘴巴？因为人类的一些面部表情，身体动作，这些是相通的，不通过声音，而通过肢体语言也能多少表达出一些意思。

1.3.2　什么是机器语言

计算机是一个忠实的仆人，时刻等候着主人的命令。如何才能使计算机听话呢？当然是用计算机听得懂的语言去命令它了。计算机的大脑或者说心脏就是 CPU，它控制着整个计算机的运作。每种 CPU 都有自己的指令系统。这个指令系统就是该 CPU 的机器语言。机器语言是一组由 0 和 1 系列组成的指令码，这些指令码是由 CPU 制作厂商规定出来的，然后发布出来请程序员遵守。如下面是某 CPU 指令系统中的两条指令：

```
1000000     加
1001000     减
```

要让计算机完成相应的任务，就得用这样的语言去命令它。这样的命令不是一条两条，而是上百条。由于不同型号的计算机的指令系统即机器语言是不相通的，按一种计算机的机器指令编制的程序，不能在另一种计算机上执行。

用机器语言编写程序，编程人员首先要熟记所用计算机的全部指令代码和代码的含义。在编写程序时，程序员得自己处理每条指令和每一数据的存储分配和输入输出，还得记住编程过程中每步所使用的工作单元处在何种状态。这是一件十分烦琐的工作，编写程序花费的时间往往是实际运行时间的几十倍或几百倍。而且，编出的程序全是由 0 和 1 组成的指令代码，不仅直观性差，还容易出错（读者可参考图 1-1 中所示的机器语言部分）。

1.3.3　什么是汇编语言

在用机器语言编程的实践中，一批顽强而聪明的先行者终于发明了汇编语言——一门人类可以比较轻松掌握的编程语言。只是这门语言计算机并不懂，人类还不能用这门语言命令计算机做事情。

所以，有一类专门的程序，既懂机器语言，又懂汇编语言，而且还很聪明，知道怎么把汇编语言翻译成机器语言。于是，人类和计算机间又有了一种新的交流方式，而且人类可以比较轻松地编写程序了。

上文提到过，不同的 CPU 有不同的指令系统，从而就有不同的机器语言与之一一对应。计算机硬件不同，机器语言就不同，汇编语言也不同。所以程序员用汇编语言编写程序，都要记住是在什么 CPU 上编写的。程序员不仅要考虑程序设计思路，还要熟记计算机内部结构，这种编程的劳动强度依旧很大。为了使读者对机器语言和汇编语言的表现形式有个感性认识，笔者截取了 Visual C++ .NET 在调试的时候所看到的汇编语言窗口，如图 1-1 所示（读者现在不必太在意它们的具体含义）。

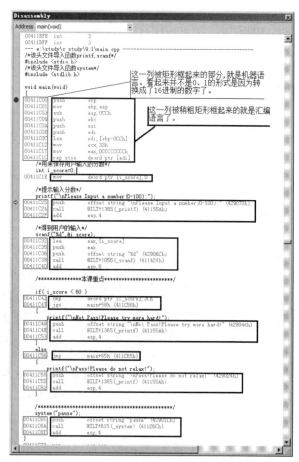

图 1-1　在调试界面中的机器语言、汇编语言、C 语言

1.3.4　面向过程的语言

汇编语言和机器语言都是面向机器的，机器不同，语言也不同。既然有办法把汇编语言翻译成机器语言，难道就不能把其他更人性化的语言翻译成机器语言吗？1954 年，Fortran 语言出现了，其后相继出现了其他的类似语言。这批语言使程序员摆脱了计算机硬件的桎梏，把主要精力放在了程序设计上，不再关注底层的计算机硬件。这类语言称为高级语言。同样的，高级语言要被计算机执行，也需要由一个翻译程序将其翻译成机器语言，这就是编译程序。

这类高级语言解决问题的方法是，分析出解决问题所需要的步骤，把程序看成数据被加工的过程。基于这类方法的程序设计语言称为面向过程的语言。C 语言就是一种面向过程的程序设计语言。

1.3.5　什么是 C 语言

如果读者对 C 语言的历史感兴趣，可以参考其他相关书籍。本书不再罗列众人皆知的事实了。

一般来说，C 语言可以简称 C（注意，C 是大写的）。至于什么是 C 语言，请读者自学完本书后，作一个定义吧。

1.4　程序的开发周期

在 Windows 下，利用"记事本"（Notepad.exe）这个小软件，可以输入并编辑文字，然后保存到计算机硬盘上，如图 1-2 所示。保存到硬盘上的数据以文件的形式存在，如要将文件保存到"d:\"目录，在保存的时候，"记事本"软件会提示用户输入文件名和保存的路径，例如我们可以用"C.txt"作为文件名，以"d:\"作为文件路径。保存后，通过 Windows 的文件浏览器定位到"d:\"就可以看到文件"C.txt"。同样的，用画图小软件可以信手涂鸦，也能保存一个扩展名为 bmp 的文件到硬盘上，如图 1-2 所示。

可以看到，"记事本"和"画图"都可以产生出文件来。这些文件被称作"文档"。这些文档都可以被应用软件打开，它们自身是无法运行也无法展现其内容的。如：.txt 文本文档，要查看其内容，一种办法是用"记事本"软件打开；又如：.mp3音乐文档，想要听其声音，一种办法是用 mp3 播放软件打开。那么读者有没有想过，如何产生一个.exe 的可执行文件呢？

图 1-2　记事本和画图可以产生文件

聪明的读者一定知道了。是的，就是通过编写某种语言的源代码，编译成功通过后，再经过连接，成功后就出现了计算机可以执行的一个.exe 文件了。这就是所谓的程序。是不是只有 C 语言才能编制出.exe 的程序来呢？当然不是的。据不完全统计，全球现存的编程语言多达 2500 多种，这其中大部分都可以经过编译连接，最后产生出一个.exe 可执行文件来。但是基本上，它们都遵循同样的流程：编辑源代码，编译源代码，连接目标程序，最后生成一个.exe 可执行文件。用 C 语言开发程序的流程如图 1-3 所示。

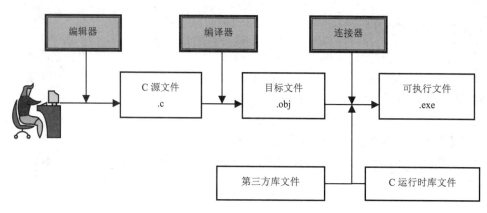

图 1-3　开发程序的流程

1.4.1　编辑 C 源代码

编辑 C 源代码就是做如下工作：

（1）逐个输入字符，如汉字、英文、标点符号或者其他可以用键盘输入的字符。

（2）通过插入、删除、移动、复制、粘贴等方法修改已经输入的字符。

（3）将输入、修改完毕的所有字符保存到硬盘上。

一篇由汉字、英文、标点符号或者其他可以用键盘输入的字符组合的内容被称作文本。能够进行文字编辑的软件被称作编辑器。

通俗地讲，源代码就是程序员输入编写的、符合 C 语言语法规则的文本。如下列片段就是一段源代码：

```
void main(void)
{
    printf("\nHello World!");
}
```

一般用扩展名.c 表示其为一个 C 源代码文件。源代码文件简称源文件，有时候也叫做源程序。程序员的主要工作之一就是根据需求编写源代码。

编辑器的功能在很大程度上能够帮助程序员提高工作效率。只要能输入文字的文本编辑软件都可以作为源代码编辑器。如记事本软件、字处理软件 Word、Ultra Edit、Edit Plus 等。但是专业程序员一般都采用专业的源代码编辑器。业界鼎鼎有名的编辑工具有 VI/VIM、Emacs/XEmacs 等。一个好的源代码编辑器，要求具备关键字着色功能（可以用不同的颜色表示代码的不同部分）、优秀的代码跳转功能、代码自动补全功能等。虽然用最普通的记事本软件也能编辑代码，但是却十分不方便。

1.4.2　编译 C 源代码

编译是把 C 语言源代码翻译成用二进制指令表示的目标文件。注意，这里的目标文件与机器语言还有一段距离，并不是真正的机器语言，所以不能被计算机直接运行。编译着重于"译"，就是翻译。

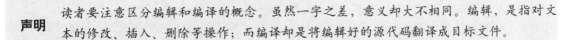

声明	读者要注意区分编辑和编译的概念。虽然一字之差，意义却大不相同。编辑，是指对文本的修改、插入、删除等操作；而编译却是将编辑好的源代码翻译成目标文件。

　　编译过程由 C 编译系统提供的编译程序完成。编译程序简称为编译器。编译程序运行后，自动对源程序进行句法和语法检查，当发现错误时，就将错误的类型和所在的位置显示出来，以帮助用户修改源程序中的错误。用户可以再利用编辑器对源程序进行修改。修改好后，重新进行编译，直到编译通过为止。如果未发现句法和语法方面的错误，就自动形成目标代码，并对目标代码进行优化后生成目标文件。

　　目标程序文件的扩展名为.obj，它是目标程序的文件类型标识。不同的编译系统，或者不同版本的编译程序，它们的启动命令不同，生成的目标文件也不相同，扩展名有时候也不一定相同，当然格式也不相同。但是其作用相同。

　　一个 C 源代码文件编译后就会产生一个目标文件与之对应。一般不会出现多个源代码文件对应一个目标文件的情况。进行软件开发涉及的源代码文件个数，不会像教学 C 语言这样简单到只有一个源文件，而是几十、上百甚至成千上万个。所以大型软件的开发一般通过工程文件的方式来管理源代码。

　　请读者思考一下，为什么软件开发不直接从源代码一步到位翻译成可执行文件，而要经过编译后，再经过连接这个步骤呢？这个问题，留在后续章节再解释。当读者明白了这个问题后，也就明白了目标文件存在的意义了。

1.4.3　连接目标文件

　　多个源代码文件经编译后产生了对应的多个目标文件，此时还没有将其组合装配成一个可以运行的整体，因此计算机还是不能执行。连接过程是用连接程序将目标文件、第三方目标文件、C 语言提供的运行时库文件连接装配成一个完整的可执行的目标程序。连接程序简称连接器。

　　可执行程序文件的扩展名为.exe，是可执行程序的文件类型标识。绝大部分系统生成的可执行文件的扩展名是.exe，但是在 UNIX 系统中，除非在编译时用户特别规定自己的文件名，否则生成的可执行文件自动确定为 a.out。有的 C 编译系统把编译和连接放在一个命令文件中，用一条命令即可完成编译和连接任务，减少了操作步骤。

　　程序员开发程序，除了要编写自己的代码外，有时候会使用其他人提供的库文件。如读者要编写一个 mp3 播放器软件，对于 mp3 解码部分，因为已经有现成的第三方代码库做好了这件事情，可以直接拿这个第三方库文件来使用。这个库提供的功能可供用户的播放器软件调用。为了方便开发，C 语言也有一批库函数，一般编译厂商都会提供给开发人员使用。

1.4.4　编译连接过程示例

　　有时候为了叙述简便，将编译连接这两个步骤，统一用"编译"一个词语代替，读者应该清楚实际是经历过了两步。在 VC.net 编程环境里，当用户下达 build（构建）命令后，开发环境就开始编译连接工作。本节的示例没有列出源文件，源文件名是 main.c，内容可以暂时不考虑，读者只关注编译、连接的步骤即可。

（1）当源代码中没有错误时，其工作过程输出如下：

```
------ Build started: Project: 9.1, Configuration: Debug Win32 ------

Compiling...
main.c
Linking...

Build log was saved at "file://e:\study\C Study\9.1\Debug\BuildLog.htm"
9.1 - 0 error(s), 0 warning(s)
```

从这个 Build 的过程中，明显看出经历了"Compiling…"（编译）、"Linking…"（连接）两步。最后结果是"0 error(s), 0 warning(s)"，即没有错误也没有警告。

（2）如果源代码有错误，在编译过程就会提示用户。由于没有通过编译，也就没有目标文件，所以连接也就不用进行了。一个源代码错误编译不通过的示例如下：

```
------ Build started: Project: 9.1, Configuration: Debug Win32 ------

Compiling...
main.c
e:\study\C Study\9.1\main.c(20) : error C2143: syntax error : missing ')' before '{'

Build log was saved at "file://e:\study\C Study\9.1\Debug\BuildLog.htm"
9.1 - 1 error(s), 0 warning(s)



---------------------- Done ----------------------

   Build: 0 succeeded, 1 failed, 0 skipped
```

说明	读者现在可能还不明白错误提示信息的含义，不用担心，在后面的章节中会慢慢讲到。现在读者只需要关注如果源代码有错误，会出现什么情况即可。

"e:\study\C Study\9.1\main.c(20) : error C2143: syntax error : missing ')' before '{'"这行输出表示，代码第20行（"( )"内表示出来的）出现错误。错误代码是C2143，具体错误是语法错误，在"{"前缺少")"。双击错误提示可将鼠标光标定位到错误行处，可以修改源代码。

（3）有时候编译通过了，但是连接却不一定通过。如下：

```
------ Build started: Project: 9.1, Configuration: Debug Win32 ------

Compiling...
main.c
Linking...
LIBCD.lib(crt0.obj) : error LNK2019: unresolved external symbol _main referenced in
function _mainCRTStartup
   Debug/9.1.exe : fatal error LNK1120: 1 unresolved externals

Build log was saved at "file://e:\study\C Study\9.1\Debug\BuildLog.htm"
9.1 - 2 error(s), 0 warning(s)
```

```
--------------------- Done ----------------------
Build: 0 succeeded, 1 failed, 0 skipped
```

编译 main.c 后没有提示信息，表示通过，产生了.obj 文件。Linking 提示后，表示开始进行连接。但是在连接过程中出现错误，最终没有产生.exe 文件。同样，具体的连接错误原因，这里不再分析了。

1.4.5　运行程序

运行程序是指将可执行的目标程序投入运行，以获取程序处理的结果。如果程序运行结果不正确，可重新回到第一步，对程序进行编辑修改、编译和运行。与编译、连接不同的是，运行程序可以脱离语言开发环境。因为它是对一个可执行程序进行操作，与 C 语言本身已经没有联系，所以既可以在语言开发环境下运行，也可直接在操作系统下运行。

1.5　VC++、C++、C 和 TC 的区别

VC++、C++、C 和 TC，这几个语言名中都带有 C，可以说和 C 都有联系。

1．C

C 就是指 C 语言。C 语言的关键字少，而且拥有丰富的运算符和数据类型，可以解决大部分的"计算型"的问题或者"描述型"的问题。各大操作系统都提供了各种对 C 语言的集成化的调试编译环境，使用 C 语言编写的程序可以轻松地运行在各种平台上而不用做出任何修改，这也是 C 语言流行的原因。

2．VC++

VC++，一般是指微软公司的 Visual Studio 6 开发套件中的 Visual C++开发环境。Visual Studio 6 套件中包含了 Visual C++、Visual Basic、Visual FoxPro 等语言的开发环境。所谓开发环境，是集成了源代码编辑、编译、连接、调试等功能的一个综合程序。

Visual C++就是一个很好的 C 或者 C++开发环境。一般被简称为 VC 或者 VC++。该开发环境提供了优秀的代码编辑功能，同时提供了编译连接程序，在该开发环境中，输入完源代码，可立即编译运行，并且可以参照代码进行调试。

现在 Visual Studio 已经发展到了 Visual Studio .net 2012 版本，相对于 Visual Studio 6.0 又有比较大的改变。笔者平时工作时，一般使用 Visual C++开发工具，如图 1-4 所示就是该环境的一个快照。

图 1-4 是正在使用 Visual C++.net 进行调试的一个快照。从图中可以看到当前处于暂停（break）状态，程序运行到 "printf("\nPlease input a number(0-100):");" 这条语句，当前的变量 i_score 的值是 0。函数的调用过程是：

```
9.1.exe!main() Line 12    C++
9.1.exe!mainCRTStartup() Line 259 +  C
```

对上面提到的一些词语不理解没有关系，这里只是描述这个快照的情况，使读者对集成的编程环境有个感性认识。等读者有了一定的编程经验后，再回头来看就可以明白。如果读者没有安装

VC.net，只需要明白编程环境的概念即可。

图1-4　Visual C++编程环境

如图1-1所示也是VC.net的一个快照，显示的是汇编语言窗口。从图1-1可以清楚地看到C语言被翻译成的汇编语言以及其对应的机器语言。从图1-1和图1-4中可以看出，VC.net是一个比较方便的开发环境。笔者机器上还安装了Visual Assist X扩展工具，这是一个扩展VC.net环境的一个小软件。从菜单上可以看到Build、Debug菜单项，顾名思义，Build就是编译相关的菜单项，从中可以找到编译需要的一些命令；Debug是调试的菜单项，从中可以看到调试的相关命令。

说明　可以在VC的这个开发环境中进行编译、连接和运行。

对于编译有专门的编译程序，同样，连接也有专门的程序，在VC的安装目录下面可以找到这些程序，而通过开发环境编译连接的时候，由开发环境在后台悄悄地去调用这些程序。从图1-5中可以发现这些程序的藏身之处。其中，cl.exe就是微软的编译器，link.exe就是微软的连接器，它们都可以单独执行。cl.exe执行后的情况如图1-6所示。

C语言于1987年被标准化，称为ANSI C。由于不同软件厂商都可以开发出自己的C语言编译器，在推出的编译器里，多多少少会增加自己的特性，这些特性被称作语言扩展。但是这些编译器都支持ANSI C。如果使用了其中的语言扩展，则在其他编译器上就不能被正确编译。为了不同编译器都能编译同一份源代码，所以应尽量不使用各厂商的语言扩展功能。

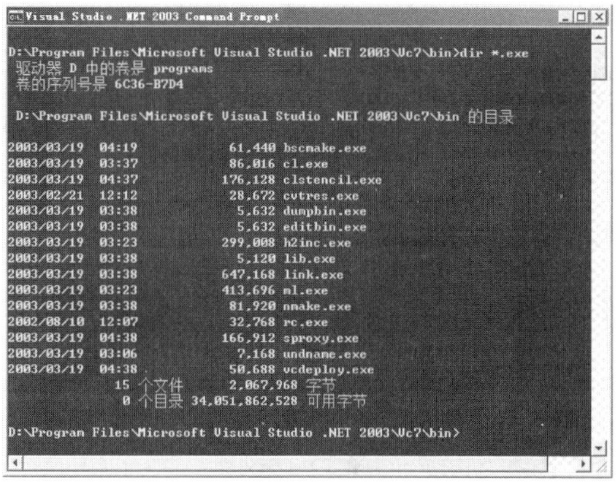

图 1-5　VC.net 的编译连接程序藏身之处 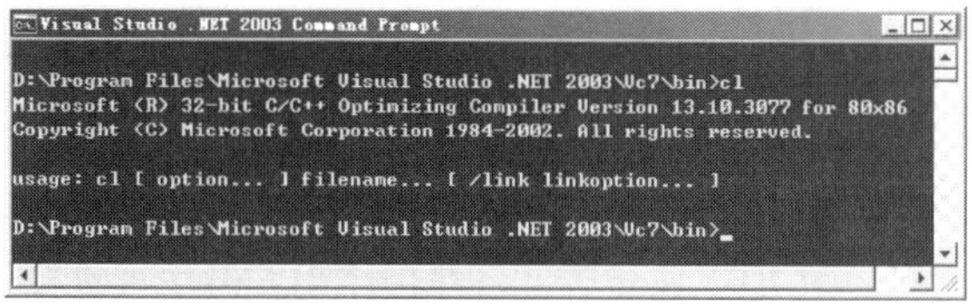　　　　图 1-6　cl.exe 执行后的情况

所以说，VC++并不是一门语言，而是开发环境。一般来说，现在进行软件开发，都是在集成的开发环境中进行的。当然，如果愿意，也可以单独编辑源代码，然后用命令行的方法编译并连接程序。

3．C++

C++是另外一门有些类似 C 语言语法的面向对象的高级语言。虽然 C 语言不加修改就可以被 C++编译器编译，但 C 和 C++是完全不同思想的两种语言，不应将 C++看成 C 的超集。

4．TC

TC 是 Borland 公司早年在 16 位机器上开发的 C 编程环境，是 Turbo C 的简称。最后版本是 2.0，一般简称为 TC2。一般学习 C 语言，都使用该编程环境，只是这已经算是老古董了，对于现在的操作系统，使用 TC2 来编写程序已经很不合时宜了。如图 1-7 所示是 TC2 开发环境下输入完源代码后编译完毕的状态。

5．其他编译器及环境

Linux 下面开发软件主要使用 GCC（GNU Compiler Collection，GNU 编译器集合），因为它免费。

图 1-7　TC2 开发环境

Windows 下面除 VC++外，也还有不少其他的 C 语言开发环境，Dev-C++是一个值得推荐的开发环境，因为它开源。Code::Blocks 同样也是开源的。LCC-Win32 是免费的 C 小型编译器，TCC 是轻型 C 语言编译器。

注意　本书使用 LCC-Win32 作为开发环境。

1.6　小结

要想学好 C 语言程序设计，为以后的学习打下一个好的基础，那么从一开始就要有好的学习

励志照亮人生　　编程改变命运

态度和正确的学习方法。本章先是带领读者学习了 C 语言的一些特征，还了解了编程相关的一些背景知识。读者应该对什么是计算机语言有了一个大概的了解。通过本章的学习，读者还应该了解一个可运行的程序是如何被生产出来的，了解了编程的步骤及开发环境和语言的区别。这些知识看似与编程语言学习关系不大，但是却对学习编程语言大有帮助。

1.7　习题

一、填空题

1．C 语言开发程序所经过的 4 个步骤是＿＿＿＿、＿＿＿＿、＿＿＿＿和＿＿＿＿。

2．C 程序编译后，目标程序文件的扩展名是＿＿＿＿。

二、上机实践

1．使用读者自己熟悉的编辑器，写一个输出"Hello World"的程序。

【提示】

```
printf("\nHello World!");
```

2．将上述代码进行编译连接等一系列程序后，找到生成的.exe 文件，复制到其他文件夹，如从 C 盘复制到 D 盘，并运行一下，测试是否能正确输出"Hello World"。

第 2 章　跟我写 Hello World

第 1 章的习题曾经让读者自己写一个"Hello World"程序，如果读者没有写出来或者说没有编译成功，那么不要着急。本章将通过编写一个"Hello world!"程序，来实践 C 语言最基本的语法特性。

本章包含的知识点如下：

- ☐ 在创建程序前要了解的内容
- ☐ 本书所用的 C 语言开发环境
- ☐ 新建程序并进行编译、连接等一系列完整操作
- ☐ 调试 C 语言源程序

2.1　了解需求才能创建程序

就像小学生解应用题一样，在答题之前，必须先了解题目给出的条件，然后明确题目的问题，最后才是解题。开发软件也需要这样的一个过程，必须先清楚用户的需求，根据需求来进行设计和开发，不遗漏需求，也不能有超出需求的功能。

本章的目标就是创建一个可以运行的程序，并输出一句话："Hello World！"。如果读者看见了这个要求后就准备开工写代码，则犯了软件开发的大忌。这个需求其实很不明确，并没有规定如何输出这句话。在实际的软件开发工作中，类似不明确的需求比比皆是，所以动手写代码前，一定要非常明确软件的需求。

很多曾经有过语言学习经历的读者看见上面的需求后，第一印象就是在控制台中打印出这句话来，然后就开始思索如何设计程序了。但是假设用户的需求是用人声读出这句话呢？声音也是输出啊！或者用户的需求是在一个窗口界面上输出这句话呢？更有甚者，还要求这句话的字体、颜色、大小符合规定，那么只是在控制台中打印一句"Hello World！"的程序，显然是不符合需求的。所以，在开发软件前，用大量的时间进行实际需求的调研是非常有必要的。否则，花费大量时间开发出来的程序可能是没有任何价值的。

更明确的需求是：在控制台程序中，输出一句简单的文字："Hello World！"。具体要求明确后，就可以开始进行设计程序了。本章只是引导读者认识 C 语言，所以这个程序简单到没有输入，没有处理，就只有一句话的输出。

2.2　认识 LCC-Win32 开发环境

使用 Linux 操作系统的读者，其编程能力已经不需要笔者去建议使用何种编程环境了。所以为

了照顾大多数读者，深思熟虑后，笔者最终选择了 Windows XP 操作系统下的 LCC-Win32 作为本书教学示例的编程环境。

2.2.1　为什么选择 LCC-Win32

笔者推荐使用 LCC-Win32 作为读者学习 C 语言的编程环境，是基于以下几个方面的原因：

（1）TC2 是 16 位机器上的开发环境，与现在常用的 32 位平台格格不入，除了学习之外，很少有人用它开发程序。并且在 Windows XP 平台上，其界面比较简单、丑陋，更重要的是调试运行时有些问题。如果读者的操作系统是 Windows 98 或者古老的 DOS 系统，则可以使用 TC2。

（2）VC6 或者 VC.net 都比较庞大，并且价格不菲，为了学习 C 语言购买它们，代价太大。虽然微软免费提供了命令行的 Toolkit，但是它的设置又比较麻烦。

（3）Dev-C++也是一个比较不错的选择，免费且开源。但是 Dev-C++主要还是用于开发 C++程序。虽然也可以编译 C 源代码，但是 C 毕竟不同于 C++，如果不小心使用了 C++的语法，而又和 C 的意义不一样，将会迷惑使用者。

最终考虑使用 LCC-Win32，基于以下理由：

（1）它是一个纯 C 语言编译器，虽具有一些扩展特性使它在某些方面具有 C++的部分特征，但它绝不是 C++。

（2）具有简单而强大的编程环境。

（3）使用和设置都比较简单。

（4）它生成的程序和 TC2 生成的 DOS 程序格式完全不一样，而是完全的 Windows 格式，所以可以开发 Windows 窗口界面程序。

> **注意**　LCC-Win32并不是一个免费软件，但是可以用来学习C语言。因为LCC-Win32对于非商业用途来说，可以自由使用。可以在网站http://www.cs.virginia.edu/~lcc-win32/下载最新版本。由于版权原因，本书光盘中并没有附带。本书采用了3.0版本的汉化版。

2.2.2　启动 LCC-Win32

安装 LCC-Win32 后，在【开始】菜单中就可以启动 LCC-Win32（后面简称为 LCC）。启动后的界面如图 2-1 所示。

2.2.3　新建 Hello World 工程

工程，简单来说是一个完整的应用程序。本节就介绍如何新建一个简单的工程。

依次单击【文件/新建/工程】菜单，在弹出的【请输入工程名称】对话框里输入工程名："HelloWorld"，然后单击"确定"按钮关闭该对话框，如图 2-2 所示。

> **注意**　在输入工程名之前，"确定"按钮是灰色的，表示不可以使用。

图 2-1　LCC-Win32 编程环境界面

图 2-2　【请输入工程名称】对话框

2.2.4　定义新工程

关闭【请输入工程名称】对话框后，接着就弹出一个新的对话框，【定义新工程】对话框，如图 2-3 所示。

（1）单击"浏览"按钮，选择工程存储路径。笔者选择的路径是"F:\CBook\src\2"，LCC 自动在【输出目录】文本框中填充了路径名："F:\CBook\src\2\lcc"。编译后生成的.obj 文件和连接生成的.exe 就可以在这个目录下找到。如果读者将这个路径更改为其他路径，则输出文件就保存到更改后的路径中了。

> **注意**　请读者记住这个路径，后面将会在这个路径下面查看生成的文件。

现在读者可以打开 Windows 的文件浏览器，定位到读者刚才输入的工程路径，其中应该只有一个 HelloWorld.prj 文件，因为此时没有输入代码，也没有编译连接，所以并没有输出文件。

（2）【用户】选项栏中的选项可随意选择，这个是 LCC 对工程的管理形式，读者可以先不去管它。

（3）在【工程类型】选项栏中选择【控制台应用程序】单选项。控制台应用程序就是类似 DOS 程序的一个具有黑乎乎窗口的程序，所有的输出都是文字，输入也靠键盘输入字符，但是实质并不是一个 DOS 程序。为了教学简单，以后的程序都选择【控制台程序】单选项。选择【Windows 可执行程序】单选项就是开发 Windows 图形用户界面的程序，这需要有了 C 语言基础后，再学习如何开发。本书不涉及如何开发 Windows 程序。另外，那两个单选项也要等到有了 C 语言基础后，才能开发相应的库程序。现在先不用理会。

（4）单击"创建"按钮后，弹出【信息】对话框，提示是否使用向导生成应用程序框架，如图 2-4 所示。这里意思就是 LCC 能帮助程序员产生部分源代码，这些代码基本上是每个程序所应具备的源代码。为了读者能清楚编程的每个细节，这里选择"否"，由读者自行输入每一个代码字符。单击"否"按钮。

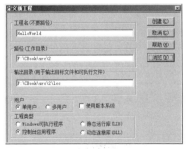

图 2-3　【定义新工程】对话框

图 2-4　是否使用向导生成框架

2.2.5　添加源代码到工程

单击"否"按钮关闭【信息】对话框后，接着弹出【添加源代码到工程】对话框，这是一个标准的打开文件对话框。在文件名文本框中输入"2.1-HelloWorld.c"，单击"打开"按钮，然后弹出【源文件 – 工程：】对话框，如图 2-5 所示。其中列出了该工程所有已经添加的源代码文件。本示例只有一个源文件，单击"确认"按钮。

> **注意**　如有多个源文件，可以在该对话框中按"添加"按钮继续添加新的文件到工程列表中；也可以在以后需要的时候，通过菜单命令添加新文件。

2.2.6　编译器设置

关闭【源文件 – 工程】对话框后，接着弹出【编译器设置】对话框，如图 2-6 所示。

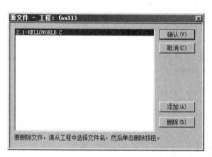

图 2-5　工程源文件列表确认

图 2-6　【编译器设置】对话框

在【编译器设置】对话框中，需要关注的设置如下：

（1）【语言扩展】选项栏。此处选择【只用 ANSIC】单选项，表示编译器只支持 ANSI C 语言语法，将 LCC 的语言扩展功能关闭。

（2）【杂项】选项栏。选择【生成中间文件】复选项，这样编译后将生成.obj 文件。该文件对于读者来说并无实际意义，但是为了观察开发流程，所以选择该项，以便在编译源程序后查看.obj文件是一个什么样的文件。

设置完毕，单击"下一步"按钮，关闭【编译器设置】对话框。

2.2.7　连接器设置

关闭【编译器设置】对话框后，弹出【连接器设置】对话框，如图 2-7 所示。

（1）【输出文件名称】文本框：这里可以观察到生成的可执行文件保存的路径和文件名。"helloworld.exe"就是编译连接后生成的可执行文件名。读者也可以修改为其他路径和文件名。

> **注意**　这里的输出文件路径是根据读者前面选择的输出路径和工程名由LCC自动产生的。读者可以保持LCC产生的路径，也可以对其进行修改。

（2）【连接时要包含的额外文件】文本框：如果软件使用了第三方库，需要在这里指定库文件，否则连接的时候会出现错误，找不到函数入口。

> **注意**　如果读者不明白"函数入口"的概念，不必担心，在后续章节中将会详细讲解。

（3）【输出类型】选项栏：选择【控制台应用程序】单选项。

其他选项采用默认设置。设置完毕，单击"下一步"按钮，关闭【连接器设置】对话框。

2.2.8　调试器设置

关闭【连接器设置】对话框后，弹出【调试器设置】对话框，如图 2-8 所示。

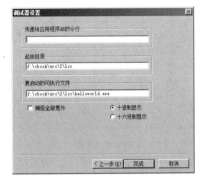

图 2-7　【连接器设置】对话框　　　　　图 2-8　【调试器设置】对话框

调试器是用于调试源代码的程序，能够一步一步地按照源代码的顺序执行每一句代码，并且可以看见源程序中定义的变量的值。软件工程师将会耗费大量时间在调试器的跟踪调试上。

（1）【传递给应用程序的命令行】文本框：当程序需要参数的时候，通过这里的设置来传递给程序。参数就是类似 DOS 命令"dir /d /a"中的"/d /a"。本示例这里留空白，以后将会出现需要参数的情况。

（2）【起始目录】文本框：程序启动时的目录。当开发的程序比较大时，需要外部数据文件支持，就需要知道程序的启动目录，以便加载这些数据文件。这里也用不上，暂时不用管它。

（3）【要启动的可执行文件】文本框：这里就是需要调试的程序。

其他选项采用默认设置。设置完毕，单击"完成"按钮，关闭【调试器设置】对话框，继续其他操作。

2.2.9　开始编辑代码

设置完毕，就可以输入程序代码了。

> **注意**　编辑代码时，涉及光标移动、复制与粘贴、块选择、添加代码注释、快速移动等功能，请读者自行熟悉LCC编辑器提供的功能。

程序代码输入完后，如图 2-9 所示。

在图 2-9 所示窗口中，有些字符是红色的，有些是灰色的，有些是黑色的。对于程序员来说，这些不同颜色的代码起到了提示的作用。HelloWorld 的源代码如代码 2-1 所示。

图 2-9 源代码编辑完成

代码 2-1 创建的第一个程序 HelloWorld

```
<---------------------文件名: HelloWorld.c ------------------------->
01   #include <stdio.h>                    /*包含该头文件的目的是使用了函数printf()*/
02                                         /*空行, 主要是为了分隔, 编译器忽略*/
03   void main(void)                       /*主函数, 入口点*/
04   {                                     /*函数开始*/
05       printf("\nHello World!");         /*打印字符串*/
06   }
```

【代码解析】 上述代码只有第 5 行是输出代码，其他是构成 C 语言的一些必需代码，这里不做详细解释，读者可以参考下一章。

请读者将代码 2-1 自行一个字符一个字符地输入到计算机中。代码的具体含义将在第 3 章详细解释。

> LCC对中文支持不太好，删除的时候会出现半个汉字的问题。
>
> **注意** 输入代码时不要漏掉任何字符，也不要多输不需要的字符，否则编译可能通不过。如果编译提示错误，请对照代码2-1进行修改。

2.3 编译运行

代码输入完毕后，依次单击【编译】/【构建】菜单命令，LCC 开始编译连接。成功后的窗口如图 2-10 所示。如果编译失败，请对照代码 2-1 进行检查。注意不要遗漏分号 ";"。

> **注意** 程序中所有分号都是英文标点，不是中文中的分号。

编译成功后，依次单击【编译】/【执行】菜单命令。程序开始运行，弹出一个控制台窗口，如图 2-11 所示。

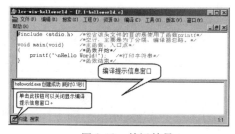

图 2-10 编译结果

图 2-11 运行结果

图 2-11 中矩形框标注的是程序的输出部分，圆角矩形框标注的是 LCC 附加的信息。在控制台窗口中随意按一个键，程序退出，窗口关闭。

在 Windows 的文件浏览器中定位到输出目录，可以看见生成的.obj 文件和.exe 文件，如图 2-12 所示。

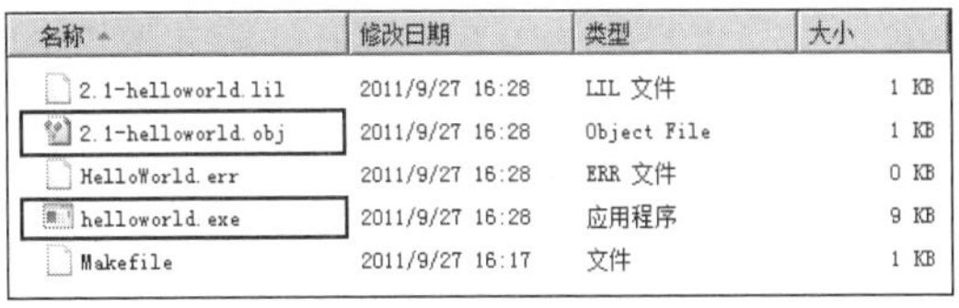

双击 helloworld.exe 文件，一个窗口一闪而过，这就是程序运行结束了。为了能看到程序的输出结果，可以修改源代码为代码 2-2。

名称 ▲	修改日期	类型	大小
2.1-helloworld.lil	2011/9/27 16:28	LIL 文件	1 KB
2.1-helloworld.obj	2011/9/27 16:28	Object File	1 KB
HelloWorld.err	2011/9/27 16:28	ERR 文件	0 KB
helloworld.exe	2011/9/27 16:28	应用程序	9 KB
Makefile	2011/9/27 16:17	文件	1 KB

图 2-12　生成的.obj 和.exe 文件。

代码 2-2　HelloWorld 改进版 HelloWorldII

```
<------------------------文件名: HelloWorldII.c ------------------------>
01   #include <stdio.h>              /*包含该头文件的目的是使用了函数printf*/
02                                   /*空行，主要是为了分隔，编译器忽略*/
03   void main(void)                 /*主函数，入口点*/
04   {                               /*函数开始*/
05       printf("\nHello World!");   /*打印字符串*/
06       getchar();                  /*等待用户按回车键*/
07   }                               /*函数结束*/
```

【代码解析】读者可以自己先对比下这段代码与上一段代码的区别，就是多了第 6 行代码，这是一个中断函数，就是等待用户按回车键，主要是为了防止屏幕一闪而过。

将代码 2-2 编译连接后，双击生成的.exe 文件，弹出一个控制台窗口，显示了一行字"Hello World!"，后面有光标在闪烁着。现在可以欣赏自己创建的第一个可执行文件的输出结果了。欣赏完毕后，按回车键，程序结束，窗口关闭。

> **说明**　可以将该.exe文件复制到其他计算机上运行，结果是一样的。

2.4　调试排错（debug）

程序员的主要工作之一是编写代码。代码从无到有，需要逐个字符输入，工作量显然比较大。但实际上，编码容易调试难。代码编写完毕后，程序员将会花费大量时间进行错误或者问题的排查、修改。在计算机系统程序中，把隐藏着的一些未被发现的缺陷、问题或者错误，称为 bug。

> **说明**　本节仅向读者展示最基本的调试手段。

2.4.1　debug 的由来

bug 的英文意思是臭虫，被引入到计算机领域，需要追溯到第一代计算机时代。当时的计算机是由许多真空管构成的，需要利用大量的电力使真空管发光。某天，一只虫子爬进了其中的某个真空管中，导致计算机停止了工作。研究人员耗费很长时间，找来找去，一处地方一处地方地排查，最后终于发现了这个"虫子"。取出"虫子"后，计算机就恢复了正常。于是 bug 这个词语在计算机领域中成了隐藏的错误、缺陷、漏洞或者问题的代名词。而排除错误的过程则被称为 debug。

调试水平的高低，在很大程度上显示出程序员能力的高低。可以说，不会调试的程序员，就不会开发出好的软件。调试的方法也五花八门，各有特色。

调试需要在调试器中进行。一般的编程环境中已经集成了调试器。为了调试程序，需要在编译连接的时候进行一些设置，使得程序生成的时候，加入一些帮助调试的相关数据。利用调试器运行程序后，就进入了调试模式。

2.4.2　设置断点

断点是为了方便程序员在调试过程中观察程序内部各状态而专门设置的一种调试手段。也就是在调试模式下运行程序的过程中，当程序语句运行到设置的断点处后，暂停程序运行，但是当时的内存、寄存器、上下文环境等数据都被保持，并且在源代码编辑器中指示出当前停留在代码的哪一行。然后程序员就可以不慌不忙地利用调试器查看程序的内部状态了。

> **注意**　先进入调试模式，再设置断点。要想调试程序，设置断点后，程序才能被中断回到调试器中，才能对程序进行各状态的查询。

要在LCC中设置断点，首先将光标移到需要设置断点的代码行上，然后按F2键，或者依次单击【编译】/【设置断点】菜单命令。断点设置后，可以在源代码编辑器中发现些变化，在LCC编程环境中，代码行全部高亮。矩形框住的那行就是一个断点，如图2-13所示。再次按F2键或者依次单击【编译】/【设置断点】菜单命令，即可取消断点。

也可以通过【编辑断点】对话框来添加、取消断点。方法是依次单击【编译】/【断点】菜单命令。详细操作方法读者可以自己练习掌握。

2.4.3　调试运行

设置完断点后，可以通过按F5键在调试器中启动已编写的程序。程序启动后，当运行到断点代码行后，程序暂停，如图2-14所示。

图2-13　设置断点

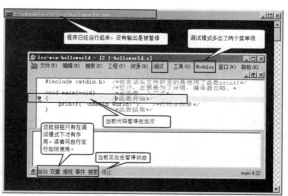

图2-14　调试：运行中断

（1）可以发现LCC窗口的菜单栏中此时多了【调试】和【Modules】菜单项，表明现在正在调试器中运行程序。单击【调试】和【Modules】菜单项，可以发现还有很多子菜单项，本书对此不进行详细解释，有兴趣的读者可以查阅相关资料。

（2）此时程序暂停于前面设置断点的代码行上，在中断行左侧有一个小标志，当前行的背景色为黄色。LCC 的状态栏上显示着红色的"停止"字样，表示当前程序正处于暂停状态。

（3）此时读者编写的程序已经被运行起来，只是处于暂停状态。可以看到 LCC 窗口后面那个黑乎乎的控制台窗口中此时没有任何输出，因为当前仅运行到"{"这一行，这一行什么都没有做。

（4）LCC 的状态栏上，出现了"自动"、"变量"、"堆栈"、"事件"、"搜索"几个按钮，后面标志着"停止"。读者可以自己单击每个按钮查看一下有些什么变化。

（5）按 F8 键可单步运行。每按一次 F8 键，就往下运行一行代码，直到程序运行结束。如果不想单步运行，可以直接按 F5 键接着运行下去。

注意　某些时候，单步跟踪的时候可能突然弹出一个对话框，要求定位某文件，如LCCCRT0.C。这是因为跟踪到了LCC的库函数内部了。如果没有这个源文件，单击"取消"按钮即可，如图2-15所示。

图 2-15　要求定位 LCC 库函数源代码

（6）运行结束，调试器弹出窗口提示运行结束，返回代码窗口。

2.5　第一个程序容易出现的错误

虽然第一个程序只有简单的几行代码，但读者如果是自己完全手写出来的，则可能会出现不少初学者常见的小错误。下面就来看看都有哪些错误。

2.5.1　包含命令 include

【错误代码 1】

```
#include <stdio.h>;
void main(void)
{
    printf("\nHello World!");
    getchar();
}
```

编译时没有提示出错，但是程序中若用到其他输入输出函数，编译将不会成功。实际上，"#include <stdio.h>"命令后不允许有分号，因为这个命令不是一个可执行语句。解决的方法很简单，只要把分号去掉就可以了。

2.5.2　关键字 main

【错误代码 2】

```
#include <stdio.h>
```

```
void mian(void)
{
    printf("\nHello World!");
    getchar();
}
```

编译时错误提示：

```
Undefined symbol '_main'in module c0s
```

根据错误提示得知缺少了主函数，主函数是程序执行的入口，主函数名被系统定义为 main，任何自己写错或尝试命名都是不被编译系统所识别的。只要把错误的主函数名mian改成main即可。

2.5.3　表示代码行结束的分号

【错误代码 3】

```
#include <stdio.h>
void main(void)
{
    printf("\nHello World!")
}
```

编译时错误提示：

```
Statement missing ; in function main
```

根据错误提示得知，输出语句缺少了分号。分号是语句的一部分，书写的时候不要忘记给每条语句加上分号。改正的方法很简单，只要加上分号即可。

2.6　小结

本章首先指导读者了解在开发前要考虑的事情，然后带领读者使用 LCC 开发了第一个 Hello World 程序，从新建工程，到编译连接工程，再到运行调试环节，每个步骤都进行了详细讲解。最后还介绍了几个初学者容易犯的代码错误。本章的目的是希望读者能花些时间来熟悉了解 LCC——工欲善其事，必先利其器。

2.7　习题

一、填空题

1．C 语言中的语句以_____作为结束符。

2．在 LCC 中，单步调试的快捷键是_____。

二、上机实践

1．编程输出中文"你好，C 语言！"。

【提示】

```
printf("\n你好，C语言！");
```

2．输出 5 个空行，但不显示任何字符或字。

【提示】

```
printf("\n");
```

3. 输出数字 1、2、3、4、5，要求每行显示一个数字。

【提示】

```
printf("\n1");
printf("\n2");
printf("\n3");
printf("\n4");
printf("\n5");
```

第 3 章 分解 Hello World——最简单 C 程序的组成

第 2 章我们从 C 语言程序的外围环境讲起，介绍了开发工具和编译 C 程序的整个过程，但没有介绍 C 程序具体的代码内容。所以本章的重点就是解释第 2 章的 Hello World 源代码，其中会详细讲解代码中的关键字、函数、变量等。

本章包含的知识点有：

☐ 使用 main()函数

☐ 调用已有函数

☐ 使用#include 关键字

☐ 自定义 C 语言函数

☐ 代码写作风格

3.1　C 程序的构成

先来回顾一下第 2 章的 Hello World 代码，如代码 3-1 所示。

代码 3-1　HelloWorld 代码回顾 HelloWorld

```
<----------------------文件名:HelloWorld.c ---------------------->
01   #include <stdio.h>                    /*包含该头文件的目的是使用了函数printf()*/
02                                         /*空行,主要是为了分隔,编译器忽略*/
03   void main(void)                       /*主函数,入口点*/
04   {                                     /*函数开始*/
05       printf("\nHello World!");         /*打印字符串*/
06       getchar();                        /*等待用户按回车键*/
07   }                                     /*函数结束*/
```

代码 3-1 很短，简单几行代码就创建了一个可以运行的程序。代码虽小，但五脏俱全。纵观整个代码，可以总结出如下特点：

（1）代码由单词、符号、空白组成。单词以英语单词为主，有的单词就是纯正的英语单词，如 main、void、include；有的不是，如 getchar、printf。单词一般都用小写。代码中的标点符号并不是随意输入的，每个符号在 C 中都有特定的含义。代码 3-1 中出现的符号，有"#"、"< >"、"( )"、"\"、"/*"、"*/"、"{ }"、";"、""""。单词与单词之间用空白分隔，空白可以是空格，也可以是 tab 制表符。空白的个数没有限制。

（2）如同阅读小说一样，C 源代码也是从上往下阅读，也就是说 C 源代码的先后顺序是有讲究的。行与行之间可以有空白行，空白的行数是没有限制的。有的行顶格书写，有的行却又后退了几个空格，这种后退，称为"缩进"。如何缩进也是有讲究的。

（3）并没有专门的标志表示文件从哪里起始，也没有标志表示文件到哪里结束。从第一个字符开始，文件就开始了，到最后一个字符结束，文件就结束了。

3.2　C 程序的注释

代码 3-1 出现最多的是"/*"和"*/"包裹起来的中文语句，这些是注释。注释是用来帮助程序员阅读源代码和理解源代码的。编译器在编译源代码的时候，在目标代码生成以前，会把注释剔除掉，然后再进行编译。当然编译器是不会修改源文件的，这一切是在内存中完成。由于对于注释部分忽略不处理，就如同没有这些字符一样，所以注释不会增加编译后的程序的可执行代码长度，对程序运行不起任何作用。

对于注释，有以下几点说明：

（1）C 语言的注释只有一种形式，就是以"/*"开始、以"*/"结束的注释对。

（2）编译器将"/*"与"*/"之间的任何文字，如代码、标点符号、制表符、换行等都当作注释不予以处理。例如：

```
/*这段注释里 含有空格*/
/*这段注释里        含有制表符*/
/*这段注释里有换
行*/
/*这
段
注
释
很
长
跨
越
很
多
行
*/
```

（3）注释可以放在任何地方。通常，把注释置于要描述的代码段之前比较合适，而将变量的用途注释则放在变量定义后面。

```
/*本变量的用途是记录学生人数*/
int i_numbers;

int i_numbers /*学生人数*/

int x, /*这段注释在代码之中*/ y;
```

> **注意**　最后一行注释处于代码int x和y之间，这也是容许的。

（4）注释和代码一定要同步更新。代码修改而注释不做改变，这样的事情在实际开发中经常看见，而这样的情况可能会带来严重不良后果。

（5）注意注释的起始和结束对，在"/*"、"*/"两个字符之间是没有空格的。如果出现空格，如"/ *"，"* /"，则不是注释了。

（6）注释内部不能再出现注释对。如：

```
/*这是一个注释起始。/*又出现一个注释起始*/嵌套的注释结束*/
/*这是一个注释起始。*/再出现一个注释结束*/
```

解决这种嵌套注释的方法，就是在内层"/*"或者"*/"之间添加空格。

留给读者一个问题："/**"、"//*"、"**/"哪些可以构成注释，哪些不能构成注释呢？

（7）适量而恰当的注释是良好的编程风格的重要体现，是一种程序规范，可以用来概括程序的算法、标识变量和函数的意义，或者解释一段代码的意图。但是在代码中混杂过多的注释也许会使得程序更难于理解。如下的代码片段用了过多的注释，反而影响了代码的阅读。

```
/*定义长方形的长和宽*/
/*在计算面积的时候*/
/*需要使用长和宽*/
/*在计算周长的时候*/
/*也需要长和宽*/
/*如果长和宽相同*/
/*则此长方形就是一个正方形*/
int i_height, i_weight;
```

3.3　C 程序必须有的 main 函数

先看下面的代码段，这段代码是从代码 3-1 中截取出来的。为了学习方便，去掉了程序代码中的制订和注释部分。

```
01    void main(void)
02    {
03        printf("\nHello World!");
04        getchar();                            /*防止屏幕一闪而过*/
05    }
```

【代码解析】void main(void) { … }这一段是定义 C 程序的主函数。函数是可以完成一定功能的子程序。main 函数是 C 语言程序的起始执行点，每一个 C 程序必须有且仅有一个 main 函数，它是由程序员提供的。

请读者思考一个问题：操作系统是如何开始运行、调用一个程序的？这个问题的意思是：操作系统怎么知道一个程序的入口点在哪里？所谓入口点，就是程序的第一条指令。操作系统调入程序二进制代码到内存后，从哪条指令开始运行程序呢？

一种办法是从文件第一行开始，一行一行往下执行，直到文件结束。很多语言就是采用这种方式，比如 QBASIC 语言。这种方法的好处显而易见，人类是怎么阅读的，计算机就是怎么执行的。但是缺点也很多，当有两个源文件的时候，从哪个文件开始呢？

另一种办法是和运行程序的启动者协商一个规定的入口名称，从这个名称开始进入。这种方法就是 C 语言采用的方法。

main 函数就是 C 程序的入口点。无论整个工程有多少个 C 源文件，必须编写且只能编写一个 main 函数。程序就是从 main 的第一条语句开始执行，然后在 main 函数中顺序执行其他语句，在这些语句中，调用其他函数，从而使整个程序运行起来。main 函数结束了，整个程序也就结束了。由此可见，写 C 程序，就是写 main 函数。

简单地说明一下定义函数的语法。对函数的详细讲解请参考后续章节。

对于 C 语言，定义函数的语法规则如下：

```
返回值类型　函数名称( 参数1，参数2…)
{
函数体
}
```

对比上面的语法规则可以看出，在 void main(void)这一行中，第一个 void 是指 main 函数的返回值数据类型，void 表示 main 函数仅仅完成某些功能，不向调用者返回数值。main 是函数名称。函数可以是 C 语言系统提供的系统函数，也可以是用户自己编写的函数。用户自己编写的函数，函数名字可以自行决定。main 后面是小括号对 "()"，括号里是传递给函数的参数。类似初、高中学习的代数里的函数 y=f(x)一样，x 就是参数，f 是函数名称。参数可以是一个，也可以是多个，也可以没有参数。每个参数都有一个数据类型。本例中的参数的数据类型是 void，表示 main 函数不需要参数。小括号后面紧接着的是大括号对 "{}"，大括号对里的代码就是 main 函数实现的功能，被称作函数体。对于在函数体里能做哪些事情也是有规定的。会在函数一章里详细说明。

留给读者以下 3 个试验：

（1）编写一个空的 main 函数。

（2）修改 main 函数的名称。

（3）编写两个 main 函数。

请分别在计算机上编译、连接、运行、编辑这 3 个试验，并观察发生的现象。

3.4　调用函数在屏幕上显示文字

main 函数体中的语句如下：

```
printf("\nHello World!");
```

这行是调用了 C 语言提供的按格式输出函数，该函数的名称是 printf，小括号内双引号括起来的文字是 printf 函数的参数。该函数的功能是把小括号里的文字原样打印在屏幕上。也就是说双引号里的内容变化，则打印在屏幕上的文字也会变化。请读者自己试验修改双引号里的文字。

| 说明 | "\n" 在这里有特殊的含义，读者可以发现 "\n" 并没有在屏幕中打印出来。"\n" 中的 "\" 是转义字符，表示其后面紧跟的字符有专门的意思。"\n" 表示将光标移到第二行第一格，也就是回车换行的意思。 |

printf 函数调用语句最后用分号结束。

函数定义和函数调用有如下的不同之处：

（1）简单地说，所谓函数定义就是程序员编写程序代码，去实现函数的功能。请读者注意，定义好的函数不一定会被调用。比如 C 语言提供的大批库函数都已经实现，但是程序员编写程序时并不会用到库函数中的每一个函数，只是从中挑选有用的库函数来使用。

（2）函数调用就是调用已经编写好的函数。这些已经编写好的函数可以是程序员自己编写的，叫作自定义函数；有的是 C 语言系统提供的函数，叫作库函数；有的是第三方提供的函数，叫作第三方库函数。C 语言系统向程序员提供了非常丰富的库函数，以方便程序员使用。

相比其他高级语言而言，C 语言本身语句很少。很多功能是通过函数完成的，因此熟悉库函数的功能就是程序员非常重要的工作了。比如开发网络程序，熟悉网络套接字接口函数就非常重要，否则不能开发网络程序；开发 Windows 窗口界面程序，就得熟悉 Windows 提供的编程接口（API），否则就不能开发 Windows 程序。

本例中，printf 函数被主函数 main 调用。printf 函数的定义读者是看不见的，当然也看不见 printf 函数的代码，也就不清楚 printf 函数是如何实现的。

不知道读者是否还记得程序生成的过程，其中有一步连接的步骤。printf 函数是 C 语言的库函数，是 C 语言系统提供的，其源代码读者看不到，但是其编译后的目标文件读者是可以找到的。在 LCC 的目录下，有一个 lib 子目录，lib 就是库（Library）的简称。该目录下全部是.lib 库文件，就是 C 语言提供的库函数的目标文件。在连接的时候，系统提供的函数的实现就在这些文件里去找了。

留给读者一个试验：将代码 3-1 中 main 函数中的 printf 修改成其他单词，比如 print_format，请在计算机上编辑、编译、连接、运行代码，并观察现象。

3.5 #include 预处理器指示符

源代码最终是需要被编译器处理的。编译器编译的过程比较复杂，但一般需要经历好几步，第一步是预处理。所谓预处理，就是在编译前先进行一些预先处理，如代替源代码中需要代替的部分。#include 就是这么一个预处理指示指令。

为了弄清楚#include 的作用，现在请读者思考一个问题：编译器如何知道有 printf 这个函数？

3.5.1 函数声明及其作用

上节中留给读者的试验，修改 printf 为其他单词，如 print_format。在编译的时候，编译器会返回以下错误：

```
Warning h \cbook \src\2\2 2-helloworl.c:5  missing prototype for print_format
Error :\cbook \src\2\2.2helloworldc 5 undefined reference to _print_format

编译和连接        耗时  :  3.3秒 返回代码        : 1
```

"Warning h \cbook \src\2\2 2-helloworl.c:5 missing prototype for print_format" 这句话表明，缺了 print_format 的函数原型。这仅仅是一个警告。"Error :\cbook \src\2\2.2helloworldc 5 undefined reference to _print_format" 这句话表明，出现一个错误，调用了一个没有定义的函数 print_format。

简单解释一下函数原型（prototype）的概念。回顾上节提到过的函数定义，函数定义由 4 部分组成：返回类型、函数名、参数表、函数体。前面的 3 部分合起来称为函数原型。如下：

```
返回类型 函数名（参数表）
```

函数在被调用之前，一定要让编译器知道函数原型，这样编译器才知道有哪些函数名，该函数需要些什么样类型的参数，返回什么样类型的值。告诉编译器函数原型的动作称为函数声明。如下：

```
返回类型 函数名(参数表);
```

注意　函数声明是一条语句，要用分号表示结束。

函数声明和函数定义中的返回值类型、参数表、函数名都要一致。虽然 C 语言提供了很多库函数，但是对于编译器来说还是不确定库函数的位置。所以即使使用的是 C 语言系统的库函数，也必须向编译器声明。

因为在本实验中 print_format 函数并没有向编译器声明过其函数原型，编译器就提出抗议——一条警告。这条警告只是提醒程序员而已，如果程序员忘记了向编译器声明函数原型，编译器会自己生成一个默认的函数声明。然而代码中实际上调用了一个根本不存在也就是没有定义的函数，编译器当然就要罢工了——一条错误提示。

3.5.2　试验寻找#include 的作用

代码 3-1 中，函数 printf 的声明在哪里呢？请读者再做一个试验：将代码 3-1 中的第一行代码删除掉。就是去掉"#include <stdio.h>"，再编译看出现什么现象。整个文件代码如下：

```
01    void main(void)                          /*主函数，入口点*/
02    {                                        /*函数开始*/
03        printf("\nHello World!");            /*打印字符串*/
04        getchar();                           /*等待用户敲入回车*/
05    }
```

【代码解析】是不是编译器又提示缺少函数原型了呢？

```
Warning h:\cbook\src\2\2.2-helloworld.c: 3  missing prototype for printf
Warning h:\cbook\src\2\2.2-helloworld.c: 4  missing prototype for getchar
编译和连接 耗时：0.3秒 返回代码：0
```

可以推测 printf 和 getchar 两个函数的声明一定在 stdio.h 文件里。

没错，在 LCC 的安装目录下，有一个 include 文件夹。读者可以在 Windows 的文件浏览器中定位到 LCC 的安装文件夹中，去看看 include 下有些什么文件。是不是在 include 文件夹下可以搜索到 stdio.h 文件？用记事本或者任意一个文本编辑器打开该文件，截取该文件中的一部分如下：

```
int getchar(void);
char * gets(char *);
int _getw(FILE *);
int _pclose(FILE *);
#define pclose _pclose
FILE * popen(const char *, const char *);
#define _popen popen
int printf(const char *, ...);
int dprintf(const char *, ...);
int putc(int, FILE *);
```

看见了"int getchar(void);"和"int printf(const char *, ...);"两行吗？它们就是这两个函数的声明。

请读者再做一个试验：修改代码 3-1 如代码 3-2 所示。

代码 3-2　去掉#include 语句自行添加函数声明 DeclareSelf

```
<---------------------------文件名：DeclareSelf.c --------------------------->
01    int getchar(void);
02    int printf(const char *, ...);
```

```
03
04    void main(void)                                /*主函数，入口点*/
05    {                                              /*函数开始*/
06        printf("\nHello World!");                   /*打印字符串*/
07        getchar();                                 /*等待用户按回车键*/
08    }                                              /*函数结束*/
```

【代码解析】此时编译，顺利通过。还记得初中时学过的等价交换吗？#include 和什么等价？

3.5.3 #include 的作用

本节来解释#include 这行代码的作用。

#include 是 C 语言预处理器指示符。#和 include 之间可以有多个空格。#也不一定要顶格，但是一定是第一个非空白字符。#include 的作用是告诉编译器，在编译前要做些预先处理：将后面<>中的文件内容包含到当前文件内。所谓包含，是指将<>中列出的文件的内容复制到当前文件里。

注意	#一定要是第一个非空白字符，否则编译器会提示错误，并且错误信息和出错原因完全不匹配。

因为 getchar 和 printf 两个函数的声明位于 stdio.h 文件中，所以用#include 把 stdio.h 文件包含进来，自然就把 getchar 和 printf 两个函数的声明包含进来了。

说明	函数声明只是向编译器登记有这么一个函数，声明了函数而不调用这个函数是被容许的。这就是为什么包含了整个stdio.h文件（里面声明了很多其他函数），但实际没有使用这些函数而编译器又不提示的原因。

读者可能要问，stdio.h 文件是个什么文件呢？std 是标准（standard）的缩写，io 是 Input/Output 的缩写，联合起来就是"标准输入输出"的意思，一般就是与屏幕输出和键盘输入相关的内容。".h" 是 C 语言头文件扩展名。所谓头文件，就是该文件都是些函数的声明、变量的声明等内容，".c" 文件是 C 语言实现文件，是真正做事情的文件。

为了使读者对"包含"的意思有个更明确的概念，再做一个试验：

修改代码 3-1 为代码 3-3，主要的修改就是把 main 函数中的"printf("\nHello Wolrd")"：删除，但是把它移到文件 string.txt 中。

代码 3-3 #include 的试验 AboutInclude

```
<--------------------------文件名：AboutInclude.c-------------------------->
01    #include <stdio.h>              /*包含该头文件的目的是使用了函数printf*/
02                                    /*空行，主要是为了分隔，编译器忽略*/
03    void main(void)                 /*主函数，入口点*/
04    {                               /*函数开始*/
05        #include "string.txt"
06        getchar();                  /*等待用户按回车键*/
07    }                               /*函数结束*/
```

【代码解析】第 5 行代码将一个.txt 文件包含到程序中来。读者大概可以想到，里面包含了一些函数。在 AboutInclude.c 同一个文件夹下面，新建一个.txt 文件：string.txt。文件内容如下：

```
printf("\nHello World");
```

编译代码 3-3，代码顺利通过，运行效果同代码 3-1。

3.6　计算 1+1 的程序实例

打印 Hello World 的程序非常简单。代码 3-4 则实现了小功能：计算 1+1 的值。

代码 3-4　计算 1+1 并打印结果 Calc

```
<-----------------------------文件名: Calc.c----------------------->
01    #include <stdio.h>
02
03    void main(void)
04    {
05       int a,b;                          /*声明a、b为整型变量*/
06       int y;                            /*声明y 为整型变量 */
07
08       a=1;                              /*给变量a赋值为1,此时a的值为1*/
09       b=1;                              /*给变量b赋值为1,此时b的值为1*/
10       y=a+b;                            /*将a、b的值分别取出来,计算结果后,赋值给变量y*/
11       printf("\na+b=%d",y);             /*把y的值打印出来*/
12
13       getchar();
14    }
```

编译后运行，程序结果如下：

```
a+b=2
```

【代码解析】

（1）代码 3-4 和代码 3-1 类似，同样只有一个 main 函数。这是 C 语言的规定，必须编写 main 函数。代码 3-4 同代码 3-1 一样，也仅仅用到了一个库函数 printf，所以仅需包含头文件 stdio.h。

（2）int a,b;是声明两个整型变量。

（3）int y;是声明 y 为整型变量。

（4）空行用于分隔变量声明部分和接下来的函数实现部分，主要是逻辑分隔，利于程序员阅读代码，对编译器来说并无意义。

（5）a=1;给变量 a 赋值为 1，此时 a 的值为 1。

（6）b=1;给变量 b 赋值为 1，此时 b 的值为 1。

（7）y=a+b;将 a、b 的值分别取出来，计算结果后，赋值给变量 y。

（8）printf("\na+b=%d",y);把 y 的值打印出来。这个 printf 和以前代码中的用法不同，简单说明一下，更详细的解释请参见后续章节。双引号里的 "\n" 是回车换行；"a+b=" 原样输出；"%d" 中的%是格式化的起始字符，只在 printf 函数中这样用，意思是将后面的 y 按照整型数值的方式显示出来。所以最后的输出如下：

```
a+b=2
```

3.7　数据从哪里来，又到哪里去——变量

在计算机程序设计中，经常要用到变量。比如在屏幕中移动光标，需要存储光标的 x、y 坐标，每次移动光标，就需要对坐标修改，也就是 x、y 的值要改变；为了得到当前光标的坐标，就需要从 x、y 中得到当前的值。在程序设计中这些值就是通过变量来完成的。

3.7.1　变量在内存中的表现形式

变量是指其值可以变化的量。在计算机中，指令代码、数据都存储于内存中，变量也需要存储在内存中。

类比人类的思维过程，也很容易明白为什么需要内存空间存储变量：假设现在有 3 个数据，分别是 a=3，b=4，c=5，需要读者去计算 a+b+c 的值。读者首先回忆 a 的值是 3，b 的值是 4，c 的值是 5，然后分别用 3、4、5 作为计算的数得到 3+4+5=12。这是一个很简单的过程，思考过程几乎不花费时间。如果计算的变量超过 100 个，估计大部分读者都记不住这么多数据的值，需要把这些数据及其对应的数值记录在纸上或其他地方，当需要用到某个数据的时候，再去查看其对应的值。计算机中变量的作用与此类似。

在计算机中，每个变量都被分配了一块内存空间，在这些空间里存储的就是变量的值。变量之所以可以变化，就是这个存储空间可以存储不同的数值。存储空间里的值变化，则变量对应的值也变化。同一个时间，内存空间里只能保存一个值，新值会冲掉原来的旧值。每个内存单元都有编号，就是内存的地址，如图 3-1 所示。

内存地址	...	3000	2000		...	
内存数据	...	987	1234		...	
变量名称	...	y	X		...	

图 3-1　变量在内存中的表示

在图 3-1 中，变量 x 的值是 1234，在内存空间的地址是 2000；变量 y 的值是 987，内存地址是 3000。

3.7.2　编译器使用变量符号表

在源代码中，每个变量都有变量名。实际上，编译后的目标代码里并没有变量名字，而是记录着变量在内存空间中的地址。在 C 语言中，通过变量名就可以访问到变量的值，对变量名的访问，就是对变量值的访问。

在编译的过程中，编译器会建立一张变量符号表，该表记录的数据是变量类型、变量名、变量地址等信息。

编译器为图 3-1 中所示的变量建立的变量符号表如表 3-1 所示。

表 3-1　编译器建立的变量符号表

变量类型	变量名	变量地址
int	x	2000
int	y	3000

当源代码中需要取变量 x 的值的时候，编译器实际上去查询变量符号表，发现变量 x 对应的内存地址是 2000，变量类型是 int，于是就可以从内存地址的空间中得到变量的值，得到了数据 1234。

当源代码中需要将新值赋给变量 x 的时候，比如 x=5678，同样地，编译器通过变量名查询变量符号表，得到变量的地址为 2000，就可以把新值 5678 存储在地址编号为 2000 的内存空间里。变化后的内存表示如图 3-2 所示。

内存地址	…	3000	2000		…	
内存数据	…	987	5678		…	
变量名称	…	y	X		…	

图 3-2　x 变化后的变量在内存中的表示

说明　由图3-2可以看出，变量y的值并没有变化。

3.7.3　变量及其使用

变量有不同的类型，如记录英文字母及标点符号，就需要字符类型（char）的变量；记录整数需要整数类型 int 的变量；记录实数需要 float 类型的变量。这些变量都是数值类型。C 语言还提供了其他类型的变量，详细讲解请参见后续章节。

变量的数据类型决定了变量的取值范围和占用内存空间的字节数，变量名表示具有同一数据类型变量的集合。在声明变量的时候，这两点是必须要说明的。变量的使用一定要本着"先声明，再使用"的原则，否则程序会产生错误。声明变量的一般形式为：

```
数据类型　变量名1，变量名2，变量名3，… ；
```

这样要求的目的如下：

（1）凡是未被事先声明的标识符，不能作为变量名，这样做能保证程序中变量名的正确使用。例如在定义部分写成如下形式。

```
float  total;  /*定义变量total*/
t0tal=num*PRICE;
```

而第 2 行中错写成 t0tal，在编译时会检查出 t0tal 未被定义，不能作为变量名。这样便于用户发现错误，避免变量名在使用时出错。

（2）每个变量被声明为一个确定数据类型，在编译时就能为其分配相应的存储空间。例如，声明 num 为 int 型，则编译程序将为变量 num 分配两个字节的存储空间，并按照整型方式存储。

（3）每个变量属于一定的数据类型，便于编译时据此检查该变量所进行运算的合法性。例如，整型变量 x 和 y 可以进行求模运算 x%y，%是求模运算符，得到 x 除以 y 的整余数。如果将 x 和 y 声明为浮点型变量，则不允许进行求模运算，在编译阶段就会指出有关的出错信息。

通过上述简单叙述，读者可以对变量有了一个大概的感性认识。再回过头来看看代码 3-4 中每行的意思。

int a,b;这是向编译器声明，以下程序将会用到两个整型变量，其名称为 a 和 b。此时并不会进行真正的内存分配动作，也就是此时并没有将内存地址与变量名关联。

"int"是 C 语言提供的关键字，是 integer（整数）的缩写，表示变量为整数数据类型，简称整型。其后紧跟的是变量名称。变量名由程序员命名。变量名称必须是字母开头，其后的部分可以是字母、数字、下划线的组合。在同一行中可以声明多个变量，变量间用逗号分隔。最后是语句结束符分号"；"。

int y;同样是向编译器声明，以下程序会用到整型变量 y。变量可以一行声明多个，也可以一行声明一个，多个变量也可分多次声明，意义都一样。

a=1;这是给 a 赋值。请读者注意等号"＝"，"＝"是 C 语言提供的运算符。在 C 语言里的"＝"不同于数学里的等号"＝"。数学中的等号是说"＝"两边相等，左右等价，可以交换。计算机中的"＝"是赋值符号，有一个运算顺序，是先计算"＝"右边的表达式的值，然后把数值赋给左边。左右不能交换。所谓赋值，就是把运算所得的数值存储在内存变量中。

当第一次访问变量的时候，编译器将给变量分配内存。所谓访问，就是"存取"，"存"，是把数据存储在内存中，"取"，是从内存中把数据取出来。

注意	从内存中取数据的"取"和从篮子里把南瓜"取"出来有些区别。南瓜从篮子里取出后，篮子里不再有任何东西，南瓜被拿走了；而计算机内存中的取，是把数值复制出来，内存空间里面的数值并不会变化，也就是从内存空间里把数值"读"出来。

本例假设给 a 分配的内存空间的编号为 2000，于是将数值 1 存储在 2000 所对应的内存空间里。b=1;编译分配内存空间给变量 b，地址为 2004，然后将数值 1 存储在 2004 对应的内存空间里。此时，编译器的变量符号表如表 3-2 所示。

表 3-2　编译器建立的变量符号表

变量类型	变量名	变量地址
int	a	2000
int	b	2004

变量在内存中的表示如图 3-3 所示。

内存地址	…	2000	2004		…	
内存数据	…	1	1		…	
变量名称	…	a	b		…	

图 3-3　变量 a、b 在内存中的表示

y=a+b;这里的"＋"，也是 C 语言提供的运算符，它同数学里的四则运算中的"＋"一样，进行加法运算。

注意本行代码的运算顺序：

（1）先获取 a 的值。a 是变量名称，查询变量符号表，得到地址 2000，从 2000 里得到数值 1。则 a 的值为 1——y=1+b;

（2）再获取 b 的值。同样的过程，得到 b 的值也为 1——y=1+1;

（3）计算 1+1，得到数值 2——y=2;

（4）把数值 2 赋给 y——y=2;

（5）由于是第一次访问 y，所以编译器分配内存空间，关联变量名和地址，存储数值。

此时变量中内存中的表示如图 3-4 所示。

内存地址	…	2000	2004	2008	…	
内存数据	…	1	1	2	…	
变量名称	…	a	b	y	…	

图 3-4　变量 a、b、y 在内存中的表示

printf("\na+b=%d",y);是把 y 的值打印出来，这里同样要访问变量 y 去获取其值，过程同上。

3.8　自己设计 C 函数

用 C 语言库函数和第三方提供的函数组装程序是程序设计的一条捷径和重要方法。但是，一个 C 程序不可能只由一个 main 函数组成，不可能在 main 函数中实现所有的功能。编写程序，更多的时候需要程序员自己动手创建新的函数。

3.8.1　在 main 函数中计算 3 个整数的平均数

先请看代码 3-5。

代码 3-5　在 main 中计算 3 个整数的平均数 Average

```
<------------------------文件名：Average.c ------------------------>
01   #include <stdio.h>
02
03   void main(void)
04   {
05       int a=1,b=2,c=3;                    /*声明a、b、c为整型变量*/
06       int y = (a+b+c) / 3;                /*进行数值计算*/
07       printf("\n the average is %d",y);   /*输出3个整数的平均数*/
08   }
```

编译运行代码 3-5，程序输出为：

```
the average is 2
```

【代码解析】

（1）#include 和 main

无需重复了。

（2）int a=1,b=2,c=3;

向编译器声明了 3 个整型变量，并同时赋初值。

（3）int y=(a+b+c) / 3;

向编译器声明变量 y 为整型变量。计算 a+b+c 的值得到 6，然后整除 3，得到 2。最后将 2 赋值给 y。"( )"在这里同数学里的四则运算中的小括号"( )"一样，表示需要优先运算；"/"相当于四则运算中的除法运算。

（4）printf("\n the average is %d",y);

在屏幕上打印出 y 的值。

这段代码计算 1、2、3 三个整数的平均数，最后正确打印出结果来。

3.8.2　在 main 函数中分 3 次计算 3 个整数的平均数

如果需求变化为先计算 1、2、3 这 3 个整数的平均数后，再计算 1234、2345、3456 这 3 个整数的平均数，最后计算 9876、2345、1 这 3 个整数的平均数呢？方法一如代码 3-6 所示。

代码 3-6　分 3 次计算 3 个整数的平均数 Average2

```
<----------------------------文件名：Average2.c ----------------------------->
01   #include <stdio.h>
02
03   void main(void)
04   {
05       int a=1,b=2,c=3;                        /*声明a、b、c为整型变量*/
06       int a2=1234,b2=2345,c2=3456;            /*声明a2、b2、c2为整型变量*/
07       int a3=9876,b3=2345,c3=1;               /*声明a3、b3、c3为整型变量*/
08       int y = (a+b+c) / 3;                    /*求a、b、c 三个整数的平均数*/
09       int y2= (a2+b2+c2) /3;                  /*求a2、b2、c2 三个整数的平均数*/
10       int y3= (a3+b3+c3) /3;                  /*求a3、b3、c3 三个整数的平均数*/
11       printf("\n the average is %d",y);       /*输出a、b、c三个整数的平均数*/
12       printf("\n the average is %d",y2);      /*输出a2、b2、c2三个整数的平均数*/
13       printf("\n the average is %d",y3);      /*输出a3、b3、c3三个整数的平均数*/
14   }
```

编译运行代码 3-6，输出结果如下：

```
the average is 2
the average is 2345
the average is 4074
```

【代码解析】代码 3-6 没有新知识，只是求几个整数的平均数，不管整数有多大，计算公式都是相同的。

3.8.3　自编函数实现计算 3 个整数的平均数

关注以下 3 行代码：

```
int y = (a+b+c) / 3;
int y2= (a2+b2+c2) /3;
int y3= (a3+b3+c3) /3;
```

这 3 行代码将求平均数的公式使用了 3 次。重复的代码将使得以后的代码维护困难，因为一个地方修改，其他重复的地方也要修改。这 3 行代码功能相同，虽然很简单，但是可以将其抽取出来形成一个函数。具体代码如代码 3-7 所示。

代码 3-7　编写函数计算 3 个整数的平均数 Average3

```
<--------------------------文件名：Average3.c ----------------------------->
01   #include <stdio.h>
02   /*函数声明。下面的代码将使用函数average*/
03   int average(int a,int b,int c);
04
05   void main(void)
06   {
07       int a=1,b=2,c=3;                        /*声明a、b、c为整型变量*/
```

```
08        int a2=1234,b2=2345,c2=3456;           /*声明a2、b2、c2为整型变量*/
09        int a3=9876,b3=2345,c3=1;              /*声明a3、b3、c3为整型变量*/
10        int y = average(a,b,c);                /*使用函数求a、b、c 三个整数的平均数*/
11        int y2= average(a2,b2,c2);             /*使用函数求a2、b2、c2 三个整数的平均数*/
12        int y3= average(a3,b3,c3);             /*使用函数求a3、b3、c3 三个整数的平均数*/
13        printf("\n the average is %d",y);      /*输出a、b、c三个整数的平均数*/
14        printf("\n the average is %d",y2);     /*输出a2、b2、c2三个整数的平均数*/
15        printf("\n the average is %d",y3);     /*输出a3、b3、c3三个整数的平均数*/
16   }
17
18   /*函数定义：具体的函数实现*/
19   /*
20    函数名：average
21    参数表：a,b,c:3个整型参数
22    返回值：整型，返回3个整数的平均数
23   */
24   int average(int a,int b,int c)
25   {
26        return (a+b+c)/3;                       /*返回3个整数的平均数*/
27   }
```

编译运行代码 3-7，结果同代码 3-6。

【代码解析】第 3 行先声明一个 average()函数，读者注意这是写作规范，不光让看程序的人知道你定义了一个函数，也要让程序知道你定义了一个函数。第 24~27 行是函数的定义，实现求平均数的功能。

3.8.4　如何自编写函数

对代码 3-7 说明如下：

（1）int average(int a,int b,int c);是函数声明。声明是向编译器登记有这么一个函数，其函数原型如声明中所示。average 函数的原型告诉编译器如下信息：

函数名字为 average。需要 3 个参数，都是整数类型。返回值也是整数类型。

现在编译器知道有这么一个函数了，但是具体实现，编译器暂时还不清楚。一直到编译完毕的时候，编译器也不会去管这个声明的函数是否真的实现过。因为这是连接器的工作内容。实际开发时，源代码非常多，可能函数的定义代码在一个源文件中，而调用在另一个文件里，编译器是没有办法知道这个函数的定义是在另一个文件中实现的。

（2）函数声明后，就可以调用该函数了。如同上文所述，编译器知道有某个函数的原型后，即认为该函数可以调用。

```
int y = average(a,b,c);
int y2= average(a2,b2,c2);
int y3= average(a3,b3,c3);
```

这 3 行就是在调用函数 average。

（3）函数定义部分。以下部分就是函数定义。

```
int average(int a,int b,int c)
{
    return (a+b+c)/3;
}
```

励志照亮人生　编程改变命运

同 main 函数比较一下，可以发现很多类似之处。函数定义的语法规则是：

```
函数返回值类型 函数名 ( 参数类型 参数1名称, 参数类型 参数2名称...)
{
函数体部分
}
```

【代码解析】

average 是函数名称。名称由程序员自己决定，符合命名规则即可。average 前面的 int，表示函数的返回值类型是 int。小括号内的"int a,int b,int c"是 3 个参数的列表，表示 3 个参数都是整数类型。函数定义中的参数被称作形式参数，表示这些参数在定义的时候，并没有分配任何内存，只是个模板而已。真正分配内存的时候是函数被调用的时候。更详细的解释请参考第 11 章和第 18 章。

(4) return 是 C 语言提供的关键字，其功能是终止函数的执行，从函数中返回到调用它的地方，并可以向调用者返回其后表达式的值。

return 的作用有两个：返回；返回值。

对于代码 3-7，读者是否可以很清晰地按逻辑分出每块代码来？如，哪些部分是函数声明？哪些部分是函数定义？如果暂时还不能明确划分出来，说明对本章所讲的知识还没有弄明白。

3.8.5 试验观察总结函数声明和函数定义的意义

请读者做试验，查看代码 3-8 的编译连接结果。

代码 3-8 试验代码 AverageEx

```
<------------------------------文件名：AverageEx.c ------------------------------->
01  / *
02      本程序编写函数计算3个整数的平均数
03      本程序请读者自行编译连接观察结果
04  */
05  #include <stdio.h>
06  /*函数声明。下面的代码将使用函数average*/
07  int average(int a,int b,int c);
08
09  void main(void)
10  {
11      int a=1,b=2,c=3;                        /*声明a、b、c为整型变量*/
12      int a2=1234,b2=2345,c2=3456;            /*声明a2、b2、c2为整型变量*/
13      int a3=9876,b3=2345,c3=1;               /*声明a3、b3、c3为整型变量*/
14      int y = average(a,b,c);                 /*使用函数求a、b、c 三个整数的平均数*/
15      int y2= average(a2,b2,c2);              /*使用函数求a2、b2、c2 三个整数的平均数*/
16      int y3= average(a3,b3,c3);              /*使用函数求a3、b3、c3 三个整数的平均数*/
17      printf("\n the average is %d",y);       /*输出a、b、c三个整数的平均数*/
18      printf("\n the average is %d",y2);      /*输出a2、b2、c2三个整数的平均数*/
19      printf("\n the average is %d",y3);      /*输出a3、b3、c3三个整数的平均数*/
20  }
21
22  /*函数定义：具体的函数实现*/
23  /*
24      函数名：average
```

```
25        参数表：a,b,c:3个整型参数
26        返回值：整型，返回3个整数的平均数
27   */
28   int average(int a,int b,int c)
29   {
30        return (a+b+c)/3;
31   }
```

请读者思考结果异常现象出现的原因。

【代码解析】代码中并没有出现函数的声明，而是直接在第 14~16 行调用了这个函数，此时会出现一个 warning 提示。读者可通过编辑器了解具体的提示语句。

请读者上机查看代码 3-9 编译、连接并运行的结果。

代码 3-9　另一个试验代码 AverageEx2

```
<-----------------------文件名：AverageEx2.c----------------------->
01   /*
02        本程序编写函数计算3个整数的平均数
03        本程序请读者自行编译连接观察结果
04   */
05   #include <stdio.h>
06
07   /*函数定义：具体的函数实现*/
08   /*函数名：average
09    *参数表：a,b,c 3个整型参数
10    *返回值：整型，返回3个整数的平均数
11    */
12   int average(int a,int b,int c)
13   {
14        return (a+b+c)/3;
15   }
16
17   void main(void)
18   {
19        int a=1,b=2,c=3;                    /*声明a、b、c为整型变量*/
20        int a2=1234,b2=2345,c2=3456;        /*声明a2、b2、c2为整型变量*/
21        int a3=9876,b3=2345,c3=1;           /*声明a3、b3、c3为整型变量*/
22        int y = average(a,b,c);             /*使用函数求a、b、c 三个整数的平均数*/
23        int y2= average(a2,b2,c2);          /*使用函数求a2、b2、c2 三个整数的平均数*/
24        int y3= average(a3,b3,c3);          /*使用函数求a3、b3、c3 三个整数的平均数*/
25        printf("\n the average is %d",y);   /*输出a、b、c三个整数的平均数*/
26        printf("\n the average is %d",y2);  /*输出a2、b2、c2三个整数的平均数*/
27        printf("\n the average is %d",y3);  /*输出a3、b3、c3三个整数的平均数*/
28   }
```

【代码解析】上述代码不是使用了函数的声明，而是直接在主函数调用之前就定义了 average() 函数，如代码第 12~15 行所示。这样既然已经定义了，就不会影响代码第 22~24 行的正常运行。

3.9　语句构成程序

C 语言有如下 5 种类型的语句。

（1）表达式语句。C语言中，操作或者动作可称为表达式。以分号结尾的表达式称为表达式语句。例如，以下示例都是表达式语句：

```
int x;
printf("\nHello World");
```

（2）C语言还有9种流程控制语句，如if-else、for循环语句、while循环语句、do-while循环语句、continue结束本次循环语句、break跳出循环语句、switch多路分支选择语句、goto转向语句、return返回语句。

（3）函数调用构成函数调用语句。

（4）只有一个";"的空语句。

（5）复合语句，即用"{}"包括起来的语句。

C语言中最小的程序单元是语句。另外在源代码中有一些是指示编译器如何编译的预处理器指示命令，如#include、#define等，也有些指示连接器如何工作的连接处理指示命令。C语言源代码就是由语句和这些指示命令构成的。

3.10 优秀程序员的代码风格

所谓代码风格，是编写代码时对代码的排版布局，如何命名代码中的变量名称、函数名称等。

一个优秀的程序员，除了代码质量高、错误少之外，另一个非常重要的标准就是代码风格。在很多时候，代码风格比程序的效率更加重要，代码风格的好坏可以直接看出一个程序员编程的素质。优秀的代码风格如同一身得体的打扮，能够给人以良好的印象。学习程序设计，首先必须建立良好的编程习惯，这其中就包括代码风格。代码风格是很个性化的，每个程序员都会有自己的喜好和见解。

有一些通用的代码风格，如每行尽量不超过80个字符，这个标准是有历史原因的，以前的编辑器一行只能显示80个字符，所以超过80字符，就得滚动才能看全。现在的编辑器已没有这个限制，但是一行中的代码太长依旧不利于程序员阅读。

对于本章介绍的变量和函数来说，程序员都认可的代码风格如下：

- 局部变量应使用小写字母；
- 全局变量应由大写字母开头；
- 函数名应该写为动作性的结构名，应该带有整体性；
- 使用有描述意义的变量名或函数名；
- 语句应该随着在程序中的层次不同采取相应的缩进。

另外，很多人总是鼓励变量名写的够长，容易携带信息，这也是不可取的。一般情况下，清晰都是随着简洁而来的，所以在写变量名的时候应该适当采用有意义的缩写形式。

3.11 小结

本章描述了C语言程序的大概组成。C语言由语句构成。每个C程序必须有一个main函数。在main函数中调用其他函数，可以是用户自己定义的函数，也可以是C语言提供的库函数，还可以是第三方提供的函数。

自定义函数要用到变量，变量存储在内存中，每个变量有自己的类型。

在源代码中，可以指示编译器的某些编译动作，也可以指示连接器如何连接。

3.12　习题

一、填空题

1．printf 函数的声明位于_____文件中。

2．函数中 return 的作用有两个，分别是_____和_____。

3．每个 C 程序必须有一个_____函数。

二、上机实践

1．自定义一个函数，实现求两个整数的和。

【提示】

```
int sum1(int a,int b)
{
    return a+b;
}
```

2．找出以下代码中的错误（常见初学者在定义函数时容易犯的错误）。

```
#include <stdio.h>
int add(int a,int b)
void main(void)
{
    int a=50,b=200;
    int y = add(a,b);
    printf("\n the average is %d",y);
}

int add(int a,int b)
{
    return a+b;
}
```

【提示】正常代码以分号结束，但是函数定义时这类语句都不需要以分号结束。

3．将习题 1 中自定义的求和的函数放在一个.txt 文件中，然后在程序中引用，还是实现两个整数求和的功能。

【提示】

```
#include "sum1.txt"
```

注意	#include语句结束不带分号。

第4章 常量、变量及数据类型

上一章介绍了 4 个技术点：函数、关键字、变量和数据类型。变量是贯穿程序始终的一种数据形式，上一章介绍得有点简单，很多读者还不是很明白。本章将结合常量和数据类型，更深入地介绍变量的定义和操作。

本章包含的知识点有：

- ❑ 在计算机中如何表示数据
- ❑ 数据都有什么类型
- ❑ 变量的使用
- ❑ 常量的使用
- ❑ 与变量相关的算法

4.1 计算机是如何表示数据的

在计算机上，我们可以打开"计算器"，输入几个数据，就可以得出它们的计算结果。对我们来说，输入的是数据，看到的是结果。对计算机来说，它看到的是什么呢？本节会先介绍计算机中的进制形式，然后了解数据在计算机中是如何被存储的。

4.1.1 二进制、八进制、十六进制

二进制、八进制和十六进制是计算机中常用的进制形式。N 进制的计数法，就是"逢 N 进一"。

1. 二进制

二进制数是用 0 和 1 两个数码来表示的数，如（11111011）$_2$ 表示二进制数。它的基数为 2，进位规则是"逢二进一"。

2. 八进制

八进制数是用 0~7 共 8 个数码来表示的数，如（167）$_8$。它的基数为 8，进位规则是"逢八进一"。

3. 十六进制

十六进制由 0~9 和 A~F 这 16 个字符表示，如（1AE）$_{16}$。它的基数是 16，进位规则是"逢十六进一"。

把十进制、二进制、八进制、十六进制对应起来形成进制转换表，如表 4-1 所示。

表 4-1 进制转换表

十进制	二进制	八进制	十六进制
0	0	0	0
1	1	1	1
2	10	2	2
3	11	3	3
4	100	4	4
5	101	5	5
6	110	6	6
7	111	7	7
8	1000	10	8
9	1001	11	9
10	1010	12	A
11	1011	13	B
12	1100	14	C
13	1101	15	D
14	1110	16	E
15	1111	17	F
16	10000	20	10
17	10001	21	11
18	10010	22	12
19	10011	23	13
……	……	……	……
31	11111	37	1F
32	100000	40	20
……	……	……	……
255	11111111	377	FF
256	100000000	400	1 00

因为篇幅原因，本表没有按顺序将所有进制间的转换关系列出来，读者可以自行列一下，以加深印象。一般在十六进制数前面加上 0x，如 0xFF，表示十六进制数 FF。

由表 4-1 可以总结如下规律：

（1）4 个二进制位和一个十六进制位可以表示的数刚好匹配。比如 4 个二进制位最大只能表示 15，而十六进制一位最大是 F，也就是十进制的 15。为了表示十进制数字 16，二进制必须用到 5 位，为 10000，十六进制必须使用 2 位（这两位是两个十六进制的"2 位"），为 10。

（2）同理，8 个二进制位和 2 个十六进制位可以表示的数相同。而 8 个二进制位即为一个字节的长度，所以一个字节的长度即可表示 2 个十六进制位。

4.1.2　表示数据的字节和位

程序员编写的程序以及所使用的数据在计算机的内存中是以二进制位序列的方式存放的。典型的计算机内存段二进制位序列如下：

…0001000101010101000101010111011001010010100100010010010010…

上面的二进制位序列里，每一位上的数字，要么是0，要么是1。在计算机中，位（bit）是含有0或者1值的一个单元。在物理上，它的值是一个负或是一个正电荷，也就是在计算机中可以通过电压的高低来表示一位所含有的值。如果是0，则用低电压表示；如果是1，则用高电压表示。

在上面的二进制位序列这个层次上，位的集合没有结构，很难来解释这些序列的意义。为了能够从整体上考虑这些位，于是给这些位序列强加上结构的概念，这样的结构被称作字节（byte）和字（word）。通常，一个字节由8位构成，而一个字由32位构成，或者说是4个字节构成。

人们经常可能被问到的一个问题是："存款有几位数了？"如果回答4位数，那了不起也就万元欠一点；如果回答6位数，那就是几十万了。日常生活中，通过十进制的位数就可以发现，要表达的数据越大，需要十进制的位数也越多。

一个字节只有8位，一个字节能表达的最大的数据也就是$(11111111)_2$，即8位数的二进制，十进制就是255。也就是说，一个字节最大能存储的整数是255。两个字节呢？$(11111111\ 11111111)_2$的十进制是65535。4个字节呢？是4294967295。32位计算机中，一个整型数需要4个字节表示，所以最大的整数就是4294967295，超过4294967295以后，比如4294967296，在计算机中用一个整型数就表示不了。在计算机中，需要表示的数越大，需要的二进制位也越多，也就需要更多的字节来存储。

26个英文字母可以用26个数字分别对应，如果算上大小写，也就52个数字。再加上英文标点符号和10个数字，总共加起来也不足127个字符。于是美国有关的标准化组织就出台了所谓的美国标准信息交换代码（ASCII编码），统一规定了上述常用符号用哪些二进制数来表示。表4-2所示是从ASCII编码中截取的一部分，详细的可以参考本书附录。

表4-2　部分字母对应的ASCII编码

二进制数字	十进制数字	十六进制数字	字　符
01000001	65	41	A
01000010	66	42	B
01000011	67	43	C
01000100	68	44	D

由表4-2可见，字符A实际上对应着二进制数01000001，也就是十进制数65。字符B对应66。同样，小写字母、数字字符、标点符号，每个字符都有一个相应的数值对应。如果要在计算机中表示汉字，就没这么简单的了。汉字有上万个，用一个字节表示一个汉字的话，最多只能表示256个汉字，必须使用两个字节才能把所有的汉字表示完全。所以在计算机中，一个汉字用两个字节来表示。假设一篇文章有100个汉字，那么至少就需要2×100=200个字节来存储。

计算机中物理内存的空间大小是有限的，现在的内存条一般一条是512MB大小。硬盘的空间也有限，现在的硬盘一般都已经超过了320GB大小。在这里，512MB和320GB是什么意思呢？

这其实是一个简单的单位换算。

1 字节=8 位

1K 字节= 1024 字节=2^{10} 字节，也就是 1K=1024

1M 字节=1024K 字节=1024×1024 字节=2^{20} 字节，也就是 1M=1024K

1G 字节=1024M=1024×1024×1024 字节=2^{30} 字节，也就是 1G=1024M

所以如果一个 320GB 大小的硬盘全部用来存储汉字，可以存储多少个字呢？320GB=320×1024×1024×1024/2 个汉字——天文数字了。

4.1.3　内存是存储数据的房间

计算机中的内存是以位为最小存储单位的。通过对内存进行组织，可以引用特定的位集合。把计算机的内存起始位编号为 1，每隔 8 位编号增 1，也就是以字节为单位，每隔一个字节编号向上加一，可以对计算机所有内存进行编号，如表 4-3 所示。

通过对内存进行如表 4-3 所示的组织以后，就可以引用特定的位数据了。比如说"在地址编号 1 上的字"，意思是从地址 1 开始，往后共 4 个字节（一个字为 32 位，即 4 个字节）。或者说"在地址 1 上的字节"，表示地址 1 中的数据。比如说，地址 3 上的数据和地址 1024 上的数据相同。

表 4-3　可寻址的机器内存

地址编号	位 7	位 6	位 5	位 4	位 3	位 2	位 1	位 0	字节内容
1	1	0	0	1	0	0	0	0	10010000
2	0	1	1	0	0	1	1	1	01100111
3	1	1	1	0	1	1	0	0	11101100
4	0	0	0	0	0	0	0	0	00000000
5	0	1	1	1	0	0	1	0	01110010
……									
1024	1	1	1	0	1	1	0	0	11101100
……									
2^{32}	0	1	1	0	1	0	1	0	01101010

如同第 1 章描述的一样，可以把计算机内存想象成一个旅馆的房间，这个旅馆有很多个小房间，每个房间有一个房间号。从 1 开始编号。每个房间可以存储 8 位的二进制数字。

但是对于表 4-3 中的地址 1024 处的数据内容具体是什么含义，在没有其他限定条件下，是无法解释这些位序列的。同一份数据，可以从不同的角度去解释。比如，有一个很有名的电影《2046》，没有上映前，笔者以为是 2046 年，可能是部科幻片；上映后却发现是房间号码。对于 2046 的解释，就出现了两种说法：年份；第 20 层第 46 个房间。

另外，地址 1024 只是一个字节的地址编号。当一个数据需要占据内存 4 个字节的时候，要把这 4 个字节全部包括，有两种方式：第一，起始地址～结束地址，如 1024～1027，表示从第 1024

个字节到第 1027 个字节的 4 个字节；第二，起始地址～长度，如 1024～4，表示从 1024 开始，往后的 4 个字节。C 语言采用了第二种方式，即通过起始地址+长度的方式可以访问指定内存的数据。

4.2 数据类型

在前面的章节里，声明变量的时候需要指明数据类型，声明函数的时候，也需要指明函数返回值的数据类型。数据类型是对程序所处理的数据的"抽象"，将计算机中可能出现的数据进行一个分类，哪些数据可以归结为一类，哪些数据又可以归结为另一类。比如整数 1、2、3、-1、-2、0、1000 等，归结为整数类型；带小数点的数据，比如 12.1、2343.34、-23434.33 等，归结为实数类型。

C 语言规定，在程序中使用的每一个数据，必须指定其数据类型。本节不做任何解释，先请读者思考，C 语言这么规定是为了什么。在 C 语言中，提供了非常丰富的数据类型，如图 4-1 所示列出了 C 语言提供的所有类型。

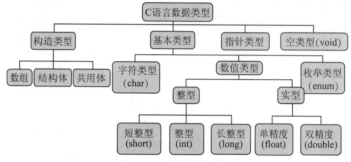

图 4-1　C 语言数据类型

在 C 语言中，数据类型可分为基本类型、构造数据类型、指针类型、空类型四大类。

（1）基本类型：基本类型是最基础的简单数据类型，其值无法再分解为其他类型。基本数据类型都是自我说明的。

（2）构造数据类型：顾名思义，构造数据类型是根据已定义的一个或多个数据类型用构造的方法来定义的。构造数据类型是由多个其他数据类型组合而成的，也就是说，一个构造类型的值可以分解成若干个"成员"或"元素"，其中每个"成员"要么是一个基本数据类型，要么又是一个构造类型。在 C 语言中，构造类型有以下几种。

- ❏ 数组类型：所有元素都是同一类型，即数组类型是多个同一数据类型元素的集合。
- ❏ 结构类型：不同数据类型的组合。
- ❏ 共用体类型：多个元素不同数据类型，但是共用一块内存。

（3）指针类型：指针类型是 C 语言中比较重要而且比较难以理解的知识点，但是本书已经将难点分散在各章各节中，相信读者在学习指针的时候会很轻松地理解指针。

（4）空类型：空类型表示没有类型，主要用在函数相关的地方以及指针相关的地方。

本节只介绍基本数据类型，其他数据类型在后续章节中陆续介绍。

4.2.1 整数类型

整数是日常生活和计算机中用得最频繁的数据类型，也比较容易理解。整数从数学意义上来说就是从负无穷到正无穷之间的任意整型的数据，也就是任意自然数（如 1、2、3、4、5）以及它们的负数或 0。如果用十进制表示一个自然数，十进制的位数越多，表示的整数也越大。在计算机中用二进制表示数据，二进制的位数不能无限使用，所以在计算机中，整数有一定的大小限制，只能在一定的范围之内。

在以前内存"寸土寸金"的时代，哪怕是节约 2 个字节的内存，也是非常有必要的。所以 C 语言的整数类型，又分为短整型（short）、普通整型（int）和长整型（long）3 种。C 标准并没有具体规定各种整型应该占多少字节，只是要求 int 型占用的长度应大于或等于 short 型，而又小于或等于 long 型占用的字节。不同的 C 语言编译器可能有不同的规定。一般来说，short 占用 2 个字节（16 位），int 占用 4 个字节（32 位），long 占用 4 个字节（32 位）。

由于整型所占用的字节数被限制在 4 个字节以内，所以其取值范围也有限，取值范围如表 4-4 所示。

> **说明**　2 个十六进制位即可表示一个字节。十六进制数字用 0x 开头表示。

表 4-4　整型数据的取值范围和可表示的数据个数

类型	位数	最小（二进制）	最小（十六进制）	最小（十进制）	最大（二进制）	最大（十六进制）	最大（十进制）	可表示的数据个数
short	16	0	0	0	11111111 11111111	0xff ff	65535	2^{16}=65536=6K
int	32	0	0	0	11111111 11111111 11111111 11111111	0xff ff ff ff	4294967295	2^{32}=4294967296=1G
long	32	0	0	0	11111111 11111111 11111111 11111111	0xff ff ff ff	4294967295	2^{32}=4294967296=1G

代码 4-1 可验证整数的最大可表示的数字。

代码 4-1　编程验证 int 可表示的最大数字 CheckInt

```
<------------------------------文件名：CheckInt.c------------------------------>
01    /* 本程序验证整数的最大数字*/
02    #include <stdio.h>
03
04    void main(void)
05    {
06        int x=4294967296;                        /*定义int型变量*/
07        printf("\nx=%d",x);                      /*输出int型变量*/
08    }
```

【代码解析】该程序很简单，仅仅定义了一个 int 类型的变量，并赋初值为 4294967296。已经知道 4294967296 用二进制表示为 100000000000000000000000000000000，共 33 位。而一个 int 类型只有 32 位，一个萝卜一个坑，32 个"坑"对应了 33 个"萝卜"，看来有一个"萝卜"没有位置了。很不幸的事情是最高位"牺牲"了。真正存储的二进制数据是 1 后面的 32 个 0。"萝卜"放进"坑"里就成了：00000000000000000000000000000000。

所以代码 4-1 运行的结果是：

```
x=0
```

应该说在大多数读者的计算机上运行结果为 0。对于 4 个字节的整型数据，在内存中的排列是低位在内存低地址，高位在内存高地址的布局方式。也有的机器刚好相反，采用数据低位在内存高地址而数据高位在内存低位的布局方式。

读者可以用 4294967297、4294967298 来试验，看看发生的现象。

注意　在LCC中修改了代码后，需要将源文件存盘，再次编译后运行。

4294967297 用二进制表示是 100000000000000000000000000000001，放在"萝卜坑"里后变成：00000000000000000000000000000001，所以结果为 1。

4294967298 的道理同样。

4.2.2　整数的有符号和无符号

上面的论述只关注了正整数，负数在计算机中该如何表示呢？请读者跟随笔者的推理过程来得到一个解决方案。正数和负数是两种情况，计算机要区分两种情况，就必须有一个标记来表示是哪种情况。两种情况，用二进制的一位刚好可以表示，比如用 0 表示正数，1 表示负数，刚好可以区分清楚。那么一个 4 字节也就是 32 位存储单元的整数，应该用哪一位表示数据的正负号呢？最简单的方法就是用最高位（就是最左边那一位）了。C 语言中确实就是用最高位来表示一个整数的正负号，0 表示为正，1 表示为负。

某些时候，可能并不需要正负号，如记录中国的人口、考试分数、年龄等数据，就可以不要符号位，而节省一个二进制位，从而可以表示的数就更大了。于是 C 语言提出了有符号和无符号的概念。

有符号（signed）表示一个二进制数在存储单元中，其最高位是用来表示数据的正负的，剩下的数位才是真正的数，如图 4-2 所示。

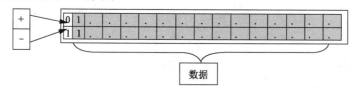

图 4-2　有符号整数最高位为符号位

注意，计算机中的数值是以补码的形式存储的。正数的补码就是该数的二进制数，如 23 的二进制数是 00010111，则其补码就是 00010111。负数的补码计算经过以下 4 步：

（1）取该负数的绝对值。

（2）以二进制数的形式表示。

（3）将二进制数取反（取反就是 1 变为 0，0 变为 1）。

（4）将取反后的值加 1。

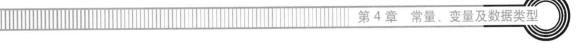

如，-1 的补码计算过程如下：

（1）绝对值=1

（2）二进制表示：00000000000000000000000000000001

（3）取反表示： 11111111111111111111111111111110

（4）加 1：   +   1

结果   11111111111111111111111111111111

显然，所有负数的二进制补码的最高位必然是 1。本书对补码不做过多解释。

无符号（unsigned）表示一个二进制数，在存储单元中，所有的二进制位全部用来表示数据。

整型（int）、短整型（short）、长整型（long）都可以用有符号和无符号来修饰，以表示其存储单元如何解释。如 signed int，表示 4 个字节的存储单元，其中第 32 位是符号位，剩下的 31 位才是数据位。如果没有明确指明是 signed 还是 unsigned，如只是用 int x; 来声明变量 x，则表示 x 是有符号类型的。所以表 4-4 所示的范围及可表示数据个数均为无符号整数。有符号和无符号整数的范围和可表示数据个数如表 4-5 所示。

表 4-5 有符号和无符号整数的取值范围和可表示的数据个数

类型	位数	最小（二进制）	最小（十六进制）	最小（十进制）	最大（二进制）	最大（十六进制）	最大（十进制）	可表示的数据个数
unsigned short	16	0	0	0	11111111 11111111	0xff ff	65535	2^{16}=65536 =6K
unsigned int	32	0	0	0	11111111 11111111 11111111 11111111	0xff ff ff ff	4294967295	2^{32}=4294967296 =1G
unsigned long	32	0	0	0	11111111 11111111 11111111 11111111	0xff ff ff ff	4294967295	2^{32}=4294967296 =1G
short	16	-1111111 11111111	-0x7f ff ff	-32767	+11111111 1111111	+0x7f ff	+32767	2^{16}=65536 =6K
int	32	-11111111 111111111 111111111 111111	-0x7f ff ff ff	-2147483647	+11111111 11111111 11111111 11111	+0x7f ff ff ff	+2147483647	2^{32}=4294967296 =1G
long	32	-1111111 111111111 111111111 1111111	-0x7f ff ff ff	-2147483647	+11111111 11111111 11111111 11111	+0x7f ff ff ff	+2147483647	2^{32}=4294967296 =1G

由于有符号和无符号对数据最高位的解释不一样，那么对于一个 32 位的数据，如二进制数 10000111101000001111000110000000，如果把此数当作 unsigned int 来看待，则该数表示的数据是

2275471744；但是如果将该数当作 int 来看待，则最高位"1"表示负号，真正的数据是后面 31 位，则实际表达的数据是-2019495552。由此可见，同样的二进制数据，因为可进行解释的数据类型不同，其含义大相径庭。

4.2.3　实数类型

在计算机中表示整数比较简单，但表示带有小数点的数据却稍微麻烦了一些。如何确定小数点的位置呢？通常有两种方法：一种是规定小数点位置固定不变，称为定点数。另一种是小数点的位置不固定，可以浮动，称为浮点数。在计算机中，通常是用定点数来表示整数和纯小数，分别称为定点整数和定点小数。对于既有整数部分又有小数部分的数，一般用浮点数表示。这种表达方式利用科学计数法来表示实数，即用一个尾数（Mantissa）、一个基数（Base）、一个指数（Exponent）以及一个表示正负的符号来表示实数。比如 123.45 用十进制科学计数法可以表达为 1.2345×10^2，用科学计数法表示为 1.2345e2。其中 1.2345 为尾数，10 为基数，2 为指数。浮点数利用指数达到了浮动小数点的效果，从而可以灵活地表达更大范围的实数。

C 语言中，实数类型使用浮点数表示。同样也是为了节省内存，C 语言实型数据分为单精度（float）和双精度（double）。在一般的系统中，一个 float 型数据占用 4 个字节（32 位）的存储单元，一个 double 型数据占用 8 个字节（64 位）的存储单元。浮点型数据及其数值范围如表 4-6 所示。

表 4-6　浮点型数据及数值大约范围

类　型	存储方式	最小值	最大值
double	64 位	约 1.79e-308	约 1.79e308
float	32 位	约 3.4e-38	约 3.4e38

注意　由于计算机处理浮点数据比整型数据慢，所以一般如果能够用整数表示尽量使用整数。

浮点数如何存储本书不做解释。

4.2.4　字符类型

字符类型的数据，如字符 a、A、？、3、=等在计算机内存中用相对应的 ASCII 码表示。如 c 的 ASCII 码为 99，则在内存中存储的数据是 01100011。

字符型数据在计算机中只占用 1 个字节（8 位）的存储单元。ASCII 码也是一个整数，可以把 ASCII 码看作整型数据，只是字符类型的数据只占用一个字节的存储单元而已。如下列代码片段就是将字符型数据当作整数看待。

```
char c='c';
printf("\nc=%d",c);
```

输出结果是：

```
c=99
```

由于字符 c 对应的 ASCII 码是 99，所以按照整数的方式打印，得到结果是 99。

```
printf("\n%c",99);
```

读者可以试验上面的一行代码，看看打印的结果是什么。结果为：

c

printf 中的%c 是表示将后面的整数对应的字符打印出来。

请读者注意区分上面代码中的几个 c。char c='c'; 第一个 c 是变量名称，第二个 c 是一个字符。

字符型数据也有正负之分。ANSI 标准 ASCII 字符的范围是 0～127，用 7 位二进制位即可表示完全。最左一位填充 0，对实际数据并没有影响。例如字符 A 的 ASCII 码为 65，二进制形式是 01000001。有些系统，比如笔者使用的计算机系统，还扩充使用了 128～255 的字符。这些字符需要 8 位二进制位来表示。例如字符 Ω，对应的 ASCII 码是 234，即二进制数 11101010。由于第一位是 1，该如何处理最左边也就是符号位呢？标准 C 没有说明，并无统一规定。有些系统把 char 当作 signed，有些当作 unsigned，读者可自己判断。

4.2.5　数据类型总结

归纳起来，上面讲述的数据类型如表 4-7 所示。

表 4-7　基本数据类型总结

类　型	类型关键字	长度（位）	取值范围
有符号字符型	[signed] char	8	−127~+127
无符号字符型	unsigned char	8	0~255
有符号短整型	[signed] short [int]	16	−32767~+32767
无符号短整型	unsigned short [int]	16	0~65535
有符号长整型	[signed] long [int]	32	−2147483647~+2147483647
无符号长整型	unsigned long [int]	32	0~4294967295
单精度实型	float	32	约 $\pm$（$3.4 \times 10^{-38} \sim 3.4 \times 10^{+38}$）
双精度实型	double	64	约 $\pm$（$1.7 \times 10^{-308} \sim 1.7 \times 10^{+308}$）

说明

（1）类型关键字这一列中，其中由"[]"括起来的表示这部分内容是可选的。如char，表示的是有符号字符型，signed char也表示有符号字符型；long表示有符号长整型，signed long也表示有符号长整型，signed long int同样表示有符号长整型；signed short int、signed short、short、short int四者相同。其余类推。

（2）因int在不同计算机上的长度不一样，所以未在表中列出。请读者根据自己机器确定。

（3）实型数据都是有符号类型，没有unsigned和signed之分。

（4）不同计算机中这些类型长度可能不同，一般读者使用的计算机应该和表4-7相同。

4.3　常量

正如第 3 章所述，变量为程序员提供了一个有名称的内存存储区，可以通过程序对其进行读、写和其他操作。C 语言中，每个变量都与一个特定的数据类型关联，该数据类型表示对该变量对应的内存中的数值如何解释，如一个 int 型和 unsigned int 型的变量，内存中的数值也许一样，但是得到的结果却不一样。

常量是指直接出现在计算机指令中的数值。如代码 x+3，其中 x 是一个变量，其具体数值需要通过变量名去找寻对应的内存空间中的值；3，就是常量，无需到别的地方去寻找。

4.3.1　直接常量和符号常量

直接常量就是一般所说的常数。如一周有 7 天，7 是一个固定的常数。因为从字面上就可以看出其具体意义，因此又称做字面常量。常量也有不同的数据类型。如 7 可以是一个整型常量，a 可以是一个字符型常量，3.1415926 可以是一个实型常量。

代码 4-2 是求圆周长和面积的 C 程序。

代码 4-2　求圆周长和面积 Round

```
<--------------------------文件名：Round.c-------------------------->
01    /* 本程序求圆周长和面积*/
02    #include <stdio.h>
03
04    void main(void)
05    {
06        float f_radius=2.0;                                    /*半径*/
07        float f_area = 3.1415926 * f_radius * f_radius;        /*计算圆面积*/
08        float f_circumference = 3.1415926 * f_radius * 2.0;    /*计算圆周长*/
09
10        printf("\nArea=%f,circumference=%f",f_area,f_circumference); /*输出圆周长和面积*/
11    }
```

运行后打印结果为：

```
Area=12.566370,circumference=12.566370
```

【代码解析】代码 4-2 计算圆周长和面积，两处计算都使用到了一个常量 3.1415926。代码中的 printf()函数出现的%f，是表示把后面的变量的值按照浮点数的方式打印出来。依次出现了两个%f，表示将后面跟随的两个变量依次以浮点数的形式打印。

在实际开发中，一般应该避免使用直接常量。代码 4-2 比较简短，暂时还看不出使用直接常量有什么不妥。如果代码长，文件多，在使用 3.1415926 这个常量的时候，如果某个地方写错了，则很难发现这个错误所在。另外，如果要修改 3.1415926 为 3.14，则需要搜索所有出现 3.1415926 的地方，然后一一修改。还有一个问题是，3.1415926 对稍有数学常识的人都清楚是 π，但如果是一个数字 7，程序员还能清楚这个数字代表了什么意思吗？是一周 7 天？还是 7 个小矮人？为了解决这些问题，C 语言提供了一种方式，就是定义一个符号代表常量，通过引用这个符号，就相当于引用这个常量，这样一来，上面提到的几个问题迎刃而解。

C 语言提供了关键字 define 来定义一个符号常量。如：

```
#define PI    3.1415926
```

这样一来，PI 在代码中就代表了 3.1415926，修改代码 4-2 如代码 4-3 所示。

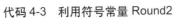

代码 4-3　利用符号常量 Round2

```
<-----------------------文件名：Round2.c----------------------->
01  #include <stdio.h>
02
03  #define  PI 3.1415926                                    /*定义一个符号常量*/
04  void main(void)
05  {
06      float f_radius=2.0;    /*半径*/
07      float f_area = PI* f_radius * f_radius;              /*计算圆面积*/
08      float f_circumference = PI * f_radius * 2.0;         /*计算圆周长*/
09      printf("\nArea=%f,circumference=%f",f_area,f_circumference); /*输出圆周长和面积*/
10  }
```

运行后结果如下：

```
Area=12.566370,circumference=12.566370
```

【代码解析】该结果完全同代码 4-2 的运行结果。第 3 行的#define 和第 1 行的#include 一样，也是对编译器进行指示的预编译命令。回忆一下，编译器编译源代码，需要好几步，第一步就是进行预处理。#include 是将后面的文件包含到当前文件。在代码 4-3 中，#define 是在预处理这一步中，将随后出现符号常量 PI 的地方，用真正的数值 3.1415926 代替。可见，#define 的实质是一个替换的动作。符号常量也需要先定义后使用，这样编译器在遇到 PI 的时候，才不至于迷惑。

注意　#define后面是否有分号，需要根据实际情况决定。

由于符号常量是简单的代替动作，所以其值在以后的程序代码中是不能再进行修改的。如：

```
PI=3.14;
```

这样是不容许的，因为在编译的时候，会将 PI 替换成 3.1415926，则上面的代码变成：

```
3.1415926=3.14;
```

这样当然是错误的。

一般将符号常量大写，并且给符号常量一个有意义的单词作为其名称。

4.3.2　符号常量的优点

虽然在程序开发中没有强制规定使用直接常量还是使用符号常量，但是使用符号常量比使用直接常量有如下更明显的优点。

(1) 通过有意义的单词符号，可以指明该常量的意思，使得程序员在阅读代码时减少迷惑。如代码：

```
#include <stdio.h>

void main(void)
{
    printf("\n%f",11.2*12.9);                  /*输出两个数相乘的结果*/
}
```

这段代码有读者可以明白其含义吗？用符号常量如下：

```
#include <stdio.h>

void main(void)
```

```
{
    #define PORK_PRICE    12.9                          /*定义价格常量*/
    #define WEIGHT        11.2                          /*定义重量常量*/
    printf("\n%f", WEIGHT * PORK_PRICE);                /*输出最终需要花的钱数*/
}
```

这段代码是否含义清楚呢？很清楚，是在计算购买猪肉所花的钱。

（2）需要修改常量的时候，只需要修改一次就可以实现批量修改，效率高而且准确。

如代码 4-3 中需要将 PI 修改成 3.14 的话，只需要更改以下代码行：

```
#define  PI 3.1415926
```

为

```
#define  PI 3.14
```

即可。这样一来，整个代码中 PI 都被替换成 3.14 了。如果手动修改的话，一个一个寻找并修改，极易出错。当然，修改完毕后，需要重新编译才能生效。

但是实际上，符号常量也有自己的缺点，如不能进行类型检查等。当然，符号常量有这些缺点，直接常量一样有。这些缺点的解决方案是：使用 const 关键字定义常量。此处不做论述。

4.3.3　直接常量的书写格式

在代码中出现的直接常量，其书写格式多种多样，比如整型常量，有十六进制的书写格式，有八进制的书写格式。实型变量也有不同的格式。

1. 整型常量

在代码中，C 整型常量有如下 3 种表现形式：

❑ 十进制整数。直接书写，没有特殊要求，如 123、-45、0。

❑ 八进制整数。八进制数用得比较少，但是在某些场合采用八进制却比较方便。在 C 中，八进制用 0 开头。如 04567 表示八进制数 4567，-02345 表示八进制数-2345。八进制的数字为 0~7 这 8 个数字，所以如果出现 0891 这样的数，是错误的。编译时提示："invalid octal constant '0891'"。因为出现了 8、9，超出八进制所使用的数字码。

❑ 十六进制整数。计算机中用十六进制数表示数据比较方便，读者一定要能非常熟练地对二进制、十六进制和十进制数进行转换。C 中，十六进制以 0x 开头，如 0x1233。

以下是一些合法的整型常量：

```
6734——十进制正数
0135——八进制正数，等于十进制数93
07001——八进制正数，等于十进制数3585
-01765——八进制负数，等于十进制数-1013
0xffff——十六进制数，等于十进制数65535
0x01fe——十六进制数，等于十进制数510
-12344——十进制负数
```

下面是不合法的整型常量：

```
023348——以0开头，说明是八进制，但出现数字8，超出八进制的数字码范围。
20fa——不以0x开头，说明是十进制，但出现f、a，超出十进制的数字码范围。
0x10eag——以0x开头，说明是十六进制，但出现g，超出十六进制数字码范围。
```

如果是-32767～32767 的常量，则使用 16 位整数表示。超出该范围，使用 32 位整数表示。

2．实型常量

实型常量只有十进制的表现形式，没有十六进制和八进制的表示。实型常量在 C 语言中有如下两种表示形式。

- ❏ 十进制数形式：用十进制表示实型数据，由整数部分和小数部分表示，整数和小数都是数字，通过小数点分隔。小数点是实型常量的标志，可以没有整数部分或者小数部分，但一定要有小数点。如 0.123、1.0、.12323、1.等都是十进制实数形式。
- ❏ 指数形式：如 123e4 或 123E4 都表示 123×10^4。注意字母 e 或者 E 前面一定有数字，且 e 或 E 后面的指数必须为整数。

3．字符常量

凡是用键盘可以正常输入的字符均可作为字符常量。如'a'、'0'、'?'、'A' 等。需要注意的是，在 C 语言源代码中，字符常量必须使用单引号括起来。不能没有，如 a，如此一来，编译器将认为 a 是一个变量或者是其他有名称的对象。不能使用双引号""括起来，""括起来的有另外的含义，稍后讲述。

单引号是这个字符常量的界定符号，或者说是边界，不是字符常量的一部分，用来表示其括起来的字符是一个字符常量。如果要表示"'"这个字符常量，不能写作'''；同样，"\"这个字符也不能写作'\'。"\"在 C 语言中称为转义字符，即与其后紧跟的字符表示其他的意思。稍后即述。

在计算机中，字符是用 ASCII 码表示的。字符常量'a'对应的 ASCII 码是 97，'A'对应的 ASCII 码是 65，所以'a'和'A'是两个不同的字符常量。同样，'0'对应的 ASCII 码是 48，而 0，就是一个整型常量，其值是 0。'0'和 0 两者是不相同的。

4.3.4 转义字符

在计算机中，有一批特殊形式的不可打印字符、单引号、双引号、反斜杠、回车退格等，需要用转义系列表示。前面的章节中 printf 函数使用的\n 就是一种以"\"开头的字符序列，代表了换行的意思。这种非显示字符难以用一般形式的字符表示，所以 C 语言规定用"\"开头的字符其后跟随的字符用另外的意思代替，"\"及其后有特殊意义的字符序列称作转义字符。

常用的转义字符如表 4-8 所示。

表 4-8 常见转义字符

字符形式	功能描述
\n	换行（newline）
\t	横向跳格，即跳到下一个 Tab 输出区（horizontal tab）
\v	竖向跳格（vertical tab）
\b	退格（backspace）
\r	回车（carriage return）
\f	走纸换页
\\	字符\

（续）

字符形式	功能描述
\'	字符'
\ddd	1 到 3 位八进制数 ASCII 码代表的字符
\xhh	1 到 2 位十六进制数 ASCII 码代表的字符

表 4-8 中有很多转义字符的作用是专门针对打印机的。比如\b 退格，使得光标回到前面一个字符处，然后输出后面的字符。比如可以使用字符"Y"和"—"打印一个人民币的符号"¥"。步骤如下：

- ❑ 打印 Y，此时光标在 Y 后；
- ❑ 退格，此时光标落在 Y 字符处，由于是打印机，所以 Y 还是留在了纸上；
- ❑ 打印—，此时在 Y 处打印—，和 Y 联合起来，刚好形成"¥"。

\n 中的 n 不再表示字母 n 了，而是和\一起表示换行。所谓换行，就是另起一行，出现一新行。\r 表示回车。回车在编辑器中有时候也是换行。比如在 LCC 的编辑窗口按回车键，光标跳到下一行。\n 和\r 的区别可以通过代码 4-4 看出。

代码 4-4　区别转义字符\n 和\r Diff

```
<--------------------------------文件名：Diff.c-------------------------------->
01    /*本程序区别\r和\n*/
02    #include <stdio.h>
03
04    void main(void)
05    {
06        printf("1abcdefghijklmn\n");                /*使用\n*/
07        printf("2opqrstuvwxyz01|------\r");          /*使用\r*/
08        printf("3mmmmmmmmmmmmmmm\n");               /*使用\n*/
09    }
```

运行后结果如下：

```
1abcdefghijklmn
3mmmmmmmmmmmmmmm|------
```

【代码解析】程序打印 3 行，结果只出现两行，并且并不是代码中输出的那些字符。这是为什么呢？

```
printf("1abcdefghijklmn\n");
```

这一行原样打印出来。\n 换行，新的字符将出现在下一行。

```
printf("2opqrstuvwxyz01|------\r");
```

这一句执行的时候，先打印字符串"2opqrstuvwxyz01|------"，这一行字符串留在了屏幕上。但是\r，回车，使得光标移到当前行首了。

```
printf("3mmmmmmmmmmmmmmm\n");
```

这一句从光标处打印字符串"3mmmmmmmmmmmmmmm"，刚好和"2opqrstuvwxyz01"一样长，于是"3mmmmmmmmmmmmmmm"覆盖了"2opqrstuvwxyz01"，然后\n 换行，光标停留在下一行。"|------"这些字符仍留在了屏幕上。

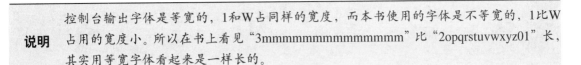

	控制台输出字体是等宽的，1和W占同样的宽度，而本书使用的字体是不等宽的，1比W
说明	占用的宽度小。所以在书上看见"3mmmmmmmmmmmmmmmm"比"2opqrstuvwxyz01"长， 其实用等宽字体看起来是一样长的。

图 4-3 是单步跟踪调试时的情形，请读者自行调试观察。

\ddd 表示用\引导一个八进制数，用这个八进制数表示的 ASCII 码作为这个转义字符的输出。这里的八进制数字不需要用 0 开头。\xhh 是用十六进制数表示 ASCII 码。所以如果\后跟 x，表示十六进制；直接跟数字，表示八进制；比如\12 也代表了换行的意思。

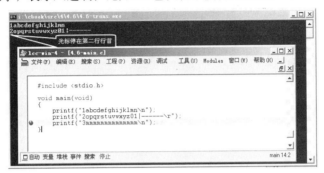

图 4-3　调试查看\r \n 的区别

4.3.5　字符串

在 C 语言中，把用双引号""""括起来的多个字符或者 0 个字符称为字符串。如"hello"、"A"、""、"How are you?\n yes I\'m a boy.!!!\102"。同字符常量一样，字符串使用双引号界定。双引号内可以插入任何转义字符。比如插入单引号，使用\'；插入双引号使用\"。

字符串中的字符个数称为该字符串的长度。转义字符被当作一个字符看待。如"hello"，字符串长度为 5，""字符串长度为 0，"A"字符串长度为 1，"yes\n"字符串长度为 4。读者可能已经发现，不同的字符串，其字符数长度可能不一样。前面的章节介绍过，C 语言采用"起始地址+内存长度"的方式来从计算机内存中获取数据。现在字符串长度不定，计算机如何存储这些字符串，又如何获取这些字符串呢？

ASCII 码中的 0 表示 NULL，即不表示任何字符。所以 C 语言把 0 用上了。编译器在编译字符串的时候，自动在该字符串后面添加一个\0，用来表示字符串结束。字符串在计算机中的存储方法，就是用一片连续的内存空间存放字符串中的每个字符，包括字符串结束符。为了表示字符串"How are you? "，计算机处理为：

H	o	w	□	a	r	e	□	y	o	u	?	\0

也就是字符串需要多使用一个字节来存储最后的结束符。这种风格的字符串，被称作 C 风格字符串，在计算机很多领域中都使用这种方式。对于字符串中的每个字符，在内存中实际是用该字符对应的 ASCII 码值表示。

计算机要读取这个字符串的时候，从该字符串的起始地址开始读取，一个字符、一个字符地读取，当遇到\0 时，就认为字符串结束了。如果一直遇不到\0，则一直读下去。这种情况并不少见，有人在实际开发中，往往忘记了给字符串添加一个结束符，导致计算机读出了很多无用的字符。在用双引号定义一个字符串的时候，编译器就保存了该字符串的起始地址，从而可以用这个起始地址来操控整个字符串。

需要注意的是，'a'和"a"在计算机中的表示是不一样的，说明如下。

"a"是一个字符串，需要添加一个结束符。

'a'占用一个字节，在内存中表示为：

97

也就是保存了字符 a 对应的 ASCII 码值 97（实际上保存的是二进制数）。

"a"占用两个字节，在内存中为：

97	0

对于字符串的结束符'\0'，在实际打印时，不输出任何字符，它只是表示该字符串已经结束了。

4.4　变量

读者现在对变量应该不陌生了。变量和常量相对，常量就是常数，不会变化，如果将数值 7 作为常量写入代码中，将永远是 7。变量会变化，变量之所以会变，是因为其存储空间容许它变。C 语言通过变量名来引用该变量的值。

4.4.1　变量的声明

在声明变量的时候，需要给这个变量一个名字。有了这个名字之后才能使用这个变量。回顾曾经编写的 C 语言代码，可以发现这些代码中，凡是用双引号括起来的部分，都是字符串。那些没有用引号括起来的单词，一部分是 C 语言提供的关键字，比如 int、double 等，还有一部分是 C 语言提供的符号，如=、+、-、（）、{}等。这些单词和符号就是 C 语言的核心部分，编译器生来就认识它们。另外没有使用双引号括起来的单词，如 int i_numbers，其中的 int 是关键字，i_numbers，就是非 C 语言的关键字（关键字将在 4.4.3 节介绍），对于编译器来说，是不认识它的，要让编译器知道这个单词是什么意思，所以有了声明（declare）。

对于变量来说，变量的声明会使得编译器在变量符号表中新增一条记录。这样编译器在后面如果读入了一个变量名，通过查询符号表，就知道是否声明过了。

变量声明的语法很简单，前面已经看见很多次了。说明如下：

❑ 一行可以声明多个同类型变量。

```
int x1,x2;                              /*声明了两个变量，x1和x2，两个变量都是整型*/
```

❑ 一行可以拆成两行。下面两行也是声明了两个整型变量 x1、x2。

```
int x1,
x2;
unsigned long l_size;                   /*声明一个无符号的长整型变量l_size*/
```

❑ 每行也可以只声明一个变量，两个变量分为两行。

```
char ch_first;
```

```
char ch_second;
```

❑ 可以先声明 char 型变量，后声明 double 型变量。

```
char ch_yes;
double d_no;
```

❑ 也可以先 double 型变量，后声明 char 型变量。

```
double d_no;
char ch_yes;
```

4.4.2　变量声明的意义

C 语言为什么要规定先声明变量呢？为什么要指定变量的名称和对应的数据类型呢？

（1）建立变量符号表。通过声明变量，编译器可以建立变量符号表，如此一来，程序中用到了多少变量，每个变量的类型是什么，编译器非常清楚。是否使用了没有声明的变量，编译器在编译期间就可以发现，从而帮助程序员远离由于疏忽而将变量名写错的情况。代码 4-5 演示了写错变量名后编译器编译时输出提示信息的情况。

代码 4-5　写错变量名编译不通过 WrongName

```
<-------------------------文件名：WrongName.c------------------------->
01   #include <stdio.h>
02
03   void main(void)
04   {
05       int i_yesorno=10;                    /*定义变量*/
06       printf("\nThe code is %d",i_yesono);  /*仔细看看变量名是否写错了*/
07   }
```

编译提示：

```
Error WrongName.c: 6 undeclared identifier 'i_yesono'
Warning WrongName.c: 6 possible usage of i_yesono before definition
```

【代码解析】"Error WrongName.c: 6 undeclared identifier 'i_yesono'"表示没有声明标识符 i_yesono，就是说编译器不认识 i_yesono。此时程序员就应该想到是否是变量名写错了。

"Warning WrongName.c: 6　possible usage of i_yesono before definition"这行是警告，意思是说可能在声明之前就使用了 i_yesono。

通过这些提示，程序员就比较轻松地找到因粗心大意写错变量名的代码错误点了。

（2）变量的数据类型指示系统分配多少内存空间。变量需要存储空间来存储。不同的数据类型占据不同的空间大小。在声明变量时需要指定变量的数据类型，因而可以准确地为变量分配确定大小的内存空间。比如 int x，则 x 占用了 4 个字节的空间；double y，则 y 占用了 8 个字节的空间。为了检查一个变量占用了多少个字节，C 语言提供了一个操作符 sizeof，通过它可以得到变量、数据类型占用的内存空间大小，单位是字节。如：

```
printf("\n%d",sizeof int);
printf("\n%d",sizeof double);
```

将会打印出机器上 int 和 double 使用的内存大小。也可得到变量占用的内存大小。

```
int x;
printf("\n%d",sizeof x);
```

在笔者计算机上打印出 4。

（3）变量的数据类型指示了系统如何解释存储空间中的值。读者已经明白，同样的数值，不同的类型将有不同的解释。int 占据 4 个字节，float 也占据 4 个字节，在内存中同样也是存储的二进制数，并且这个二进制数也没有标志区分当前是 int 型还是 float 型。如何区分？就是通过变量的数据类型来区分。由于声明建立了变量符号表，所以系统知道变量该如何解释。

（4）变量的数据类型确定了该变量的取值范围。例如短整型数据取值范围为-32767～32767。

（5）不同的数据类型有不同的操作。如整型数可以求余。C 语言用符号%表示求余。如 10%2 表示求 10 除 2 的余数。10%2 的值为 0，即 10 除以 2 商 5 余 0。而实型数据就不可以进行求余运算操作。

4.4.3　标识符和关键字

在声明变量的时候，要告诉编译器变量的名称。这个名称被称作标识符（identifier），简单地说，标识符就是一个名称，一个在某范围内唯一的名称，通过这个名称，就能找到一个唯一与之对应的对象。变量名，通过名称可以找到变量的值；符号常量名，通过名称可以找到符号常量代表的实际值；函数名，通过名称可以调用函数；数组名、类型名、文件名等都是一个标识符。在很多时候，将标识符简称为 ID，就是 identifier 的前两个字母。标识符必须在某个范围内是唯一的，所谓某个范围内，在以后的章节会详细讲述。正如在中国，身份证号是一个人的 ID，在全中国唯一，通过身份证 ID 就能找到一个具体对应的人。

C 语言规定，标识符只能由字母（26 个小写字母和 26 个大写字母）、数字（0～9 共 10 个数字）和下划线（_）3 种字符组成。并且标识符的第一个字符不能是数字，也就是只能是字母或者下划线。C 语言规定，标识符区分大写字母和小写字母。

说明　在C语言中，不仅仅是标识符，关键字也是区分大小写的。如Int就不是一个整型，而被看作是用户定义的标识符。

例如，下面都是合法的标识符：

```
sum,yes,no,average,year,i_year,_year,year1,year2,student_numbers,_above,i_1_2_3,how_
are_you
```

下面都是不合法的标识符：

```
1year, #year, M.D, m-d。
```

由于区分大小写，所以 Year 和 year 是两个不同的标识符。

C 语言中的关键字保留，不能再作为标识符。C 语言是一个非常简洁的语言，只有 32 个关键字，这些关键字如表 4-9 所示。

表4-9　32个 C 语言关键字

关键字	说　明
auto	自动变量
char	字符型

（续）

关键字	说　明
short	短整型
int	整型
long	长整型
float	浮点型
double	双精度类型
signed	有符号类型
unsigned	无符号类型
struct	结构体
break	跳出当前循环
if	条件
else	条件语句否定分支，与 if 连用
switch	用于开关语句
case	开关语句分支，和 switch 连用
enum	声明枚举类型
register	声明寄存器变量
typedef	用于给数据类型取别名
extern	外部声明
return	函数返回语句，可以带参数，也可以不带参数
union	声明联合数据类型
const	常数
continue	结束当前循环，开始下一轮循环
for	一种循环语句
void	声明函数无返回值或无参数，声明无类型指针
default	开关语句中的“其他”分支
goto	无条件跳转
sizeof	计算数据类型长度
volatile	说明变量在程序执行中可被隐含地改变
do	循环语句的关键字，与 while 搭配使用
while	循环语句的循环条件
static	声明静态

以上 32 个关键字前面已经介绍了其中的一些，其他关键字将在后续章节中陆续介绍。

C 语言中标识符的字符个数就是该标识符的长度。标识符的长度并没有统一规定，随系统不同而不同。有些古老的系统规定只能取 8 个字符，如果程序中出现超过 8 个字符的标识符，则只取前

8个字符。这样有时候可能出现两个标识符在代码里看起来是两个不同的标识符，但被截断后相同了的情况，如 how_are_you_1、how_are_you_2，截断后都成为 how_are_。因此，在编写程序时，应该了解系统对标识符长度的规定，以免出现上述的截断情况。

下面是一些比较好的标识符编写风格：

❑ 变量名一般小写。例如往往写成 count，而不写作 COUNT，大写的 COUNT 一般用作由#define 定义的符号常量。

❑ 标识符一般采用通行的有助记的名称，即对程序中的用法提供提示的名称。尽量写完整单词，不要使用缩写。

❑ 在使用缩写的时候，整个程序都要统一，如 index 缩写成 idx，那么所有地方都这么缩写。缩写应该是所有程序员都明白的意思，并且应该在某个地方注释出其全称。特别注意跟业务相关的单词不要采用缩写。

❑ 对于多个词构成的标识符，习惯在每个单词之间加上下划线，或者每个单词第一个字母大写。例如学生人数这个标识符，有 3 种写法，studentnumbers、student_numbers、student_numbers。在 C 语言开发中，比较推荐用下划线的写法。本书均采用下划线风格。

在给变量命名的时候，一般会加前缀表示该变量的类型，如 i_student_numbers。需要根据整个项目的统一规定来决定是否添加前缀。

4.4.4　变量在内存中占据的空间和变量的值

变量在内存中要占据一定的内存空间。不同的变量类型，其占用空间大小也不同，在前面章节已经说了很多次了。现在的计算机一般可以访问从 0～8GB 空间大小的内存，如何划分这 8GB 的内存空间为不同的区域，是非常有讲究的。

计算机管理这么大的内存，要分段管理。就是说，从内存某地址开始到某地址结束，是操作系统使用的内存区域，普通程序想要使用那是难上加难。在普通程序使用的内存区域里，又有很多类型的内存区域。一般可以认为被分成了堆、栈、全局/静态存储区和常量存储区几个区域。这些区域有各自的特点。常量当然是放在了常量存储区里，所以保证了数据不被随便修改。变量放在了其他的几个区域。

所谓"栈"，就是那些在需要的时候由系统分配，在不需要的时候自动清除的变量存储区，里面存的变量通常是局部变量、函数参数等。注意，是编译器在编译的时候分配的。在"栈"中分配内存，其内存大小在编译的时候就知道。

所谓"堆"，就是那些由程序员调用系统内存分配函数分配的内存块。编译器并不知道需要分配多大的内存，而是在程序运行的时候，根据需要来动态分配。这些分配的内存，完全由程序员管理，编译器不会自行释放。

> **说明**　全局/静态变量区域，暂时还不用了解。

一般来说，变量和函数参数都是在栈上分配内存的。在栈上分配的内存有一定的生存期。比如以下代码：

```
void foo(void)
{
```

```
        int x=3
        printf("\n%d",x);
    }
```

这是一个函数定义。当该函数被调用时，系统根据函数的定义，为变量 x 在栈上分配了一块 4 字节的内存。x 的生存期是 foo 函数的生存期，当最后一个"}"结束后，函数就结束了。这个时候，x 在栈上分配的内存区域对于 x 来说已经无效了，x 也不再存在，原来和 x 关联的内存空间就可以被其他变量关联了。

> **声明**　读者如果对上面的叙述还不理解的话，可暂时不用深究，有这个印象就可以了。

读者要分清楚变量名和变量的值。int x=3;此时 x 是变量名，3 是常量，通过赋值符"="，使得变量 x 的值变为了 3。在 C 语言中，可以直接通过变量名访问到变量的值。printf("%d",x);通过变量 x，得到了变量 x 的值。

为了使读者对变量名、变量的地址和变量的值有一个直观认识，下面做一个试验，请读者观察，如代码 4-6 所示。

代码 4-6　演示变量的地址和变量的值 Address

```
<-----------------------------文件名: Address.c----------------------------->
01    /*本程序演示变量的地址和变量的值*/
02    #include <stdio.h>
03
04    void main(void)
05    {
06        int x;                          /*定义变量x*/
07        int y;                          /*定义变量y*/
08        x=0x76543210;                   /*字节从低到高由左向右排列为: 10 32 54 76*/
09        y=0xfedcba98;                   /*字节从低到高由左向右排列为: 98 ba dc fe*/
10
11        printf("\n%x",&y);              /*取变量y的地址*/
12        printf("\n%d %d",x,y);          /*取变量x、y的值*/
13    }
```

【代码解析】第 6~7 行声明了两个变量 x 和 y，然后 x 赋值为 0x76543210，y 赋值为 0xfedcba98，因为 2 个十六进制位占据一个字节，所以对于 0x76543210 这个数来说，可以拆成 4 个字节，分别是 0x76、0x54、0x32、0x10，假设变量 x 在内存中的起始地址是 2000，那么 x 在内存中的存放如图 4-4 所示。

内存地址	2000	2001	2002	2003	...	
内存数据	0x10	0x32	0x54	0x76	...	
变量名称	X					

图 4-4　int 型变量中内存中的存放

变量的地址是编译时分配的，用户不必关心具体的地址是多少，在要得到变量地址的时候，可使用 C 语言提供的取变量地址的方法。

注意 printf("\n%x",&y);这行代码，符号&是取变量的地址的操作，&y 就是取变量 y 在内存中的地址。由于地址是一个整数编号，所以用整型可以打印出来。%x 是指将后面的整数用十六进制的形式打印出来，当然是不带 0x 前缀的形式。现在请读者动手验证这些教科书上的理论。代码输入完毕，编译通过后，操作过程如下。

（1）设置断点。在 LCC 环境中，将光标移到 printf("\n%d %d",x,y);这行代码上，按 F2 键，设置断点，进入调试模式。

（2）调试运行。按 F5 键，运行程序，程序停在了 main 函数的左大括号上{，继续按 F5 键，程序将在设置的断点处暂停，而变量 y 的地址已经被打印在屏幕上，如图 4-5 所示。

打印出来的数字 12ff70，这个明显不是变量 y 的值，而是变量 y 在内存中的地址，y 的值就存储在这个内存地址所指的空间里。注意在不同计算机上，得到的数值不一定是相同的，就算在同一台计算机上，不同时间运行，可能也不同。

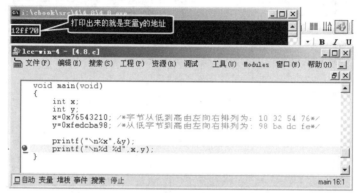

图 4-5　调试运行打印变量 y 的地址

（3）查看内存中的值。依次单击 LCC 菜单【调试】/【内存】，弹出【内存】对话框，如图 4-6 所示。

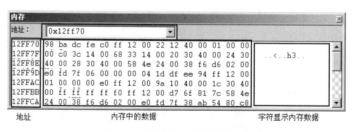

图 4-6　调试状态下观察内存

在【内存】对话框中，在【地址：】文本框中输入"0x12ff70"，按回车键，将显示从地址 0x12ff70 开始的一片内存中的数据。显示的内存分为 3 栏，最左边是地址栏，标注了当前行的地址，地址用十六进制数表示；中间栏就是内存中存放的实际数据，每一行显示 15 个字节的数据，所以左边的地址栏都是以 15 为单位递增的。如图 4-6 所示，第一行地址是 0x12ff70，第二行是 0x12ff7f=0x12ff70+0xf。每 2 个十六进制数字表示一个字节，共有 15 个字节。右边一栏是用字符方式显示的内存中的值。如果内存中的值刚好是可以显示的字符，则在右边可以清楚地看到。变量 y 的地址是 0x12ff70，如图 4-7 所示显示了变量 y 在内存中的数据。

可以清楚地看见变量 y 的值为 0xfedcba98，按照字节方式从低到高排列，刚好是 0x98、0xba、0xdc、0xfe。

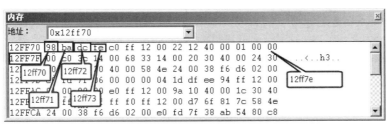

图 4-7　变量在内存中的表现

（4）按 F5 键结束调试。读者可以修改代码中变量 x 和 y 的值，然后按照上面的方式查看，是否和内存中的值相同。LCC 的调试功能很有限，如果在 Visual C++ .net 中，可以在暂停状态下，修改内存中的数值，然后运行程序，则最后打印出来的数，就是修改后的数。也可以证明，变量的值存储在内存中，并且通过地址可以找到这些值。

4.4.5　为变量赋初值

程序设计中，经常需要对一些变量预先设定初值。所谓初值，就是分配内存后填入的第一个值。

（1）C 语言规定，在声明变量的时候，可以给变量赋初值。如：

```
int     i_numbers=3;                    /*声明i_numbers为整型变量，初值为3*/
float   f_price=12.9;                   /*声明f_price为实型，初值为12.9*/
char    c_letter='c';                   /*声明c_letter为字符型，初值为'c'*/
```

对于系统来说，类似 int i_numbers=3;的语句，系统分如下几步动作：

1）编译器添加一个变量名到变量符号表中；

2）编译器在栈内存中分配一个 4 字节的内存块；

3）编译器在变量符号表中关联刚分配的内存块首地址和变量名；

4）运行时，执行到这条语句，将初值 3 填入分配的内存块中。

后面再用到变量 i_numbers 时，系统查找变量符号表，得到地址，从地址中得到变量的值。于是通过访问变量名就得到了变量的值了。

> **注意**　如果仅仅是声明变量，如int x;是不会给x分配内存的。只有当访问到x的时候，才真正分配内存。

（2）一行可以声明多个变量，可以只给某个变量赋初值而不给其他的赋值。如：

```
Int i_numbers=3,i_index,i_years;        /*声明3个变量，只给i_numbers赋初值*/
Int i_numbers,i_index=3,i_years;        /*声明3个变量，只给i_index赋初值*/
```

注意赋初值不是在编译阶段完成的。编译阶段编译器仅仅是建立变量符号表和在栈内分配内存，赋初值是在运行程序时、执行到赋初值这条语句的时候进行的。也就是以下语句：

```
Int i_numbers=3;
```

相当于：

```
Int i_numbers;
I_numbers=3;
```

两条语句。

（3）在程序运行时进行赋值。例如：

```
int a,b;
a=3;  b=4;
```

（4）如果对几个变量赋予同一个值，则可以写成：

```
int x,y,z;
x=y=z=10;                              /*与变量赋初值相同的书写形式*/
```

（5）可利用函数 scanf 从键盘上输入值。例如：

```
double d1,d2;
scanf("%f%f",&d1,&d2);
```

scanf 函数的使用形式在 5.4 节中介绍。

给变量赋初值是一个好的编程习惯，很多 bug 是因为忘记了给变量赋值造成的。

4.4.6　变量使用时常见的错误

变量是程序中使用最多的数据，它可以保存程序中处理的数据。由于其使用灵活，在使用中常常出现一些错误。下面是一个变量名拼写错和缺少声明变量的例子。

【错误代码 1】

```
#include  "stdio.h"
main( )
{  char student;
   float score;
   num=11015;                                                     /*非法变量*/
   student='a';  score=80;
   printf("the num %ld the student %c\'s score %f",num,stadent,score);  /*错误代码*/
}
```

编译时的错误提示：

```
Undefined symbol 'num' in function main
Undefined symbol 'satdent' in function main
```

出错的原因是变量 num 没有先定义就使用，而变量 student 有定义但使用时误写为 stadent，也相当于变量没有定义，编译时会出错。只需对变量 num 定义，把输出时变量 stadent 的名称改为 student 即可解决这些问题。下面的代码是一个变量在使用前未赋初值的例子。

【错误代码 2】

```
#include  "stdio.h"
main()
{  int  num ;
   printf("%d \n",num);  /*没有赋初值*/
}
```

编译时的提示信息是：

```
Possible use of 'num' before definition in function main
```

这样使用变量，编译系统只给出警告错误提示。因为变量中不是没有数据，只是数据的值是随机的，这样使用在复杂的程序中可能会产生莫名的错误。所以在使用中一定要注意，变量使用前要赋初值。

4.5 几个与变量相关的经典算法

几乎每一个程序都必须使用到变量，因为程序就是处理数据的，而数据必须存储在变量中。本节仅举几个简单的变量使用的例子。这些例子都是一些经典的做法，请读者深刻理解并记住。

4.5.1 累加和累乘

所谓累加，就是将一系列的数字依次相加，最后得到一个结果。如计算 1+2+3+4+5，如代码 4-7 所示。

代码 4-7 变量累加算法 Add

```
<---------------------------文件名：Add.c------------------------------->
01   /*本程序演示变量累加算法*/
02   #include <stdio.h>
03
04   void main(void)
05   {
06       int x;
07       x=0;                                    /*从这里开始进行累加*/
08       x=x+1;                                  /*累加第1个数*/
09       x=x+2;                                  /*累加第2个数*/
10       x=x+3;                                  /*累加第3个数*/
11       x=x+4;                                  /*累加第4个数*/
12       x=x+5;                                  /*累加第5个数*/
13       printf("\n1+2+3+4+5=%d",x);            /*输出x最终的值*/
14   }
```

编译运行，结果为：

```
1+2+3+4+5=15
```

【代码解析】不要认为这道算术题如此简单，让计算机来计算是大材小用。要知道，通过一些简单的算术计算，可以理解编程中的一些基本技巧，为今后的真正开发软件打好基础。这些简单的数学题可以锻炼读者的编程能力。

```
x=0;
```

先给 x 赋初值为 0。

重点来关注

```
x=x+1;
```

这行代码就使用到了一个非常经典的累加算法。这行代码是一个赋值语句，就是将赋值号 "=" 右边计算后所得的值，赋给左边的变量。再重申一次，这里的符号 "=" 是 C 语言中的赋值号，不是数学里表示相等的等号。该语句的运算过程是：

（1）先计算 x+1 的值，计算得到数值 1。

（2）将 x+1 的值，也就是 1，赋给变量 x。变量 x 现在的值是 1。

来仔细分析这个过程。

在运行该语句之前，变量 x 的值是 0。这个是赋的初值。

计算 x+1 的步骤如下：

（1）从内存中取得变量 x 的值，得到 0。

（2）CPU 计算 0+1，得到 1。

然后将 1 赋值给变量 x。此时变量 x 的值变为 1。

```
x=x+2;
```

同样，这也是一个累加，取得变量 x 的值 1，与 2 相加后赋给 x，x 的值是 3。

```
x=x+3;
```

同样，这也是一个累加，取得变量 x 的值 3，与 3 相加后赋给 x，x 的值是 6。

就这样一直累加下来，最后得到 1+2+3+4+5 的值为 15。通过类似 x=x+e 的方式，就将一些列的数字统统累加起来。像一个篮子，接受了所有放进去的东西。

注意　累加算法必须先使 x=0，然后才能进行累加。

累乘和累加相似，如计算 $1 \times 2 \times 3 \times 4 \times 5$，如代码 4-8 所示。

代码 4-8　变量累乘算法 Multiply

```
<------------------------------文件名：Multiply.c------------------------------>
01   /*本程序演示变量累乘算法*/
02   #include <stdio.h>
03
04   void main(void)
05   {
06       int x;
07       x=1;                              /*从这里开始进行累乘*/
08       x=x*1;                            /*乘以第1个数*/
09       x=x*2;                            /*乘以第2个数*/
10       x=x*3;                            /*乘以第3个数*/
11       x=x*4;                            /*乘以第4个数*/
12       x=x*5;                            /*乘以第5个数*/
13       printf("\n1*2*3*4*5=%d",x);       /*输出x最终的值*/
14   }
```

编译运行，结果如下：

```
1*2*3*4*5=120
```

【代码解析】代码 7~12 行是一个累乘的运算，上面对于累加和累乘的原理已经进行了深入的分析，这里不赘述。读者需要注意的就是第 7 行，累乘运算的话，第一个数值就不能从 0 开始了。

4.5.2　交换两个变量的值

假设有两个变量，x=10，y=3，现在要求使得 x=3，y=10，该如何交换两个变量的值呢？这也是非常经典的交换算法。这些算法都是今后进行更深的算法学习的基础。显然这里需要使用第 3 个变量来临时保存数值。引入第 3 个变量 z，如图 4-8 所示。

（a）为初始状态 x=10，y=3，z 值不重要，假设为 0。

（b）状态是将 x 中的值复制到 z 中，这样一来，x 的值就可以放心地修改了，因为已经复制了一份 x 的值在 z 中了。

（c）状态是将 y 中的值赋给 x，此时 x 已经得到了 y 的值了。而 y，很容易地，可以从 z 中得到，如状态（d）所示。把 z 中的数据赋给 y，而 z 中的值刚好是 x 的值。4 个步骤之后，x 和 y 的值交换了。z 是一个临时变量，交换完成后，z 的值已经不重要了，如代码 4-9 所示。

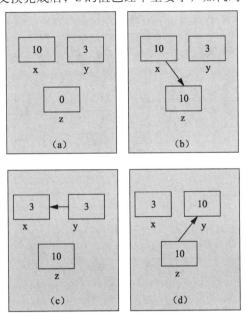

图 4-8　交换算法示意图

代码 4-9　演示交换算法 Exchange

```
<-----------------------文件名:Exchange.c----------------------->
01    /*本程序演示交换算法*/
02    #include <stdio.h>
03
04    void main(void)
05    {
06        int x=10;                          /*定义变量x*/
07        int y=3;                           /*定义变量y*/
08        int z=0;                           /*定义变量z*/
09
10        printf("\nx=%d,y=%d",x,y);         /*先打印交换前各自的值*/
11
12        z=x;                               /*必须先保存x的值到临时变量中*/
13        x=y;                               /*然后x的值才能被覆盖*/
14        y=z;                    /*把z的值传给y,也就是把先前x的值传给y,完成交换动作*/
15
16        printf("\nx=%d,y=%d",x,y);         /*看看是否真的交换成功了*/
17    }
```

编译运行，结果如下：

```
x=10,y=3
x=3,y=10
```

【代码解析】最重要的代码是 12~14 行，根据图 4-8 的演示，读者可以仔细对照代码，因为交换数据在日常计算中经常用到，所以请读者务必掌握。

4.6　小结

本章描述了变量、常量及数据类型。不同的变量有不同的数据类型，而不同的数据类型有不同的操作、占据不同的存储单元，以及对内存单元有不同解释。在程序中，用变量名代表变量，使用变量名就是直接使用变量的值。本章仅描述了简单的数据类型，更复杂的将在后续章节中详细描述。另外展示了仅仅使用变量的一些经典算法，这些算法是今后学习更复杂算法的基础。

4.7　习题

一、填空题

1. 字符常量'a'对应的 ASCII 码是＿＿＿＿＿＿。

2. signed int 表示 4 个字节的存储单元，其中第＿＿＿＿＿＿位是符号位，剩下的＿＿＿＿＿＿位才是数据位。

3. 一般来说，变量和函数参数都是在＿＿＿＿＿＿上分配内存的。

4. 99 在内存中存储的数据用二进制表示是＿＿＿＿＿＿。

二、上机实践

1. 计算 100+102+104+106+108+110 的累加值。

【提示】这是考查累加运算。

```
x=100;
x=x+102;
x=x+104;
x=x+106;
x=x+108;
x=x+110;
```

2. 已知一个圆的半径是 3.0，请输出圆的面积。

【提示】

```
float f_radius=3.0;
float f_area = 3.1415926 * f_radius * f_radius;
```

3. 先手动算出以下代码的输出结果，然后再在计算机上运行输出结果。两者对比下，看看误差有多少。

```
#include "stdio.h"
main( )
{
  float f=123456789;                          /*单精度变量赋初值*/
  double d=123456789;
  printf("\nf=%f\td=%f",x,y);
}
```

第 5 章   用屏幕和键盘交互——简单的输出和输入

在还没有出现那些智能设备之前，人与计算机的"亲密接触"都是通过显示器鼠标和键盘。人将数据通过鼠标和键盘传递给计算机，计算机进行运算后，再通过显示器显示给人。这就是我们常说的交互，人与计算机的交互。本章将介绍如何将字符和字符串显示到屏幕上，如何接收用户在键盘上的输入，以及实现这些需要用到 C 语言中的哪些函数。

本章包含的知识点有：

❑ 了解程序输入和输出的原理
❑ 介绍 printf()函数和格式化输出的特色
❑ 学习 putchar()和 puts()函数
❑ 学习 scanf()和 getchar()函数

5.1   输入—处理—输出：这就是程序

工厂的生产车间生产出来的产品是工厂的最终的输出。比如某药厂生产的保健药，号称经过了 80 多道工序。这些工序，当然是从输入原材料开始，每道工序处理一件事情，最终生产出包装精美的保健药品。

第一道工序是清洗，输入的是刚刚采摘下来的药材，其中，有不少的烂叶子、烂根等。清洗工序处理完毕后，输出的是干净的、有用的药材。

第二道工序是榨汁，输入的是干净有用的药材、榨汁工序处理时，添加纯净水，榨出药汁。

接着是萃取工序，将药汁中的有用的部分萃取出来……80 多道工序就这样一一处理完毕，保健药就制作完毕。

从进场时的原材料，到最终出产的保健药，就是一个"输入—处理—输出"的过程。深入到药厂中的处理部分，80 多道工序，每个工序也是一个"输入—处理—输出"的过程。没有输入，就没有处理的素材，也就没有输出。

程序就是这么样，根据输入进行不同处理，输入不同，处理结果不同。没有输出的程序是没有用的；没有输入的程序，缺乏灵活性，因为运行一次后，由于处理的数据相同，下一次运行结果也一样，而程序在多次运行时，用到的数据可能是不同的。在程序运行时，由用户临时根据情况输入所需的数据，可以提高程序的通用性，增加程序的利用价值。

在 C 语言中，基本的输入输出功能是由函数完成的。C 函数库提供了非常丰富的输入输出函数，使得输入输出灵活多样、方便、功能强。输入即 Input，输出即 Output，输入输出简称为 I/O。标准 I/O 函数库的一些公用的信息被集中放在了头文件 stdio.h 中，该文件在前面的章节曾介绍过。

5.2　向屏幕输出——printf()函数详解

printf()函数已经接触过了，功能是在计算机屏幕上按照指定的格式显示数据。printf()中的 f 代表英文单词 format，就是格式化的意思。所谓格式化，是该函数预先给程序员定义了一批显示格式，如对齐、显示宽度、显示类型等，程序员可以选择其中的某些格式，遵守这些格式，printf()函数就可以按照指定的格式来显示数据了。

5.2.1　printf()函数的一般形式

printf()函数是一个标准的 C 语言库函数，它的函数原型在头文件 stdio.h 中。printf()函数的一般格式如下：

```
printf("格式控制字符串",输出列表);
```

> **注意**　printf()函数只能在控制台程序中使用，在Windows系统中，有窗口界面的程序无法通过printf()函数在窗口中显示数据。

下面来分别介绍 printf()函数中包含的这两部分。

1.　格式控制字符串

格式控制字符串是用英文双引号括起来的字符串。如 printf("\nx=%d",x);中的"\nx=%d"就是所谓的格式控制字符串，也称作转换控制字符串。

> **说明**　格式控制字符串由程序员根据预先制定的规则构造。

格式控制字符串包括以下两个方面的信息：

（1）格式说明信息。格式说明信息由%和格式字符组成，如前面已经简单介绍过的"%d"、"%f"、"%x"。printf()函数规定，在格式控制字符串中，凡是遇到"%"，说明开始了一个格式控制，函数就会读入"%"后面的格式控制字符，记住控制的内容。在输出的时候，将数据转换成指定的格式输出。

（2）非格式说明信息，即普通字符。普通字符就是不用"%"引导的字符了。转义字符如"\n"（换行）就是非格式说明信息。非格式说明信息按照原样显示，原来是什么字符就输出什么字符。"\n"代表了换行，输出时遇到它就换行。如：

```
printf("\nx=%d",x);
```

其中的"\nx="这部分就是非格式说明信息，原样输出，输出结果为：

```
…               /*前面已经输出的字符。\nx=中的\n换行，导致x=输出到下一行*/
x=…             /*x=为非格式说明信息，原样输出*/
```

> **提示**　如果要显示一个"%"怎么办呢？用两个%即可，如"%%"。"%%"表示"%"不再是一个格式控制引导符，而是一个真正的"%"符号。

2．输出列表

格式控制字符串后面紧跟输出列表，注意，输出列表和格式控制字符串之间用逗号分隔。输出列表可以有多个数据，数据之间用逗号分隔。

在格式控制字符串中，通过"%"引导的格式符是一个占位符，表示真正的数据将代替这个占位符在这个地方输出，而真正的数据，来自于后面的输出列表。输出列表中的数据顺序与占位符顺序一一对应。第一个占位符的数据来自输出列表中的第一个数据，第二个占位符的数据来自输出列表中的第二个数据，其他数据依次类推。在格式控制字符串中出现了几个占位符，输出列表中就需要几个数据与之对应。如下所示：

```
printf("….…%d……%d……",第一个数据, 第二个数据);
```

格式控制字符串中框框内就是格式符，其他原样打印，用"……"表示。格式控制字符串中格式符的顺序，对应了输出列表中的数据顺序。第一个%d 对应着第一个数据，第二个%d 对应着第二个数据。

输出列表中的数据可以是表达式，如：

```
int x=3;
int y=4;
printf("\nx+y=%d",x+y);
```

其中 x+y 就是一个表达式，表达式由运算符、常量及变量构成。

在 printf()函数运行时，首先要计算出输出列表中每个表达式的值。因为输出列表可以有多个输出数据，可以是多个表达式，计算表达式的顺序从左至右一个一个计算。

分析上面的程序运行过程，应该是先计算出 x+y 的值，再将其值打印出来。结果是：

```
x+y=7
```

看以下例子：

```
int x=1;
int y=2;
printf( "\nx+y=%d,x*y=%d",x+y,x*y);
```

分析程序运行过程：先计算输出列表中每个表达式的值。计算 x+y 得到值 3，计算 x*y 得到值 2。即 printf("\nx+y=%d,x*y=%d", 3, 2);输出列表第一个数据为 3，第二个数据为 2。

5.2.2　printf()函数的输出原理

数据计算完毕，该如何打印出来呢？printf()函数先分析格式控制字符串，如：

```
"\nx+y=%d,x*y=%d"
```

（1）\n：换行，将光标移到屏幕下一行。

（2）x：普通字符，在光标处打印 x，光标（用 I 表示）后移一个字符。显示为：

```
xI
```

> **说明**　上面的xI中的I，表示光标在这个地方，后面的示例中的I同样表示这个意思。

（3）+：普通字符，在光标处打印+，光标后移一个字符。显示为：

```
x+I
```

（4）y：普通字符，在光标处打印 y，光标后移一个字符。显示为：

```
x+yI
```

（5）=：普通字符，在光标处打印=，光标后移一个字符。显示为：

```
x+y=I
```

（6）%：格式控制引导符，不能简单地打印出来，继续看后续的控制符。

（7）d：和%结合，得到%d，一个明确的格式控制字符，表示以十进制整数方式显示输出列表中的数据。因为是第一个格式控制符，在输出列表中找第一个数据，得到 3。显示为：

```
x+y=3I
```

假设这第一个数据不是 3，而是 30000，则打印结果显示为：

```
x+y=30000I
```

光标根据数据的长度自动向后移动相应长度的位置。如果数据是 3，则移动一位；而如果数据是 30000，则移动 5 位，这些是由计算机运行时自动进行的。

剩下的过程继续如此分析即可，一直到整个格式控制字符串结束为止。

5.2.3 格式控制字符串的一般形式

格式控制字符串的一般形式为：

```
%[标志][输出最小宽度][.精度][长度]转换说明符
```

其中方括号[]中的项为可选项，即需要则加上，也可以不加。

转换说明符用以表示输出数据的类型，其格式符和意义如表 5-1 所示。

表 5-1　转换说明符

转换说明符	转换说明符意义
c	输出单个字符，参数为该字符的 ASCII 码
d	以十进制形式输出带符号整数（正数不输出符号）
e/E	以指数形式输出单、双精度实数，默认 6 位小数
f	以小数形式输出单、双精度实数，默认 6 位小数
g/G	以%f、%e 中较短的输出宽度输出单、双精度实数，如果指数小于-4 或大于等于精度（默认 6），则使用 e/E 格式，否则用 f 格式，末尾多余的 0 将省略
i	以十进制形式输出带符号整数（正数不输出符号），同 d
o	以八进制形式输出无符号整数（不输出前缀 0）
s	输出字符串，参数为 char 指针，显示空字符之前的所有字符或指定数目的数字，不显示末尾的空字符
u	以十进制形式输出无符号整数
x/X	以十六进制形式输出无符号整数（不输出前缀 0X），x 表示输出小写，X 表示输出大写

注意 转换说明符与对应的输出数据的类型要一致。例如，不要用%d去输出实型数据。

5.2.4　输出带符号的整数%d

%d 是用得最多的格式符，表示以十进制形式输出带符号整数，正数不输出符号。如：

```
printf("%d",10);
```

输出结果为：

```
10
```

又如：

```
printf("%d",0x10);
```

输出结果为：

```
16
```

因为 0x10 是十六进制，转换成十进制就是 16 了。

```
printf("%d",0xffffffff);
```

输出结果为：

```
-1
```

因为-1 在内存中以补码形式存放，二进制为 11111111111111111111111111111111，十六进制刚好是 0xffffffff，所以结果显示为-1。

```
int x=10;
int y=-10;
printf("%d,%d",x,y);
```

输出结果为：

```
10, -10
```

某些时候，为了排版美观，需要控制数字的宽度，比如希望输出如图 5-1 所示的结果。

比如第二行中的 1，为了对齐，前面补了 4 个空格。1000 前面也补了 3 个空格。可用下一节介绍的输出最小宽度来达到图 5-1 所示的要求。

图 5-1　格式控制排版美观效果

5.2.5　设置最小宽度的输出

在 d 前可以添加数字，表示输出最小宽度。比如%4d，表示显示一个整数，最小占用 4 个字符的宽度，如果这个数只有 3 位，则在前面用空格填充。如果这个数的位数大于 4，则按实际位数输出，如：

```
Int x=-1,y=100001;
Printf("%4d,%4d",x,y);
```

输出结果为：

```
 -1,100001
```

又如：

```
Int x=-100000,y=20000,z=30000;
Printf("%4d,%4d,%4d",x,y,z);
```

输出结果为：

```
-100000,20000,30000;
```

5.2.6　长整型输出%ld

%ld 表示以长整型方式输出。如果后面的数据是一个长整型，而格式符是%d，则格式符和数据的类型不匹配，会丢失数据。当然一般在现在的计算机上，int 和 long 数据长度一样，所以出错的可能性比较低。但是记住，对 long 型数据，需要使用%ld，这样无论在什么机器上编译运行都不会出错。一个位数小于 long 的整型数据，都可以用 ld 的形式输出。

同样，也可以对长整型输出格式指定最小宽度，如%10ld。

```
long x=0x10001;
int y=-200;
printf("%8ld,%10ld",x,y);
```

输出结果为：

```
   65537,      -200
```

需要注意的是，%d 系列的格式符要求后面的数据必须是整型数据。如果数据为实型数据，则显示错误的值。如：

```
long x=0x10001;
float y=-200;
printf("%8ld,%10ld",x,y);
```

输出结果为：

```
   65537,          0
```

编译时无法检查出这种错误。类似的这种非语法错误称为逻辑错误，逻辑错误需要程序员时刻注意。

5.2.7　输出八进制形式

O 是 octal（八进制的）的第一个字母。%o 是以八进制形式输出整数。注意，因为是将内存单元中的数值按八进制的形式输出，所以不区分符号位，也就是将符号位也当作八进制数的一部分。可以看作是将内存中保存的二进制数据按八进制的形式转换后打印出来。例如-1 在内存中以补码形式存放，二进制为 11111111111111111111111111111111。虽然最高为 1，表示负号，但是转换成八进制表示，就是 37777777777。如果用 4 个字节来存储整数，可以说-1 就等于 0xffffffff，因为它们在内存中的形式一模一样。

```
int x=-1;
printf("\n%d,%o",x,x);
```

输出结果为：

```
-1,37777777777
```

注意　观察上面的输出列表，同一个数据可以多次出现在输出列表中。

同样地，%o 也可以指定最小宽度。如：

```
int x=100000;
printf("%10o",x);
```

输出结果为：

```
   303240
```

对长整数也可以用%lo 的方式输出。如：

```
long  x=-1;
printf("%lo",x);
```

输出结果为：

```
37777777777
```

5.2.8　输出十六进制的形式

%x 格式符是以十六进制的形式输出整数。同八进制一样也不会显示负号，只是将内存中的二进制数据转换成十六进制显示出来。一般经常用十六进制查看内存中的数据，至于得到数据后如何解释，则根据具体情况的不同而不同。如：

```
int x=-1;
printf("%d,%o,%x",x,x,x);
```

输出结果为：

```
-1,37777777777,ffffffff
```

通过显示出来的结果可以看出，–1 在内存中用十六进制表示就是 ffffffff。对于无符号型整数，也可以用%x 和%d 输出，同样地，也是将内存中的二进制数据转换成十六进制后输出来。如：

```
unsigned int x=0xffffffff;
printf("%x,%d",x,x);
```

输出结果为：

```
ffffffff,-1
```

同样，%x 也可以指定长整型和最小宽度。为了提示用户输出的是十六进制数据，程序员可以在格式控制字符串中添加上普通字符 0x，如：

```
int x=-1;
printf("%d,%o,0x%8lx",x,x,x);
```

输出结果为：

```
-1,037777777777,0xffffffff
```

5.2.9　输出十进制的 unsigned 型数据

%u 格式符以十进制形式输出 unsigned 型数据，即无符号数。在输出的时候，printf()函数把数据当作无符号型数据，而不管这个变量当初声明的时候是什么类型。也就是先取变量的值，从内存中把数据的二进制数据取出来，然后将数据按照 unsigned 形式显示出来。

一个有符号整数如 int 型，也可以用%u 的格式输出。如：

```
int x=-1;
printf("%u",x);
```

输出结果为：

```
4294967295
```

变量 x 在内存中的值是 0xffffffff。%u 格式控制符表示，忽视这个数据的具体类型，按照指定的无符号格式解释，0xffffffff 用十进制表示，就是 4294967295。

unsigned 型数据也可以用%x 和%o 格式输出，如：

```
unsigned int x=-1;
printf("%x,%d",x,x);
```

输出结果为：

```
ffffffff,-1
```

5.2.10 输出字符

%c 格式符用来输出一个字符。如：

```
char c='c';
printf("%c",c);
```

输出结果为：

```
c
```

这里出现了好几个 c，请读者注意分辨：

（1）char c='c'；第一个 c，是变量名，表示这个变量的名字是 c。'c'是一个字符常量，在内存中用 ASCII 码 99 表示。这一行是声明了一个变量 c，并且给该变量赋初值为'c'。变量 c 中内存中的数值是 99，即存储的是'c'的 ASCII 码。

（2）printf("%c",c);中第一个 c，是和%一起，%c 表示的是一个格式控制字符，意思是把后面的数据用字符的形式显示出来。逗号后的那个 c 是一个字符变量。因为这个变量在内存中存储的是'c'的 ASCII 码，所以按照%c 的方式打印，则打印出 99 对应的字符为'c'，结果就打印出来 c。

```
printf("%c",99);
```

输出结果为：

```
c
```

可见，%c 格式控制字符，是将后面的整数，查找 ASCII 对应表，找到整数对应的字符显示出来。所以一个 0~255 的整数，可以说它是一个整数，也可以说它是一个字符的 ASCII 码，就看程序员想怎么去解释它。同样，一个字符常量，因为在计算机内部是用 ASCII 码表示的，同样可以把它看成整数，用整数形式输出，如代码 5-1 所示。

代码 5-1 字符和整数的关系 Char

```
<--------------------------------文件名：Char.c-------------------------------->
01    #include <stdio.h>
02
03    void main(void)
04    {
05        char c_char='c';                          /*定义char型变量c*/
06        int  i_int=99;                            /*定义int型变量i_int */
07        printf("\nc_char=%d,c_char=%c",c_char,c_char);  /*用两种格式输出变量c*/
08        printf("\ni_int=%d,i_int=%c",i_int,i_int);  /*用两种格式输出变量i_int */
09    }
```

输出结果为：

```
c_char=99,c_char=c
i_int=99,i_int=c
```

【代码解析】 也可以指定字符占用的最小宽度，如%4c 表示字符占用 4 个字符的宽度。如：

```
printf("%4c",'a');
```

输出如下，这里要注意 a 前面的空格。

```
   a
```

5.2.11 输出字符串%s

%s 格式符用来输出字符串，后面的输出列表中的数据必须是字符串。用%s 格式输出字符串时，可以在%和 s 之间添加上其他的一些辅助格式，如最小宽度、对齐方式等。

1．%s

最简单的%s 格式。如：

```
printf("%s","hello world");
```

输出结果为：

```
hello world
```

注意 输出结果不包括双引号。

如果仅仅是输出一个字符串，也可以直接将字符串放在格式控制字符串中，因为没有格式符，所以都原样显示，也不在后面的输出列表中寻找数据，所以输出列表为空。如：

```
printf("hello world");
```

输出结果为：

```
hello world
```

2．%ms

同样，也可以指定字符串占用的最小宽度，通过%ms 的方式，其中的 m 是一个整数，指明这个字符串的最小宽度。如果字符串本身的宽度不足指定的最小宽度，则前面用空格补齐。如 hello world 只占用 11 个字符宽度，但是如果指定宽度为 20，则会在前面补 9 个空格。

```
printf("%20s","hello world");
```

输出结果为：

```
         hello world
```

通过这种指定最小宽度的方式，可以使得程序输出更美观。如有一批数据如表 5-2 所示。

表 5-2 学生信息表

姓　名	学　号	语文成绩	数学成绩
Zhang Sanfeng	20132001	100	110
Li Sisi	20132002-W	99	50
Wang WuChang	20132003	90	90
Yin Zheng	20132004-Y	120	123

要将表 5-2 中的数据很漂亮地显示出来，需要用到一些技巧。如果仅是简单地将这些字符串显示出来，数据不能保持为一列，就不好看了。利用最小宽度方式，可以使得数据成列，如代码 5-2 所示。

代码 5-2　利用最小宽度使打印效果美观 Print

```
<-------------------------------------文件名: Print.c------------------------------------->
01    #include <stdio.h>
02
03    void main(void)
04    {
05        printf("\n+%20s+%12s+%6s+%6s+","--------------------","------------",
"------","------");
06        printf("\n|%20s|%12s|%6s|%6s|","name","number","yuwen","shuxue");
07        printf("\n+%20s+%12s+%6s+%6s+","--------------------","------------",
"------","------");
08        printf("\n|%20s|%12s|%6d|%6d|","Zhang Sanfeng","20132001",100,110);
09        printf("\n|%20s|%12s|%6d|%6d|","Li Sisi","20132002-W",99,50);
10        printf("\n|%20s|%12s|%6d|%6d|","Wang WuChang","20132003",90,90);
11        printf("\n|%20s|%12s|%6d|%6d|","Yin Zheng","20132004-Y",120,123);
12        printf("\n+%20s+%12s+%6s+%6s+","--------------------","------------",
"------","------");
13    }
```

【代码解析】因为表 5-2 中的数据长度不一致，所以在输出时就必须用到格式符。第 5~12 行分别运用%20s、%12s、%6d、%6d 格式化了 4 列内容。其中%20s 用来格式化字符串，长度为 20；%6d 用来格式化整型，长度为 6。

输出结果为：

```
+--------------------+------------+------+------+
|                name|      number| yuwen|shuxue|
+--------------------+------------+------+------+
|       Zhang Sanfeng|    20132001|   100|   110|
|             Li Sisi|  20132002-W|    99|    50|
|        Wang WuChang|    20132003|    90|    90|
|           Yin Zheng|  20132004-Y|   120|   123|
+--------------------+------------+------+------+
```

3. %-ms 格式

%-ms 中的 m，也是指定最小宽度，是一个整数；"-"表示是左对齐，就是如果字符串长度比指定的最小宽度还小，则在右边补空格，不像%ms 那样在左边补空格。

4. %m.ns

%m.ns 中的 m，还是指定最小宽度，而 n 是指显示的时候，只显示字符串中前 n 个字符。如 hello world 前 3 个字符是 hel，前 7 个字符是 hello w。如：

```
printf("%20.7s","how are you?");
```

输出结果为：

```
           how are
```

如果 n 比实际字符串长，则输出整个字符串。如：

```
printf("%20.70s","how are you?");
```

输出结果为：

```
          how are you?
```

5. %-m.ns

%-m.ns 中的 "-"，同样是指左对齐，如果显示的字符串宽度小于指定的最小宽度，则在右边补空格。如：

```
printf("%-20.70s|----","how are you?");
```

输出结果为：

```
how are you?        |----
```

%m.ns 中的 m 可以省略，写成%.ns。由于没有指定 m，则按照实际宽度显示。如：

```
printf("%-.70s|----","how are you?");
```

输出结果为：

```
how are you?|----
```

5.2.12　输出实型数据%f

%f 格式符用来输出实型数据，包括单精度和双精度数据，以小数形式输出。

1. %f

%f 没有指定整数和小数的位数，由系统自动指定，整数部分全部原样输出，但小数只输出 6 位。注意，即使实际的数据没有 6 位小数，输出的时候也会有 6 位。如：

```
float x=21111111.11;
float y=32221111.22;
printf("%f",x+y);
```

输出结果为：

```
53332224.000000
```

很明显，上例的输出结果中，个位数是不对的。这是因为在计算机中，单精度实数的有效位数一般为 7 位，包括整数和小数部分。也就是说，如果一个单精度实型数据有 8 位整数位，则其个位数是不准确的，更别说小数位了。所以并非全部数字都是有效数据，实际上输出不准确。

对于双精度数据，也可以使用%f 的方式显示。双精度实型数据的有效位数是 16 位，并且输出 6 位小数位。如：

```
double x=1234567812345678.1111111111;
double y=8765432187654321.2222222222;
printf("%f",x+y);
```

输出结果为：

```
10000000000000000.000000
```

很明显，小数位向个位数进 1 了，导致整数各位依次向前进 1。结果和实际的差别太大了。修改个位数据，如：

```
double x=1234567812345675.1111111111;
double y=8765432187654320.2222222222;
```

励志照亮人生　编程改变命运

```
printf("%f",x+y);
```

输出结果为：

```
9999999999999996.000000
```

可以看到实型数据中除有效位之外的数据实际上毫无用处。

2．%m.nf

%m.nf 中的 m 指示整个实数，包括整数、小数点和小数共同占用 m 个字符的宽度。如果实际占用的宽度小于 m，则在左边补空格。而 n 是指定实数输出时，只输出 n 位小数。如：

```
double x=111.11;
double y=222.22;
printf("%20.1f",x+y);
```

输出结果为：

```
               333.3
```

3．%-m.nf

%-m.nf 和%m.nf 基本相同，只是在实际输出的数据宽度小于指定的 m 宽度时，在右边补空格。如：

```
float x=123.456;
printf("%f--%10f--%10.2f--%.2f--%-10.2f",x,x,x,x,x);
```

输出结果为：

```
123.456001--123.456001--    123.46--123.46--123.46
```

5.2.13 输出指数形式的实数

%e 格式符是以指数形式输出实数。所谓指数形式就是类似 1.234e+002 的形式。

1．%e

不指定输出来的数据在屏幕中所占的字符个数宽度，也不指定数字部分和小数部分位数，由系统自动指定，给出 6 位小数，指数 5 位，如 e+002，其中 e 占一位，+或者-占一位，指数占 3 位。数值按标准化指数形式输出，所谓标准化指数形式是指整数部分有且仅有一位非零数字，如：

```
float x=123.456;
printf("%e",x);
```

输出结果为：

```
1.234560e+002
```

再如：

```
float x=1234567890123456789.456;
printf("%e",x);
```

输出结果为：

```
1.234568e+018
```

由上可以看出，指数形式的显示形式是固定的，整数部分一位数字，然后依次是小数点、6 位的小数、5 位的指数部分。也就是说用%e 输出的实数共占 13 个字符的宽度。这是一个规律。

2. %m.ne、%-m.ne

同样，可以指定整个数据输出来占用的字符个数宽度，用 m 指定；通过 n 来指定数据的数字部分的小数位数。如：

```
float x=1234567890123456789.456;
printf("%e-%10e-%10.2e-%20.10e",x,x,x,x);
```

输出结果为：

```
1.234568e+018-1.234568e+018-  1.23e+018-      1.2345679396e+018
```

5.2.14　自动选择%f 或者%e 形式输出%g

%g 格式符用来输出实数。%g 根据实数值的大小，自动选择%f 格式或者%e 格式，选择标准为输出时占用宽度较小的一种，且不输出没有意义的 0，如：

```
float x=1234567890123456789.456;
printf("%e-%f-%g",x,x,x);
```

输出结果为：

```
1.234568e+018-1234567939550609400.000000-1.23457e+018
```

5.2.15　printf()函数的几点说明

printf()函数的重点在格式控制字符串上。格式控制字符串的一般形式为：

```
%[标志][输出最小宽度][.精度][长度]转换说明符
```

其中的标志包括对齐标志“-”，如果使用了“-”，表示左对齐，通过补空格使得字符串输出对齐。标志还可以使用数字 0，表示在输出数字的时候，可以在左边填充 0。如：

```
int x=123;
printf("%010d-",x);
```

输出结果为：

```
0000000123-
```

输出最小宽度指示了输出后占用的字符个数。精度对于实数来说，指示小数位数；对字符串来说，指示截取的字符个数。长度用 l 表示，主要显示长整型数据。

> **说明**　转换说明符介绍了9种，各自的意义请读者通过编写代码加深理解。

还有几点说明如下：

（1）转换说明符在某些系统中对大小写敏感，请注意不同系统的要求。如%f 不能写成%F。

（2）格式控制字符串中，可以有转义字符，如“\n”、“\b”、“\xab”等。

（3）格式符以%开头，以格式转换符结束，中间有一些修饰作用的其他字符。

（4）输出字符“%”时，可以用连续的两个%。

（5）不同系统中实现格式输出时，输出结果的精度可能有差别。

（6）printf()函数由于要解析格式控制字符串，比较耗费资源。如果是打印一个字符，可以用下节介绍的 putchar()函数；如果仅仅是简单地打印字符串，可以用下节介绍的 puts()函数。

（7）对于 printf()函数的输出表列中的求值顺序，不同的编译系统不一定相同，可以从左到右，也可从右到左。LCC 编译系统就是从左到右，而 TC 是从右到左。

5.3　字符输出 putchar()和字符串输出 puts()

有些时候，仅仅是要打印一个字符在显示器屏幕上，此时动用功能强大的 printf()函数则颇有杀鸡用牛刀之嫌。C 提供了库函数 putchar()和 puts()来完成这个简单的任务。

5.3.1　字符输出函数

putchar()函数是字符输出函数，其功能是在显示器上打印单个字符。putchar()函数是一个标准的 C 语言库函数，它的函数原型在头文件 stdio.h 中。putchar()函数的一般格式是：

```
putchar(字符数据);
```

其中的 putchar 是函数名。

（1）字符数据可以是一个字符型变量，如：

```
char c_var='a';
putchar(c_var);
```

输出结果为：

```
a
```

（2）字符数据也可以是一个字符常量，如：

```
putchar('a');
```

输出结果为：

```
a
```

或者是符号常量，如：

```
#define YES   'y'
putchar(YES);
```

输出结果为：

```
y
```

（3）字符数据可以是一个整数，整数可以是十进制整数，如：

```
putchar(65);
```

输出结果为：

```
A
```

因为 ASCII 码值 65 对应的字符是 A，所以打印出字符 A。

字符数据可以是八进制整数，如：

```
putchar(0101);
```

输出结果为：

```
A
```

字符数据可以是十六进制整数，如：

```
putchar(0x41);
```

输出结果为：

```
A
```

（4）字符数据可以是一个表达式，只要结果是 255 以内的整数即可，如：

```
putchar('a'+25);
```

输出结果为：

```
z
```

'a'在计算机中对应的 ASCII 码值为 97，97+25 后，得到 122，而 ASCII 码值 122 对应的字符是 'z'，所以打印结果是字符 z。

（5）字符数据可以是转义字符，如：

```
putchar('\n');
```

结果输出一个换行。

一个综合的实例代码如代码 5-3 所示。

代码 5-3 演示函数 putchar 的用法 PutChar

```
<----------------------------文件名: PutChar.c----------------------->
01    #include <stdio.h>
02
03    /*本程序显示I love C*/
04    void main(void)
05    {
06        char ch_var1='I',ch_var2='l';          /*定义两个变量，分别代表大小写*/
07        putchar('\n');                          /*输出换行符*/
08        putchar(ch_var1);                       /*输出大写字母*/
09        putchar(' ');                           /*输出空格*/
10        putchar(ch_var2);                       /*输出小写字母*/
11        putchar('a'+ 016 );                     /*输出o*/
12        putchar(118);                           /*输出v*/
13        putchar(101);                           /*输出e*/
14        putchar('\x20');                        /*输出空格*/
15        #define C 'C'                           /*定义常量C*/
16        putchar(C);                             /*输出常量C的内容*/
17        putchar('\n');                          /*输出换行符*/
18    }
```

【代码解析】第 6 行定义了两个变量，一个是大写字母 I，另一个是小写字母 l。第 11~14 行其实是输出了"ove"和空格。putchar()函数用来输出字符，但为什么括号中的参数是数值呢？这就需要读者了解 ASCII 码，v 对应的 ASCII 码是 118，e 对应的是 101，而空格符号对应的是\x20。第 9 行也是输出空格，第 14 行同样输出空格，两种形式有相同结果。

输出结果为：

```
I love C
```

5.3.2 字符串输出函数

puts()函数功能非常单一，就是在显示器屏幕上输出一个字符串并换行。其一般形式是：

```
puts(字符串);
```

如：

```
puts("hello world");
```

输出结果为：

```
hello world
I
```

> **说明**　此处用I表示光标，代表换行了。

puts()函数中的字符串不像 printf()函数那样有格式控制字符，puts()函数把这些字符都原样输出，如：

```
puts("%d,%x");
```

输出结果为：

```
%d,%x
I
```

字符串中可以有转义字符，如：

```
puts("hello world\tHow are you? ");
```

输出结果为：

```
hello world   How are you?
I
```

\t 是制表符 Tab 键的转义字符。在屏幕中表现就如同打字时按了 Tab 键一样。

注意，puts()函数输出字符串后，会自动换行。所以如果字符串中有换行转义符的话，将换行两次，如：

```
puts("hello world\n");
putchar('x');
```

输出结果为：

```
hello world

x
```

所以，

```
puts("hello world");
```

相当于：

```
printf("hello world\n");
```

5.4　接收键盘输入——scanf()函数详解

同 printf()函数一样，scanf()函数名中的 f 代表单词 format，就是格式化的意思。所谓格式化，是该函数预先给程序员定义了一批输入格式，程序员可以选择其中的某些格式，遵守这些格式，scanf()函数就可以按照指定的格式来接收从键盘输入的数据了。

5.4.1　scanf()函数的一般形式

scanf()函数只能在控制台程序中使用，有窗口的界面程序无法通过 scanf 接收键盘输入的数据。当控制台中出现闪烁的光标时，表示程序在等待用户输入数据。在控制台程序中，一般以回车键代表数据输入完毕，下达命令，指示程序开始工作。scanf()函数可以接收多个任意类型的数据。

scanf()函数是一个标准的 C 语言库函数，它的函数原型在头文件 stdio.h 中声明。scanf()函数的一般形式为：

```
scanf("格式控制字符串",地址表列);
```

其中，格式控制字符串同 printf 中一样，也是用%引导的一批格式字符。地址表列中给出各变量的地址。先看代码 5-4。

代码 5-4 演示 scanf()函数的简单使用 Scanf

```
<---------------------------------文件名：Scanf.c--------------------------->
01    /* 本程序演示scanf()函数的简单使用*/
02    #include <stdio.h>
03
04    void main(void)
05    {
06        int i_number=0;                              /*定义int型变量*/
07        printf("\nPlease input a number:");          /*换行*/
08        scanf("%d",&i_number);                       /*提示用户输入*/
09        printf("\nI got the number you inputed,it is %d",i_number);
                                                       /*输出用户输入的变量*/
10    }
```

【代码解析】从本示例代码开始，计算机开始可以和用户交互了。所谓交互，就是计算机提示用户信息，用户按照计算机的提示输入数据，然后由计算机处理这些数据，并输出结果。本代码编译运行后，首先提示用户输入一个整数。

```
Please input a number:I
```

在"："后面，是一个闪烁着的光标（本书用 I 代替表示）。凡是出现闪烁光标的时候，都说明计算机在等待用户输入数据。这里，计算机提示用户输入一个整数，用户随意输入一个数字，比如 198，然后按回车键，程序输出结果为：

```
Please input a number:198↙

I got the number you inputed,it is 198
```

说明 ↙表示回车键

可再次运行该程序，再输入另外的数字并显示结果，程序都可以正确地打印出用户刚才输入的数字。可见程序确实得到了用户的输入，只是没有做任何处理，原样输出而已。

5.4.2 scanf()函数的输入原理

下面对代码 5-4 进行分析。

```
int i_number=0;
```

程序首先声明变量 i_number 为 int 型，并赋初值为 0。此时读者应该马上意识到，i_number 是一个变量名称，代表了一个整型变量，将在内存中占据 4 个字节的存储单元，变量的值存储在这 4 个字节的内存单元中。该变量有一个地址，具体地址不用太在意，由计算机管理，程序可以用求地址运算符&来得到。此时，变量 i_number 在内存中如图 5-2 所示。

内存地址	...	????			...	
内存数据	...	0			...	
变量名称	...	i_number				

图 5-2 赋初值后的变量 i_number 中内存中的情况

```
printf("\nPlease input a number:");
```

在屏幕上打印一行字"Please input a number:"，注意此时还没有光标闪烁，printf()函数只是打印字符串，并不能接收输入，而光标表示可以接收键盘输入。出现光标是因为 scanf()函数的原因。

```
scanf("%d",&i_number);
```

scanf()函数运行后，出现闪烁着的光标，等待用户输入数据。由于已经提示用户输入一个整数，所以用户随意输入了一个整数 198，并且按回车键。

&i_number 中的"&"，是求地址运算符，也就是得到该符号后面变量中计算机内存中的地址。计算机如何得到变量的地址呢？还记得编译器在编译阶段建立的变量符号表吗？该表会记录每个变量的地址的。这些在前面的章节中曾经介绍过。通过&i_number 运算后，就得到变量 i_number 在内存中的地址了。有了内存地址，就可以将数据存进内存空间。就像知道了房间号，就可以将东西放在那个房间里一样。

scanf()函数首先将用户回车后输入的所有数据一股脑地都接收过来，然后根据格式控制字符串，解析接收到的数据。因为%d 表示要接收一个十进制整型数据，于是得到了用户输入的十进制整数 198，得到 198 后，就将这个数据按照变量 i_number 在内存中的地址存进去。于是，变量 i_number 的值变化成了 198，如图 5-3 所示。

内存地址	...	????			...	
内存数据	...	198			...	
变量名称	...	i_number				

图 5-3 scanf 将 198 存进 i_number 内存空间中

再深入解释一下 scanf()函数的工作原理。scanf 中的 scan 是扫描的意思，从哪里扫描呢？实际上，控制台有一个输入缓冲区，用户输入的所有数据首先被送到这个缓冲区中缓存着。所谓缓冲区，就是指专门有一块内存空间，可以临时存放数据，作为数据的中转站。读者如果有 DOS 下的操作经验可以知道，当用 dir 命令列目录和文件列表的时候，如果文件特别多，屏幕一直在滚动，此时用户还是可以按键盘输入字符的，在文件列表完毕后，这些输入的字符照样被接收了，这就是因为有一个输入缓冲区的原因，如图 5-4 所示。

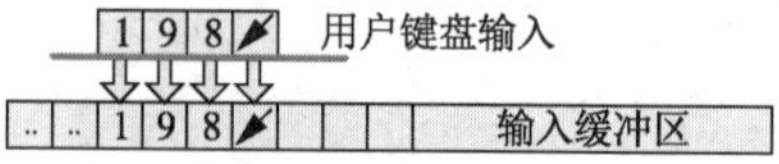

图 5-4 输入缓冲区和用户键盘输入

用户每次按键盘，都将数据输送到输入缓冲区中。当输入回车键后，就表示向计算机下了命令。此时，scanf()函数就知道可以从这个缓冲区中取数据。所以 scanf()函数是在控制台的输入缓冲区中，根据 scanf()函数的格式控制字符串规定的格式来扫描分析数据的。

5.4.3　多数据输入分隔规则

输入多个数据的情况如代码 5-5 所示。

代码 5-5　演示 scanf() 函数，输入多个数据 Scanf2

```
<---------------------------文件名：Scanf2.c--------------------------->
01    /*本程序演示scanf()函数，输入多个数据*/
02    #include <stdio.h>
03
04    void main(void)
05    {
06        int i_var1=0;                                 /*定义int型变量i_var1*/
07        int i_var2=0;                                 /*定义int型变量i_var2*/
08        int i_var3=0;                                 /*定义int型变量i_var3*/
09        printf("\nPlease input 3 numbers,separate by space:");    /*换行提示*/
10        scanf("%d%d%d",&i_var1,&i_var2,&i_var3);      /*输入3个数据*/
11        printf("\nYour inputed is %d,%d,%d",i_var1,i_var2,i_var3); /*输出*/
12    }
```

编译运行，首先提示用户输入 3 个整数，通过空格键分隔。

```
Please input 3 numbers,separate by space:I
```

用户输入 3 个整数，如 1、2、3，每个整数用空格隔开，然后按回车键，如：

```
Please input 3 numbers,separate by space:1 2 3✓

Your inputed is 1,2,3
```

> **说明**　✓表示回车键。

用户按回车键后，输入缓冲区中的字符为：

```
1□2□3□✓
```

> **说明**　□表示空格。

scanf() 函数开始从这个缓冲区中解析数据。%d%d%d，表示 3 个十进制整数，从字符 1 开始，空格用于分开两个整数。于是得到了 3 个整数 1、2、3，分别将这些数值存进 3 个变量地址对应的内存空间中，所以 3 个变量有了新值了。

对于用户的输入，scanf() 函数要求比较严格。如%d%d%d 格式，要求必须是 3 个整数，每个整数必须是十进制，整数与整数间可以通过一个或者多个空格、回车键或者 Tab 键间隔。如代码 5-5运行后，可以使用的输入方式如下。

（1）数据间用一个空格分隔，如：

```
1□2□3□✓
```

（2）数据间用多个空格分隔，如：

```
1□□□□2□□□□□□□□□□□□□□□3□□□□□□✓
```

（3）数据用一个或者多个 Tab 键分隔，如：

1→→→→→2→3↙

（4）数据间可以用一个或者多个回车键分隔，如：

1↙
↙
↙
2↙
↙
3↙

（5）数据可以用空格、回车、Tab 键的随意组合分隔，如：

1□□→↙
↙
→→2→↙
3□□↙

%d%d%d 格式的输入数据间，不能用如逗号、分号等其他方式分隔。除非格式控制字符串中明确指示了用逗号分隔，如：%d,%d,%d，则用户的输入两个整数间必须有逗号，如：

1□□→,↙
↙
→→2,→→↙
3□□↙

下面将有更详细的讨论。

5.4.4　控制输入的格式字符

scanf()函数的格式字符串由以下 3 类字符组成。

1．格式符

和 printf()函数类似，scanf()函数的格式字符串以%开始，以一个格式字符结束，中间可以插入附加的字符。格式符告诉了 scanf()函数该读取什么样的数据。表 5-3 列出了 scanf()函数用到的格式字符。

表 5-3　scanf()函数格式字符表

格式字符	说　　明
d	接收十进制整数输入
o	接收八进制整数输入
x	接收十六进制整数输入，不带 0x
c	接收一个字符，凡是键盘可以输入的都是字符，如字母、标点、数字等
s	接收一个字符串，字符串以非空白字符开始，以第一个空白字符结束
f	接收实数，可以用小数形式或指数形式输入
e	同 f，e 和 f 可以互相交换使用

例如：%s 表示接收字符串，而%d 表示接收整数。格式字符串的处理顺序为从左到右，格式符和地址表列一一对应。也就是说，如果格式符指示要读入一个长整数，而地址表列中的变量类型

是一个 char 型数据，实际上，该变量在内存中只占据一个字节长度，而长整型数据需要 4 个字节，所以将出现内存访问错误。

表 5-4 列出了 scanf()函数可以使用的附加说明字符。附加说明字符也叫修饰符。

表 5-4　scanf()函数附加的格式说明符表

字　　符	说　　明
l	用于接收长整型数据输入，可用在 d、o、x 前，如%ld、%lo、%lx，以及 double 型数据输入，如%lf、%le
h	用于接收短整型数据输入，可以用在 d、o、x 前，如%hd、%ho、%hx
宽度（一个正整数）	指定输入的数据所占的字符宽度（有几个字符）
*	本项输入项中解析后得到的数据不将值存储进相应的变量的地址内存空间，也就是忽略该项数据输入

例如，为了读取长整数，可以将 l 放在格式符的前面；为了读取短整数，可以将 h 放在格式说明符的前面。

2．空白符

空白符可以是空格（space，用空格键输入）、制表符（tab，用 Tab 键输入）和新行符（newline，用回车键输入），或者它们的组合，如：□□→→↙ 都是表示空白。

格式字符串中的空白符使 scanf 在输入缓冲区中跳过一个或多个空白符。本质上，格式控制字符串中的空白符使 scanf 在输入缓冲区中读空白符，但不保存结果，直到发现非空白符为止。

3．非空白符

除去格式说明符和空白符之外，就是非空白符。非空白符在用户输入的时候，必须一并输入。非空白符使 scanf 在缓冲区中读一个匹配的字符并将这个字符忽略。例如，%d,%d 使 scanf 先读入一个整数，接着必须要读入一个逗号，读入到逗号后，表示格式匹配，将读的逗号丢弃，而不像读入的整数那样存储到某个内存空间。读入逗号后，接着读入另一个整数。如发现不能匹配格式字符串，比如没有读到逗号，scanf 返回，读入失败。

5.4.5　scanf()函数的使用说明

下面对 scanf()函数的使用方法进行说明。

（1）标准 C（本书没有涉及 C99）在 scanf 中不使用%u 格式符。对 unsigned 类型的数据，以%d、%o、%x 格式说明。

提示　C99是1999年推出的一个C语言标准。

（2）可以指定输入的数据所占据的字符个数，scanf()函数自动按照指示截取所需长度的数据，如：

```
int i_width,i_length;
scanf(%3d%3d,&i_width,&i_length);
```

用户输入：

```
1234567↙
```

scanf()函数自动将123读入后赋值给i_width，读入456赋值给i_length，7还存储在缓冲区中，下次scanf还可以读入。如以下代码：

```
int i1,i2;
scanf("%3d%3d",&i1,&i2);
printf("%d %d\n",i1,i2);
scanf("%d",&i1);
printf("\n%d",i1);
```

❑ 用户输入1↙

用户输入	程序响应
1↙	等待用户继续输入
2↙	程序输出：
	1
	2
	然后等待用户继续输入
3↙	程序输出：
	3

过程如下：

```
1↙
2↙
1 2
3↙

3
```

为什么出现这种情况呢？%3d表示最多只接收3个数字。如果用户输入的数字个数小于3，然后输入了空白字符，如回车、空格，则只接收已经输入的整数，如12□23，此时12只有2个数字，但是被空格分隔，所以只接受了12。

❑ 用户输入123↙

用户输入123↙，则123被接收后赋给了i1，继续等待输入另外的数字，如：

```
123↙
345↙
123 345
456↙

456
```

❑ 用户输入1234↙

用户输入1234↙，前面3个数字被接收后赋给了i1,4↙被↙分隔，4被赋给了i2，如：

```
1234↙
123 4
999↙

999
```

❑ 用户输入12345↙

同样，用户输入 12345✓，前面的 3 个数字 123 赋给了 i1，后面的 45✓ 被✓分隔，45 赋给了 i2，如：

```
12345✓
123 45
999✓

999
```

❏ 用户输入 123456✓

同 1234✓、12345✓ 的输入一样。请读者自己上机试验。

❏ 用户输入 1234567✓

这个输入请读者仔细观察和体会。用户输入 1234567✓，123 被读入到 i1，456 被读入到 i2，此时 7 还留在输入缓冲区中并未读出来。所以 scanf("%d",&i1); 这行，并没有等待用户输入，而是直接从输入缓冲区中把 7 读出来了。过程如下：

```
1234567
123 456

7
```

可以发现，一次输入，被 scanf() 函数两次解析。因为有了缓冲的原因，123、456 分别被取走，而 7 留在了缓冲区内，在下一次 scanf 读数据的时候，缓冲区里已经有现成的数据，所以就直接取走而不用等待用户输入了。

❏ 用户输入 12345678✓

这个与 1234567✓ 的输入情况相同。请读者自己试验。

（3）%后面的*格式符用来表示在解析时，将读入的数据忽略不赋给任何变量，如：

```
int i_width,i_length;
scanf("%d %*d %d",&i_width,&i_length);
```

上面代码中，scanf() 函数的格式字符串中有 3 个%引导的格式符，而地址表列里只有两个地址，这样是不能一一匹配的。但是正因为有了%*d，这个*表示，虽然要读入一个整数（%d）但是这个整数读入后丢弃。如果用户输入：

```
123 456 789✓
```

解析时，123 赋给了 i_width，456 读入后，被忽略丢弃，不做任何处理，789 读入后，赋给 i_length。

（4）输入数据时不能指定精度，如：

```
float f_radio;
scanf("%7.2f",&f_radio);
```

输入：

```
1234567✓
```

不要以为可以得到 12345.67。

5.4.6　使用 scanf() 函数的注意事项

在使用 scanf() 函数时，需要注意以下事项。

（1）在变量表列中，应该是变量的地址。变量的地址通过求地址符&得到。所以在写代码时千万要记住&符号。例如：

```
int i_width,i_length;
scanf("%d %d",i_width,i_length);
```

这里忘记了&，直接写了变量名。这样是不对的。为什么一定要是地址而不能是变量名称？这个和C语言的函数、内存堆栈等知识有关。将在后续章节解释。

(2) 如果格式字符串中有非空白字符，也就是除了格式控制字符和空白字符之外的字符，则用户在输入的时候一定也要输入这些字符，否则将出现不匹配格式控制字符串的情况。为了使用户正确输入，编程时一定要考虑到用户是否清楚如何输入，最好在需要用户输入前提示如何输入的格式，如：

```
int i_width,i_length;
scanf("%d,%d",&i_width,&i_length);
```

用户输入时，必须使用逗号分隔两个数据，如：

```
3□4✓
```

由于没有逗号，与格式控制字符串不匹配，scanf()函数返回失败。输入：

```
3,4✓
```

则正确。但是注意，如下输入也是不对的：

```
3□,□4✓
```

对于这样的输入格式，用户不知道是用空格分隔还是用逗号分隔。请读者在实际编程时，多为用户考虑，提醒用户正确的输入格式。

又如：

```
int i_width,i_length;
scanf("%d□□%d",&i_width,&i_length);
```

输入时，两个整数间要空两个或者更多的空白字符。

```
int i_width,i_length;
scanf("%d: %d",&i_width,&i_length);
```

输入时，应该用":"分隔，如：

```
12:23✓
```

又如：

```
int i_width,i_length;
scanf("width=%d,length=%d",&i_width,&i_length);
```

则输入时也要带上 width=、length=这些字符，如：

```
width=12,length=34✓
```

(3) 在用%c 格式符时，空格字符和转义字符都被当作有效字符输入，如：

```
char c1,c2,c3;
scanf("%c%c%c",&c1,&c2,&c3);
printf("\n[%c] [%c] [%c]",c1,c2,c3);输入:
```

输入：

```
a□✓
```

输出：

```
a□↙
```

```
[a] [ ] [
]
```

a、□、↙刚好 3 个字符，所以分别被读入 3 个字符型变量里。

（4）以回车键作为下达开始解析命令，整个输入以回车键结束。

如果输入的数据满足了 scanf 的需要，则输入结束。如果按回车键后数据不够，则回车键只当作一个空白符，如：

```
int x,y,z;
scanf("%d%d%d ",&x,&y,&z)'
```

输入：

```
1 2↙
```

此时输入的数据不够，还需要继续输入数字。此时再输入：

```
3↙
```

则输入完毕。

（5）scanf 解析数据时，下列情况下将被认为解析出来一个数据：

❏ 读入非字符型数据时，遇到空白字符。

❏ 有宽度指示时，读入相应的宽度，如%3d，则只解析 3 个数字即认为这个整数输入完毕。

❏ 遇到不匹配情况，如：

```
scanf("%d%c%f ",&a,&b,&c);
```

输入：

```
1234□123o.26↙
```

解析过程如下：

%d，表明要读入一个整数。读入到数字 1、2、3、4 时，都可以作为一个整数看待，继续读入空格"□"，空格不能作为整数，遇到第一个非数字字符，于是整数结束，1234 赋给了 a。%c 表示要读入一个字符，空格读入后刚好是一个字符，赋给了 b。%f 表明接下来应该是一个实型数据，读入 123，都是数字，还没有结束，读入 o，可能是用户输入时输错了数字，将 0 输入成 o 了。因为 o 不是正确的实型数据的组成部分，则认为输入结束。123 当作实数赋给了 c。

5.5　字符输入函数 getchar()

scanf()函数功能很强大，可以格式化输入各种数据，但如果我们只需要输入一个字符，则建议使用 getchar()。getchar()函数是得到字符输入函数，其功能是得到用户输入的一个字符。getchar()函数是一个标准的 C 语言库函数，它的函数原型在头文件 stdio.h 中。

getchar()函数的一般格式是：

```
char ch;
ch=getchar();
```

用户输入的字符就赋给了 ch 变量，如：

```
char ch;
```

```
ch=getchar();
printf("%c",ch);
```

运行结果为：

```
X↙    /*输入字符X，回车后，才能得到输入的字符*/
X
```

getchar 只能得到一个输入字符。

5.6 输入和输出程序举例

【例1】请读者输入自己的 18 位身份证号码，然后将生日打印出来。请看代码 5-6。

代码 5-6 打印生日信息 Birthday

```
<----------------------文件名：Birthday.c---------------------->
01    /*输入自己的18位身份证号码，然后将生日打印出来*/
02    #include <stdio.h>
03
04    void main(void)
05    {
06        /*声明3个变量保存年月日，并赋初值*/
07        int i_year=0;                                        /*年*/
08        int i_month=0;                                       /*月*/
09        int i_day=0;                                         /*日*/
10        /*数据声明部分结束*/
11
12        printf("\nPlease input your ID:");
13        scanf("%*6d%4d%2d%2d",&i_year,&i_month,&i_day);      /*输入身份证号*/
14        printf("\nYour birthday is:%4d-%02d-%02d",i_year,i_month,i_day);/*输出生日*/
15    }
```

编译运行，结果如下：

```
Please input your ID:450123198911250613

Your birthday is:1989-11-25
```

【代码解析】对于比较规则的数据，通过指定数据宽度等方式可以比较容易地得到数据。代码第 7~9 行分别定义了 3 个变量来保存生日的年、月、日。第 13 行根据身份证号的规则，取出年、月、日 3 个整数赋值给前面定义的变量。这里注意%*6d，其中*表示忽略该项数据输入，也就是说忽略前 6 位数据。

【例2】查看字符对应的 ASCII 码值及码值对应的字符。请用户输入一个字符，显示出其 ASCII 码值；请用户输入一个整数，显示该整数对应的 ASCII 字符，如代码 5-7 所示。

代码 5-7 查看字符对应的 ASCII 码 ASCII

```
<----------------------文件名：ASCII.c---------------------->
01    /*查看字符对应的ASCII码值及码值对应的字符*/
02    #include <stdio.h>
03
04    void main(void)
05    {
06        /*声明两个变量用来存储用户的输入*/
```

```
07        char ch_input=0;
08        int  i_input=0;
09        /*变量声明结束*/
10
11        printf("\nPlease input a char:");
12        ch_input=getchar();                                    /*获取输入的字符*/
13        printf("\nThe char[%c] ASCII code is %d",ch_input,ch_input); /*输出字符的ASCII码*/
14
15        printf("\nPlease input a number(1~255):");
16        scanf("%d",&i_input);                                  /*输入一个数字*/
17        printf("\nThe number %d ASCII char is [%c]",i_input,i_input); /*输出对应的字符*/
18    }
```

运行结果如下：

```
Please input a char:a

The char[a] ASCII code is 97
Please input a number(1~255):98

The number 98 ASCII char is [b]
```

再次运行，结果如下：

```
Please input a char:

The char[
] ASCII code is 10
Please input a number(1~255):10

The number 10 ASCII char is [
]
```

【代码解析】请读者仔细观察上面的输入，并问自己为什么出现上面的现象？代码第 12 行和第 16 行分别用了两个输入函数，一个用来输入字符，一个用来输入数值。

【例3】求方程 $ax^2+bx+c=0$ 的根。由用户输入 a、b、c 的值，限定 $b^2-4ac>0$，如代码 5-8 所示。

代码 5-8   求方程 $ax^2+bx+c=0$ 的根 Equation

```
<-------------------------------文件名：Equation.c----------------------------->
01    /* 求方程ax²+bx+c=0的根 */
02    #include <stdio.h>
03    #include <math.h>
04
05    void main(void)
06    {
07        /*f_a,f_b,f_c分别由用户输入,表示方程的a、b、c值*/
08        float f_a=0;
09        float f_b=0;
10        float f_c=0;
11        /* f_delta = b*b - 4*a*c */
12        float f_delta=0;
13        float f_x1=0;
14        float f_x2=0;
15        float f_p=0;
```

```
16          float f_q=0;
17
18          printf("\n***********************************************************");
19          printf("\n*            程序制作单位Brilly                *");
20          printf("\n*                    ax²+bx+c=0                            *");
21          printf("\n***********************************************************");
22          printf("\n\n");
23          printf("\nPlease input number a:");
24          scanf("%f",&f_a);                                  /*输入f_a*/
25          printf("\nPlease input number b:");
26          scanf("%f",&f_b);                                  /*输入f_b*/
27          printf("\nPlease input number c:");
28          scanf("%f",&f_c);                                  /*输入f_c*/
29          printf("\nThe equation is %.2fx2+%.2fX+%.2f=0",f_a,f_b,f_c);
30          f_delta=f_b*f_b - 4* f_a * f_c;                    /*计算b²-4ac公式*/
31          f_p = - f_b/(2*f_a);
32          f_q = sqrt ( f_delta ) / ( 2 * f_a );             /*使用sqrt函数*/
33          f_x1 = f_p + f_q;
34          f_x2 = f_p - f_q;
35          printf("\nThe root is :\nx1=%.2f\nx2=%.2f\n",f_x1,f_x2);/*输出结果*/
36      }
```

编译运行，结果如下：

```
***********************************************************
*            程序制作单位 Brilly                          *
*                    ax²+bx+c=0                           *
***********************************************************


Please input number a:1


Please input number b:3


Please input number c:2


The equation is 1.00x2+3.00X+2.00=0
The root is :
x1=-1.00
x2=-2.00
```

【代码解析】程序第 32 行计算时使用了计算开平方函数 sqrt()，这个函数是 C 语言提供的库函数。函数声明在头文件 math.h 中，所以代码第 3 行使用#include 包含了 math.h 文件。

5.7　小结

做程序开发最重要的就是知道如何与计算机打交道，也就是说，你的输入得让计算机明白，然后让计算机处理数据后给你正确的结果。本章就是介绍在 C 语言中，如何输入和输出数据，如何与计算机交互。本章重点介绍了 C 语言的几个函数：printf()、putchar()、puts()、scanf()等，熟练掌握它们的使用就可以轻松地与计算机进行交互了。

5.8　习题

一、填空题

1．以十进制形式输出带符号整数的格式符是_____。

2．scanf()函数和 printf()的函数原型都是在头文件_____中。

3．输出字符"%"时，用_____。

4．putchar('a '+24)的输出结果是_____。

二、上机实践

1．使用格式符输出以下样式的数据。

```
+--------------------+-----------+
|                 姓名|        年龄|
+--------------------+-----------+
|                  朱莉|         22|
|                 李思思|         28|
|                 王小明|         23|
|                  凡尘|         24|
+--------------------+-----------+
```

【提示】

```
printf("\n+%20s+%5s+","--------------------","-----------");
printf("\n|%20s|%5s|","姓名","年龄");
printf("\n+%20s+%5s+","--------------------","-----------");
printf("\n|%20s|%5d|","朱莉",22);
printf("\n|%20s|%5d|","李思思",28);
printf("\n|%20s|%5d|","王小明",23);
printf("\n|%20s|%5d|","凡尘",24);
printf("\n+%20s+%5d+","--------------------","-----------");
```

2．输入身份证号，输出身份证号的后 4 位。

【提示】

```
scanf("%*14d%4d",&num);
```

第 6 章　程序的基本构成——运算符和表达式

计算机的主要工作之一就是运算。这里所说的运算，不仅仅指简单的算术运算，如加、减、乘、除，还包括其他的运算，如关系运算、逻辑运算等。C语言中运算符和表达式种类之多，在高级语言中是少见的。正是丰富的运算符和表达式使C语言功能十分完善，这也是C语言的主要特点之一。表达式是对运算进行表达的句式，经过计算，最终得到一个确定的值。

本章包含的知识点有：

- ❑ 运算符和表达式
- ❑ 逗号运算
- ❑ 关系运算
- ❑ 逻辑运算
- ❑ 赋值运算
- ❑ 强制类型转换
- ❑ 运算符的优先级

6.1　认识 C 中的运算符和表达式

所谓运算符就是指运算的符号，例如加运算符（+）、乘运算符（*）、取地址运算符（&）等。表达式与运算符密不可分，它由运算符与操作数组合而成，并由运算符指定对操作数要进行的运算，一个表达式的运算结果是一个值。本节重点就是学习运算符和表达式。

6.1.1　运算符和表达式

最基本的运算符莫过于加、减、乘、除四则运算了，如：

```
3+5
5*6
10-20
100/3
```

由于键盘没法输入普通算术中表示的"乘号"（×）和"除号"（÷），改用*和/代替。上面的例子都是用常量参与运算，在C或其他程序语言中，变量也可以参与运算，如：

```
int i_x=0;
int i_y=10;
i_y - i_x
i_x + i_y + 10
i_x * 100 + i_y / i_x
```

上面的每一个式子都可以称为一个表达式。C中的算术表达式和普通算术中的表达式写法基本一样，运算符两边是参与运算的对象，这非常容易理解；而有些语言，其表达式的写法非常古怪，让人望而生畏。同样地，算术运算中，除数是不能为 0 的，在计算机中，如果除数为 0，将产生一个"除数为 0 的异常"。所以上面的示例中，有一个表达式因为除数为 0，将使得程序运行崩溃。

另外，在给变量赋值的时候，使用了一个赋值运算符"="，如：

```
int i_x=0;
i_x=i_x+1;
```

在介绍这个运算符的时候，笔者特别强调了它和算术运算中的等号"="的区别。C 中的"="，是将右边的值赋给左边的变量，而并不表示等号两边相等。在 C 中，要表示两边是否相等，可用"=="表示，即两个等号连接在一起，用来比较等号两边是否相等。类似这种进行两个对象的大小关系比较的运算，是一种关系运算。

6.1.2 操作数、运算符和表达式

参与运算的对象被称为操作数（operator）。如 3+5 中的 3 和 5，i_x / 3 中的 i_x 和 3，它们是参与具体运算的对象。同样地，

```
(3+5)*i_x
```

这个表达式中，对于运算符"*"，两边的操作数分别是(3+5)和 i_x。可见，操作数也可以是比较复杂的对象。3+5 也可以看作是一个加法表达式。

运算符是指定要执行某项操作的一个标志符号，它指明了对操作数所进行的运算。如"+"号，表示了一个相加运算；"=="号表示了一个判断是否"相等"的关系运算。

表达式表示一个求值的规则。表达式是由变量、常量、运算符、函数和圆括号按一定的规则组合而成的。根据表达式的形式，可将表达式分为简单表达式、基本表达式和复合表达式。

（1）简单表达式是由一个数据，例如简单变量、常量组成，同时不含运算符的表达式。一个数据可以理解为一个表达式，但是没有运算过程。简单表达式的结果值为数据本身，类型为数据的类型。另一个值得关注的简单表达式是圆括号括起来的表达式，如(e)，圆括号用于提高其中表达式 e 的优先级。

（2）基本表达式是只由一个运算符及该运算符所需的操作数（可能为 1 个、2 个、3 个）所构成的表达式。基本表达式描述了一个运算符的运算过程，运算结果值作为表达式的结果值，结果的类型即表达式的结果类型。

（3）复合表达式指的是当一个表达式可以作为另一个运算符的操作数时，所构成的表达式就叫做复合表达式。

一般来说，表达式有自己的书写规则：

❑ 运算符不能相邻。例如，a+-b 是错误的。

❑ 乘号不能省略。例如，x 乘以 y 应写成：x*y，不能写成 xy。

❑ 可用多层括号表示运算次序，括号必须成对出现，均使用小括号。

注意 　一个常量，如390，也可以说是一个表达式；同样地，一个变量x，也可以说是一个表达式。

6.1.3　C 运算符简介

C 语言的内部运算符很丰富，范围也很宽。运算符告诉编译器应执行的特定算术或逻辑操作。C 语言有三大类运算符：算术、关系与逻辑、位操作。另外，C 还有一些特殊的运算符，用于完成一些特殊的任务。C 的运算符分类如表 6-1 所示。

表 6-1　C 运算符表

类　　型	说　　明
算术运算符	基本的算术运算符+－*/%；自增、自减运算符 ++　－－
关系运算符	>　<　==　>=　<=　!=
逻辑运算符	!　&&　‖
位运算符	<<　>>　~	^　&
赋值运算符	=，以及扩展赋值运算符
条件运算符	?　:
逗号运算符	,
指针运算符	*　&
求字节数运算符	sizeof
强制类型转换运算符	类型
分量运算符	.　->
下标运算符	[　]
其他	如，函数调用运算符()

在学习运算符的过程中要把握以下几点：
- 运算符的种类与功能
- 运算符与运算分量的关系
- 所需操作数的个数，即运算符的目
- 所需操作数的类型
- 优先级运算符的执行顺序
- 优先级相同时的结合方向，即结合性
- 运算结果的类型

6.2　算术运算符和算术表达式

算术运算符是用来进行基本的数学运算的，它的最终计算结果仍然是数值。算术运算符和数学中的算术运算有很多相似之处，如优先级、结合性等。也有同数学中的算术运算不同的地方，比如数学中计算 1.1/2，不区分参与运算的对象是整数还是实数，最终的计算结果就是数学上真实的值；而在 C 中，是要区分参与运算的对象的数据类型的。

6.2.1　基本的算术运算符

C 中的基本运算符为+、-、*、/、%。另外还有两个 C 独有的运算符，是可以看出 C 语言特征的自增++和自减--运算符。下面分别介绍这几个运算符。

1．+、-运算符

+（加法运算符或者正值运算符），如：

```
int i_x=5;
int i_y=-10;
i_x+5   /* 5 +5 = 10 */
+i_y    /* + (-10) = -10 */
```

-（减法运算符或者负值运算符），如：

```
int i_x=10;
int i_y=-10;
i_x - 10  /* 10 -10 =0 */
-i_y      /* -(-10) = 10 */
```

2．*、/运算符

*（乘法运算符），如：

```
int i_x=5;
int i_y=-10;
printf("d\n", i_x * i_x);
printf("%d\n", i_x * 0 );
printf("%d\n", i_x * i_y );
```

对应的结果为：

```
25
0
-50
```

/（除法运算符），如：

```
int i_x=5;
int i_y=-10;
printf("%d\n", i_y / 5 );
printf("%d\n", i_y / i_x);
printf("%d\n", i_y / i_y );
```

对应的结果为：

```
-2
-2
1
```

注意　程序员需要自己保证除数不为0。

需要着重说明的是，两个整数相除，结果也为整数，不管是否除尽，小数部分都被舍弃，这种情况称作取整，如：10/3，结算结果是 3，舍去了小数部分。再如：7/12，结果是 0。但是，如果除数和被除数中有一个为负值，则取整的方向根据不同计算机系统来说，结果是不固定的。例如-5/3，在某些计算机上，结果为-1，而在另外的计算机上，结果为-2。一般的计算机都采用"向零取整"的方法，即在数轴上选择与 0 更靠近的整数。如，-11/3=-3.6667，如果按照四舍五入的方式，可能更靠近-4，而如果选择"向零取整"，则-3 更靠近 0，
如图 6-1 所示。

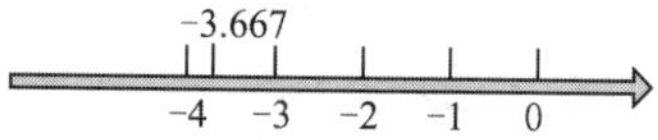

如果参与运算的两个数中有一个是实数，则计算结果将提升
为 double 型，因为所有的实数都按 double 型数据进行计算。

图 6-1　向零取整

> **注意**　不同类型的数据参与运算，将会出现低级别的类型向高级别类型转换的过程。在后续章节中具体介绍。

3．%运算符

%是取模运算符，也称作求余运算符。参与运算的对象必须是整数，只有整数才能求余。如：

```
int i_x=12;
int i_y=5;
printf("12 / 5 = %d…%d",i_x/ i_y,i_x % i_y);
```

结果为：

```
12 / 5 = 2…2
```

如果参与运算的数据不是整数，如 7 %12.1，编译时，LCC 会提示以下错误：

```
Error i:\cbook\src\test\test.c: 6  operands of % have illegal types 'int' and 'double'
```

对于+、−、*、/、%这 5 个基本运算符，都要求参与的对象必须是两个，分别在运算符的左右。这种运算符被称为双目运算符或者双元运算符。

6.2.2　++自增、−−自减运算符

这两个运算符都是为了使得 C 代码方便简单而设计的。++是自增运算符，−−是自减运算符。先看代码：

```
int i_x=0;
i_x = i_x + 1;
i_x = i_x + 2;
printf("%d",i_x);
```

输出结果为：

```
3
```

类似：

```
x=x+1;
x=x+2;
```

这样的代码，在前面的章节介绍过，叫做累加器。在大量的编程实践中，前人们发现，x=x+1这种计算经常被用到。由于 C 被设计成一种简单高效的语言，所以专门针对 x=x+1;的计算，提供了 C 语言独有的一种运算符：++，这就是所谓的自增运算符。如：

```
int i_x=0;
i_x++;
printf("%d",i_x);
```

输出结果为：

```
1
```

可以粗略地认为：x++的意思就是 x=x+1，就是使得变量自身的值增 1。

像这种只有一个对象参与运算的运算符，称为一目运算符或者一元运算符。对于++运算符来说，有两种写法，分别是 x++和++x，即变量出现在符号的左边或者右边都是可以的。但是变量在符号的左边还是右边，意义是有区别的，主要体现在和赋值联系在一起或者需要取变量的值的时候。如：

```
int x=0,y=0;
y=x++;
printf("y=%d,x=%d",y,x);
```

输出结果为：

```
y=0,x=1
```

而代码：

```
int x=0,y=0;
y=++x;
printf("y=%d,x=%d",y,x);
```

输出结果为：

```
y=1,x=1
```

y=x++和 y=++x 中都出现了两个运算符：赋值符=、自增符++。在计算机中运行的时候，对这两个表达式，有一个计算的先后顺序，也就是所谓的优先级。y=x++、y=++x，第一步要计算的是 x++和++x，然后才是赋值。

但是两个代码输出结果不同，其区别就是，y=x++，是先将 x 的值 0 取出来使用，这里的使用就是将值赋给 y，然后再使得 x 的值增 1，所以此时 y 的值是自增前的 x 的值，所以 y=x++;这行代码运行完毕后，y 得到值 0，x 的值从 0 增 1，得到 1；而 y=++x，是先进行自增运算，即 x 的值先增 1，然后将自增后的 x 的值 1 取出来赋给 y，所以最终 y 的值是 1，而 x 的值也是 1。

如何记忆这种区别呢？

❑ x++，变量在前，++在后，先使用变量，后自增值。

❑ ++x，++在前，变量在后，先自增值，后使用变量。

--自减运算同++运算一样也有这样的特点。

说明　y=x++先取值赋给 y，再自增，实际上编译器偷偷做了好几个动作：先将 x 的值取出来，暂存在某个临时的内存空间中，然后自增，最后将暂存的值赋给 y。看起来就像是先取 x 的值，赋给 y 后再自增。

自增和自减运算符有些需要注意的地方说明如下：

（1）自增和自减运算参与的运算对象只能是变量，而不能是常量或表达式。如：

```
int i_x=0;
i_x++;
++i_x;
```

都是合法的代码。但是下列代码都不合法：

```
10++ /*常量*/
++11 /*常量*/
```

```
int i_x=0;
(i_x+1)++;    /*表达式*/
```

请读者自行思考，为什么常量和表达式不能进行自增和自减运算？

（2）不仅仅是整数可以参与自增、自减运算，实型数据也可以进行自增和自减运算，如：

```
float f_x=1.1;
printf("%f",++f_x);
```

输出结果为：

```
2.100000
```

（3）自增和自减运算主要是为了代码简单而设计的，但是过分且变态地使用自增和自减运算，将使得代码非常难以阅读。在实际开发中，不要写成类似下面的代码来：

```
int i_x=0;
int i_y=++i_x+i_x+++i_x++;
```

上述代码完全合法，但为了理解这样的代码需要花费很长时间。实际上，代码不仅仅是给机器阅读的，更重要的是给人看的。所以读者以后尽量不要写出类似上面的代码来。当然，如果是为了考试检查知识点是否掌握，故意出这样的题目，则另当别论了。

上面的代码输出结果为：

```
4
```

6.2.3　算术表达式和运算符的优先级及结合性

算术表达式是用算术运算符以及小括号把运算对象连接起来的表达式，算术运算符就是5种基本的算术运算符和自增、自减运算符，运算对象可以是常量、变量、函数、另一个表达式等。例如，下列表达式都是合法的算术表达式：

```
a*b+c-10
a*(b+c)-10
sum(10, 12)+( a*(b+c) - 10 )
```

知道一个式子是否是算术表达式其实并不重要，重要的是知道整个表达式的求解顺序。如，对于a*b+c-10，必须知道首先要计算的是a*b，而a*b的计算，到底是先计算a呢还是先计算b呢？这里有一个顺序问题，为什么这么关注顺序问题呢？如：

```
int a=1;
(a++)*(++a)
```

先计算*左边还是先计算右边，结果是不一样的。如果先算左边，则先求*左边的表达式a++的值。a++表示先用后加，即先取a的值1，然后a自增。现在的表达式变为1*(++a)，此时a的值从1自增为2；再计算*右边的表达式++a的值；++a先加后用，a先加1得3，然后使用，使得表达式变为：1*3，结果为3，而a的值为3。如果先算*右边的表达式++a的值，++a先加后用，a的值变为2，表达式变为(a++)*2；再计算左边a++，先用后加，表达式变为2*2，结果为4，而a再自增，为3。因此，对于比较复杂、有多个运算符的表达式，C语言规定了运算符的优先级和结合性。

运算符的优先级是指，在一个表达式中，优先级高的运算符先参与运算，优先级低的运算符后参与运算。如，四则混合运算中的先乘除后加减就是运算的优先级规则。如10-5*2+12/3，先计算5×2和12/3。在这个表达式中，对于5来说，左边有减号-，右边有乘号*，因为乘号优先于减号，所以先算乘法。

运算的结合性是指，在运算优先级相同的时候，如，10-10+4，则根据结合方向的规定计算。如算术运算的结合性方向为从左至右，即先算左边，后算右边。10-10+4 先计算 10-10，得到 0，然后计算 0+4，得到 4。即在 C 中，遵从自左至右的原则。

自左至右运算的结合方向，又称左结合性，即运算对象先与左边的运算符结合。算术运算符都是左结合性的运算符，以后将会看到右结合性的运算符。

回顾前面已经接触过的算术运算符、赋值符及小括号的例子，如：

```
int i_x=0;
int i_y=0;
i_y=10 * i_x * (i_x+2) - 2* i_x + 1;
```

（1）小括号表示优先计算。所以先计算 i_x+2。

（2）乘除先于加减，所以先计算 10 * i_x * (ix+2)和 2*i_x。

（3）优先级相同，根据结合性方向计算，算术方向为左结合性。

（4）赋值符=优先级非常低，一般来说最后才是赋值运算。所以整个表达式的值计算出来后，才将值赋给 i_y。

> **注意**　请读者记住，在C中，比赋值符优先级还低的，只有一个逗号运算符",",其他所有的运算符都高于赋值符。

6.3　逗号运算符和逗号表达式

在 C 语言中，逗号","某些时候也是一种运算符，称为逗号运算符。其功能是把多个表达式连接起来组成一个表达式，称为逗号表达式。

6.3.1　逗号表达式的一般形式

逗号表达式的一般形式是：

表达式 1,表达式 2,表达式 3,……,表达式 n

逗号表达式的求解过程是先求解表达式 1 的值，再求解表达式 2 的值，依次求解，最后求解表达式 n 的值。整个表达式的值就是最后一个表达式的值，如：

```
int i_x=0;
i_x+1,i_x+2,i_x+3,i_x+4
```

对于这个表达式的求解过程为：先计算 i_x+1 的值，0+1，为 1，至于得到的 1 如何处理，上面的表达式没有写，则将该值丢弃，不要认为此时 i_x 的值变化了，因为没有对 i_x 进行过赋值动作。然后计算 i_x+2，因为 i_x 的值是 0，所以表达式就是 0+2，求解的值是 2，同样，2 也没有使用，丢弃。就这样一路计算下来，最后计算到 i_x+4，得到的值是 4，这个值不能丢，最终，整个表达式 i_x+1,i_x+2,i_x+3,i_x+4 的值就是 4 了。

逗号表达式"表达式 1,表达式 2,表达式 3,……,表达式 n"中的表达式可以是任意合法的表达式，如赋值表达式、算术表达式、函数调用表达式、逗号表达式。

表达式可以是赋值表达式，如：

```
a+3,b=3,b++
```

表达式可以是算术表达式，如：

```
A+3,b+4,c+5
```

表达式也可以是函数调用，如：

```
A+3,max(a,b),c+5
```

还可以是另一个逗号表达式，如：

```
A+5,(a=3,4+5),b++
```

6.3.2　逗号表达式的优先级和结合性

逗号运算符的优先级最低，甚至比赋值符都低，如：

```
int i_x=0;
int i_y=0;
i_y = i_x++,++i_x+1;
printf("i_x=%d,i_y=%d",i_x,i_y);
```

对于表达式 i_y = i_x++,++i_x+1;根据运算符的优先级，其运算顺序是：

（1）i_x++

（2）i_y=i_x++

（3）++i_x+1

最后结果为：

```
i_x=2,i_y=1;
```

也就是对于表达式 y=a,b;不要认为最终 y 的值是 b，而实际上应该是先计算 y=a，然后计算 b，y 的值并不是 b。如：

```
int a=1;
a=3*5,a*4;
printf("%d",a);
```

输出结果为：

```
15
```

先求解 a=3*5，得到 a 的值为 15，然后计算 a*4，得到值 60。但是这个 60 并没有被哪个变量保持着。而代码：

```
int a=1;
printf("%d",(a=3*5,a*4));
```

输出结果为：

```
60
```

可以用小括号来改变优先级。如：

```
int a=1;
a=(a=3*5,a*4);
printf("%d",a);
```

输出结果为：

```
60
```

所以请读者注意下面两个表达式的值是不一样的：

```
x=a,b
x=(a,b)
```

对于逗号表达式，还有几点需要说明如下：

（1）逗号表达式的作用其实就是将若干个表达式连接起来，分别计算每个表达式。很多时候，并不是想要得到整个逗号表达式的值。逗号表达式最常用的地方是在循环语句中。

（2）并不是在所有出现逗号的地方都可组成逗号表达式，如在变量说明和函数参数表中，逗号只是用作各变量之间的间隔符。如：

```
printf("%d,%d,%d,%d",a,b,c,d);
```

上行代码中的 a,b,c,d 中的逗号，是各个参数的分隔，并不是一个逗号表达式。又如：

```
int a,b,c,d;
```

上行代码中的 a,b,c,d 中的逗号，是各个变量的分隔，也不是一个逗号表达式。

6.4　关系运算符和关系表达式

所谓关系运算，就是做比较。日常生活中经常遇到一些真假判断，比如说，"张三比李四高"、"济南到北京比济南到上海近"、"5 大于 2"，这些问题的答案是真或假。程序设计是对实际问题解决过程的模拟，常常需要做判断，像"如果这样，我就执行动作 A，如果那样，我就执行动作 B"。那怎么判断这样、那样呢？这就需要用到关系运算符和关系表达式。

6.4.1　关系运算符的种类

关系运算即是比较两个量的大小，比较的结果为逻辑值"真"或"假"。举个简单的例子，x<10，如果变量 x 的值为 8，而 8<10 成立，故式子的值为"真"；若 x 的值为 15，而 15<10 不成立，则式子的值为"假"。

C 语言中，"真"和"假"也是通过数值来体现的，将"真"解释为非 0 数，而将"假"解释为 0。

C 语言提供了 6 个关系运算符，如表 6-2 所示。

表 6-2　C 语言中的关系运算符

运 算 符	功 能	操作数个数	结 合 性
<	小于	2	从左向右
>	大于	2	从左向右
<=	小于等于	2	从左向右
>=	大于等于	2	从左向右
==	等于	2	从左向右
!=	不等于	2	从左向右

6.4.2　关系表达式的一般形式

关系表达式的一般形式为：

表达式1 关系运算符 表达式2

要比较的两个表达式既可以是整型、浮点型，也可以是字符型。但是，在比较两个常量字符串时，比较的不是字符串的大小，比较的是两个字符串在内存中的地址大小。整型、浮点型比较的是大小，而字符比较的是其 ASCII 码的大小。

对浮点型（如 double 型和 float 型）来说，由于存储形式特殊，小数部分多采用近似结果，因此，不推荐使用==和!=来进行关系运算。

下列关系表达式都是合法的：

```
x+y>z;
'a'+1<64;
a+b==m+n;
```

关系运算符比算术运算符的优先级低，这说明：

```
x+5>y-7
```

等价于：

```
(x+5)>(y-7)
```

而不是：

```
x+(5>y)-7
```

代码 6-1 用于求各种关系表达式的值。

代码 6-1　关系表达式的用法 Relation

```
<----------------------------文件名：Relation.c---------------------------->
01    #include <stdio.h>                                 /*使用printf()要包含的头文件*/
02    #include <conio.h>
03    void main(void)                                    /*主函数*/
04    {
05        int m=1,n=2;
06        double x=1.51;
07        float y=2.5;
08        printf("m<n=%d\n",m<n);                        /*整型比较*/
09        printf("y-1>x=%d\n",y-1>x);                    /*浮点型比较*/
10        printf("'a'+1<90=%d\n",'a'+1<90);              /*字符型比较*/
11        getch();                                       /*等待，按任意键继续*/
12    }
```

输出结果为：

```
m<n=1
y-1>x=0
'a'+1<90=0
```

【代码解析】 在 Windows 操作系统及 LCC 编译环境下，"真"被解释为整型数 1，"假"被解释为整型数 0，所以有了上述输出结果。前两个语句很好理解，对'a'+1<90 来说，字符常量是以其对应的 ASCII 码值参与运算的，所以，'a'=0x61=97，所以 97+1<90 不成立，输出结果为 0。

6.5　逻辑运算符和逻辑表达式

关系表达式输出结果为"真"和"假"，但关系表达式毕竟只能判断一次，实际问题中常遇到多个条件判断的情况，比如"如果从济南去北京比去上海近，并且明天不下雨，就去北京旅游"。C 语言程序设计中遇到这种情况时，就要使用逻辑运算符和逻辑表达式。

6.5.1　逻辑运算符

电路理论中学到过开关的概念，如图 6-2 中的 3 幅图分别对应着 C 语言中提供的 3 个逻辑运算符：与（&&）、或（||）和非（!）。逻辑与运算符&&和逻辑或运算符||都是双目运算符，结合性为从左向右，而逻辑非!运算符为单目运算符，结合性为从右向左。

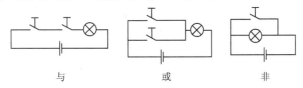

图 6-2　电路图体现出的与或非关系

根据 3 幅图不难看出 3 个运算符的如下运算规则。

1．与（&&）

"表达式 1 && 表达式 2"，只有当两个表达式都为非 0（真）时，运算结果为非 0（真），否则为 0（假）。正如第 1 幅图中，要想让灯泡放光，两个开关必须同时按下，只要有一个开关没有按下，灯泡都不发光。举例来说：

```
4<5 && 2.1>1.7
```

左右两个表达式都成立，返回结果为非 0（真）。

```
4<5 && 2.1>3.5
```

尽管 4<5 成立，但 2.1>3.5 不成立，所以，返回结果为 0（假）。

2．或（||）

"表达式 1 || 表达式 2"，只要两个表达式中有一个为非 0（真），运算结果即为非 0（真）；只有当两个表达式都为 0（假）时，运算结果才为 0（假）。正如第 2 幅图中，要想让灯泡放光，只要按下其中一个开关即可。举例来说：

```
4<5 || 2.1>3.5
```

因为 4<5 成立，因此，不论后面一个表达式是真是假，返回结果都为非 0（真）。

3．非（!）

"! 表达式"，取反，当表达式为真时，返回结果为假；当表达式为假时，返回结果为真，即起到真假颠倒的作用。如：

```
!(4>5)
```

4>5 不成立，结果为假，但由于前面有运算符非!，故整体结果为真。

6.5.2　逻辑真值表

逻辑表达式的运算结果只能是真或假，即非 0 与 0。归纳逻辑运算的规律，得到逻辑运算真值表，如表6-3所示。

表6-3　逻辑运算真值表

A	B	!A	!B	A&&B	A||B
真	真	假	假	真	真
真	假	假	真	假	真
假	真	真	假	假	真
假	假	真	真	假	假

归纳来说，与运算是"只要有一个为假，结果就为假"，或运算是"只要有一个为真，结果就为真"，非运算是"真变假，假变真"。

代码6-2是逻辑运算示例。

代码6-2　逻辑运算符及用法 Logic

```
<------------------------------文件名：Logic.c------------------------------>
01    #include <stdio.h>                                    /*使用printf()要包含的头文件*/
02    #include <conio.h>
03    void main(void)                                       /*主函数*/
04    {
05        int m=1,n=2;
06        double x=1.51;
07        float y=2.5;
08        printf("m<n && y-1>x=%d\n",m<n && y-1>x);          /*与操作*/
09        printf("m<n ||'a'+1<90 =%d\n",m<n ||'a'+1<90);     /*或操作*/
10        printf("!('a'+1<90)=%d\n",!('a'+1<90));            /*非操作*/
11        getch();                                           /*等待，按任意键继续*/
12    }
```

输出结果为：

```
m<n && y-1>x=0
m<n ||'a'+1<90 =1
!('a'+1<90)=1
```

【代码解析】代码第8行进行了与操作，m<n是真，而y-1>x却是假。与操作中，有一个为假结果就为0。第9~10行分别进行了或操作和非操作，读者自己来分析结果，笔者不赘述。这里还有一个运算符优先级的问题，为什么是先计算完大于、小于之后再计算逻辑运算？如果读者不明白，可以参考6.8节的介绍。

6.6　赋值运算符和赋值表达式

赋值运算是 C 语言程序中很常用的一种运算，一般用于改变变量的值。C 语言中提供了赋值运算符=，使用该运算符一定要注意与关系运算符中判断相等的符号==区分开，在书写代码时将二者混淆是初学者最常犯的毛病。

6.6.1　赋值表达式

由赋值运算符组成的表达式为赋值表达式。赋值运算符的结合性是由右至左，基本形式为：

```
变量=表达式
```

赋值表达式的功能是先计算赋值号右边表达式的值，然后将该值赋给赋值号左边的变量。C 程序中允许出现连续赋值的情况。如：

```
int A,B,C,D,E;
A=B=C=D=E=9;
```

上述语句是合法的，整型变量 A、B、C、D 和 E 都被赋值为 9。

再比如下述式子：

```
x=(m=8)+(n=9);
```

也是合法的，其意义是把 8 赋给 m，把 9 赋给 n，而后把 m+n 的值，即 8+9=17 赋给 x。

6.6.2　复合运算符

赋值运算符除了=之外还有 10 个复合赋值运算符，这是赋值和运算相结合的运算符。举例来说，语句"x=x+y;"代表的意义是将 x 和 y 相加，结果放入变量 x 中，这可以简洁地表示为"x+=y;"，运算符 "+=" 既有加的功能，也有赋值的功能。复合赋值运算符如表 6-4 所示。

表 6-4　复合赋值运算符

运 算 符	+=	-=	*=	/=	%=	<<=	>>=	&=	^=	|=
对应的运算	+	-	*	/	%	<<	>>	&	^	|

复合赋值运算符的结合性都是从右向左的，它们的优先级和简单的赋值运算符一样。构成复合赋值表达式的一般形式为：

```
变量 双目运算符=表达式;
```

等价于：

```
变量=变量 双目运算符 表达式;
```

也就是说，表达式是被当作一个整体参与运算的，即：

```
x*=y+5;
```

等价于：

```
x=x*(y+5);              /*而不是 x=x*y+5*/
```

6.7　强制类型转换和自动类型转换

在前面的章节中读者已经了解，整数和实数在计算机中的表示方法不同，占据的内存空间大小也有所不同。比如 double 型数据占据 8 个字节内存空间，而 long 型数据占用 4 个字节的内存空间。某些时候，可能需要将一个 double 型的数据，如 123.33，存储到一个 long 型变量中，此时就需要将 123.33 这个实数类型转换成 long 型数据。这种对不同数据类型的数据进行转换就称作类型转换。不同类型的数据间，有的可以进行转换，有的不能进行转换。本节对这些问题进行讨论。

6.7.1　强制类型转换

所谓强制类型转换，就是程序员主动地强制将一个类型的数据转换成另一个类型的数据，这种程序员的主动性和强制要求体现在代码上。强制类型转换的一般形式是：

```
(类型说明符)(表达式)
```

类型说明符是一个数据类型标识符，如 int、long、double，以及后面章节介绍到的结构体类型。表达式是任何一个合法的表达式，如算术表达式、逻辑表达式、赋值表达式、常量表达式等。每个表达式都有一个确定的值，该值属于某种数据类型。强制类型转换就是将表达式的值转换成另一种类型的值，这也是一个计算过程。在转换过程中，有些转换不可避免地会出现数据丢失等情况。

如，将一个实型数据强制转换成一个 long 型数据。

```
long l_to=0;
float f_from=1.11;
printf("\nl_to=%d",l_to);
l_to = (long)f_from;
printf("\nl_to=%d",l_to);
printf("\nf_from=%f", f_from);
```

输出结果为：

```
l_to=0;
l_to=1;
f_from=1.110000;
```

l_to = (long)f_from;就是将 f_from 这个变量的值取出来，然后将该值转换成 long 型的数据，并保存在一个 long 型数据的临时内存空间中，然后将该值赋给 l_to 变量。

对于 f_from 变量来说，它的值并没有变化。这其实很好理解，就如同 y=a+b 一样，将 a、b 的值取出来进行加法运算后赋给 y，a，b 的值当然不会变化。强制转换也一样，只不过是将表达式计算得到的值经过类型转换运算得到另一个值而已，如图 6-3 所示。

在图 6-3 中，矩形框表示在内存中存储的是 long 型数据，椭圆形框表示在内存中存储的是实数型数据。

如，以下是一些合法的强制类型转换：

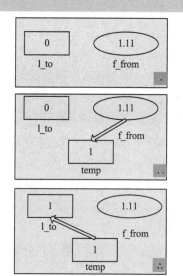

图 6-3 强制转换不改变原变量的值

```
int i_a=0;
double f_y=(double)i_a;
/*将整型变量i_a的值强制转换成double型数据*/
```

又如：

```
double f_x=1.1;
double f_y=2.33;
int i_x=(int)(f_x+f_y);
```

注意，对于复杂的表达式要用括号括起来，如 int i_x=(int)(f_x+f_y);不能写作：

```
int i_x=(int)f_x+f_y;
```

否则变成了仅仅将 f_x 的值强制转换成 int 了。

有些时候，程序会自动进行类型转换，比如：

```
int i_x=10;
printf("%d",i_x+'c');
```

在计算 i_x+'c'的时候，由于 i_x 是 int 型变量，占 4 个字节内存空间，而'c'是一个 char 型常量，占一个字节内存空间，虽然都可以看作整数，但是实际运算的时候，计算机会自动将'c'转换成 int 型数据。这就是自动类型转换。

6.7.2　自动类型转换

在 C 中，基本的数据类型，如整型、单精度型、双精度型、字符型数据可以混合运算。如：

```
int i_x=22;
char c_letter='c';
float f_z=1.1;
1234.567+i_x*(c_letter+f_z)+3434*'A';
```

当一个表达式中有不同数据类型的数据参加运算时，需要进行类型转换，都要先转换成同一类型，然后进行运算，即先将低级类型的运算对象向高级类型的运算对象进行类型转换，然后再进行同类型运算。这种转换是由编译系统自动完成的，称为自动类型转换。转换的规则如图 6-4 所示。

图 6-4 中横向的向左箭头表示一定要进行的类型转换。如 float 类型先要转换成 double 类型，然后再进行运算，即使是两个 float 型数据进行运算，也要先转换成 double 型，提高精度后再运算；char 和 short 型先要转换成 int 类型，然后再进行运算。

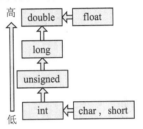

图 6-4　自动数据类型转换规则

纵向的向上箭头表示当参加运算对象的数据类型不同时，要进行转换的转换方向，转换由低向高进行。如 int 型和 long 型运算时，先将 int 型转换成 long 型，然后再进行运算；float 型和 int 型运算时，先将 float 型转换成 double 型，int 型转换成 double 型，然后再进行运算。由此可见，转换按数据长度增加的方向进行，以保证计算精度不降低。如：

```
int i_x=1;
float f_y=1.1;
double f_z=2.1;
long l_a=1000;
100+f_y*i_x+'A'-l_a/f_z;
```

对于表达式 100+f_y*i_x+'A'-l_a/f_z;的计算顺序是：

（1）计算 f_y*i_x

f_y 和 i_x 最高级别是 float 型，所以需要将两个运算对象都转换成 double 型。计算结果也是 double 型，得到 1.1。

（2）计算 l_a/f_z

同样地，有 double 型参与运算，两个运算对象也转换成 double 型，计算结果也是 double 型。

（3）计算剩下的加减混合运算

因为有 double 型参与运算，将所有参与运算的数据转换成 double 型。

所以整个表达式的值是 double 型数据。

如何区分何时使用自动转换，何时使用强制转换呢？一个原则，从低级别向高级别转换时，无需程序员担心。如：

```
char c_letter='c';
long l_x= c_letter;
```

将低级别类型的数据赋给高级别类型的变量，当然高枕无忧了。但是将高级别类型的数据赋值给低级别类型的变量，编译器就会很小心地警告程序员，可能丢失数据了。如：

```
long y=1000;
short x=y;
printf("%d",x);
```

将 long 型数据赋值给 short 型变量，long 型占 4 个字节内存，而 short 才占 2 个字节，当然会丢失数据了。LCC 编译器什么都不提示就直接通过了，看来还是不够负责。VC.net 编译的时候，会善意地提醒程序员：

```
e:\study\ C Study\test\test.cpp(9) : warning C4244: 'initializing' : conversion from
'long' to 'short', possible loss of data
```

conversion from 'long' to 'short', possible loss of data 的意思就是从 long 型转换成 short，可能会丢失数据。这仅是个警告（warning），提示程序员注意。

有些程序员比较追求完美，一个警告都不想看到，如何处理呢？方法就是强制转换。

```
long y=1000;
short x=(short)y;
printf("%d",x);
```

这样就是在告诉编译器，程序员明白这个转换的风险，无需再警告了。

6.8　运算符的优先级

C 语言的运算符具有不同的优先级和它的结合性。在表达式中，各运算量参与运算的先后顺序不仅要遵守运算符优先级别的规定，还要受运算符结合性的制约，以便确定是自左向右进行运算还是自右向左进行运算。这种结合性是其他高级语言的运算符所没有的，在某种程度上，这也增加了 C 语言的复杂性。

6.8.1　优先级、结合性汇总

C 语言中所有运算符的优先级和结合性如表 6-5 所示。

表6-5　C语言运算符的优先级和结合性表

优 先 级	运 算 符	结 合 性
1	()　>　[]　::　.	从左到右
2	*（指针）　&（取地址）　!　~　++　-（取负）　sizeof	从右到左
3	*　/　%	从左到右
4	+　-（减法）	
5	<<　>>	
6	<　<=　>=　>	
7	==　!=	从左到右
8	&	
9	^	

（续）

优 先 级	运　算　符	结 合 性
10	|	
11	&&	从左到右
12	||	
13	？：	
14	＝　＋＝　＝　*＝　/＝　%＝　<<=　>>=　&=　^=　|=	从右到左
15	，	从左到右

为了编程方便，建议记住常用运算符的优先级和结合性。当然，如果打算每次都查表 6-5 的话，完全可以不记。其实，还是有下面的一些规律的：

- ❑ 操作数多的运算符优先级别相对低一点，从高到低：单目→双目（不包含赋值运算符）→赋值→逗号。
- ❑ 双目运算符个数最多，双目运算符优先级从高到低依次为：算术运算符→比较运算符→位运算符→逻辑运算符。
- ❑ 算术运算符中，*、/、%的优先级高于+、-（双目）。
- ❑ 位运算符优先级从高到低为：~→&→^→|。
- ❑ 逻辑运算符优先级从高到低为：! →&&→||。
- ❑ 赋值运算具有相同的优先级。

6.8.2　sizeof 运算

sizeof 是 C 语言的一种单目运算操作符，运算对象是变量名、表达式或数据类型标识符。sizeof 操作符的功能是以字节形式给出其操作数的存储大小，是一个整型值，其具体数值由操作数的类型决定。sizeof 并不是函数，而是系统的关键字，同时又作为常用的运算符。它主要有两种语法格式：

```
sizeof（表达式）　或者 sizeof　表达式
sizeof（数据类型）
```

数据类型必须放在括号中，变量名、表达式可以不用括号括住。如 sizeof (var_name)和 sizeof var_name 都是正确的形式。实际应用中带括号的用法更普遍，大多数程序员都采用这种形式。如：

```
sizeof(short);        /*返回2*/
sizeof(long);         /*返回4*/
sizeof(int);          /*不确定，取决于不同的系统*/
```

括号内也可以是一个表达式。如：

```
short x;
sizeof(x);            /*返回2*/
```

sizeof 的优先级比算术运算符优先级高，它也可以与其他操作符一起组成表达式，如 i*sizeof (int) ；其中 i 为 int 类型变量。

6.9　取地址运算符

取地址运算符（&）为单目运算符，运算对象只能是变量，运算结果是变量的存储地址。例如有下面的定义：

```
int    a,stu;
char   ch;
```

则可以对变量 a、ch、stu 进行&运算，&a、&ch、&student 将得到变量的地址。其主要用于以下的几个方面：

- ❏ 标准输入函数 scanf 中获得要输入数据的变量的地址。这在上一章介绍输入输出时已用到，这里不再给出实例。
- ❏ 取变量的地址赋给指针变量。
- ❏ 函数调用时使用变量的地址作为实际参数。

6.10　小结

本章主要介绍了 C 程序的基本构成：运算符和表达式。运算符主要有算术运算符、关系运算符、逻辑运算符、逗号运算符等。C 语言允许不同类型的量进行混合运算，但要进行类型转换。C 语言中的类型转换主要有自动类型转换和强制类型转换，无论哪一种都是一次性的、临时的，原来的值不会发生变化。

运算符的结合性和优先级是十分重要的概念，决定了表达式以什么方式解释，按什么顺序执行。如果不了解运算符的优先级，就无法知道最终的运算结果。

6.11　习题

一、填空题

1．逻辑运算符有 3 种，分别是_____、_____和_____。

2．赋值运算符的结合性是由_____到_____。

3．逗号运算符的优先级比赋值运算符_____。

4．sizeof 是不是函数？_____A. 是　B. 不是

二、上机实践

1．测试以下代码的输出结果。

```
#include <stdio.h>
#include <conio.h>
void main(void)
{
  int m=1,n=2;
  double x=1.51;
  float y=2.5;
  printf("m<n && y-1>x=%d\n",m<n && y-1>x);
  printf("m<n || y-1>x=%d\n",m<n || y-1>x);
  printf("!(y-1>x)=%d\n",!(y-1>x));
  getch();
}
```

【提示】主要考察与、或、非 3 种逻辑运算，其中读者要掌握运算符的优先级，如( )、大于、小于和逻辑运算谁先执行，谁后执行。

2. 用笔写出以下代码的运行结果，然后再上机实践，看机器效果与手算效果是否一致。

```c
#include <stdio.h>
#include <conio.h>
void main(void)
{
    int  a=5,b=4;
    printf("最后的输出结果是%d,但a的值是%d",(a=2*8,a/4));
    a=2*8,a/4;
    printf("\na的值是%d",a);
    printf("\na与b比较的结果=%d",a==b);
    getch();
}
```

【提示】本题考查了逻辑运算符、逗号运算符和关系运算符等各种运算符，如果读者自己手算的答案错了，就再阅读一遍本章，找到错误的原因。

第7章 程序的最小独立单元——语句

如果把写程序和写小说类比，变量、常量等可以看成是字和词，函数可以看成是一个段落，运算符等可以看成字词的组合方式（规则），那么，字词组成的句子就是小说的最小独立单元，表达了一定的意思。同样，程序的最小独立单元是"语句"，每个语句表达出完整的意义。

本章包含的知识点有：

- ❑ C语言的语句类型
- ❑ C语言的算法表示
- ❑ C语言的3种控制结构：顺序结构、分支结构和循环结构

7.1 5种语句类型

第3章中已经介绍过，C语言中有5种类型的语句，分别是表达式语句、流程控制语句、函数调用语句、空语句和复合语句，如图7-1所示。

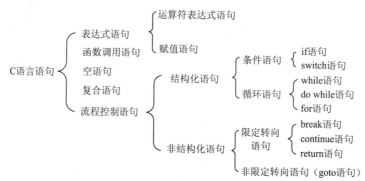

图7-1 C语言语句的分类

下面分别对各类语句进行介绍。

7.1.1 表达式语句

第6章中已经介绍了表达式的概念，通俗地说，由表达式组成的语句称为表达式语句。其基本格式为：

```
表达式；              /*表达式加分号*/
```

表达式与表达式语句的区别在于是否有末尾的分号。

表达式语句可分为两类：一是运算符表达式语句，用以计算表达式的值；二是赋值语句，用以改变变量等程序实体的值。

1. 运算符表达式语句

下列语句均由运算符表达式和分号组成：

```
x++;
a*b;
```

2. 赋值语句

顾名思义，赋值语句用来改变某些变量的值。如：

```
x=3;
x=y+z;                    /*由加法运算符和赋值运算符组成的语句*/
```

在赋值语句的使用中需要注意以下几点：

❑ 在 C 语言中符号"="是一个运算符，其优先级别和结合性以及赋值时数据的转换在前面的章中已经作了详细的说明。

❑ 在赋值语句中，首先计算"="右边的表达式的值，然后将其值赋给左边的变量。如果右边的表达式的类型与左边变量的类型不一致，系统将自动把"="右边的表达式的值转换为与左边变量相同的类型，然后再赋值。

❑ 在赋值符"="右边的表达式也可以又是一个赋值表达式，因此，如下述的形式：

```
变量=(变量=表达式);
```

是成立的，从而可以形成嵌套赋值的情形。其展开之后的一般形式为：

```
变量=变量=…=表达式;
```

例如，这样的语句：

```
a=b=c=d=e=5;    /*赋值表达式作为表达式*/
```

按照赋值运算符的右结合性，这条语句实际上等效于下面的一段顺序执行的程序：

```
e=5;
d=e;
c=d;
b=c;
a=b;   /*相当于连续赋值语句*/
```

❑ 在变量声明中给变量赋初值和赋值语句的区别是：给变量赋初值是变量声明的一部分，赋初值后的变量与其后的其他同类变量之间仍必须用逗号间隔，而赋值语句则必须用分号结尾。例如这样的语句：

```
int a=5,b,c;
```

是一个在变量声明中赋初值的情况，这种赋值情况是合法的。而下述的语句是错误的：

```
int a=b=c=5;          /*错误语句*/
```

应该写为如下的形式：

```
int a=5,b=5,c=5;          /*连续赋相等初值*/
```

注意 在变量声明中，不允许连续给多个变量赋初值，而赋值语句允许连续赋值。

❑ 赋值表达式和赋值语句的区别是：赋值表达式是一种表达式，它可以出现在任何允许表达式出现的地方；而赋值语句则不能。下述语句是合法的：

```
if((x=y+5)>0) z=x;
```

语句的功能是，若表达式 x=y+5 大于 0 则 z=x。下述语句是非法的：

```
if((x=y+5;)>0) z=x;
```

这是因为 x=y+5;是语句，不能出现在表达式中。

由此可见，运算符表达式语句和赋值语句并非严格划分开的，比如前面介绍的扩展赋值运算符，如+=、*=等，是算术运算符和赋值运算符的结合。

7.1.2 函数调用语句

函数调用后跟一个分号称为函数调用语句。其基本格式为：

```
函数名(参数列表);                          /*函数名+参数列表+分号*/
```

无论是标准库函数、第三方库函数还是用户自定义的函数，在调用前都要先进行原型声明，告诉编译器："在程序中有这么一个函数，它是这么这么用的"。应将函数原型声明语句与函数调用语句区分开。前几章中用到的输出函数 printf 的调用就是典型的函数调用语句。如：

```
printf("%d",x);                           /*以十进制整数形式输出 x 的值*/
```

7.1.3 空语句

空语句就是一个分号，表示不进行任何的操作。有的读者会问，不进行任何操作的语句，要它有什么用呢？实际上，空语句的提出是为了满足格式的需要，C 语言的语法格式要求某个地方必须要有条语句，此时若不想进行任何操作，便可在该位置处输入一个分号（空语句），没有这个分号，编译器可能会报错。

空语句应用最多的一个场合是在循环结构中提供一个不执行任何操作的空循环体。

7.1.4 复合语句（块语句）

表达式语句、函数调用语句和空语句可以称为简单语句或基本语句，基本上都是一行的形式。而复合语句是由一对大括号{}包围若干条基本语句组成的，所以也称为块语句。

其基本格式为：

```
{
  语句1;                                    /*每条语句后要有分号*/
  语句2;
  ......
  语句N;
}                                          /*整个块结束后的大括号后不加分号*/
```

举例如下：

```
{
  int a,b;                                 /*声明两个变量a和b*/
  a=3+4;                                    /*将3+4的结果赋值给a*/
  b=a*5;                                    /*将a乘5的结果赋值给b*/
}
```

块语句有个特殊的用处：在块语句内声明的变量仅仅在块语句内有效，在块语句外访问该变量是无效的，具体请参考第 19 章变量作用域和生存期的介绍。这种局部化的做法使得 C 程序具有模块化的结构。

7.1.5　流程控制语句

从图 7-1 可以看出，流程控制语句的分支最为茂盛，这是本章介绍的关键点。到目前为止，所接触到的代码都是顺序执行的，按语句的书写顺序从上到下一条条执行。如：

```
语句1;
语句2;
语句3;
```

执行顺序依次为：语句 1，语句 2，语句 3。

在实际应用中，程序并不一定按书写的顺序来执行，可能希望在某处设置多条路径，由程序选择一条来执行。以人爬山来类比，上山可能有多条路，在分岔口处需要登山者做出选择，如果体力状态不错，可以选坡陡难爬的一条路；如果很疲劳了，可以选平缓容易的路，或者干脆下山。这种选择机制提供了解决问题的灵活性。

> **说明**　有时程序希望对某块代码重复多次执行，按顺序方式将这块代码复制、粘贴多次是很笨的方法，且无法控制循环的次数。

能否引入一些控制结构，以解决选择和重复执行的问题，"流程控制"应运而生。

流程控制语句分为结构化语句和非结构化语句两部分，结构化语句包含条件语句（处理分支情况）和循环语句（处理重复情况），而非结构化语句用于一些特殊的跳转，有一种"便捷通道"的意思。继续讨论流程控制前，先来看一下 C 语言的结构化和算法。

7.2　结构化程序设计

结构化程序设计的思想是：把一个需要解决的复杂问题分解成若干模块来处理，每个模块解决一个小问题，这种分而治之的方法大大降低了程序设计的难度。结构化程序设计的核心问题是算法和控制结构。

7.2.1　什么是算法

所谓算法，指的是解决问题时的一系列方法和步骤。算法的思维体现在生活的各个方面，比如我们要去北京旅游，会问一些问题："用什么交通工具？"，"在哪里中转？"，"是否要去奥运赛场？"等，这都包含着算法。可见，算法的步骤间有一定的逻辑顺序，按这些顺序执行步骤便可以解决问题，达到目的。这种逻辑顺序，在 C 语言中体现为控制结构。

7.2.2　算法的表示

抛开那些厚厚的算法教科书，不去谈那些深奥无比的属性，本节讨论与算法使用最为相关的问题：算法如何表示。原则上，自然语言也可用于算法表示，但由于自然语言的多义性，不同的人对同一个版本的描述可能有不同的理解，因此，一般不采用自然语言来描述算法，要求采用一种精确的、无歧义的机制。

有两种广泛使用的算法表示方法，一是伪代码法，二是流程图法。

7.2.3 算法的伪代码表示

伪代码是对自然语言表示的改进，给自然语言加上了形式化的框架，以一种简单、容易理解的方式描述算法的逻辑过程。用伪代码表示的算法无二义性，易于理解。

使用伪代码表示算法无须遵守严格的语法规则，只要完整地表达了意思，书写清晰，容易阅读和理解即可。举例如下：

```
用户输入
如果（用户输入的字符是Y）
        执行B操作
否则
        执行C操作
```

上述代码便采用了伪代码表示方式，完成了一种简单的分支选择结构。

7.2.4 算法的流程图表示

流程图法是种有效、直观的算法表示方法，利用不同的框代表不同的操作，利用有向线段表示算法的执行方向。现在通用的流程图符号画法采纳的是 ANSI（美国国家标准化协会）的标准，如图 7-2 所示。

将前面的伪代码表示转换为流程图表示，如图 7-3 所示。

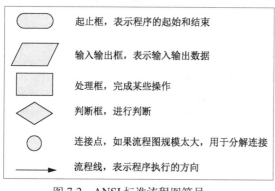

图 7-2 ANSI 标准流程图符号

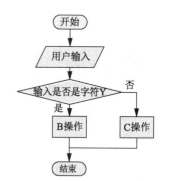

图 7-3 前述伪代码的流程图表示

和伪代码方式相比，流程图方式采用了图形化的形式，更为直观，可以很清晰地反映控制结构的运作过程。在描述基本结构时，本书采用流程图的方式。

7.2.5 3 种控制结构

结构化程序设计提供了 3 种控制结构，分别是顺序结构、分支结构和循环结构。早在 1966 年，Bohm和 Jacopini 的研究证明，用此 3 种基本结构可以构成任意复杂的算法。3 种基本控制结构如图 7-4 所示。

顺序结构是最简单、最基本的结构，程序按书写的顺序从上到下执行，不进行任何跳转。假设代码行为：

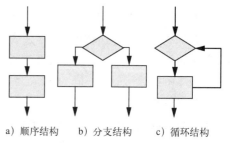

a）顺序结构   b）分支结构   c）循环结构

图 7-4 3 种基本控制结构

```
......
语句1;
语句2;
语句3;
......
```

执行顺序为语句 1→语句 2→语句 3→……

分支结构又称选择结构，需要在某处做出判断，根据判断结果决定走哪个分支，即按判断条件决定某些语句是否执行。选择结构先判断某个条件是否成立，若成立则执行，反之，不执行。其语句形式有 3 种：单分支、双分支和多分支，第 8 章将详细介绍分支结构。

循环结构则用于一遍一遍重复执行程序的某个部分，即由某个循环控制条件来控制某些语句及代码段是否反复执行、执行多少次。循环结构的语句形式有两种：当型循环和直到型循环，第 9 章将详细介绍循环结构。

7.2.6 算法示例

下面通过一个具体例子来看一下算法的具体使用方法。假定要编程解决这么一个问题：在用户输入的 3 个不同整数中选出最小数。如图 7-5 所示的算法流程可完成该任务。

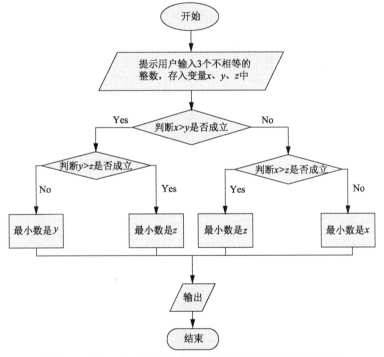

图 7-5 从输入的 3 个不同整数中找出最小数的算法流程图

7.3 小结

语句是程序的最小独立单元。C 语言中的语句大致可分为 5 类，分别是表达式语句、函数调用语句、空语句、块语句和流程控制语句。其中，流程控制语句相对比较复杂，细分为结构化的 3

种控制结构语句,还有非结构化的跳转语句等。在后面两章中将重点介绍流程控制语句的相关内容。

本章的后一部分解释了算法的相关知识,说明了两种算法表示形式,在此基础上简要说明了 C 语句结构化编程的 3 种控制结构,并结合例子进行了简要说明。

7.4 习题

一、填空题

1．C语言中有 5 种类型的语句,分别是_____、_____、_____、_____和_____。

2．结构化程序设计提供了 3 种控制结构,分别是_____、_____和_____。

3．表达式语句可分为两类:一是_____语句;二是_____语句。

二、上机实践

1．根据以下伪代码,写一个小程序,大于等于 60 分的输出"合格",小于 60 分的输出"不合格"。

```
用户输入
如果（用户输入的数值小于60）
        执行A操作
否则
        执行B操作
```

【提示】伪代码是一个流程,这里考查的其实是控制结构中的分支结构。

第8章 条件判断——分支结构

C 语言的控制语句有 3 种：顺序结构、分支结构和循环结构。顺序结构是最简单的一个，只要沿着指定的语句序列一路向下执行即可，无需选择、拐弯或者折回。而分支结构和循环结构相对要复杂一点，分支结构涉及从多条岔路中选择合适的语句执行，而循环结构则会重复执行某块语句，也就是说，在执行完后还要折回，再次执行。本章主要讨论几种常见的分支结构和它们的用法。

本章包含的知识点有：

- ❑ 条件判断语句
- ❑ 多分支语句
- ❑ 开关语句
- ❑ 条件判断语句与开关语句的对比

8.1 if 语句

生活中充满了选择，在 C 语言编程过程中同样如此。最简单的条件判断语句是 if 语句，其基本格式为：

```
if( 判断表达式 )
{
    结构体;
}
```

下面来具体看一下上述代码的意义。

8.1.1 判断表达式

判断表达式可以是简单的逻辑语句(逻辑表达式或关系表达式)，可以是多个逻辑语句的"与"、"或"、"非"组合，也可以是一般表达式，甚至还可以是一个变量或常量。执行到 if 结构时，首先计算该表达式的值，当判断表达式的值不为 0（真）时，if 后花括号中的结构体代码被执行，否则，跳过花括号中的代码。做个形象的比方，在街上购物的时候，看到某件商品，常常会这样想：如果不高于 50 块，就买下了；否则，就继续逛街。用 if 结构可表述为：

```
if ( 该商品价格 < 50 )
{
    买下它;
}
```

来看一段示例代码 8-1。

代码 8-1　If 结构使用范例 IfSample

```
<----------------------------------文件名: IfSample.c---------------------------->
01   #include <stdio.h>                          /*使用printf()要包含的头文件*/
02   #include <conio.h>                          /*使用getch要包含的头文件*/
03   void main(void)                             /*主函数*/
04   {
05       int price=0;                            /*声明一个int型变量，代表商品价格*/
06       printf("请输入商品的价格(正整数): ");    /*提示输出信息*/
07       scanf("%d",&price);                     /*读取用户输入*/
08       if(price<50)                            /*如果输入小于50*/
09       {
10           printf("好，买了");                  /*买下*/
11       }
12       getch();                                /*按任意键结束程序，等待*/
13   }
```

输出结果为:

```
请输入商品的价格(正整数): 20          （键盘输入）
好，买了
```

【代码解析】如果输入的数字大于 50，"好，买了"并不会输出。在代码 8-1 中，计算机是买家，而用户当了回卖家，计算机决定是否买下的标准就是用户通过键盘给出的数值（要价）。如果要价小于 50，if 结构花括号中的语句会被执行，"好，买了"信息输出，否则，买家觉得贵了，要去别处看看，什么也不说。

从示例 8-1 可以看出，判断表达式成立的情况下，程序从 A 跳转到 B，执行完 B 再执行 C。如果条件不成立，则程序直接跳转到 C，不执行 B 的内容，如图 8-1 所示。

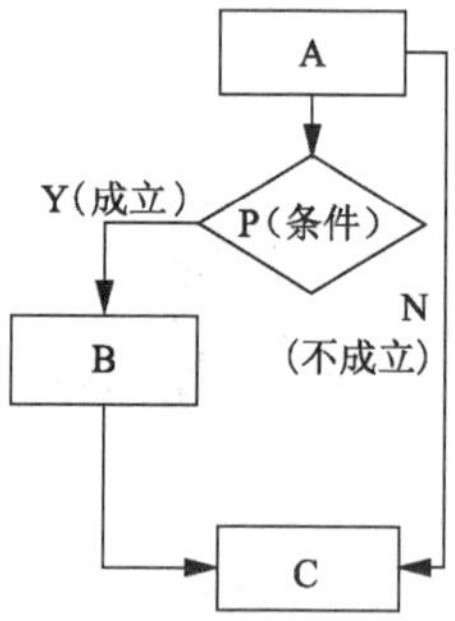

图 8-1　if 结构形式

8.1.2　花括号和 if 结构体

if 结构后的花括号并非必需，if 结构后的花括号实际上是个"块语句"，如果没有花括号，则此时默认的"块语句"只包含紧跟在 if 后的一条语句。试比较:

```
if( 表达式 )
{
    语句1;
    语句2;
    语句3;
}
```

和

```
if( 表达式 )
    语句1;
    语句2;
    语句3;
```

如果表达式为真，则两种情况下程序都会按"语句 1"→"语句 2"→"语句 3"顺序执行，似乎没什么不同。但如果表达式为假，采用前一种写法，3 条语句都不会执行，而采用后一种写法，只有"语句 1"不会执行，"语句 2"和"语句 3"都会执行。也就是说，后一种写法等价于：

```
if( 表达式 )
{
    语句1;
}
    语句2;
    语句3;
```

"语句 2"和"语句 3"此时不受 if 结构的管辖，无论表达式的值如何，都会被执行。

推荐用法	在if结构体确实只有一条语句的情况下，最好也把花括号加上，这样，在以后对程序进行改动时，可有效防错。

8.2　if...else 结构

还是拿买东西做比方。口袋里只有 50 块钱，想买一件衣服，衣服上的价格标签不见了。这时，你也许会在心里盘算，问一下衣服的价格，如果价格低于 50，就说"好，买了"，否则，就说"太贵了，算了"。这种"两条岔路中选一个"的流程，在 C 语言中对应着 if...else 结构。

8.2.1　关键在 else

对代码 8-1 进行改写，使用 if...else 结构，如代码 8-2 所示。

代码 8-2　if...else 结构用法示例 IfElseSample

```
<------------------------------文件名：IfElseSample.c----------------------------->
01    #include <stdio.h>                              /*使用printf()要包含的头文件*/
02    #include <conio.h>
03    void main(void)                                 /*主函数*/
04    {
05        int price=0;                                /*声明一个int型变量，代表商品价格*/
06        printf("请输入商品的价格(正整数)：");        /*提示输出信息*/
07        scanf("%d",&price);                         /*读取用户输入*/
08        if(price<50)                                /*如果输入小于50*/
09            {
10                printf("好，买了");                  /*买下*/
11            }
12        else
13            {
14                printf("太贵了，算了");              /*不买*/
15            }
16        getch();                                    /*按任意键结束程序，等待*/
17    }
```

提示	按层次格式使用缩进结构，能使代码清晰易读。

运行结果为：

```
请输入商品的价格(正整数)：30            （键盘输入）
好，买了
```

或

请输入商品的价格(正整数)：<u>60</u>　　　　　　　　　（键盘输入）
太贵了，算了

【代码解析】代码8-1中采用的是if结构，在price超过50的时候不做出任何反应，一声不吭地走开。如此看来，代码8-2中的顾客似乎更礼貌一点，在price小于50这个条件不成立时，会输出拒绝信息"太贵了，算了"。代码8-2流程如图8-2所示。

8.2.2　if...else 结构体

if...else 结构的标准形式为：

```
if ( 表达式 )
{
    代码段1
}
else
{
    代码段2
}
```

当程序流程执行到if...else结构时，首先计算关键字if后表达式的值，如果表达式的值为"真"（不为0），代码段1被执行；否则，else关键字后的代码段2被执行。该结构的简单流程如图8-3所示。

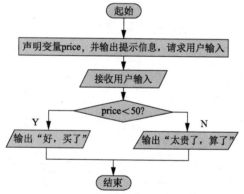

图 8-2　if...else 结构模拟购物算法流程图

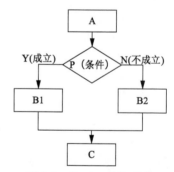

图 8-3　if...else 结构形式

和前面介绍的if结构类似，在if...else结构中，if（表达式）和else后的代码段均为块语句，需要使用花括号将代码段包围起来。当然，如果是只有一条语句的代码段，花括号可以省略。如代码8-2中的if...else结构也可以写为如下形式：

```
if(price<50)                                    /*如果输入小于50*/
    printf("好，买了");                          /*买下*/
else
    printf("太贵了，算了");                      /*不买*/
```

省略花括号可能会带来一些意料之外的错误。一起来看示例代码8-3。

代码 8-3 省略 if...else 结构体中的花括号带来的错误 ErrorIfElseSample

```
<-----------------------文件名: ErrorIfElseSample.c----------------------->
01    #include <stdio.h>                              /*使用printf()要包含的头文件*/
02    #include <conio.h>
03    void main(void)                                 /*主函数*/
04    {
05        int price=0;                                /*声明一个int型变量, 代表商品价格*/
06        printf("请输入商品的价格(正整数): ");        /*提示输出信息*/
07        scanf("%d",&price);                         /*读取用户输入*/
08        if(price<50)                                /*如果输入小于50*/
09              printf("好, 买了");                    /*买下*/
10              printf("Ok");
11        else
12              printf("太贵了, 算了");                /*不买*/
13        getch();                                    /*按任意键结束程序, 等待*/
14    }
```

【代码解析】代码 8-3 无法通过编译，错误出现在 else 所在行，大意为"找不到与 else 匹配的 if 关键字"。有的读者很奇怪，上面明明写着语句 if(price<50)，为什么说找不到呢？原来，编译器将上述代码中的 if...else 结构解释为：

```
if(price<50)                                /*如果输入小于50*/
   {
        printf("好, 买了");                  /*买下*/
   }
printf("Ok");
else
   {
        printf("太贵了, 算了");              /*不买*/
   }
```

这说明，if(price<50)被解释成了一个单独的 if 结构，所以，编译器因找不到与 else 匹配的 if 关键字而报错。这说明，在 if...else 结构中，if 和 else 之间不能存在无关的代码块，如上例的"printf("Ok");"。从一个侧面来看，这提醒编程者要合理使用花括号，不要贪图一时方便而少敲几个键，有可能为消除由此带来的不易察觉的错误而付出很大代价，得不偿失。

8.3 多分支语句和分支语句嵌套

讲过了"2 选 1"，那如果出现"3 选 1"，甚至是"N 选 1"怎么办？可使用多分支语句和分支语句嵌套。此外，C 语言还提供了开关语句 switch，这是一种特殊的选择分支结构，后面会讨论 switch 的用法。本节来看一下分支语句嵌套的问题。

8.3.1 多分支

用实例说明似乎更好理解。假设需要编制一个程序，根据学生的得分判定其类别。具体是：少于 60 分判 D（不及格），60 到 74 分判为 C（一般），75 到 89 分判为 B（良好），大于等于 90 分判为 A（优秀）。学习分支结构后读者编写的代码可能如代码 8-4 所示。

代码 8-4　多个 If 结构并列判断 Parallellf

```
<----------------------------文件名：ParallelIf.c------------------------->
01  #include <stdio.h>                          /*使用printf()要包含的头文件*/
02  #include <conio.h>
03  void main(void)                             /*主函数*/
04  {
05      int mark=0;                             /*声明一个int型变量，代表学生成绩*/
06      printf("请输入该学生的成绩:\n");        /*提示输出信息*/
07      scanf("%d",&mark);                      /*读取用户输入*/
08      if(mark >=90)                           /*如果输入大于等于90*/
09          printf("A");                        /*成绩是A*/
10      if(mark>=75 && mark<90)
11          printf("B");                        /*成绩是B*/
12      if(mark>=60 && mark<75)
13          printf("C");                        /*成绩是C*/
14      if(mark<60)
15          printf("D");                        /*成绩是D*/
16      getch();                                /*按任意键结束程序，等待*/
17  }
```

【代码解析】代码 8-4 的结果符合要求，但使用了 4 个并列 if 结构，在效率上大打折扣。画出其流程图，如图 8-4 所示。可以看到，不论用户输入什么样的成绩，都会经过 4 次判断。有时候，某些判读不是必须的，比如说，如果用户输入的是 95，实际上输出"A"之后程序就可以结束了，后面的 3 个判断完全是多余的。基于这种思路，可对代码 8-4 进行改进。

改进的方法有多种：对于如代码 8-4 这种"判断并执行对应代码块后就结束"的程序，可以在代码块中 printf 后调用 exit 函数提前"毙掉"当前程序。exit 是 C 语言函数库 stdlib.h 中的一个函数，其功能是中止程序的执行，并在退出前对程序占用的资源进行必要的清理。exit 是一个无返回值的函数，其参数称为退出码，用以通知操作系统当前程序是正常终止（一般为 0）还是非正常终止（一般为-1）。

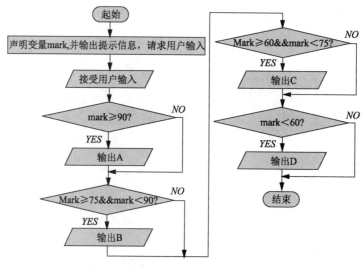

图 8-4　多个 if 结构并列实现成绩判断

大多数情况下，在判断后程序并未结束，后面还有代码要执行，可以使用自由跳转语句 goto，但大量使用这种太过自由的跳转语句，会使得程序如一团乱麻，理不清、读不顺。因此，很多专家都反对使用 goto 语句。goto 跳转将在第 9 章中进行介绍，本节单就分支本身进行讨论，建议使用多分支 if 结构或分支结构嵌套来解决这一问题。

8.3.2　多分支 if 结构

多分支 if 结构可看作是对 if...else 结构的一种补充，可用它对多个条件进行判断，并在条件成立时立即执行相应的语句。多分支 if 结构的基本格式为：

```
if (表达式1)
{
    代码段1
}
else if (表达式2)
{
    代码段2
}
else if (表达式3)
{
    代码段3
}
    ......
else if (表达式m)
{
    代码段m
}
else
{
    代码段m+1
}
```

当程序执行到上述多分支 if 结构时，会首先计算表达式 1 的值，如果其值为真，则执行代码段 1，并跳过后续所有 m 个代码块（即跳出整个 if 多分支结构）；如果其值为假，不执行代码段 1，接着计算表达式 2 的值，如果其值为真，执行代码段 2，跳出整个 if 多分支结构；如果其值为假，不执行代码段 2，接着计算表达式 3 的值，依次类推。如果所有的表达式都为假，则执行代码段 m+1，最后一个 else 结构可省略，此时代表"如果所有的表达式都为假，则什么都不执行"。

用多分支 if 结构改写成绩判断程序，如代码 8-5 所示。

代码 8-5　多分支 if 结构的用法 MultiIf

```
<---------------------------------文件名：MultiIf.c--------------------------------->
01   #include <stdio.h>                               /*使用printf()要包含的头文件*/
02   #include <conio.h>
03   void main(void)                                  /*主函数*/
04   {
05       int mark=0;                                  /*声明一个int型变量，代表学生成绩*/
06       printf("请输入该学生的成绩:\n");              /*提示输出信息*/
07       scanf("%d",&mark);                           /*读取用户输入*/
08       if(mark >=90)                                /*如果输入大于等于90*/
09           printf("A");                             /*成绩是A*/
```

```
10          else if(mark>=75 && mark<90)
11              printf("B");                           /*成绩是B*/
12          else if(mark>=60 && mark<75)
13              printf("C");                           /*成绩是C*/
14          else if(mark<60)
15              printf("D");                           /*成绩是D*/
16          getch();                                   /*按任意键结束程序，等待*/
17      }
```

【代码解析】 改写后的程序流程图如图 8-5 所示。

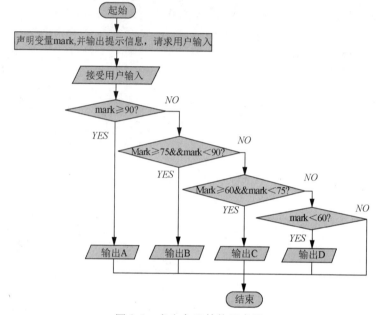

图 8-5　多分支 if 结构示意图

提示　使用多分支if结构可使程序流程及时跳出，代码结构也更为清晰。

8.3.3　分支语句嵌套

当 if（或 if...else）结构中的执行语句又是 if（或 if...else）结构时，称为分支语句嵌套。分支语句嵌套的样式有很多种，不可能一一列举，举个简单例子来看。

```
if （表达式1)
    if （表达式2)
{
    代码段1
}
else
{
    代码段2
}
```

上述代码是在 if 结构内嵌套了 if...else 结构。首先计算表达式 1 的值，如果其值为假（0），直接跳出该结构，代码段 1 和代码段 2 都不会被执行；如果其值为真（非 0），则执行内部的 if...else

结构，计算表达式 2 的值，如果其值为真，执行代码段 1，否则，执行代码段 2。

可以看出，分支结构嵌套的执行流程实际上是个"脱壳"的过程，一层层地做出选择。有的读者可能会对上面的示例有所疑惑，两个 if 和一个 else，它们的搭配关系是怎样的？ C 标准规定：else 语句总是和它前面最近的 if 配对。

> **作业**　试着用分支语句嵌套重写成绩判断程序。

if 语句允许嵌套，但嵌套的层数不宜太多。在实际编程时，应适当控制嵌套层数（2~3 层），"代码段 1"和"代码段 2"，可以只包含一个简单语句，也可以是复合语句。一定要注意，不管是简单语句，还是复合语句中的各个语句，每个语句后面的分号必不可少。同时，为了程序结构清晰，尽量采用缩进的格式书写程序。

8.4　switch 结构

用多分支 if 结构和 if 结构嵌套都可实现"多选 1"，但带来的负面影响是程序的可读性差，面对一大堆的 if 和 if...else 搅和在一起，很多读代码的人都会觉得头皮发麻，要耐心地去"脱壳"。实际上，C 语言还提供了另一种更简洁的多分支结构，即 switch 结构。

8.4.1　一般形式

switch 结构的一般形式为：

```
switch(表达式)
{
    case( 常量表达式1 ):
        代码段1
        break;
    case( 常量表达式2 ):
        代码段2
        break;
    case( 常量表达式3 ):
        代码段3
        break;
        ......
    case( 常量表达式m ):
        代码段m
        break;
    default:
        代码段m+1
        break;
}
```

语句执行时，首先对 switch 后的表达式进行计算，将计算的结果逐个与 case 后的常量表达式进行比较，当表达式的值与某个常量表达式的值相等时，即执行该 case 后的对应的代码段，再由 break 语句跳出整个 switch 结构；如果表达式的值与所有 case 后的常量均不相同，则执行 default 后的语句。

switch 结构的算法流程如图 8-6 所示。

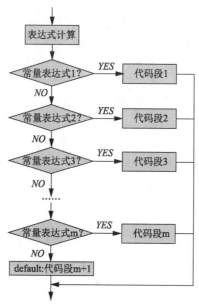

图 8-6　switch 结构流程示意图

来看一个具体的应用实例，由用户输入一个 1 到 7 之间的数字，程序自动输出对应星期几的英文形式，如，输入 1，程序输出 Monday。如果用户输入的数字不在 1 到 7 之间，提示出错，如代码 8-6 所示。

代码 8-6　switch 结构使用示例 SwitchWeekday

```
<----------------------------文件名：SwitchWeekday.c--------------------------->
01  #include <stdio.h>                          /*使用printf()要包含的头文件*/
02  #include <conio.h>
03  void main(void)                             /*主函数*/
04  {
05      int index=0;                            /*声明一个int型变量，接收用户输入的数据*/
06      printf("请输入一个1到7之间的整数:\n");    /*提示输出信息*/
07      scanf("%d",&index);                     /*读取用户输入*/
08      switch(index)
09      {
10          case 1:
11              printf("Monday\n");             /*周一输出Monday*/
12              break;
13          case 2:
14              printf("Tuesday\n");            /*周二输出Tuesday*/
15              break;
16          case 3:
17              printf("Wednesday\n");          /*周三输出Wednesday*/
18              break;
19          case 4:
20              printf("Thursday\n");           /*周四输出Thursday*/
21              break;
22          case 5:
23              printf("Friday\n");             /*周五输出Friday*/
```

```
24                  break;
25              case 6:
26                  printf("Saturday\n");              /*周六输出Saturday*/
27                  break;
28              case 7:
29                  printf("Sunday\n");                /*周日输出Sunday*/
30                  break;
31              default:
32                  printf("请检查输入是否正确\n");      /*用户输入的数字不在1到7之间*/
33
34          }
35      getch();                                       /*按任意键结束程序，等待*/
36  }
```

输出结果为：

```
请输入一个1到7之间的整数：
5                    （键盘输入）
Friday
```

【代码解析】代码 8-6 中，读者可以改变 case 子句的先后顺序，程序的执行结构不会受到影响。和 if 结构中的"块语句"概念不同，case 后如果要执行多条语句时，可以不用花括号括起来。但在 switch 结构中应特别注意 break 语句的用法。在继续讨论前，留一个作业：将代码 8-6 中的所有 break 语句都删除或注释掉，编译运行，看看输出结果是什么。

8.4.2　为什么叫开关语句

把代码 8-6 中的 break 都删除或注释掉后，编译连接并不会出错，只是执行时结果不太一样。如果用户输入 3，程序的原意是输出 Wednesday，可实际的输出如下：

```
请输入一个1到7之间的整数：
3                    （键盘输入）
Wednesday
Thursday
Friday
Saturday
Sunday
请检查输入是否正确
```

这就是说，如果不使用 break 语句，那么从与表达式的值匹配的那个 case 语句开始后的所有代码段都会被执行，每个 case 语句相当于入口、开关或者说是进入的钥匙，这便是开关语句这个名称的由来。

break 语句用来跳出 switch 结构，当执行到 break 语句时，后面的代码被"短路"，不会被执行，所以代码 8-6 得到了正确的结果。为了更好地体会入口和跳出的意义，再来看一个示例代码 8-7，根据用户输入的一个字母判断是否是元音字母（aeiou 或 AEIOU）。

代码 8-7　switch 结构中 case 语句"入口"的体现 SwitchLetter

```
<----------------------------文件名：SwitchLetter.c--------------------------->
01    #include <stdio.h>                       /*使用printf()要包含的头文件*/
02    #include <conio.h>
03    void main(void)                          /*主函数*/
```

```
04    {
05          char lett=' ';                            /*声明一个char型变量,接收用户输入的数据*/
06          printf("请输入一个字母: \n");              /*提示输出信息*/
07          scanf("%c",&lett);                        /*读取用户输入*/
08          switch(lett)
09          {
10              case 'a':case 'A':case 'e':case 'E':case 'i':
11              case 'I':case 'o':case 'O':case 'u':case 'U':
12                  printf("元音字母\n");               /*输出元音字母提示*/
13                  break;
14              default:
15                  printf("非元音字母\n");
16          }
17          getch();                                   /*按任意键结束程序,等待*/
18    }
```

输出结果为:

```
请输入一个字母:
O                          (键盘输入)
元音字母
```

或

```
请输入一个字母:
z                          (键盘输入)
非元音字母
```

【代码解析】代码 8-7 中,如果用户输入的字母是元音字母中的一个,那第 10~11 行中总会有一个 case 语句与之匹配,"钥匙"打开入口,输出"元音字母"。只要有一个 case 匹配成功,switch 结构中其后所有的代码段都会被执行,直到遇到 break 语句跳出。

因此,如果在 switch 和第 1 个 case 之间有代码段,该代码段将永远不会被执行,即:

```
switch(表达式)
{
   代码段                                          /*本段代码永远不会被执行*/
   case( 常量表达式1 ):
      ......
}
```

不允许在同一个 switch 结构中出现两个取值相同的 case 常量表达式。如:

```
case 10: ......
case 2*5: ......
```

此时,编译器无法决定执行的入口位置。

原则上,switch 后表达式值的类型应与 case 常量表达式的类型一致,但绝大多数编译器默认两者类型不一致的情况,前提是"值"相同。

8.4.3 default 语句

当所有 case 常量表达式与 switch 后表达式的值都不匹配时,default 语句被执行。但实际上,default 语句也不是必须的,当省略 default 语句时,表示"缺省情况下什么也不做"。某些编译器可能会对 default 语句的缺省给出警告,从防错意义上说,即使什么也不做,最好也把 default 语句写上。可采用下述形式:

```
default:
 ; /*空语句。不要忘记分号*/
```

default 语句一般放在 switch 结构的最后，default 语句和各个 case 语句的顺序可互换而不影响结果，当 default 语句不在 switch 结构的最后时，不要忘记使用 break 语句。

8.4.4　if 结构和 switch 结构之比较

switch 结构只进行相等与否的判断，而 if… else…结构还可以进行大于、小于等范围上的判断。此外，switch 无法处理浮点数，只能进行整数的判断，而且，case 标签值必须是常量，如果涉及浮点数和变量的判断，应当使用 if …else…结构。从可读性和程序效率多方面综合考虑，适当搭配两种结构，方能写出高质量的代码。

8.4.5　switch 结构的常见错误与解决方法

虽然 switch 结构不能处理所有的判断问题，但是用它处理的程序结构比较清晰，可读性较强，因此在程序书写中也经常使用。具体使用的过程中应该注意以下常见的错误。

（1）对于 switch 结构的组成，若要描述成是由若干个 case 分支、若干个 break 语句以及可默认的 default 分支构成的，这样的描述是错误的。break 语句是单独的一种语句，可以用来退出 switch 分支结构，但不是 switch 结构的组成部分。同样可以退出分支的语句还有 goto、return 语句。goto 语句可以转到有标号的语句去运行，但是会造成程序流程的自由转向，所以一般不提倡读者使用。而 return 可以退出函数的运行分支，自然也可以退出 switch 分支结构。

（2）switch 后面的表达式必须放在括号中，且表达式的类型任意。如果表达式值为实型则自动转换成整型的值，然后再与 case 分支的常量进行比较。各个 case 分支的常量必须为整型常量。例如下面的程序：

```
main(){
 float n=2.5
 switch(n) {                              /*switch中的表达式自动转换为整型数据*/
 case 1:printf("good morning\n");break;
 case 2:printf("good afternoon\n");break
 }
}
```

程序的运行结果为：

```
good afternoon
```

如果把 switch 结构写成下面的形式：

```
switch(n) {
 case 1:printf("good morning\n");break;
 case 2.5:printf("good afternoon\n");break;    /*case分支后必须为整型常量*/
 }
```

则编译时会给出出错信息：

```
constant expression required in function main
```

这个系统提示的意思是语句中的常量表示有误，程序出错。所以必须写成整型常量，同时还要注意各个常量的数据值不能相同。例如若将上面程序的 switch 结构写成：

```
switch(n) {
 case 1:printf("good morning\n");break;
 case 2:printf("good afternoon\n");break
 case 1+1:printf("good night\n");break;        /*多个case后面的常量不能相同*/
 }
}
```

则编译时会给出出错信息：

```
duplicate case in function main
```

这个系统提示的意思是语句中的常量重复，编译出错。在书写程序的时候，一定要使各个case常量的值各不相同。另外，case 和常量之间至少间隔一个空格，否则 case 就不是关键字，而是一个没有定义的标识符了。

（3）一定要在语句的分支语句中的适当位置加上 break 语句，如果没有退出语句，虽然程序的编译没有错误，但是有可能程序完成不了有待解决的问题。例如，根据分数的等级判断分数所在的区间语句写成下面的形式：

```
switch(grade){
case 'A':printf("85 ~90\n");             /*没有break语句不能跳出case分支，一直执行程序*/
case 'B':printf("75 ~84\n");
case 'C':printf("60 ~74\n");
default: printf("under 60\n")
}
```

上述的语句编译是没有错误的，但是程序运行以后，假如 grade 的数据值为 B，那么输出为：

```
75 ~84
60 ~74
under 60
```

而不是预想中的仅输出一行。导致出现这种情况的原因是没有在分支结束的时候加上 break 语句，使流程从分支中退出。这方面是在编程中要特别注意的。

（4）switch 结构中各个 case 分支和 default 分支的位置没有具体的规定，因此它们的位置关系任意，对语句的执行流程不会产生影响，但程序的运行结果可能会不同。例如下面给变量赋值的例子（两种不同顺序）：

```
switch(n) {                    switch(n){
case -1: a=-10;break;             default : a=100;
case 0: a=0;break;                case -1:a=-10;break;
case 1: a=10;break;               case 0:a=0;break;
default:a=100;                    case 1:a=10;break;
}                                 }
```

两条语句完成的功能相同，执行流程也是一样的，都是计算 n 的值，然后和 case 分支的常量进行比较，如果相同那么执行此分支，直到语句执行结束或遇见 break 语句。若 n 的值为-1，则两条语句中变量 a 的值为：-10。但若 n 的值为 5，则左边的语句 a 的值为 100，右边的语句 a 的值为-10。因为 default 不是退出 switch 分支的语句，仅为其构成的一个分支关键字，因此有不同的执行结果，这也是在使用 switch 分支中需要考虑到的问题。

8.5　小结

本章重点讨论了分支结构的用法。分支结构用以实现条件判断，所谓条件判断，是在两个或多个情况中做出选择，用通俗的话说就是"如果……，那么……"。if 结构、if...else 结构、多分支 if 结构和 switch 结构是 C 语言提供的分支判断语句。本章结合有代表性的实例讨论了其用法，并比较了不同结构间的异同。

8.6 习题

一、填空题

1. _____语句用来跳出 switch 结构。

2. switch 结构中的 default 语句中是否需要 break 语句_____？ A.需要 B.不需要

二、上机实践

1. 以下程序的输出结果是什么？

```c
#include <stdio.h>
void main()
{
    int x,y,z;
    x=3;
    y=6;
    z=100;
    if(x<y) x=z;y=x;
        z=y;
    printf("%d,%d,%d",x,y,z);
}
```

【提示】代码的 if 语句没有用{}，让程序具有一定的迷惑性。

2. 以下程序的运行结果是什么？

```c
#include <stdio.h>
void main()
{
    int x=8,a=1,z=1;
    switch(a)
    {
        case 0:z++;break;
        case 1: z--;break;
        case 2:z=x;break;
        default:z=0;
    }
    printf("%d",z);
}
```

【提示】代码考查了 switch 开关语句，请读者注意 default 和 break 语句的使用。

第 9 章 一遍又一遍——循环结构

循环处理是程序设计中必备的一种流程控制结构。循环是一种有规律的重复，或者可以说是重复不停地进行一个工作。这样可以解决问题中广泛存在的重复操作，以及避免简单重复不必要的操作，简化程序，节约内存，提高效率。C 语言提供了 3 种循环结构，分别是 while 结构、do...while 结构和 for 结构，本章将对其展开讨论。

本章包含的知识点有：

❑ while、do...while 循环结构
❑ for 循环结构
❑ 循环的嵌套
❑ 循环的流程控制语句：break、continue、goto

9.1 构造循环

循环结构有两大要素：循环条件和循环体。当满足某个条件时，重复执行某些动作，直到该条件不再满足，这个表述很好地体现了循环条件和循环体的关系。构造循环时，首先应明白要做什么，即"循环体是什么"，这是和程序的目的相关的。知道要干什么了还不够，还要明白什么时候开始做，什么时候停。如果没有设定合理的循环条件，就很容易造成程序死循环，甚至使资源耗尽而导致计算机死机。

9.1.1 循环的条件

举个最简单的例子，要求计算从 1 到 100 累加有多大。因为本章讨论的是循环，所以我们不用高斯的简便方法（(1+100)*50=5050）。程序的编写采用如下形式显然是不现实的：

```
sum=1+2+3+4+……+100;
```

写完这个式子就够费劲的，还好只有 100 个，要是有成千上万个，活活要累个半死。在这种应用背景下，需要使用循环结构，只要一小段代码，如代码 9-1 所示。

代码 9-1 循环控制结构示例之数的累加 CalcSum

```
<------------------------------文件名：CalcSum.c------------------------------>
01    #include <stdio.h>                        /*使用printf()要包含的头文件*/
02    #include <conio.h>
03    void main(void)                           /*主函数*/
04    {
05        int sum=0;                            /*声明int型变量sum，累加和，被加数*/
06        int i=1;                              /*加数*/
```

```
07          while(i<=100)
08          {
09                  sum=sum+i;                        /*相加*/
10                  i=i+1;                            /*自增*/
11          }
12          printf("结果是: %d",sum);
13          getch();                                  /*按任意键结束程序, 等待*/
14      }
```

输出结果为:

结果是: 5050

【代码解析】 代码 9-1 中采用的是 while 结构, i 作为加数, sum 作为被加数, 用以保存结果。程序的关键部分是第 7~11 行。

i 的初始值为 1, 当 i 小于等于 100 (循环条件) 时, 会重复执行循环体。在循环体内做了两件事情, 一是将 i 和 sum 相加, 结果重新保存到 sum 中; 二是将 i 增加 1, 一步步逼近循环结束的条件。由此可知, 循环条件和循环体相互配合才能完成特定的功能。一次次的循环, 距离循环结束应越来越近, 避免出现死循环。试想, 如果循环体中只是完成 sum=sum+i 这一操作, 而不对 i 进行修改, 那么循环条件 i<=100 将一直满足, 循环永不会终止。

> **注意** 在代码9-1中, 若要计算从1加到10000, 只要修改while结构为 "while(i<=10000)" 即可, 十分方便简洁。

9.1.2 当型循环和直到型循环

循环结构分为两类: 当型循环和直到型循环。从字面的 "当" 和 "直到" 可体会出两者的差别。当型循环指的是先判断循环条件, 如果条件为真 (非 0), 执行循环体, 否则, 跳过该循环结构; 而直到型循环是先执行循环体, 再判断循环条件, 如果条件为真 (非 0), 进入下一次循环, 否则结束循环。两种循环的流程示意图如图 9-1 所示。

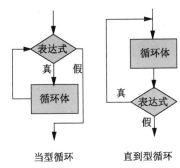

图 9-1　当型循环和直到型循环

> **注意** while循环和for循环属于当型循环, 而do...while循环属于直到型循环。

9.2 while 和 do...while 循环结构

前面的示例中已经用到了 while 结构, 其基本结构形式为:

```
while (表达式)
{
    循环结构体
}
```

首先计算表达式的值, 当表达式为真 (非 0) 时, 重复执行循环体, 直到表达式变为假 (0),

跳出 while 结构向下执行。

do...while 结构与 while 结构略有不同，其基本结构形式为：

```
do
{
    循环结构体
}
while( 表达式 );          /*不要忘记末尾的分号*/
```

do...while 结构中的循环结构体至少会被执行一次，执行完循环体后，再计算 while 后表达式的值，如果其值为真（非 0），则会再次执行循环体，否则，跳出 do...while 结构向下执行。

9.2.1　语法规则

在 while/do...while 结构中，表达式既可以是逻辑表达式或关系表达式，也可以是普通表达式，甚至可以是常量或变量，判断的关键在于其值是否为 0。下面来看一下表达式仅仅是个变量的示例，如代码 9-2 所示。

代码 9-2　表达式判断关键在于是否为零 Variable

```
<----------------------------文件名：Variable.c---------------------------->
01    #include <stdio.h>                              /*使用printf()要包含的头文件*/
02    #include <conio.h>
03    void main(void)                                 /*主函数*/
04    {
05        int sum=0;                                  /*声明一个int型变量sum, 总和*/
06        int i=100;                                  /*加数*/
07        while(i)
08           {
09               sum=sum+i;                           /*相加*/
10               i=i-1;                               /*自减*/
11           }
12        printf("结果是: %d",sum);
13        getch();                                    /*按任意键结束程序，等待*/
14    }
```

输出结果为：

```
结果是: 5050
```

【代码解析】 代码 9-2 和代码 9-1 实现了同样的功能，但加数 i 的初始值被设为 100，在循环体内部对 i 逐次减 1，直到 i 变为 0，循环条件不再满足，程序退出，完成了 1+2+3+……+100 的计算。

将代码 9-2 中的 while 循环结构改为 do...while 结构形式如下：

```
do
{
    sum=sum+i;                                       /*相加*/
    i=i-1;                                           /*自减*/
}
while( i );
```

注意　不要忘记do...while结构末尾的分号，否则，编译器会报错。

9.2.2 代码块

while 结构和 do...while 结构中的循环体是"块语句",要么是单条语句,要么是用花括号括起来的多条语句,这和第 8 章 if 结构中的情况有些类似。

从字面上看,do...while 结构中,do 和 while 似乎已经把循环限定住了,再加花括号似乎显得多余,但 C 语言的规则规定此处必须是"块语句",如果是多条语句,却没有用花括号包裹起来,编译器会提示出错。

如果因为不小心,在 while 结构的"while(表达式)"后输入了一个分号,将会造成死循环,也就是说,表达式的值得不到修改,程序一直重复、停留在该循环处不会跳出,此时,下列程序段:

```
while( 表达式 );                    /*此处误输入了一个分号*/
{
    ……                            /*循环体*/
}
```

将被解释为:

```
while( 表达式 )
    ;                             /*空语句,循环体什么也没做*/
{
    ……                            /*原来的循环体和while结构无关,变成了普通语句*/
}
```

这就是死循环出现的原因。而对 do...while 结构,如果在 do 后不小心输入了分号,编译器则会提示出错。

9.2.3 while 语句的常见错误

由于循环程序中,循环体要重复执行很多次,因此若 while 语句使用出错或语句安排出错,那么肯定偏离程序最后的运行结果。并且循环中的错误很难被迅速查找出来,所以,在学习循环程序的时候一定要注意一些常见的错误,仔细分析常见的程序。下面简单介绍 while 语句的使用中常见的错误。

(1)使用 while 循环时没有对循环条件以及循环体中的变量初始化。这样循环是否被运行是随机的,得不到正确的执行结果。若程序写成下面的样子:

```
main()
{
    int sum,i;
    while(i<=100)                   /*循环变量没有初始化*/
        sum+=i++;
    printf("%d",sum);
}
```

程序编译时不会提示错误,但是会得到错误的结果。改正方法是根据题意,给出 i 和 sum 的初值,这样程序才可正确运行。

(2)设计循环程序时,循环体中要包括使循环趋于结束的语句,使循环体能正确地退出。否则若没有强制退出循环的语句,程序则无限地运行下去。例如,上例若写成:

```
while(i<=100)
sum+=i;
```

由于循环变量 i 没有变化，所以循环体一直运行，产生死循环。

（3）循环体内默认只有一条语句，多条语句要构成复合语句。例如上面的程序的 while 语句若写成：

```
while(i<=100)
sum+=i;                              /*循环体内仅有一条语句*/
i++;
```

那么循环体内只有一条语句 sum+=i，没有了使循环趋向于结束的语句，产生死循环。因此，要加上{}构成复合语句。

（4）要注意循环体的控制条件的设置，避免条件设置不完善，使程序变成死循环。例如，输入整数，存放到 i 中，然后根据 i 的值进行循环。程序若写成：

```
scanf("%d",&i);
while(--i)                           /*变量i的值限制循环进行的次数*/
…
```

程序段不含有语法错误，但是如果输入的 i 是一个负数，由于-i 不可能为 0，程序将无限地执行下去，造成死循环。因此应该把程序改成：

```
scanf("%d",&i);
while(--i>0)
…
```

这样可以避免由于输入错误而产生的程序错误了。

（5）在程序设计中，要注意 while 后面的表达式的"）"外面没有分号。如果存在分号，系统不会出现编译错误，但是程序将不停地执行空操作，解决不了提出的问题。例如，下面的语句：

```
while(i<=100);  /*循环体为空*/
sum+=i++;
```

这条语句不断地判断条件，执行空操作。这一点在编写程序中是要避免的。

9.2.4　do...while 语句的常见错误

由 do...while 构成的循环与 while 循环十分相似，因此使用中经常出现的错误也比较类似。和 while 循环一样，在 do...while 循环体中，一定要有能使 while 后面的表达式的值变为 0 的操作，否则，循环将会无限制地进行下去。例如，下面的语句：

```
do
  printf("%d",x);
while (x>10)
```

这条语句的循环体将一直运行，导致程序无法退出。因此在设计循环体的时候，一定要考虑好循环条件的变化，使得程序可以正常结束。改正的方法是，在循环体中加入变量 x 的变化语句，例如，改写成如下的形式：

```
printf("%d",x++);
```

或者可以在语句中加入 break，使循环强制退出。另外，如果 do...while 语句的循环体部分是由多个语句组成的话，则必须用花括号括起来，使其形成复合语句。这些都与 while 语句的处理是相同的，在使用中要注意。

还有一个需要注意的地方是，在关键字 while 的小括号的后面，一定要加分号"；"，千万不能忘记，它表示 do...while 语句到此结束。例如，下面的语句：

```
do
  printf("%d",x);
while (x>10)
```

编译时就会提示出错。因此在使用 do...while 设计循环体的时候，不要忘记分号。

最后还要提示的是，在使用时不要忽视 while 和 do...while 语句在细节上的区别。例如，下面的两段代码：

代码 A：

```
main()
{int a=0,i;
scanf("%d",&i);
while(i<=10)                    /*变量i限制了循环的运行*/
   {a=a+i;
   i++;
   }
printf("%d",a);
}
```

代码 B：

```
main()
{int a=0,i;
scanf("%d",&i);
do{
   a=a+i;
   i++;
   }while(i<=10);
printf("%d",a);
}
```

由这两段代码可以看出，当输入 i 的值<=10 时，二者得到的结果相同；而当 i>10 时，二者结果就不同了。因为 while 循环是先判断后执行，而 do...while 循环是先执行后判断。对于 i>10 的时候 while 循环一次也不执行，而 do...while 语句则要执行一次循环体。在两种结构相互转化的编程训练中，要考虑到二者在初始条件不满足时的区别，否则转化后的程序得不到相应的输出结果。

9.3 for 循环结构

阅读代码时可以发现，for 结构是应用最多的一种循环控制结构，这大抵是因为 for 结构提供的控制功能更为完善，而且，相比 while 结构，for 结构写出的代码也更为简洁，可读性也稍好。

9.3.1 基本形式

for 结构的一般结构形式为：

```
for (初始化表达式；  判断表达式；     修正表达式)
{
    循环体
}
```

用 while 结构表示同样的结构，如下：

```
初始化表达式;
while( 判断表达式 )
{
    循环体
    修正表达式;
}
```

由此可见，要写出实现同样功能的代码，for 结构明显要比 while 结构简洁易读。

for 结构的执行流程图如图 9-2 所示。

其执行过程如下：

（1）计算初始化表达式。

（2）计算判断表达式的值，如果其值为真（非 0），则执行循环体，并执行第 3 步；若其值为假（0），则结束循环，转到第 5 步。

（3）计算修正表达式。

（4）转回第 2 步执行。

（5）循环结束，跳出 for 结构，向下执行。

利用 for 结构改写代码 9-2，如代码 9-3 所示。

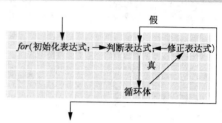

图 9-2　for 结构执行流程图

代码 9-3　使用 for 循环结构计算 1 到 100 的和 ForSample

```
<--------------------------文件名：ForSample.c-------------------------->
01    #include <stdio.h>                                /*使用printf()要包含的头文件*/
02    #include <conio.h>
03    void main(void)                                   /*主函数*/
04    {
05        int sum=0;                                    /*声明*/
06        for(int i=1; i<=100; i++)                     /*for循环结构*/
07            {
08                sum+=i;
09            }
10        printf("结果是: %d",sum);
11        getch();                                      /*按任意键结束程序，等待*/
12    }
```

输出结果为：

```
结果是: 5050
```

【代码解析】代码 9-3 在 for 循环结构中声明了循环变量 i，并赋初值为 1。之所以称 i 为循环变量，是因为 i 用以控制循环执行的次数和结束条件。接着判断 i 是否小于等于 100，若 i<=100 成立，则执行循环体 sum=sum+i，而后，执行修正表达式 i++，将 i 的值增加 1，再次判断 i<=100 是否成立，依次类推，直到循环结束跳出。

for 循环结构中，循环体也是一个块语句，即要么是单条语句，要么是用花括号包裹起来的多条语句，这和上一章 if 结构及本章 while 结构中的介绍一致。

如果不小心在 for 循环结构的循环体前输入了分号，如：

```
for(int i=1; i<=100; i++);                            /*不小心输入了分号*/
```

```
    {
        sum+=i;
    }
```

编译器会这样处理：

```
for(int i=1; i<=100; i++)               /*for循环结构*/
    ;                                    /*分号代表循环体为空*/
    {
        sum+=i;
    }
```

sum+=i 所在的块语句不再是循环体。留一个思考题，程序结束后，sum 的值是多少（答案是101）？

9.3.2　表达式省略

for 循环结构中的初始化表达式、判断表达式和修正表达式都是可选项，也就是说，可以省略，但每个表达式后的分号不能省略。最极端的情况是：3 个表达式都省略。形式如下：

```
for(; ; )                               /*两个分号不能省略*/
{
    ......                               /*循环体*/
}
```

这相当于：

```
while( 1 )
{
    ......                               /*循环体*/
}
```

如果在循环体中不采取某些跳出措施（本章稍后的流程转向语句中会介绍），这个代码块（循环体）会一直不停地执行下去，即"死循环"。省略每个表达式时，for 结构的意义有所不同，分别介绍如下：

（1）省略初始化表达式时，表示不执行任何循环初始化的工作，此时，初始化的工作往往在进入 for 结构之前就已经做完了。比如，

```
for(int i=1; i<=100; i++)
{
    ......
}
```

等价于：

```
int i=1;                                /*在外部完成初始化的工作*/
for( ; i<=100; i++)
{
    ......                               /*循环体*/
}
```

（2）省略判断表达式时，表示该表达式恒为真。即：

```
for(int i=1; ; i++)
{
    ......
}
```

等价于：

```
int i=1;
while(1)                              /*如果不在循环体内采取跳出措施，这将是个死循环*/
{
    ......                            /*循环体*/
    i++;                             /*修正表达式*/
}
```

（3）省略修正表达式时，表示不对循环变量进行修改，这时往往是在循环体内部对循环变量进行修正。例如：

```
for(int i=1; i<=100; i++)
{
    ......
}
```

与

```
for(int i=1; i<=100; )
{
    ......
    i++;
}
```

是相互等价的。

9.3.3 循环终止和步长

除非你有意为之，否则，应妥善设计循环终止条件，避免死循环。从代码编写的角度看，使"循环控制条件一步步向终止方向靠近"是关键。比如：

```
for(int i=1; i<=100; i++)
```

循环终止条件是 i>100，初始条件是 i=1，因此，i++将步长设定为 1，每次增加 1，每执行一次循环体，就朝终止的方向前进了一步。试想，如果将此处的 i++改成 i--，无论执行多少次，循环终止条件都不会达到，循环也不会终止。

for 结构中的 3 个表达式，尤其是修正表达式提醒了开发人员对循环变量进行修正，而在 while 和 do...while 结构中没有这种机制，因此，需要在这两种结构的循环体中对循环变量进行修改。

> **注意** 在设计循环时，要牢记以下3点：首次判断前的初始化、修正过程和循环终止的条件。

9.3.4 for 语句的常见错误

程序中出现的错误，编译系统并不一定可以检查出来。这是因为错误有许多种，主要包括编译错误、运行错误、不能解决问题等，而编译系统仅可以检查出编译错误。因此要想找出错误，就要仔细分析程序，找出可能出现的漏洞。接下来分析一下 for 循环语句在使用中的常见错误，使读者在程序设计中避免同样错误的出现。

（1）for 后面的( )内为表达式，而不是语句；表达式中间的分号为分隔符，不是语句的结束符，不可把分号理解成语句。例如，下面的 for 语句：

```
scanf("%d",&n);
```

```
s=n;
for(n--) s*=n;
```

程序员的本意是在 for 语句中省略表达式 1 和表达式 3，仅有条件语句，用以完成计算 n 的阶乘算法。本程序运行时提示编译错误：

```
For statement missing ; in function main
```

也就是说 for 语句中缺少表达式。在 for 语句中，表达式可以省略，但是分隔符不可以省略。但是下面的写法也是不正确的：

```
for(scanf("%d",&n); s=1;n>0;n--) s*=n;
```

编译时会提示错误信息：

```
For statement missing ) in function main
statement missing ; in function main
```

出错的原因并不是语句中不可出现函数调用表达式，而是出现了函数调用语句。这个 for 语句可更改为：

```
for(scanf("%d",&n), s=1;n>0;n--) s*=n;   /*表达式 1 可以为函数调用*/
```

这样就可以正确计算出 n 的阶乘。

（2）for 后面的( )外出现分号。当然并不是出现分号，程序一定不正确。例如，以下等待程序：

```
for(n=10000;n--;);
```

当程序执行到这条 for 语句的时候，循环运行 10000 次，执行空操作等待，一般用来使程序延迟一段时间。但是一般情况下不要出现分号，这样可能会导致程序不能正确地解决问题。再比如，下面的程序段：

```
for (i=0;i<5;i++);
{scanf("%d",&x);
printf("%d",x);}
```

程序的本意是先后输入 5 个数，每输入一个数后就将其输出。由于 for()后多加了一个分号，使循环体变为空语句，此时只能输入一个数并输出它，无法解决实际问题。而在 while 语句中若循环体为空，一般都会使循环条件无法变化，从而成为死循环。

（3）使用赋值表达式的时候要注意赋值运算符的优先级和结合性。例如下面的语句：

```
for (;c=getchar!= '\n';) putchar(c);
```

由于关系运算的优先级高于赋值运算，因此在程序执行过程中变量 c 的值为关系运算的结果 0 或者 1，无法存放输入的数据，对问题的正确解决带来很大的影响。因此在使用赋值表达式或其他的表达式时，要加圆括号，以符合编程者解决问题的思路。

9.4　循环嵌套

循环结构也支持嵌套，如果把简单的循环形容为"一遍又一遍"，那循环嵌套便可称为"一层又一层，一遍又一遍"。可以用时钟来打比方，走一格代表执行一次循环，那么一小时里，分针要走 60 个格，而分针每走一格，秒针也要走 60 格。如此，秒针的走动可以看成是内层循环，而分针的走动可看成是外层循环。

9.4.1　嵌套示例

以 for 循环结构来举例。现在想在屏幕上输出 4×9 个星号，这可利用双重循环来做，如代码

9-4 所示。

代码9-4　双重循环结构嵌套画星号 ForStars

```
<--------------------------文件名: ForStars.c-------------------------->
01   #include <stdio.h>                              /*使用printf()要包含的头文件*/
02   #include <conio.h>
03   void main(void)                                 /*主函数*/
04   {
05       for(int i=1; i<=4; i++)                     /*外层循环控制，4次*/
06         {
07             for(int j=1;j<=9;j++)                 /*内层循环控制，9次*/
08               {
09                   printf("*  ");                   /*输出星号，后带两个空格*/
10               }
11             printf("\n");                         /*换行*/
12         }
13       getch();                                    /*按任意键结束程序，等待*/
14   }
```

输出结果为：

```
*  *  *  *  *  *  *  *  *
*  *  *  *  *  *  *  *  *
*  *  *  *  *  *  *  *  *
*  *  *  *  *  *  *  *  *
```

【代码解析】 代码 9-4 中，采用双重循环来画出上述图形。第 1 层循环控制行，循环变量是 i，从 1 循环到 4；第 2 层循环控制列，循环变量是 j，从 1 循环到 9，输出"星号+两个空格"。

初始时，i=1，满足外层循环条件 i<=4，进入循环体，其循环体是由内层循环 for 结构和换行语句组成，内层循环开始执行，输出了 9 个星号、完成一行时结束，随后执行语句 printf("\n");换行。此时，转到执行外部循环体的修正表达式 i++，开始新一轮外层循环，依此类推，输出了 4×9 个星号图案。

对循环控制结构来说，不仅可以双重嵌套，还可做到 3 重、4 重甚至更多层次的嵌套，还可将顺序、分支和循环 3 种结构互相搭配，组成各种各样的算法形式，这使开发人员有了极大的自由空间。

9.4.2　嵌套的效率

在循环嵌套中，程序流程需要在内层循环和外层循环间跳转，每次跳转都要付出一定的开销，这体现在对 CPU 和内存的调度和占用上（具体涉及体系结构方面的知识，本书不展开讲述）。因此，在编程时应有意识地考虑嵌套的效率问题。

在多重循环中，如果有可能，一般将重复次数多的循环放在里层，循环次数少的循环放在外层，以减少内外层循环切换的次数，提高程序的效率。

对比：

推荐
```
for(int i=0;i<2;i++)
{
    for(int j=0;j<100;j++)
    {
        ……    /*循环体*/
    }
}
```

建议不用
```
for(int i=0; i<100; i++)
{
    for(int j=0; j<2; j++)
    {
        ……    /*循环体*/
    }
}
```

9.4.3 循环嵌套程序的常见错误

循环的嵌套结构中程序的执行次数是内、外循环的执行次数的乘积，因此在书写和分析程序的时候，对于有固定次数的循环，要考虑好程序执行的次数、每一次外层循环执行中内层循环的执行次数，以及次数之间的规律。对于没有固定次数的循环，要注意外层循环的执行条件和每次内层循环的变化规律。例如下面的程序段：

```
main(){
int i,b,k=0;
for(i=1;i<=5;i++)
{ b=i%2;
  while(b-->=0) k++;}
 printf("%d,%d",k,b);
}
```

分析嵌套的循环程序时，可以采用二维的分析思路，考虑循环执行的前几次，找出执行规律，最后给出程序的输出结果。上述循环的外循环共执行 5 次，每次内循环的执行规律如下：

第一次外循环：
$$\begin{cases} b=1, k=1 \\ b=0, k=2 \\ b=-1 \ 内循环结束，b 的值为-2 \end{cases}$$

第二次外循环：
$$\begin{cases} b=0, k=3 \\ \\ b=-1 \ 内循环结束，b 的值为-2 \end{cases}$$

通过上两次的分析，可以看出以下 3 次循环的运行与上两次相同，每一次内循环退出时，变量 b 的值为-1，而内循环之前，变量 b 的值为 0 或者 1。因此当变量 i 的取值为 1、3、5 时执行的内循环与第一次循环相同，其他两次循环与第二次循环相同，最后得出 k 的值为 8。

如果在嵌套的循环程序中出现 break 与 continue 语句，要考虑语句处于外循环还是内循环。外循环中的 break 语句可以结束整个循环程序的运行，而内层循环中的语句仅可以结束内层循环，继续运行下一次外层循环。例如，分析下面程序的结果：

```
main {
int i,j,a=0;
for(i=0;i<4;i++){
  for(j=0;j<4;j++) {
    if(j%2) break;   /*break可以退出内层循环*/
    a++;}
a++;
  }
printf("a=%d\n",a);
}
```

在程序中的循环嵌套的部分，外循环的语句是由一条内嵌的 for 循环语句和 a++语句构成的复合语句，而内循环中的语句，由一条选择语句和 a++语句构成的复合语句，break 语句是位于内循环中的语句，可以结束内循环的运行。程序运行分析如下：

（1）当外循环的变量 i=1 时：

j=0，if 语句的条件不成立，a 从 0 变到 1；

j=1，if 语句的条件成立，退出内层循环；

执行外循环中的语句 a++，使 a 从 1 变到 2，继续下一次外循环。

（2）当外循环的变量 i=2 时：

j=0，if 语句的条件不成立，a 从 2 变到 3；

j=1，if 语句的条件成立，退出内层循环；

执行外循环中的语句 a++，使 a 从 3 变到 4，继续下一次外循环。

由上面的分析可知，不管外循环执行多少次，每次的内循环也只执行两次。变量 a 在内循环中执行一次自增，在外循环中执行一次自增，也就是在执行一次嵌套的循环结构中，变量 a 变化 2 次。若外循环执行 4 次，则最后 a 的值为 8。

循环的嵌套一定要按照嵌套程序的规范书写，在使用的时候要注意避免一些常见的易犯错误。若没有特殊的要求，不要在内层循环中轻易改变外层循环的增量控制条件。因为如果在内循环中更改外层循环变量的值，则外循环的执行的规律和次数都不确定了。例如，下面的程序段：

```
int i,j;
for(i=1;i<10;i++)
  for(j=1;j<5;j++)
printf("%d\t",j*i++);
```

这个程序段不会产生编译错误，但是程序中每执行一次外循环，它的内层循环都要更改外层循环变量的值，所以外层循环不会执行 10 次，仅执行 2 次就退出了。这一点在程序设计中应该注意，循环变量的更改尽量不要交叉。

9.5　与循环密切相关的流程转向控制语句

在第 8 章的 switch 结构一节中已简要说明了 break 语句的用处。实际上，break 语句在循环结构中也有着广泛的应用。此外，还有 continue 语句、goto 语句，本节会一一讲述。

9.5.1　用 break 跳出循环

如果把重复结构视为一层壳，那 break 的作用可说是"破壳而出"。当流程执行到循环结构中的 break 语句时，循环结构提前结束，程序转而执行循环结构之后的那条语句，如图 9-3 所示。

图 9-3 中，阴影部分代表循环结构，如果在循环体内部执行了 break 语句，程序流程会直接从循环结构中跳出，转而执行循环结构后面的语句，这类似于电路中的"短路"。

前面讲过，"如非故意为之，不要让循环成为死循环"，那这"故意为之"是怎么回事？如何"从死循环中跳出"？可用 break 语句实现，如代码 9-5 所示。

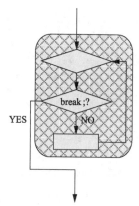

图 9-3　流程转向控制语句 break 的用法

代码 9-5　使用 break 从循环结构中跳出 BreakSample

<----------------------------文件名：BreakSample.C---------------------------->

```
01    #include <stdio.h>                              /*使用printf()要包含的头文件*/
02    #include <conio.h>
03    void main(void)                                  /*主函数*/
04    {
05        int i=0;                                     /*声明整型变量i，标记次数*/
06        while(1)                                     /*条件恒成立，持续重复*/
07          {
08              printf("Hello\n");
09              i++;
10              if(i>5)                                /*输出5次后，break跳出*/
11                  break;
12          }
13        getch();                                     /*按任意键结束程序，等待*/
14    }
```

输出结果为：

```
Hello
Hello
Hello
Hello
Hello
```

【代码解析】表面上看起来，代码 9-5 中的循环结构 "while(1)" 似乎是个死循环，但巧妙利用 break 可使流程从该 while 循环中跳出，每输出一次 "Hello"，整型变量 i 的值便增加 1，这样，当 i 的值大于 5 时，"if(i>5)" 分支结构条件成立，break 语句被执行，程序流程跳出循环。

break 语句适用于 3 种循环结构，但只能用于 switch 一种分支结构，即无法通过执行 break 语句跳出 if 或 if else 结构。代码 9-5 中的下述语句已经体现了这一点。

```
if(i>5)                                  /*输出5次后，break跳出*/
    break;
```

此时，break 跳出的是 if 语句所在的循环代码块。还有一点要注意，在多重循环嵌套的情况下，break 只能剥一层 "壳"，向外跳出一层。

9.5.2　用 continue 重来一次

break 语句结束的是整个循环结构，而 continue 语句结束的只是当前一次循环，形象地说是 "再来一次"，流程图如图 9-4 所示。

比较图 9-3 和图 9-4，很容易发现两者的不同。continue 短路的只是本次循环中的后续内容，不会跳出循环结构，所以，continue 语句被称为循环继续语句。

代码 9-6 演示了 continue 语句的用法。

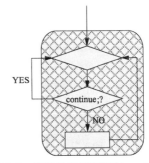

图 9-4　流程转向控制语句 continue

代码 9-6　跳转语句 continue 的用法 ContinueSample

```
<--------------------------文件名：ContinueSample.c-------------------------->
01    #include <stdio.h>                              /*使用printf()要包含的头文件*/
02    #include <conio.h>
03    void main(void)                                  /*主函数*/
04    {
```

```
05          for(int i=0;i<=20;i++)                      /*for循环结构，控制变量是i*/
06          {
07              if(i%3!=0)                               /*判断是否能被3整除*/
08                  continue;                            /*单条语句作块语句*/
09              printf("%d可被3整除\n",i);
10          }
11          getch();                                     /*按任意键结束程序，等待*/
12      }
```

输出结果为：

```
0可被3整除
3可被3整除
6可被3整除
9可被3整除
12可被3整除
15可被3整除
18可被3整除
```

【代码解析】代码 9-6 使用的是 for 循环结构，如果控制变量 i 不能被 3 整除，调用 continue 语句结束本次循环，重新开始新的循环；否则，输出提示信息。

9.5.3 用 goto 实现跳转

goto 是 "go to" 的缩写，称为自由转向语句，使用 goto 语句可将流程转到程序的任何地方。和 goto 相关的一个概念是 "标号"，这相当于现实中的地址，更形象点说是 "门牌号"。标号的基本定义形式为：

```
标号名：         语句；
```

在程序其他地方使用 "goto+标号名" 的形式将流程转到标号定义处。

很多程序员甚至权威人士都不赞成使用 goto 语句，认为它破坏了程序的良好结构，转来转去会让代码读起来像一团乱麻。而且已经证明：使用顺序、分支和循环结构这 3 种基本流程控制足以写出任意复杂度的算法——不管其有多复杂。

在是否使用 goto 语句上，可谓见仁见智，相信读者也有自己的看法。不过，goto 语句有个特殊用法值得注意。前面说过，使用 break 语句跳出循环结构时，只能剥一层壳，在循环嵌套时，如果想一下子从中跳出，可使用 goto 语句，如代码 9-7 所示。

代码 9-7 使用 goto 语句从多重嵌套中跳出 GotoSample

```
<----------------------------文件名：GotoSample.c---------------------------->
01  #include <stdio.h>                                 /*使用printf()要包含的头文件*/
02  #include <conio.h>
03  void main(void)                                    /*主函数*/
04  {
05      int i=0;
06      while(1)
07      {
08              while(1)
09              {
10                      printf("*  ");                  /*输出星号，后带两个空格*/
```

```
11                          i++;
12                          if(i>3)                     /*0到3，输出4个星号，退出*/
13                              goto outside;
14                      }
15                  }
16          outside:getch();                            /*按任意键结束程序，等待*/
17      }
```

【代码解析】代码 9-7 用于在屏幕上输出 4 个星号。为了说明 goto 语句的用法，采用了两重循环结构嵌套，在内层中判断计数整型变量 i 的大小，当 i>3 条件成立时，程序从循环中跳出，到 outside 标号处。

注意　goto 语句的跳转范围仅限于本函数内。

9.6　小结

本章讨论了循环结构的详细用法，结合实例详细讲解了 while 循环、for 循环和 do...while 循环的基本格式和语义。这 3 种循环中，while 循环和 for 循环属于当型循环，而 do...while 循环属于直到型循环。

循环结构可以互相包含，互相嵌套以组成更为复杂的流程。为了方便流程转向，C 语言中还提供了和循环结构密切相关的流程转向控制语句，平时使用最多的是 break 语句、continue 语句和 goto 语句。简单地讲，break 语句用于"脱一层壳"，continue 语句用于"重来一次"，goto 语句用于"自由跳转"。

9.7　习题

一、填空题

1. C 语言提供了 3 种循环结构，分别是_____、_____和_____。

2. _____语句结束的是整个循环结构，而_____语句结束的只是当前一次循环。

3. 以下代码是否正确？_____A.正确　B.错误

```
for(; ; )
{
  printf("\nHello World!");
}
```

二、上机实践

1. 以下代码的输出结果是什么？

```
#include <stdio.h>
void main()
{
  int i,j;
  for(i=1,j=3;(j<5)||(i>3);i++,j++)
  printf("*");
}
```

【提示】主要考查 for 结构的基本形式。

2．根据以下代码，写出变量 a 和 b 的值。

```c
#include <stdio.h>
void main()
{
  int a=6,b=1;
  do
   {
        b++;
        a=a-2;
   }while(a>0);
   printf("a=%d,b=%d",a,b);
}
```

【提示】考查 do...while 结构。

第二篇
一窥C语言门庭

第10章 同一类型多个元素的集合——简单数组

在实际的程序设计和代码编写中，经常会用到大批同类型的数据，比如某个班学生的成绩等。为方便解决这类问题，C语言提供了数组这一数据结构。这里所说的数据结构，可理解为数据的存放和管理方式。

和普通变量一样，在使用数组前必须先对其声明，以开辟所需要的内存空间。由于数组是很多数据的集合，这些数据对应的内存单元是如何排列的，这都是本章要讲解的内容。

本章包含的知识点有：

❑ 如何声明数组

❑ 一维数组和二维数组

❑ 数组的初始化和应用

10.1 什么是数组

程序经常使用同类型的数据，比如要处理某个班级的学生成绩信息。如果只有几个学生，我们可以使用几个同类型变量，比如：

```
int mark0, mark1, mark2, mark3, mark4;
```

这样，便可以存放5个学生的成绩。但如果是几百人呢？要一直这么写下去吗？如果读者觉得继续写下去没什么不妥的话，那几千甚至几万人呢？所以，如何合理组织大量同类型数据是个问题。

合理组织的含义包括：

（1）为每个数据分配存储空间。

（2）能对每个数据进行读写和查找操作。

在这种应用背景下，数组应运而生，它成功地解决了上述问题。

10.1.1 数组是一大片连续内存空间

声明一个数组时，编译器为数组分配内存存储空间，以存放多个同类型数据。每个数据称为数组的一个元素，要存储的元素个数称为数组的大小，元素的类型称为数组的类型。数据占据的内存空间大小取决于数组的大小和类型，而且，编译器为数组分配一片连续的内存空间。很容易计算数组占据的内存大小和每个元素对应的内存首地址。举例来说，对一个大小为 N，类型为 short 的数组，其占据的内存大小为：

```
N*sizeof(short) = N*2
```

如果说第 1 个元素在内存中的地址为 p，那么第 M 个元素（M 不大于 N）在内存中的地址可表示为：

```
p+(M-1)*sizeof(short)
```

这充分体现了数组的有序性。

如图 10-1 所示形象地示意了数组占据内存空间的情况。其中，每个小方框代表一个内存字节，short 类型占据 2 个内存字节，因此，数组中每个元素占据两个内存字节。为了便于区分元素，相邻的元素在图中采用了不同的纹理表示。

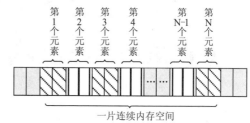

图 10-1　数组内存空间示例

10.1.2　数组元素的访问

下面来看要解决的第 2 个问题：每个数据应当有唯一的标识符进行读写和查找。这是通过下标来实现的。以一维数组为例，元素的访问形式为：

```
数组名[下标]
```

举例来说，有一个数组，名为 mark，里面记录着全班 60 个人的成绩。mark 中的第 1 个元素可写为 mark[0]，第 2 个元素为 mark[1]，第 3 个元素为 mark[2]，以此类推，第 60 个元素为 mark[59]。好了，结束。这点很重要，记住，mark[60]是没有意义的，对一个大小为 N 的数组来说，有效的下标为 0 到 N-1，不在此范围的下标访问都会引发越界错误。

> **注意**　越界错误是初学者经常犯的错误。

了解了数组的基本组织形式，下面具体看一下如何使用数组解决实际问题。

10.2　一维数组

一维数组也称向量，用以组织具有一维顺序关系的一组同类型数据。在使用数组前，必须先声明数组，编译器根据声明语句为其分配内存，这样数组才有意义。

10.2.1　一维数组的声明

要在内存中开辟一块连续内存给数组用，需要考虑以下问题：一是在哪里开辟，二是开辟多大的地方。C 语言中，这都是由编译器自动完成的，编程人员所要做的是"提要求"，即所开辟的数组应能存放多少个元素，每个元素是什么类型。另外，编程人员还要指定数组名。

一维数组声明的基本形式为：

```
类型 数组名[数组元素个数];
```

比如，声明语句：

```
double sz[6];
```

告诉编译器 3 条信息：数组名是 sz，存放的元素是 double 型，数组存放的元素个数为 6，编译器便可开辟满足要求的内存。声明过后，用户便可对数组及数组元素进行读写访问。

关于数组的声明要注意以下几个问题：

（1）数组名的命名规则与变量名相同，都要用标识符命名。

（2）"常量表达式"代表的是数组元素的个数，也就是数组的长度。它必须是无符号整型常量，不允许是 0、负数和浮点数，也不允许是变量。

例如下面的定义：

```
int n=10;
int a[n];                                      /*出错代码，数组长度不可以为变量*/
```

这样定义的数组是不被允许的，即使变量 n 有初值，也不能作为数组的元素个数说明，这是因为 C 语言中不允许动态定义数组。

（3）数组的定义可以和普通变量的定义出现在同一个定义语句中。例如下面的定义：

```
float  k,x[5],y[20];                           /*定义数组x，y和变量*/
```

以上语句在定义单精度变量 k 的同时，还定义了两个单精度型的一维数组 x 和 y。其中，数组 x 共有 5 个元素，数组 y 共有 20 个元素。

（4）对定义好的数组，C 语言在编译时会在内存中为它分配一块连续的空间，空间的大小是每一个数据所占的字节数和元素个数的乘积。例如，上例中的数组 x 共有 5 个元素，每个元素的类型为单精度实型，那么系统为 x 所分配的空间为 5×4=20 个字节。

> **注意**　在数组名中存放的是一个地址常量，它代表整个数组的首地址，不能当作普通变量来使用。同一数组中的所有元素，按其下标的顺序占用一段连续的存储单元。

声明了数组以后，就可以利用数组来存放和处理数据了。

10.2.2　一维数组元素的访问

上节中已经提过，要防止下标越界的错误发生。对上面声明的数组 sz 来说，有效的下标是 0 到 5，在程序中如果出现了 sz[6]，编译器有时并不会报错，但这可能引起程序的崩溃。

通过实例来看一下一维数组元素的访问方式，如代码 10-1 所示。

代码 10-1　一维数组元素的访问 AccessVectorElement

```
<----------------------------文件名：AccessVectorElement.c---------------------->
01    #include <stdio.h>                        /*使用printf()要包含的头文件*/
02    #include <conio.h>
03    void main(void)                           /*主函数*/
04    {
05        int score[6];                         /*声明一个int型数组score，大小为6*/
06        int sum=0;                            /*声明int变量，用以计算总分*/
07        printf("请依次输入6名学生的成绩\n");    /*输出提示信息*/
08        for(int i=0;i<6;i++)                  /*循环，依次读入6名学生的成绩*/
09        {
```

```
10              scanf("%d",&score[i]);                      /*读取操作*/
11              sum+=score[i];                              /*总成绩累加*/
12          }
13      double averageScore=sum/6.0;                        /*计算平均成绩*/
14      printf("平均成绩: %.1f",averageScore);               /*平均成绩输出*/
15      getch();                                            /*等待，按任意键结束*/
16  }
```

输出结果为：

请依次输入6名学生的成绩
63 77 90 74 85 68   （键盘输入）
平均成绩: 76.2

【代码解析】代码 10-1 中声明了一个 int 型的数组 score，可存放 6 个元素，有效的下标范围是 0 到 5，所以，在使用 for 循环结构读取键盘输入到数组中时，循环控制变量 i 的值从等于 0 到小于 6，没有下标越界。因为平均成绩可能有小数，故采用语句"double averageScore=sum/6.0;"，读者可以试着将 6.0 改成 6，看看会发生什么现象？还记得前面章节中讲过的数据类型转换吗？

注意　输出平均成绩时，控制字符串中采用 "%.1f" 是为了只输出一位小数。

10.2.3　一维数组的初始化

代码 10-1 存在潜在的安全隐患：没有对数组元素初始化。因为数组声明后立即采用键盘输入为数组元素赋了值，可能问题不大，但如果需要对代码修改，不小心在赋值前便使用了数组元素，这时，因为内存单元内容的不确定，结果往往是不可预料的。

不仅仅是数组，在声明创建一个变量后马上对其初始化是个良好的习惯，能有效避免各种意想不到的错误。

可以在创建数组的同时使用初始化表达式为其中的元素初始化，初始化表达式是将数据按顺序依次写在一对花括号中，元素中间用逗号隔开，如代码 10-2 所示。

代码 10-2　创建一维数组的同时完成其初始化 InitialVectorElement

```
<---------------------------文件名：InitiateVectorElement.c----------------------------->
01  #include <stdio.h>                                 /*使用printf()要包含的头文件*/
02  #include <conio.h>
03  void main(void)                                    /*主函数*/
04  {
05      int score[6]={63,77,90,74,85,68};              /*声明一个int型数组score*/
06                                                     /*大小为6，用初始化表达式为其赋初值*/
07      int sum=0;                                      /*声明int变量，用以计算总分*/
08      for(int i=0;i<6;i++)                            /*循环，依次读入6名学生的成绩*/
09      {
10          sum+=score[i];                             /*总成绩累加*/
11      }
12      double averageScore=sum/6.0;                   /*计算平均成绩*/
13      printf("平均成绩: %.1f",averageScore);          /*平均成绩输出*/
14      getch();                                       /*等待，按任意键结束*/
15  }
```

输出结果为：

平均成绩:76.2

【代码解析】因为数组占据的内存空间是连续的，所以代码第 5 行实际上是按顺序将每个值写入对应的内存单元中，而且，如果给出了所有元素的初始值。在数组声明时可省略其大小，编译器自动根据初始化表达式决定需要多大的内存空间。即写成下述形式仍旧是正确的：

```
int score[ ]={63,77,90,74,85,68};
```

同时，可以对数组的部分元素初始化，如 int score[6]={63,77,90}，数组有 6 个元素，但只给出了 3 个初始化值，这时，只有前 3 个元素，即 score[0]、score[1]和 score[2]分别初始化为 63、77 和 90，随后的 3 个元素将被初始化为 0。由此看来，如果要将一个数组所有元素初始化为 0，只要用一个含一个 0 的初始化表达式就足够了。如：

```
int score[6]={0};
```

在将第 1 个元素初始化为 0 的同时，剩余元素也将自动被初始化为 0。

两点特殊说明：一是在只初始化部分元素时，必须注明数组的大小，如若写成"int score[ ]={63,77,90};"，编译器会认为数组 score 只有 3 个元素；二是即使初始化了全部元素，最好也在声明时注明数组的大小，因为在元素很多时，如果不小心漏掉了一个值，数组的内存大小可能会出问题。

在代码 10-2 中，如果不对数组初始化，即去掉初始化表达式，结果是多少？想想为什么，以此体会内存单元数据的不确定性。

10.2.4　不合法的数组操作

数组对应着一片内存区域，从较高层次上看，数组可以看成是一个特殊的大"变量"。前面已经学过，同类型的变量之间可以相互赋值，可以比较大小，可以作运算，那么数组可否进行这些操作呢？答案是否定的，即使是同类型、同样大小的数组，下列操作也是非法的。

（1）用一个已经初始化的数组对另一个数组赋值，即使是元素类型相同，数组大小相同，这样的用法也是不允许的。

```
int x[3]={7,8,9};
int y[3];
y=x;                                    /*错误*/
```

（2）对数组进行整体输入输出。

printf 和 scanf 不支持对普通数组进行整体输入输出，必须以元素为单位进行操作。但对字符数组来说，可以通过指针进行整体输入或输出，这部分内容安排在第 17 章介绍。

（3）数组整体运算。

```
int x[5]={5,6,7,8,9};
int y[5]={2,3,4,5,6};
x+=y;                                   //错误，其他运算与此同
```

再来看以下数组的比较，情况有些特殊。

```
int x[3]={1,2,3};
int y[3]={4,5,6};
if(x < y)                               /*比较的是两个数组在内存中的地址大小*/
{…}
```

编译链接时，上述代码并没有错误，所比的不是数组中元素的大小，而是比较两个数组在内存中首地址的大小。编译器将数组名解析为地址（常指针），其值为数组所占内存字节的首地址，第17 章中会详细介绍。

10.3　二维数组

所谓二维数组，简单地理解是"有两个下标"。如果把一维数组理解为一行数据，那么，二维数组可形象地表示为行列结构。如图 10-2 所示，左侧表示的是一个大小为 M+1 的一维数组，右侧表示的是一个大小为(M+1)*(N+1)的二维数组。

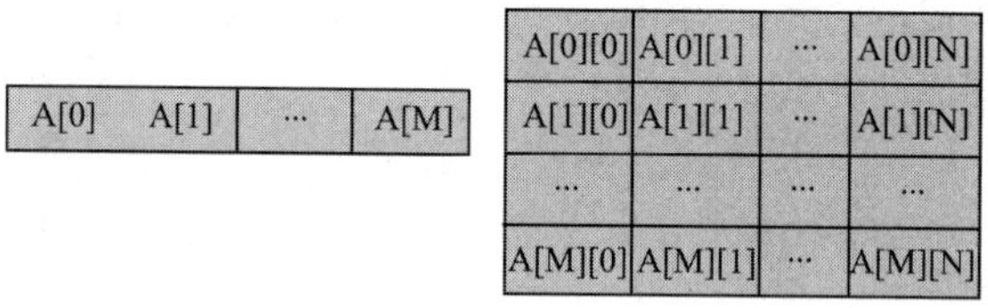

一维数组　　　　　　二维数组

图 10-2　一维数组和二维数组对比图

10.3.1　二维数组的声明

和一维数组一样，声明二维数组时，要告诉编译器以下信息：数组名，元素类型，元素个数。对二维数组来说，元素个数是两维大小的乘积。

一个二维数组可以用下列语句来声明：

```
int sz[2][3];
```

这声明了一个 2×3 的二维数组，共有 2 行 3 列计 6 个元素。对二维数组来说，元素下标的编号仍从 0 开始的，所以，对上面这个二维数组来说，这 6 个元素分别为：

```
sz[0][0]、sz[0][1]、sz[0][2]、sz[1][0]、sz[1][1]、sz[1][2]
```

> **注意**　对二维数组，甚至是后面要介绍的多维数组，都要注意不要出现下标越界错误。

二维数组在声明时需要注意以下几点：
- ❏ 数组声明的同时，也说明了二维数组中存在的元素个数为"常量表达式 1×常量表达式 2"。
- ❏ 数据类型表示数组中每个元素的类型，可以是系统认可的各种数据类型。
- ❏ 常量表达式 1 和常量表达式 2 表示了二维数组中含有的行数和列数，只可为整型常量，不能为变量。

10.3.2　二维数组的初始化

二维数组同样可以在声明时利用初始化表进行元素的初始化。举例来说：

```
int num[2][3]={{1,2,3},{4,5,6}};
```

二维数组同样可对部分元素进行初始化。如：

```
int num[2][3]={{1},{2}};
```

> **说明**　初始化表达式中内层花括号代表一行，这样，和一维数组中只能对前几个元素初始化不同，二维数组的初始化可跳过某些中间元素，给后面的元素赋值。在了解了二维数组内存分布后，对此理解可能更深刻。

上述语句声明了一个 2 行 3 列的数组，只对每行的第 1 个元素进行了初始化，其他元素默认初始化为 0。即上式等价于：

```
int num[2][3]={{1,0,0},{2,0,0}};
```

将一个二维数组中全部元素初始化为 0 的最简单的方式是：

```
int num[2][3]={0};
```

当声明语句中提供有全部元素的初始值时，第 1 维的大小可以缺省。如：

```
int sz[ ][4]={{1,2,3,4},{5,6,7,8},{9,10,11,12}};
```

只提供部分元素的初始值时，只有当编译器能判断第 1 维的大小时，这个参数才可省略。如：

```
int sz[ ][4]={{1,2,3,4},{2,3},};   /*等价于 int sz[ ][4]={{1,2,3,4},{2,3,0,0}};编译器认为
是 2×4 维*/
```

> **注意**　对二维数组甚至更高维的数组来说，除第1维大小外，其余维的大小一定不能省略，否则程序编译时会出错。出错原因稍后会解释，这是由多维数组在内存中的表示形式决定的。

10.3.3　二维数组应用举例

一维数组中讲到，可使用"数组名[下标]"的形式对数组元素进行读写访问，二维数组同样如此，只是在读写访问元素时需要两个下标，即采用"数组名[下标 1][下标 2]"的形式。

> **注意**　下标的有效范围，不要犯下标越界的错误。

来看一段示例代码 10-3，演示二维数组的使用方式。

代码 10-3　二维数组应用举例 TwoDimensionArray

```
<-------------------------文件名：TwoDimensionArray.c------------------------->
01  #include <stdio.h>                              /*使用printf()要包含的头文件*/
02  #include <conio.h>
03  void main(void)                                 /*主函数*/
04  {
05      /*声明一个int型二维数组score，大小为6*3，全部初始化为0*/
06      int score[6][3]={{0},{0},{0}};
07      /*声明两个double型数组sum和average，大小都为3，分别用于存储总分和平均分*/
08      double sum[3]={0.0},average[3]={0.0};
09      printf("请依次输入每个学员的3门成绩:\n");    /*输出提示信息*/
10      printf("格式：数学　语文　英语\n");
11      for(int i=0;i<6;i++)                        /*循环，依次读入6名学生的成绩*/
12          for(int j=0;j<3;j++)
13          {
14              scanf("%d",&score[i][j]);           /*读取输入*/
15              sum[j]+=score[i][j];                /*总成绩累加*/
16          }
```

```
17          printf("平均成绩:\n");
18          for(int k=0;k<3;k++)
19              {
20                  average[k]=sum[k]/6.0;              /*计算平均成绩*/
21                  printf("%.1f    ",average[k]);
22              }
23          getch();                                    /*等待,按任意键结束*/
24      }
```

输出结果为:

请依次输入每个学员的3门成绩:
格式: 数学   语文   英语
77 80 90   (键盘输入)
62 89 63   (键盘输入)
99 78 77   (键盘输入)
84 63 80   (键盘输入)
64 81 95   (键盘输入)
86 79 74   (键盘输入)
平均成绩:
78.7   78.3   79.8

【代码解析】 代码 10-3 中创建了一个 6 行 3 列的二维数组 score,全部初始化为 0,该数组用以存储 6 个同学的 3 门课成绩,通过行列循环变量大大方便了数据管理。

10.4 更高维的数组

在了解二维数组的声明、初始化和引用之后,不难将概念引申到三维、四维,甚至是更高维的数组。本节讨论更高维数组的使用方式。

10.4.1 高维数组的声明和元素访问

细心的读者不难发现,如果数组是 N 维,就需要 N 个下标来访问数组中的元素。同样,在声明高维数组时,除了和一维、二维数组声明一样要制定元素类型和数组名外,还要指定每一维的大小,以帮助编译器确定到底要分配多大的内存空间。

举例来说,要声明一个 int 型 3 维数组 sz,大小为 $3 \times 4 \times 5$,代码如下:

```
int sz[3][4][5];
```

10.4.2 初始化

在声明一个多维数组时,同样可通过初始化表达式对其中的元素初始化。还记得二维数组中初始化表达式中的花括号吗?使用花括号带来的好处是"层次分明"。举例来说:

```
int sz[2][3][2]={    { {1, 2}, {3, 4}, {5, 6} }, { {7, 8}, {9, 10}, {11, 12} }    };
```

以上二维数组的结构示意图如图 10-3 所示。

为了更方便地表明花括号的对应关系,图中采用了不同大小的花括号,形象地演示了多维数组初始化语句的层层递进关系。对更高维的情况,只要一层层扩展即可。

图 10-3　层层递进的维数

当所有的元素都在初始化表中指明了初始值时，高维数组第 1 维的大小可以省略。上述声明语句等价于：

```
int sz[ ][3][2]={    {  {1, 2}, {3, 4}, {5, 6}  } , {  {7, 8}, {9, 10}, {11, 12}  }    };
```

编译器将根据初始化表自动决定第 1 维的大小。

> **注意**　只有第1维的大小可以省略，后续维的大小不可省略。也许有的读者会问：不是已经指定了花括号结构了吗？可编译器并不会根据花括号确定数组的结构。

花括号有什么作用呢？

初始化表中可以只指定部分元素的初始值，未指定的元素初始值默认为 0。一维数组的初始化中提及，部分初始化时，只能按从前到后的顺序。在二维和多维数组中，花括号可以跳过某些元素的初始化。如：

```
int sz[2][3][2]={    {  {1}, {3}, {5}  } , {  {7}, {9, 10}, {11, 12}  }    };
```

等价于：

```
int sz[2][3][2]={    {  {1, 0}, {3, 0}, {5, 0}  } , {  {7, 0}, {9, 10}, {11, 12}  }    };
```

当只指定了部分元素的初始值时，如果编译器得到足够的信息可以确定数组的大小，在声明时同样可以省略第 1 维的大小。如：

```
int sz[ ][3][2]={    {  {1, 2}, {3, 4}, {5}  } , {  {7}, {9, 10}, {11, 12}  }    };
```

对一个多维数组来说，将其中元素全部初始化为 0 的最简单的方式是：

```
int sz[2][3][2]={0};
```

10.4.3　多维数组在内存中是如何排列元素的

维数决定了数组中元素的组织方式及访问元素所用的下标个数。但本质上讲，所有的数组在内存中都是一维线性的，所有元素都是连续排列的，中间没有间隔。

以二维数组为例，内存中是先放第 1 行的元素，再放第 2 行的元素，依次类推。下面给出了大小为 3×4 的二维数组 A 的排列顺序。

```
A[0][0]-> A[0][1]-> A[0][2]-> A[0][3]->
A[1][0]-> A[1][1]-> A[1][2]-> A[1][3]->
A[2][0]-> A[2][1]-> A[2][2]-> A[2][3]
```

多维数组的存储方式与此类似，可以将下标看成是一个计数器，像计数的万位、千位、百位、十位和个位一样，右边的下标（靠后的下标）是低位，每一位都在上下界间变化，变化的范围是 0 到声明时指定的下标值减 1。当某一低位计数器超出范围时（达到声明时指定的下标值），左边下标加 1，同时该低位计数器及其右边的更低位计数器置 0（回到下界）。这样，最左边一维下标变化是最慢的，最右边一维下标变化最快。

下面给出 2×3×2 的三维数组 B 中元素在内存中的排列顺序。

```
B[0][0][0]-> B[0][0][1]->
B[0][1][0]-> B[0][1][1]->
B[0][2][0]-> B[0][2][1]->
B[1][0][0]-> B[1][0][1]->
B[1][1][0]-> B[1][1][1]->
B[1][2][0]-> B[1][2][1]
```

由于多维数组在内存中是线性存储的，元素存放的顺序也是确定的，因此在声明一个数组的同时对其初始化时，也可以采取下列形式（以二维数组为例）：

```
int x[3][4] = {1,2,3,4,5,6,7,8,9,10,11,12};
```

如此看来，花括号并不是必须的，但是，仍旧推荐前面介绍的按行初始化的方式，那样更直观、通用，而且，使用上述形式无法跳过某些中间元素的初始化。

10.5 小结

本章讨论了数组的基础知识。首先介绍了数组的一般概念，而后从一维数组讲起，逐渐拓展到二维甚至三维等更高维的数组。

在使用一个数组之前，必须对其进行声明，编译器根据声明语句为数组分配内存空间，这样，数组才有实际意义，才能对数组元素进行读取操作。本章依托实例阐明了数组的声明方式，不论是数组还是普通变量，声明之处、使用之前对其进行初始化是十分重要的，否则，随机的内存值可能会给程序带来这样或那样的问题。

数组元素在内存中是连续排列的，对二维和更高维的数组，其元素仍然是线性连续排列的。不同下标的关系类似于数字的不同位，最左边的下标变化最慢，最右边的下标变化最快。理解数组的内存模型有助于写出高质量的代码。

10.6 习题

一、填空题

1. 将一个二维数组中全部元素初始化为 0 的方式是_____。

2. 声明一个 int 型 3 维数组 s3，大小为 4×5×6，代码是_____。

3. 对一个大小为 N 的数组来说，有效的下标范围为_____。

二、上机实践

1. 输出 a、b、c、d、e、f、g 这几个字符的 ASCII 码。

【提示】

```
char s[]="abcdefgh";
int i;

for(i=0;i<8;i++)
printf("\n%c的ASCII码是%d",s[i],s[i]);
```

2. 写出以下代码的输出结果。

```
void main()
{
 int i,j;
  int a[4]={1,2,3,4};
 for(i=0;i<4;i++)

  for(j=0;j<i;j++)
  a[i]=a[j]-a[i];

  for(i=0;i<4;i++)
  printf("%d",a[i]);
}
```

【提示】考查数组和循环嵌套问题。

第 11 章　写程序就是写函数——函数入门

相信读者大致都了解数学意义上"函数"的概念，比如 y=f(x)。且不论 f 的具体形式如何，其基本特点是"对一个 x（输入），有一个 y（输出）与之对应"。C 语言中，"函数"是个重要的概念，是模块化编程的基础。

本章包含的知识点有：

- ❏ 什么是模块化，什么是函数
- ❏ 库函数和自定义函数
- ❏ 函数的参数
- ❏ 函数的调用过程

11.1　什么是函数

代码编多了会发现一个问题：一些通用的操作，比如交换两个变量的值、对一组变量进行排序等，可能在多个程序中都会用到。不仅如此，在单独一个程序中也可能会对某个代码段执行多次。

> **问题**　有必要在每次执行时都把该代码段书写一次吗？这不仅会让程序变得很长，而且难以理解，使可读性下降。

11.1.1　函数的由来

为了解决以上问题，C 语言将程序按功能分割成一系列的小模块。所谓"小模块"，可理解为完成一定功能的可执行代码块，称之为"函数"。

函数是 C 语言源程序的基本功能单位。打个比方，可以将函数视为一个黑盒子，或"加工设备"，从一头输入数据（原材料），从另一头就可以得到结果（产品）。至于函数内部是如何工作的，外部并不关心。

C 语言源程序均是由函数组成的，在前面章节给出的示例代码，只有一个 main 函数，这仅适用于比较简单的问题，实际的程序往往由多个函数组成。而函数的调用是由另一个函数发起的，举例来说，在 A 函数中调用 B 函数，从 B 函数的角度上说，A 函数可视为外部函数（有的书中也叫外部程序、主调函数，B 函数相应地称为被调函数），外部函数 A 对"函数 B 是如何定义的，功能是如何实现的"毫不关心，A 对 B 所知道的仅限于输入给 B 什么，以及 B 会输出什么。

11.1.2　C 语言中的函数

在 C 语言中可以对函数进行分类。一般情况下可以从 3 种角度出发对函数进行分类。

(1) 从函数定义的角度看，函数可分为库函数和用户自定义函数两种。

❑ 库函数：库函数由 C 系统提供，用户无需定义，可以在程序中直接调用。在前面各章的例题中反复用到的 printf、scanf、getchar、putchar、gets、puts 和 strcat 等函数均属此类函数。

❑ 用户自定义函数：用户自定义函数是由用户按需要编写的函数。对于用户自定义函数，不仅要在程序中定义函数本身，而且还必须在主调函数模块中对被调函数进行类型说明，然后才能使用。

(2) C 语言的函数兼有其他语言中的函数和过程两种功能，从这个角度看，又可把函数分为有返回值函数和无返回值函数两种。

❑ 有返回值函数：有返回值函数被调用执行完后将向调用者返回一个执行结果，这一结果称为函数返回值，如前面使用的数学函数即属于此类函数。由用户定义的这种要返回函数值的函数，必须在函数定义和函数说明中明确返回值的类型。

❑ 无返回值函数：无返回值函数用于完成某项特定的处理任务，执行完成后不向调用者返回函数值。这类函数类似于其他语言的执行过程。由于函数无需返回值，用户在定义此类函数时可指定它的返回值为"空类型"，空类型的说明符为 void。

(3) 从主调函数和被调函数之间数据传送的角度看，又可把函数分为无参函数和有参函数两种。

❑ 无参函数：无参函数是指函数定义、说明及调用中均不带参数。主调函数和被调函数之间不进行参数传送。此类函数通常用来完成一组指定的功能，可以返回或不返回函数值。

❑ 有参函数：有参函数包括形式参数和实际参数两种。在函数定义及函数说明时都有参数，称为形式参数（简称形参）；在函数调用时也必须给出参数，称为实际参数（简称实参）。进行函数调用时，主调函数将把实参传送给形参，供被调函数使用。

11.2　自定义函数

函数的调用可能是由另一个函数触发，但函数的定义都是平行的，包括 main 函数在内。所谓"平行"，有两层含义，一是"不允许把一个函数定义在另一个函数内"，这说明，函数定义都要在 main 函数外部；二是"不同函数定义的放置位置没有关系"，可以定义在 main 函数之前，也可以定义在 main 函数之后。

11.2.1　定义的语法

和变量一样，要想使用一个函数，定义是不可缺少的。函数定义有 4 个要素：参数列表、返回类型、函数名和函数体。参数列表和返回类型对应着输入输出，函数名用于和程序中其他程序实体区分，而函数体是一段可执行的代码块，实现特定的算法或功能。

函数的基本定义语法如下：

```
返回类型  函数名(参数列表)
{
    函数体;
}
```

注意　参数列表所在的圆括号后不能加分号，否则就成了函数声明，稍后会讲到。

1. 输入：参数列表

参数列表的基本形式为：

```
类型 变量名1，类型 变量名2，类型 变量名3，……
```

每个参数都要指明变量名和类型，类型可以是前面介绍过的整型、字符型、浮点型，甚至是 void 等，也可以是指针、数组或结构体（后面章节中会介绍）。有些情况下，不需要向函数传递参数，此时，参数列表为空，但圆括号不能省略。

举例如下：

```
void print()                          /*参数列表为空，返回值为void，即无返回值*/
{
    printf("Hello");                  /*要使用库函数printf()，必须包含头文件stdio.h*/
}
```

如果参数列表为空，可以在括号内注明 void，显式告诉编译器无任何参数，这是推荐的用法。即上述 print()函数可写为：

```
void print(void)                      /*使用void显式说明参数列表为空*/
{
    printf("Hello");                  /*要使用库函数printf()，必须包含头文件stdio.h*/
}
```

2. 输出：返回类型

返回类型用于指明函数输出值的类型。如果没有输出值，则返回类型为 void。如果在函数定义时没有注明返回类型，则默认为 int 类型。

3. 函数名

函数名用于标示该函数，和其他函数区分开来。因此，和变量取名一样，函数名必须是合乎编译器命名规则的标识符。

参数列表、返回类型和函数名总体称为函数头，与之对应的是函数体。

4. 函数体

函数体是一段用于实现特定功能的代码块，比如局部变量声明和相关执行语句等。注意，在函数体内声明的变量不能和参数列表中的变量同名。

函数体可以没有任何语句，只由一对花括号组成，此时称为"空函数"，表示占一个位置，以后可以将功能实现添加其中。在做软件开发规划时，这是一个经常使用的方法，在开发初期，为了在功能模块分割的同时维护程序的总体性，常常是先使用一个个的空函数将程序的框架搭起来，再逐步添加功能使程序一步步完善起来。

11.2.2 函数定义范例

一个完整的 C 语言源代码常常是由多个源程序文件组成的，这关系到函数的定义和调用方式。定义一个函数是为了调用，函数调用有两种类型，一是"先定义，后调用"，这要求函数定义和调用语句在同一个源程序文件内，编译器能从函数定义中提取函数的参数列表、输出类型等接口信息；二是"函数声明+函数调用"，大多数情况下，函数的定义与函数的调用并不在一个源程序文件内，或是在同一个源程序文件中，但调用在前而定义在后，这时需要在调用之前先对函数声明，告诉编译器有这么一个函数存在（函数原型声明将在下一节讨论）。下面来看一个先定义、后调用的例子，希望读者从中体会函数的定义和调用方式，如代码 11-1 所示。

代码 11-1   函数的定义与调用 DefineFunction

```
<----------------------------文件名：DefineFunction.c---------------------------->
01   #include <stdio.h>                              /*使用printf()要包含的头文件*/
02   #include <conio.h>
03   int bigger(int a,int b)                         /*函数头，返回类型 函数名(参数列表)*/
04   {
05       if(a>b)
06               return a;                           /*返回值*/
07       else
08               return b;
09   }
10   void main(void)                                 /*主函数*/
11   {
12       int num1=0,num2=0;                          /*声明两个变量，接收用户输入*/
13       printf("请输入两个不等整数，用空格隔开\n");  /*输出提示信息*/
14       scanf("%d%d",&num1,&num2);                    /*读取输入*/
15       int res=bigger(num1,num2);                  /*函数调用，值的返回*/
16       printf("较大的一个是：%d",res);             /*输出结果*/
17       getch();                                    /*暂停，按任意键退出*/
18   }
```

输出结果为：

```
请输入两个不等整数，用空格隔开
5 7                      （键盘输入）
较大的一个是：7
```

【代码解析】代码 11-1 定义了 bigger 函数，参数列表中有两个参数 a 和 b，函数体执行的操作是比较 a 和 b 的大小，将其中值相对较大的一个返回。第 15 行的 bigger(num1,num2)是函数调用表达式，该语句作为第 15 行赋值语句"int res=bigger(num1,num2);"的右侧表达式。num1 和 num2 作为参数传递给 bigger，这相当于输入，而返回结果赋值给了变量 res。

11.2.3   不要重复定义

正如前面所说，一个完整的 C 语言源代码可能由多个源程序文件（.c、.h，甚至是其他格式的文件）组成。当函数的定义和函数的调用位于不同的文件中时，需要在调用前对函数进行原型声明（这在稍后章节中会提及）。但有一条准则，对一个函数来说，在整个源代码中只能有一处定义，否则，编译器会指出"重复定义"的错误。

11.3   函数调用与返回

定义函数是为了调用该函数，实现特定的功能。代码 11-1 中在 main 函数中调用了 bigger 函数。可能有的读者会问："为什么要写成"int res=bigger(num1,num2);"的形式？"本节将重点讨论函数调用与值返回相关的内容。

11.3.1 形参和实参

代码11-1在函数定义时参数列表中是a和b,而在函数调用时传递进来的参数是num1和num2,这两种参数是什么关系呢？打个形象的比方，这是角色和演员的关系。

函数定义时列表中的参数称为形参，是"剧本角色"，而函数调用时传递进来的参数称为实参，是"演员"，函数执行的过程就是演戏的过程。

程序刚开始执行的时候，系统并不为形参分配存储空间，因为它只是个角色，不是实体，一直要到函数调用时，系统才为形参分配存储空间，并将实参的值复制给形参。结合代码11-1可知，在"int res=bigger(num1,num2);"语句调用前，a 和 b 都不是真正的程序变量，一直到 bigger 函数被调用，a 和 b 才被创建，并分别用 num1 和 num2 为其赋值。在这种情况下，在函数内对 a 和 b 的处理并不影响 num1 和 num2，这类似于"某个演员扮演的角色在戏中受伤，并不是说演员真的受伤了"。而且，在函数执行结束返回时，创建的形参被撤销，这类似于"戏演完了，剧中角色自然也就没了"。

举例来看。代码 11-2 先交换两个变量的值，但并没有成功，为什么？请试着用演员和角色的关系来解释一下。

代码 11-2　试图交换两个变量值的函数 Swap2Variable

```
<---------------------------文件名：Swap2Variable.c--------------------------->
01   #include <stdio.h>                              /*使用printf()要包含的头文件*/
02   #include <conio.h>
03   void swap2Variable(int a,int b)                 /*函数头*/
04   {
05       printf("a is %d, b is %d\n",a,b);           /*两个形参交换之前输出*/
06       int temp;
07       temp=a;                                     /*临时变量，交换的中间媒介*/
08       a=b;
09       b=temp;
10       printf("a is %d, b is %d\n",a,b);           /*两个形参交换之后输出*/
11   }
12   void main(void)                                 /*主函数*/
13   {
14       int num1=3,num2=5;                          /*声明两个变量num1和num2并初始化*/
15       printf("num1 is %d, num2 is %d\n",num1,num2);/*函数执行之前，对num1和num2输出*/
16       swap2Variable(num1,num2);                   /*函数调用*/
17       printf("num1 is %d, num2 is %d\n",num1,num2);/*函数执行完毕，对num1和num2输出*/
18       getch();                                    /*等待，按任意键结束*/
19   }
```

输出结果为：

```
num1 is 3, num2 is 5
a is 3, b is 5
a is 5, b is 3
num1 is 3, num2 is 5
```

【代码解析】在函数调用时，形参 a 和 b 才被创建，并分别用 num1 和 num2 为其赋值，而后，在函数内对 a 和 b 的交换成功。但这与外部的 num1 和 num2 完全无关，函数执行完毕退出时，形参 a 和 b 被撤销，再次输出 num1 和 num2，两者的值并没有交换。

读者是否要问，这样看来，函数对形参的操作是否都不会影响实参呢？从代码 11-2 看来确实如此，但函数通过形参也可以影响实参。实际上，C 语言的函数调用提供了两种机制：传值调用和传址调用。代码 11-2 中直接用参数名传递属于传值调用，而传址调用时，因为采用实参为形参赋值，这意味着形参和实参指向的是同一块内存区域，因此，通过形参操作该块内存，实际上也就是改变了实参指向的内存块。

函数的形参和实参的关系也说明：函数调用语句的参数格式应与函数定义保持一致，否则，编译器会报错。

总体来说，形参和实参有如下特点。

（1）即使同名，实参和形参也不共用一块内存，形参变量只有在函数被调用时才分配内存空间，由实参将数据传给形参，在函数调用结束后，立即释放形参占用的内存空间。

（2）实参可以是变量、常量、表达式，甚至是函数，无论实参是何种类型的量，在进行函数调用时，其必须有确定的值，以便把这些值传给形参。因此，应预先用赋值、输入等方法使实参获得确定值。

（3）对于自定义函数和库函数，形参的类型已经说明，调用函数时，形参和实参在数量、类型和顺序上应保持一致。特别强调类型一致，如果是可自动转换的类型差异，编译器将自动完成相互间的转换。如果对应的形参和实参类型不一致，且编译器无法完成其间的自动转换，编译器将报错。

11.3.2　传址调用

在介绍传址调用之前，读者应了解一下指针的概念，这是 C 语言的难点所在。后续章节中会详细介绍指针的知识，本节只是简要介绍其意义。

说白了，指针也是一种变量类型，与普通变量不同之处在于：指针类似于生活中的地址，通过指针可以访问其指向的变量，正如通过地址能找到某个人一样。

地址类型是种复合类型，一般形式为"类型*"。如：

```
int* pInt=NULL;
double num1=8;
double* pDouble=&num1;
```

> **注意**　NULL代表将该指针初始化为空。

不管类型如何，指针变量占据 4 个字节，但其指向的对象占据的字节数不一定为 4（如 double 类型的指针指向一片大小为 8 个字节的内存）。指针变量的值是其指向的内存块的首地址（首字节的地址），&num1 中符号&是取地址符，返回的是变量 num1 的地址。指针及其指向内存的简单示意如图 11-1 所示。

通过指针可使用间接引用"*指针"的形式对其所指向的内存单元进行读写。利用指针来修改前面试图交换两个变量的值，但却以失败告终的代码 11-2，如代码 11-3 所示。

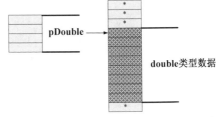

图 11-1　指针变量及其所指向内存单元示意图

代码 11-3 以传址方式成功交换两个变量的值 SuccessSwap2Variable

```
<----------------------------文件名：SuccessSwap2Variable.c---------------------->
01    #include <stdio.h>                                /*使用printf()要包含的头文件*/
02    #include <conio.h>
03    void swap2Variable(int *a,int *b)                 /*函数头,传递的是指针*/
04    {
05        printf("a is %d, b is %d\n",*a,*b);           /*两个形参交换前输出, 间接访问*/
06        int temp;
07        temp=*a;                                      /*临时变量，交换的中间媒介*/
08        *a=*b;
09        *b=temp;
10        printf("a is %d, b is %d\n",*a,*b);           /*两个形参交换之后输出*/
11    }
12
13    void main(void)                                   /*主函数*/
14    {
15        int num1=3,num2=5;                            /*声明两个变量num1和num2并初始化*/
16        printf("num1 is %d, num2 is %d\n",num1,num2); /*函数执行前num1和num2输出*/
17        swap2Variable(&num1,&num2);                   /*函数调用，实参是两个变量的地址*/
18        printf("num1 is %d, num2 is %d\n",num1,num2); /*函数执行完毕, 对num1和num2输出*/
19        getch();                                      /*等待, 按任意键结束*/
20    }
```

输出结果为：

```
num1 is 3, num2 is 5
a is 3, b is 5
a is 5, b is 3
num1 is 5, num2 is 3
```

【代码解析】由代码 11-3 可知，传址调用有如下特点：形参是指针类型，而实参传递的是变量的地址，尽管实参的名字和形参的名字仍是不同的程序实体，仍是通过赋值（将实参的值复制给形参）交流信息，但因为复制的是内存地址，间接访问时形参和实参指向的、操作的仍然是同一块内存单元，如此即可实现对实参中值的修改。

也就是说，在语句"swap2Variable(&num1,&num2);"调用函数前，其形参（即两个 int 型指针变量）是无效的，在内存中没有对应的实体。在函数调用触发后，两个指针变量被创建，编译器为其分配对应的内存空间，并用 num1 和 num2 的地址（实参）为其赋值，传递的是变量对应内存单元的首地址，这便是传址调用名称的由来。

11.3.3 函数返回

请读者再看一下前面的代码 11-1，其中的 bigger 函数定义如下：

```
int bigger(int a,int b)                          /*函数头，返回类型 函数名(参数列表)*/
{
  if(a>b)
        return a;                                /*返回值*/
  else
        return b;
}
```

既然说 a 和 b 都是形参，在程序被调用时方才创建，程序退出时便被撤销，那诸如"return a;"

之类的返回语句岂不是没有意义，返回的是一个被撤销的量？函数的返回机制应如何理解呢？

理解的关键词是"复制"，执行到 return 语句时，return 的值被复制到某个内存单元或寄存器中，其地址是由系统来维护的，我们不用操心。也就是说，在 a 和 b 被撤销前，返回的值（a 或 b）被复制保存到了某个地方，系统访问该内存单元即可知道函数的返回值。下述语句：

```
int res=bigger(num1,num2);                    /*函数调用，值的返回*/
```

实际上完成了下述一系列的工作：

（1）将实参 num1 和 num2 以传值方式传入函数 bigger，函数触发。

（2）返回值（a 或 b）的值复制保存到某个内存单元处，记为 M 处。

（3）声明 int 型变量 res，并用 M 处保存的函数返回结果赋值给 res。

函数返回值也可以是指针类型，此时仍然是"复制"机制，但因为复制的是地址，故可实现对某块内存的读写访问。在函数进阶部分会介绍这方面的相关内容。

另外还需要说明的是，函数返回值的类型依赖于函数本身的类型，即函数类型决定返回值的类型。当返回值的数据类型与函数类型不一致时，对于数值型数据，可以自动进行类型转换。

如果函数有返回值，则在函数定义和函数调用时，一般都应该指明返回值的类型。在函数定义时，返回值的类型在定义函数名的前面进行说明，如下面的函数 fun1。

```
float  fun1(int  n)
{
    return n;
}main()
{
    float x;
    x=f(50);
    printf("%f",x);
}
```

函数调用以后，return 后面的表达式的类型为整型，但是程序的输出为实数 50.000000。可以看出，return 语句中的表达式的类型与函数值的类型应该一致，若不一致，则以函数值的类型为准，对于数值型数据可以自动进行类型转换。

如果函数没有返回值或返回值的类型为整型或字符型，也可以不进行类型说明，系统将自动进行处理。但现在有的编译系统不允许这样，遇到这种情况，编译时将给出警告信息。因此，建议无论何种函数都进行说明。

11.4　告诉编译器有这么一个函数

上面章节中定义的函数都是在 main 函数之前，这样，编译器在调用该函数时已经知道了该函数的存在，明确了其接口。但有时，函数定义和函数调用并不在一个源程序文件中，或即使在同一个源程序文件中，但定义顺序不好安排，还有就是那些无需定义的库函数等。如果想正确处理这些情况，必须理解函数声明的概念。

11.4.1　函数声明的语法

第 3.5 节已经简要介绍了函数原型声明的内容，如以下代码：

```
01    int getchar(void);
02    int printf(const char *, ...);
03
04    void main(void)                                        /*主函数，入口点*/
05    {                                                      /*函数开始*/
06        printf("\nHello World!");                          /*打印字符串*/
07        getchar();                                         /*等待用户按回车键*/
08    }                                                      /*函数结束*/
```

【代码解析】 第 1~2 行是函数原型声明语句，调用函数之前，一定要使得编译器知道函数原型，这样编译器才知道有哪些函数名，该函数需要什么类型的参数，返回什么类型的数值。

函数原型声明的基本形式如下：

返回类型 函数名(数据类型 形参，数据类型 形参，数据类型 形参，……);

或

返回类型 函数名(数据类型，数据类型，数据类型……)

函数声明是一条语句，要以分号结束。而且，形参名并不是必需的，只需说明参数的类型即可。

函数的声明相比定义要简单，只要截取函数定义的函数头，并在其后添加分号即可。

使用 C 语言进行较大规模项目编程时，常常需要将不同类型的函数归类放入不同的文件中，以方便管理和开发。但如何在一个文件中调用另一个文件中定义的函数呢？举个例子来说，将代码 11-1 改写为代码 11-4，将 bigger 函数定义在另一个文件 Func.c 中。

代码 11-4 函数原型声明举例 DeclareSample

```
<---------------------------------文件名：DeclareSample.c-------------------------->
01    #include <stdio.h>                                    /*使用printf()要包含的头文件*/
02    #include <conio.h>
03
04    void main(void)                                       /*主函数*/
05    {
06        int num1=0,num2=0;                                /*声明两个变量，接收用户输入*/
07        printf("请输入两个不等整数，用空格隔开\n");          /*输出提示信息*/
08        scanf("%d%d",&num1,&num2);                        /*读取输入*/
09        int bigger(int, int);                             /*函数声明*/
10        int res=bigger(num1,num2);                        /*函数调用，值的返回*/
11        printf("较大的一个是：%d",res);                     /*输出结果*/
12        getch();                                          /*暂停，按任意键退出*/
13    }
<---------------------------------文件名：Func.c------------------------------------>
14    int bigger(int a,int b)                               /*函数头，返回类型 函数名(参数列表)*/
15    {
16        if(a>b)
17                return a;                                 /*返回值*/
18        else
19                return b;
20    }
```

输出结果为：

请输入两个不等整数，用空格隔开
1 3   （键盘输入）
较大的一个是：3

试验：

如果将代码 11-4 中下述函数声明语句删除，编译连接，会出现什么情况？

```
int bigger(int, int);                         /*函数声明*/
```

【代码解析】如果将上述代码删除，LCC 和 VC6 编译器仍然通过了编译，这是怎么回事呢？此处的函数声明岂不成了"可有可无"？原来，对未声明便调用的函数，编译器默认解释其返回值为 int 型的，如果函数定义真的是返回 int 型，编译器不会报错，代码会通过编译连接；如果函数定义返回的是其他类型，某些编译器会报错处理，如代码 11-5 所示。

代码 11-5 不进行函数原型声明的后果 DeclareSampleII

```
<----------------------------文件名：DeclareSampleII.c---------------------->
01    #include <stdio.h>                        /*使用printf()要包含的头文件*/
02    #include <conio.h>
03
04    void main(void)                           /*主函数*/
05    {
06        double num1=0,num2=0;                 /*声明两个变量，接收用户输入*/
07        printf("请输入两个不等整数，用空格隔开\n");  /*输出提示信息*/
08        scanf("%d%d",&num1,&num2);                /*读取输入*/
09        double res=bigger(num1,num2);         /*函数调用，值的返回*/
10        printf("较大的一个是: %d",res);         /*输出结果*/
11        getch();                              /*暂停，按任意键退出*/
12    }
<----------------------------文件名：FunctionBigger.c---------------------->
13    double bigger(double a,double b)          /*函数头，返回类型 函数名(参数列表)*/
14    {
15        if(a>b)
16                return a;                     /*返回值*/
17        else
18                return b;
19    }
```

【代码解析】代码 11-5 中，在调用函数 bigger 之前并未对其进行函数声明，此时，不同的编译器会有不同的处理方式。因此，调用该函数前必须对其进行声明。

11.4.2 声明不同于定义

函数的声明和定义不同，总的来说有以下几点区别：

（1）函数定义时 4 个要素不可或缺，是一个完整的函数实现形式，包括返回类型、形参、函数名和函数体；而函数声明被用来通知编译器被调函数的返回类型、名称和参数类型信息，相当于"接口"，声明时没有函数体，而且形参的类型是关心的要点，形参的名称在声明时可省略。

（2）在某些情况下，函数的声明可以省略，如函数先定义，后调用的情况，但函数的定义不能省略，且在整个源代码中只能定义一次。

（3）函数定义结束时不用加分号，而声明结束时必须加分号。因此，直接在函数头后添上分号作为函数的声明是个不错的方法。

> **注意** 函数的原型声明应与函数头保持一致，否则，编译器会报错。

11.4.3　标准库函数的声明

前面提及，为了方便用户实现各种复杂的操作，C 语言提供了很多标准库函数，这些库函数是以二进制代码库的形式提供的，也就是说，出于保密或商业上的考虑，用户编程中接触到的库函数并不是以源文件.c 形式提供的，而是以目标代码的形式在编译阶段连接进来的。为方便用户对标准库函数进行声明，C 语言提供了标准头文件，如 stdio.h 等。每个头文件都是由许多库函数的原型说明组成的，只要包含了头文件，就对该头文件对应的所有库函数进行了声明。

11.5　函数的调用过程

C 语言是由函数组成的。本章前面已经介绍了函数的定义、声明和调用等基础知识，下面来看一下函数的调用过程，即模块间是如何配合的，如图 11-2 所示。

每个 C 程序都是从 main 函数开始执行的，由 main 函数调用其他函数，在其他函数中又可能进一步调用别的函数，构成复杂的调用层次，以分层细化地解决问题。图 11-2 中程序的执行流程为 *ABCDEFGHIJKLM*。

函数调用层次的划分体现了模块化程序设计的理念，大大降低了问题的复杂性，有利于写出简洁高效的代码。

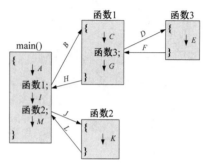

图 11-2　函数调用流程图

11.6　小结

本章讨论了 C 语言函数的基础知识，函数是 C 语言中最重要的概念之一，如果要画张关系图的话，函数绝对是要摆放在中心位置处的。在稍后讲到的数组、结构、指针等都和函数有着密切的联系，彼此搭配才能写出高效的 C 程序。

函数有库函数和自定义函数之分，库函数往往是编译好的二进制可执行代码形式，在连接阶段加入到目标文件中，这是函数复用的一种体现。此外，用户还可以定义自己的函数。不管是库函数和自定义函数，在调用前都应对其进行原型声明，声明实际上是通知编译器该函数的存在，方便编译。当定义在前而调用在后时，函数原型声明可省略。

11.7　习题

一、填空题

1．从函数定义的角度看，函数可分为＿＿＿＿＿＿和＿＿＿＿＿＿两种。

2．＿＿＿＿＿＿变量只有在函数被调用时才分配内存空间，由＿＿＿＿＿＿将数据传给＿＿＿＿＿＿，在函数调用结束后，立即释放＿＿＿＿＿＿占用的内存空间。

3．函数定义时 4 个要素不可或缺，分别是＿＿＿＿＿＿、＿＿＿＿＿＿、＿＿＿＿＿＿和＿＿＿＿＿＿。

二、上机实践

1. 测试下面代码错误的原因。

```
void main()
{
    int x=8,a=1,z=1;

    switch(a)
    {
        case 0:z++;break;
        case 1: z--;break;
        case 2:z=x;break;
        default:z=0;
    }

    printf("%d",z);
}
```

【提示】把这段代码复制到编辑器中直接运行，会提示 missing prototype for printf 错误，就是找不到库函数 printf。

2. 自定义一个函数，计算你的存款利息。比如输入 10000 块钱，定期存款 3 个月，那么 3 个月后你拥有多少钱？

【提示】这里要注意定期利息的算法。

```
double  money(int  x)
{
    double  lastmoney=x+x*3.10/100/12*3;/*3.10是3个月定期存款的利息*/
    return lastmoney;
}
```

第 12 章　C 语言难点——指针初探

指针是 C 语言的一个重要特色，是 C 语言的精华所在。正是丰富的指针运算功能才使得 C 语言是目前最常用、最流行的面向过程的结构化程序设计语言。正确而灵活地运用指针，能有效地表示复杂的数据结构、方便地使用数组和字符串；可以在函数间进行数据传递；可以直接处理内存地址、动态分配内存等。熟练、灵活地使用指针，可以使程序简洁、紧凑、高效。本章要介绍内存的使用以及 C 语言的难点所在——指针。

本章包含的知识点：

- ❏ 内存和地址
- ❏ 指针的声明和定义
- ❏ 如何使用指针
- ❏ 指针的运算
- ❏ 动态内存分配

12.1　计算机中的内存

熟悉计算机的读者知道，内存是平时接触较多的一个概念。从硬件形态上说，内存就是一个物理设备；从功能上讲，内存是一个数据仓库，程序在执行前都要被装载到内存中，才能被中央处理器执行。

以 Windows 系统为例，执行安装在硬盘上的某个程序，实际上是将该程序的指令和数据读入内存，供中央处理器执行的过程。

内存是由按顺序编号的一系列存储单元组成的，在内存中，每个存储单元都有唯一的地址，通过地址可以方便地在内存单元中存取信息。内存中的数据要靠电源来维持，当计算机关机或意外断电时，其中的所有数据就永久地消失了。

12.1.1　内存地址

可以将内存看成一个个连续的小格子的集合，为了正确地访问这些小格子，必须给这些小格子编号。正如我们平时讲某栋房屋在 A 小区 X 楼 Y 单元 Z 房间一样，这个 A、X、Y 和 Z 实际上是对该房间的编号，有了这个编号，或者更通俗地说是"地址"，我们就能从一个城市的成千上万栋几乎一样的房子中找到该房间。

内存地址的引入是同样的道理，为了正确访问每个内存单元，要对其进行编址，以 32 位计算机为例，其地址空间为 32 位，采用 32 位地址编码，诸如 0X87654321 的形式。

内存地址是连续的，相邻内存单元间的地址差 1，可以把内存看成一个平坦连续的一维空间。

12.1.2　内存中保存的内容

在计算机中，一切信息都是以二进制数据存放的，每个内存单元的容量是 1B，即 8bit（8 个 0、1 二进制位）。

中央处理器，即 CPU，进行的所有运算都离不开内存。使用过 Windows 系统的读者都知道，双击某个可执行程序，CPU 会执行它，这实际上是复杂的内存载入过程：

（1）将程序所要进行操作的对应代码装载到代码区。

（2）全局和静态数据等装载到数据区。

（3）开辟堆栈，供临变量等使用。

可见，内存中的数据是多种多样的，既可以是程序，也可以是数据，都存储在一个个的内存小格子中，每个小格子存储 8 个二进制位。

12.1.3　地址就是指针

在进一步说明指针概念前，本节将使读者对指针有个感性的认识。所谓指针，指的是"储存的内容是地址的量"。这个概念包括两个要点：

（1）指针是个量，对应着一块内存区域。

（2）指针存储的信息是某个内存单元的地址。

指针的示意图如图 12-1 所示。

在图 12-1 中，为了存储 32 位的地址数据，指针占据了 4 个字节，每个字节 8 个二进制位，该指针中存储的是某个类型在内存中的地址数据。此处以 double 类型为例，double 类型的数据占据 8 个内存字节，将其首字节的地址存储在指针中，这样，通过指针可以访问该 double 类型数据。

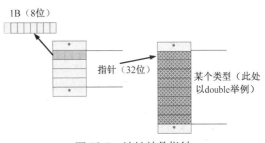

图 12-1　地址就是指针

这类似于现实生活中的地址和名片，习惯于把地址印在名片上，这里名片的作用和指针相仿，存储的都是地址数据。

12.2　指针的定义

本节将解释一个问题：如何定义一个指针。可以说，指针是 C 语言中的必讲内容，也是难点内容，指针是 C 语言管理内存的强大工具。

12.2.1　指针变量的声明

指针可以视为一个普通变量，通常所说的定义一个指针实际上是声明一个指针变量的过程。编译器根据指针变量声明语句，为指针变量开辟内存空间，使其有实际意义，这样指针变量才可用。

在声明一个指针变量时，需要向编译器提供以下信息：

❑ 指针的类型。原则上指针类型应与其指向的数据类型一致，但也有例外，稍后会讲到。

❑ 指针变量名。

举例来说，下述语句用以声明一个指向 int 型数据的指针 pInt。

```
int* pInt;
```

不难看出，要声明一个指向某种类型的指针变量，其基本形式为：

```
类型* 指针变量名;
```

要在一行语句中同时声明两个指针变量，后面的指针变量前同样要加星号。如：

```
int* p1=NULL, *p2=NULL;
```

NULL 是 C 语言中预定义的空指针关键字。

对于指针变量的声明来说，要注意以下 3 点：

（1）指针变量前面的 "*"，表示该变量的类型为指针型变量，就是说它所修饰的变量是指针变量。因此指针变量的名字是 pa、pb，而不是*pa、*pb。

（2）一个指针变量被声明之后，它所指向变量的基类型就确定了。所以在一般情况下，一个指针变量只能指向由声明限定的同一类型的变量。例如下面的代码段：

```
int x,y,*p;                       /*声明普通整型变量和指针变量*/
double a;
p=&x;                             /*指针变量p保存整型变量x的地址*/
p=&y;
```

上面的语句都是正确的。但是若试图把 a 的地址赋给 p 时将会出现错误，也就是说类似下面的语句是错误的：

```
p=&a;                             /*错误语句，地址类型不匹配*/
```

基类型说明该指针变量用来存放哪一种类型的变量的地址。另外基类型的指定与指针的移动和指针的运算（加、减）也是相关的。例如 "使指针向后/前移动 1 个位置" 或 "使指针值加 1"，这个 "1" 有可能代表不同的距离。如果指针是指向一个整型变量，那么 "使指针移动 1 个位置" 意味着移动 2 个字节，"使指针值加 1" 意味着使地址值加 2 个字节；如果指针是指向一个实型变量，则增加的字节数不是 2 而是 4。总而言之，"使指针移动 1 个位置" 指的是移动一个元素的位置。这里的基类型可以是基本类型，也可以是构造类型。

（3）程序运行的时候，和其他基本变量一样，指针变量也占用内存单元，用来保存变量地址的值。不同于基本变量的是，所有指针变量占用内存单元的数量都是相同的，基类型并不能表示指针变量在系统中分配的内存字节数。也就是说，不管是指向何种对象的指针变量，它们占用内存的字节数都是一样的，并且要足以把程序中所能用到的最大地址表示出来（通常是一个机器字长）。例如下面的两条语句：

```
int  a, *ap;
double *dp, var;                  /*声明实型指针变量dp与整型指针变量ap */
```

这里给指针变量 ap、dp 分配的存储字节都是一样的。指针变量声明以后，就可以赋值、引用指针变量的值、访问指针变量指向的变量等。如上例中可以为 pa、pb 赋值，然后利用指针变量访问其指向的单元。

12.2.2　指针变量的初始化

在声明一个指针后，编译器并不会自动完成其初始化，此时，指针的值是不确定的，也就是说，该指针的值取决于指针所占内存区域的值，而该值是完全随机的。因此，指针变量的初始化十分重要。直接使用未加初始化的指针变量可能会给程序带来各种内存错误，因为完全不知道指针指向的是哪块内存，通过指针操作的又是哪块内存。

如果在指针变量声明之初确实不知道该将此指针指向何处，最简单的方式是将其置为"0"，即 C 语言中提供的关键字 NULL。如：

```
int* pInt=NULL;
```

这样，指针 pInt 便不会在内存中乱指一气。

如果要让指针变量确切地指向某个变量，需要使用取地址运算符&。

12.2.3　指针变量的值

"指针变量的值"是指针本身存储的数值，这个值将被编译器当作一个地址，而不是一个一般的数值。在 32 位程序里，所有类型指针的值都是一个 32 位整数，因为 32 位程序里内存地址长度都为 32 位。"指针所指向的内存区"就是从指针的值所代表的那个内存地址开始，长度为 sizeof(指针所指向的类型)的一片内存区。

请注意，在本书中，说"一个指针的值是 A"，即是说"该指针指向了以 A 为首地址的一片内存区域"；反之，说"一个指针指向了某内存区域"，即是说"该指针的值是这块内存区域的首地址"。

12.2.4　取地址操作符&

声明一个变量时，为该变量开辟内存空间的任务是由编译器自动完成的，用户不必关心变量在内存中的位置。可如果程序中要用到某个变量的地址信息时，怎么办呢？

C 语言提供了取地址符号&，用于返回某程序实体的地址信息。举例来说：

```
int num=0;
int* p=&num;
```

&num 返回的是变量 num 在内存中的地址信息，可以直接将此地址赋值给同类型的指针 p。

12.2.5　指针变量占据一定的内存空间

指针变量声明后，编译器为其开辟一定的内存空间，即指针变量占据一定的内存空间，图 12-1很好地体现了这一点。而且，不论是何种类型的指针，都占据 4 个内存字节（这是由 32 位地址数据决定的）。为了更形象地说明这个问题，来看一段代码 12-1。

代码 12-1　指针变量占据内存空间的大小 SizeOfPointer

```
<-----------------------文件名：SizeOfPointer.c----------------------->
01    #include <stdio.h>                /*使用printf()要包含的头文件*/
02    #include <conio.h>
03    void main(void)                   /*主函数*/
04    {
05        int Inum=0;                    /*声明int型变量Inum，初始化为0*/
06        short Snum=0;                  /*声明short型变量Snum，初始化为0*/
07        double Dnum=0;                 /*声明double型变量Dnum，初始化为0*/
08        int* pInt=&Inum;               /*声明int型指针变量pInt，用Inum地址为其初始化*/
```

```
09        short* pShort=&Snum;              /*声明short型指针变量pShort,用Snum地址为其初始化*/
10        double* pDouble=&Dnum;            /*声明Double型指针变量pDouble,用Dnum地址初始化*/
11        /*输出int型变量Inum占据的内存字节数*/
12        printf("Inum占据的内存字节数为:%d\n",sizeof(Inum));
13        /*输出int型指针变量pInt占据的内存字节数*/
14        printf("pInt占据的内存字节数为:%d\n",sizeof(pInt));
15        /*输出short型变量Snum占据的内存字节数*/
16        printf("Snum占据的内存字节数为:%d\n",sizeof(Snum));
17        /*输出short型指针变量pShort占据的内存字节数*/
18        printf("pShort占据的内存字节数为:%d\n",sizeof(pShort));
19        /*输出double型变量Dnum占据的内存字节数*/
20        printf("Dnum占据的内存字节数为:%d\n",sizeof(Dnum));
21        /*输出double型指针变量pDouble占据的内存字节数*/
22        printf("pDouble占据的内存字节数为:%d\n",sizeof(pDouble));
23        getch();                          /*等待,按任意键继续*/
24    }
```

输出结果为:

```
Inum占据的内存字节数为:4
pInt占据的内存字节数为:4
Snum占据的内存字节数为:2
pShort占据的内存字节数为:4
Dnum占据的内存字节数为:8
pDouble占据的内存字节数为:4
```

【代码解析】 从代码12-1中不难看出,不论变量是何种类型,占据多大的内存空间,指针变量占据的内存字节数恒为4。由此可见,内存变量占据的空间和其指向的变量占据的空间是两码事。

> **注意** 指针变量的值与指针变量的地址是有区分的。

12.2.6　指向指针的指针

指针变量也是变量,占据一定的内存空间,有地址,因此也可以用一个指针指向它,这称为指向指针的指针,或二级指针,如图12-2所示。

可以通过"**"声明一个二级指针。如:

图12-2　指向指针的指针

```
double num;
double* pN=&num;
double** ppN=&pN;
```

上面的指针可以看成指向 double*变量类型的指针,若有需要,还可以定义三级甚至更高级的指针。

12.2.7　指针变量常见的错误分析与解决

在学习使用指针时,程序初学者常犯概念性错误。实际练习的过程中,要加强对指针概念的理解。指针变量是增加了一种对变量的访问方法,应用指针变量访问内存中的空间的时候,要注意其使用的方法。主要有下面的几个方面:

(1)只有当指针变量中具有确定地址后才能被引用,同时指针变量只可以保存同类型元素的地址。一个典型的例子是类似下面的定义语句：

```
int *p=3;
```

该语句不同于下面对变量的赋值语句：

```
int *p;
*p=3;
```

声明企图对由 p 指向的对象的值进行初始化，上面的声明语句是对 p 本身进行初始化要做的。同样的，即使利用下面的形式对指向的元素进行赋值，也是不正确的，因为指针变量没有指向一个固定的存储空间。那么假设试着把它改写成下面的形式：

```
int *p=&i,i=3;
```

现在出现了更微妙的错误。C 语言中没有提供超前的能力，在对指针变量 p 被初始化为 i 地址时，还没有为变量 i 分配空间。可以用下述语句来改正这个错误：

```
int i=3,*p=&i;
```

只有首先为变量 i 分配了存储空间，初始化为数据 3，然后才能为 p 分配内存，指向变量 i。只有指针变量中有了指向的地址以后，才可以使用指针变量来访问数据。

（2）在处理指针时，程序员必须要学会区别指针 p 和对它的引用*p。为了尽量减少混乱，应该用表明指针用途的名称对指针命名。书写程序的时候，假设 x1 和 x2 是浮点变量，要在调用环境中通过名为 swap(&vl, &v2)的函数交换这两个变量的值。为了对 swap()函数进行调用，采用下面的定义形式是不可取的：

```
void swap(double *x1,double *x2) {
…
}
```

在主调函数中，把标识符 x1 和 x2 用作类型为 double 的变量名，但在 swap()中，把它们又作为指向 double 的指针的变量名。虽然这些变量的作用域不同，如此应用是合法的，但是在编程的时候应尽量用不同的名称来清楚地表明指针的用法，这有助于程序员少犯错误，也有助于其他人阅读代码。

（3）在使用指针的时，需要注意的是，并不是所有存放在内存中的数据，都可以用指针变量访问到。下面的 3 种形式不能利用指针变量间接访问。

❑ 常量：例如 int *p; p=&3;是不正确的，&无法取得常量的地址。

❑ 普通的表达式：例如 int *p; p=&(m+k); 是不正确的，&无法取得表达式的地址；

❑ 寄存器变量：例如 int *p;register int k；p=&k; 同样也是不正确的，&无法取得寄存器变量的地址。

对于数组中的元素，甚至于指针变量本身都可以利用&运算符取得地址，然后放到相应的指针变量中存放起来。

12.3　使用指针

正如拿着名片可以找到某个人一样，通过指针可以访问其指向的某块内存区域。为此，C 语言引入了间接引用的概念，这需要使用运算符*。

12.3.1 运算符*

上节在讨论指针变量声明时已经说明了*的作用，可以将"类型*"视为一个整体，一种复合类型，用其可以声明某种类型的变量。除此之外，*的另一个作用是"间接引用"，即通过指针访问其指向的内存区域。

来看一段简单的示例代码 12-2。

代码 12-2 使用指针间接访问其指向的变量 DeferenceSample

```
<--------------------------文件名: DeferenceSample.c-------------------------->
01   #include <stdio.h>                              /*使用printf()要包含的头文件*/
02   #include <conio.h>
03   void main(void)                                 /*主函数*/
04   {
05       int num=9;                                  /*声明int型变量num, 初始化为9*/
06       /*声明int型指针变量pInt, 用num地址为其初始化*/
07       int* pInt=&num;
08       /*以十六进制形式输出pInt的值, 即num的内存地址*/
09       printf("指针变量pInt的值为: %X\n",pInt);
10       /*以十进制形式输出pInt的值, 即num的内存地址*/
11       printf("指针变量pInt指向的内存区域为: %d\n",*pInt);
12       *pInt=10;                                   /*通过指针改写其指向的内存区域*/
13       printf("num变量的值为: %d\n",num);          /*输出num的值*/
14       getch();                                    /*等待, 按任意键继续*/
15   }
```

输出结果为：

```
指针变量pInt的值为: 12FF68
指针变量pInt指向的内存区域为: 9
num变量的值为: 10
```

【代码解析】 由代码 12-2 不难看出，指针变量 pInt 的值为 0012FF68，这实际上是 int 型变量 num 在内存中的地址。在使用语句"int num=9;"声明 int 型变量 num 时，编译器自动为 num 开辟内存空间，这块内存空间的首地址即是 0012FF68。而后，编译器将这块 int 型区域初始化为 9。而使用"*指针"的形式可间接访问指针所指的内存空间，换言之，在代码 12-2 中，"*pInt"等价于 num。同时，通过间接引用"*pInt=10;"可改写指针指向的区域。

对前面提到的概念作一下辨析和总结。请看下列代码。

```
double num=3;
double *pNum;
pNum=&num;
```

对以上代码说明如下。

❑ num：double 类型的变量

❑ pNum：指向 double 类型的指针变量，其值是 num 的地址。

❑ &num：返回变量 num 的地址，与 pNum 等价。

❑ *pNum：pNum 所指的变量，间接访问方式，与 num 等价。

❑ &(*pNum)：与&num（即 pNum）等价，num 的地址。

❑ *(&num)：与*pNum（即 num）等价，变量 num。

12.3.2 指针的类型和指针所指向的类型

原则上说，指针的类型和指针所指向的类型应当是相同的，但也有例外。讨论之前，先区分一下两个概念。所谓指针的类型，指的是声明指针变量时位于指针变量名前的"类型*"；而所谓指针所指向的类型，指的是为指针初始化或赋值的变量类型。

理解两个类型的不同是掌握 C 语言指针的关键所在。本节从以下两个方面讲述，让读者体会两者的不同。

❑ 指针的类型和指针所指向的类型相同时，指针的赋值。

❑ 指针的类型和指针所指向的类型不同时，指针的赋值。

所谓指针赋值包括两种情况，用代码表示会更直观一点，假定 p1 和 p2 是指针，而 num 是变量。

```
p1=p2;                              /*指针间相互赋值*/
```

或

```
p1=&num;                            /*取变量地址给指针赋值，包括初始化*/
```

12.3.3 同类型指针的赋值

同类型指针的赋值是最常见的一种情况，如图 12-3 所示。pN1 和 pN2 是两个相同类型的指针，执行"pN2=pN1;"这样一个赋值操作后，pN1 和 pN2 指向同样的地址，也就是说，两个指针指向同一个内存单元，对*pN2 的任何改动都会影响*pN1 的值，反之亦然。

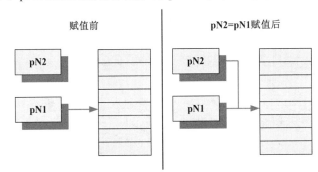

图 12-3 同类型指针间的赋值

代码 12-3 用以演示同类型指针赋值的情况。

代码 12-3 同类型指针赋值 SameTypePtr

```
<----------------------------文件名：SameTypePtr.c---------------------------->
01    #include <stdio.h>                       /*使用printf()要包含的头文件*/
02    #include <conio.h>
03    void main(void)                          /*主函数*/
04    {
05        int num=9;                            /*声明int型变量Inum，初始化为9*/
06        /*声明int型指针变量pInt1，用num地址为其初始化*/
07        int* pInt1=&num;
08        *pInt1=10;                            /*通过指针改写其指向的内存区域*/
09        printf("num变量的值为：%d\n",num);      /*输出num的值*/
```

```
10          int* pInt2=pInt1;
11          *pInt2=11;                                        /*等价于*pInt1=11;*/
12          printf("num变量的值为: %d\n",num);                 /*输出num的值*/
13          getch();                                          /*等待，按任意键继续*/
14    }
```

输出结果为:

```
num变量的值为: 10
num变量的值为: 11
```

【代码解析】 由代码 12-3 不难看出，同类型指针赋值后，*pInt1、*pInt2 和 num 实质上是等价的。

12.3.4　void 指针

void 指针一般被称为通用指针或泛指针，它是 C 关于"纯粹地址"的一种约定。void 指针指向某个对象，但该对象不属于任何类型。例如，下面的语句：

```
int *ip;
void *p; /*指针变量p为通用类型的指针变量*/
```

在这两条语句中，ip 指向一个整型值，而 p 指向的对象不属于任何类型。在 C 语言中，任何时候都可以用其他类型的指针来代替 void 指针，或者用 void 指针来代替其他类型的指针，并且不需要进行强制转换。例如，可以把 char* 类型的指针传递给需要 void 指针的函数。

12.3.5　指针的类型和指针所指向的类型不同

"指针的类型和指针所指向的类型不同"是指如下情况：

（1）指向内存的字节数大于指针类型占据的字节数。

```
double Dnum;
int* pI =&Dnum;                                      /*pI为int型指针，而Dnum是double型变量*/
```

或

```
double Dnum;
double *p2=&Dnum;
int *p1=p2;                                          /*p1为int型指针，而p2为double型指针*/
```

（2）指向内存的字节数小于指针类型占据的字节数。

```
short Snum;
double* pD=&Snum;                                    /*pD为double型指针，而Snum是short型变量*/
```

或

```
short Snum;
short *p2=&Snum;
double *p1=p2;                                       /*p1为double型指针，而p2为short型指针*/
```

根据前面讨论过的"赋值数据转换"，编译器并不会指明上述语句有错，但大都会给出警告信息，提示用户注意。此时，只是简单地将变量在内存中的首地址赋值给指针，如图 12-4 所示。其中，阴影部分代表可通过指针间接访问的区域。可见，其只取决于指针的类型，编译器并不关心原来内存处是何种类型的数据。对图中第 1 种情况，尽管 double 型变量占据 8 个内存字节，但使用指针只能管理前 4 个字节；对第 2 种情况来说，short 型数据占两个内存字节，而 double 型指针管

理 8 个字节,这时,short 型数据后面的 6 个字节便会被该指针改写,这种"越权"往往会给程序带来致命的后果。

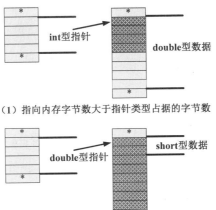

(1)指向内存字节数大于指针类型占据的字节数

short型数据

double型指针

(2)指向内存字节数小于指针类型占据的字节数

图 12-4　指针的类型和指针所指向的类型不同示意图

试想　如果short型数据后的内存单元很重要,却被无意地修改了,程序肯定是要出错的。

使用指针间接访问某块内存时,编译器根据指针的类型解释内存信息(二进制序列),由于不同类型的数据在内存中的表示形式不同,同样的二进制串会出现不同的解释形式,因此,图 12-4 所示的赋值是没有实际意义的。

(3)有时两个不同类型可能占据相同的内存字节数,此时,内存数目上不会出现出入,但问题还是出在数据的表示形式上,如代码 12-4 所示。

代码 12-4　不同类型指针赋值 DiffTypePtr

```
<------------------------------文件名:DiffTypePtr.c------------------------------>
01    #include <stdio.h>                              /*使用printf()要包含的头文件*/
02    #include <conio.h>
03    void main(void)                                 /*主函数*/
04    {
05        long num=9;                                 /*声明int型变量num,初始化为9*/
06        /*声明int型指针变量pInt,用Inum地址为其初始化*/
07        float* pF=&num;
08        printf("num变量的值为:%d\n",num);            /*输出num的值*/
09        printf("*pF变量的值为:%f\n",*pF);            /*输出num的值*/
10        *pF=5.0;
11        printf("num变量的值为:%d\n",num);            /*输出num的值*/
12        printf("*pF变量的值为:%f\n",*pF);            /*输出num的值*/
13        getch();                                    /*等待,按任意键继续*/
14    }
```

输出结果为:

```
num变量的值为:9
*pF变量的值为:0.000000
num变量的值为:1084227584
*pF变量的值为:5.000000
```

【代码解析】 虽然 long 型数据和 float 数据都占据 4 个内存字节，但由于两种类型在内存中的表示形式差异巨大，编译器对二进制位的解析也有很大不同，因此，代码 12-4 输出了看似奇怪的结果。

12.4 指针的运算

作为一种特殊的变量，指针可以进行一些运算，但并非所有的运算都是合法的，指针的运算主要局限在加减算术运算和其他一些为数不多的特殊运算。

12.4.1 算术运算之"指针+整数"或"指针-整数"

指针和整数的加减返回结果还是一个指针，确切地说是个地址值，问题的关键在于这个指针到底指向什么地方。通俗地说，"指针+整数"用于将指针向后移动"sizeof(指针类型)*整数"个内存单元，而"指针-整数"用于将指针向前移动"sizeof(指针类型)*整数"个内存单元。以 short 型指针 p 举例，short 型数据占据 2 个内存字节，则对 p 的运算如图 12-5 所示。

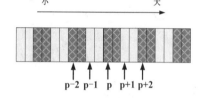

图 12-5 指针与整数相加减

对指针的算术运算使得指针以某数值为单位在内存中前后移动，但编译器并不检查这种移动的有效性，即目的地址是否可用。如果移动失误，很有可能会修改一些本不该修改的内存单元，给程序带来致命后果。

因此，这种"指针和整数的加减运算"适合在数组内进行，或者是动态申请的内存的情况。关于动态内存申请的概念在稍后章节中进行介绍。

> **牢记** 一定要让指针处于可控范围内，避免发生乱指一气的现象。

举一个例子来表示指针与整数算术运算的用法，如代码 12-5 所示。

代码 12-5 指针变量与整数算术运算 PointerInteger

```
<----------------------文件名：PointerInteger.c---------------------->
01    #include <stdio.h>                          /*使用printf()要包含的头文件*/
02    #include <conio.h>
03    void main(void)                             /*主函数*/
04    {
05        int sz[9]={1,2,3,4,5,6,7,8,9}; /*声明一大小为9的int型数组sz，并对其中元素初始化*/
06        /*声明一int型的指针变量p，用数组第1个元素地址为其初始化*/
07        int* p=&sz[0];
08        for(int i=0;i<9;i++)                    /*循环*/
09        {
10            printf("%d ",*p);                   /*间接访问，输出p指向单元中的数据*/
11            p++;                                /*等价于p=p+1*/
12        }
13        getch();                                /*等待，按任意键继续*/
14    }
```

输出结果为：

```
1 2 3 4 5 6 7 8 9
```

【代码解析】在代码 12-5 中，语句"p++;"等价于"p=p+1;"。在声明指针 p 时，用数组 sz 第 1 个元素的地址为其初始化，之后，每对 p 加 1，p 便指向数组中的下一个元素，通过一个 for 循环，实现了对数组中所有元素的输出。

12.4.2　指针-指针

指针变量所支持的另一种运算方式是两个同类型指针相减，返回值是个有符号整数，其值可用下列公式计算：

(指针 1 的值 - 指针 2 的值) / 指针所指类型占用的内存字节数

指针相减多应用于同一块内存（如数组或一块动态申请的内存）中，如果两个指针所指向的元素没有结构上的关系，指针相减的结果将是不可预测的。打个比方来说，对一条街上的两个门牌号码相减，大致可以判断出中间隔了多少间房子；而在不同街道甚至是不同城市的门牌号码之间相减，是没有什么实际意义的。

请看示例代码 12-6。

代码 12-6　同类型指针相减 MinusPtrs

```
<------------------------------文件名：MinusPtrs.c------------------------------>
01    #include <stdio.h>                    /*使用printf()要包含的头文件*/
02    #include <conio.h>
03    void main(void)                       /*主函数*/
04    {
05        int sz[5]={1,2,3,4,5};            /*声明int型数组sz，大小为5*/
06        int *p1=&sz[1];                   /*声明int型指针p1，并用第2个元素地址为其赋值*/
07        int *p2=&sz[4];                   /*声明int型指针p2，并用第5个元素地址为其赋值*/
08        int d=p1-p2;                      /*同型指针相减*/
09        printf("p1的值为: %p\n",p1);      /*输出p1的值*/
10        printf("p2的值为: %p\n",p2);      /*输出p2的值*/
11        printf("d的值为: %d\n",d);        /*输出d的值*/
12        getch();                          /*等待，按任意键继续*/
13    }
```

输出结果为：

```
p1的值为: 0x0012ff60
p2的值为: 0x0012ff6c
d的值为: -3
```

【代码解析】在代码 12-6 中，先声明了一个大小为 5 的 int 型数组 sz，并用 sz[1]和 sz[4]的地址分别为声明的指针变量 p1 和 p2 初始化。p1 的值是 0x0012ff60，而 p2 的值是 0x0012ff6c，从字节数上看来，两者相差的量为 c，即 12 个，但两个指针的距离并不是其值简单相减，还要除以"指针所指类型占用的内存字节数"。因此，p2-p1 返回值应当是 12/3=4。为了体现出同类型指针相减返回类型是有符号整数这一特点，代码 12-6 使用 p1-p2 为 d 赋值，所以，返回结果为-3。

规律	在数组中，在类型正确的前提下，若p1指向sz[i]，p2指向sz[j]，那么p1-p2=i-j。

12.4.3 指针的大小比较

对两个毫无关联的指针比较大小是没有意义的，因为指针只代表了"位置"这么一个信息。但是，如果两个指针所指向的元素位于同一个数组（或同一块动态申请的内存）中，指针的大小比较却能反映元素在数组中的先后关系。

举例来说，对代码 12-5 进行改写，如代码 12-7 所示。

代码 12-7 指针大小比较 PointerComparation

```
<---------------------------文件名: PointerComparation.c--------------------------->
01   #include <stdio.h>                              /*使用printf()要包含的头文件*/
02   #include <conio.h>
03   void main(void)                                 /*主函数*/
04   {
05       int sz[9]={1,2,3,4,5,6,7,8,9}; /*声明一大小为9的int型数组sz，并对其中元素初始化*/
06       for(int* p=&sz[0];p<=&sz[8];p++)            /*循环*/
07       {
08           printf("%d  ",*p);                      /*间接访问，输出p指向单元中的数据*/
09       }
10       getch();                                    /*等待，按任意键继续*/
11   }
```

输出结果为：

```
1 2 3 4 5 6 7 8 9
```

【代码解析】代码 12-7 将指针 p 作为 for 循环的循环控制变量，循环的结束条件为"p<=&sz[8]"。在这个示例代码中，比较 p 和数组中各元素的地址是有意义的，因为指向的元素都位于同一个数组中。

实际上，在 for 循环结构执行结束后，p 指向了 sz[8]后面的那个内存位置，但后面没有利用指针 p 对该块内存进行间接访问操作，因而代码 12-7 是安全的。若不小心在循环后对 p 进行间接访问操作，则会引发内存越界访问错误，严重时可能会引起程序崩溃。因此，推荐在 for 循环结束后使用如下语句将指针 p 置空。

```
p=NULL;
```

如此便可有效地防止对内存的误操作。

提示　编译器并不指明指针越界等可能的错误，保证程序安全的责任落在开发人员身上，确保指针指向有意义的内存是最关键的。

12.5 指针表达式与左值

指针表达式应如何书写才合法？指针表达式能否作左值？这是本节要讨论的内容。

12.5.1 指针与整型

已经提及，在 32 位系统中，无论何种类型的指针，都占据 4 个内存字节，指针的值是某个内存的地址，这应当是个"整数"。但是，简单地把整数赋给指针也是不允许的，下列代码是错误的：

```
int* pNum=0X0012FF7C;
```

如果实在有必要对某个内存地址进行访问，可以通过强制类型转化来完成，如：

```
int* pNum=(int *)0x0012FF7C;
```

12.5.2　指针与左值

指针变量以及指针变量的间接引用都可作为左值。如：

```
int num1=0,num2=0;
int* p=&num1;
p=&num2;                              /*指针作左值*/
*p=1;                                 /*间接引用作左值*/
```

指针变量可以作左值，并不是因为它们是指针，而是因为它们是变量。

12.5.3　指针与 const

const 取自英文单词 constant，是"恒定、不变"的意思，用户可用其修饰变量或函数的参数列表及返回值，限定其不允许改变。使用 const 在一定程度上可以提高程序的健壮性。另外，在观看别人代码的时候，清晰理解 const 所起的作用，对理解对方的程序也有一些帮助。

早期的 C 语言中并没有 const 这个关键字，随着 C 语言的发展，才逐步添加到标准中。

使用 const 修饰指针时，通过在不同位置使用 const，可达到如下 3 个目的：

❑ 禁止对指针赋值。

❑ 禁止通过间接引用（*指针）对指针所指的变量赋值。

❑ 既禁止对指针赋值，又禁止通过间接引用（*指针）对指针所指的变量赋值。

1. 禁止改写指针（常量指针或常指针）

在声明一个指针时，如果在*的右边加 const 修饰符，所声明的指针称为常量指针（常指针），编译器不允许程序改写该指针的值，换言之，该指针恒指向某个内存地址。如：

```
int x=0;
int* const pInt=&x;
```

上述代码声明了一个指向 int 型变量的常指针 pInt，并用 int 型变量 x 的地址为其初始化。在整个执行过程中，pInt 的值无法改变，也就是说，用户无法在后续代码中让 pInt 指向别的内存单元。

注意　无法改写pInt并不意味着无法通过间接引用改写pInt指向的变量，下述代码是合法的：

```
    x=5;
    *pInt=6;
```

声明一个常指针时，必须对其进行初始化，因为常指针的值在声明完毕后无法修改，因此，未进行初始化的常指针是没有意义的，编译器将给出错误提示。

---

2. 禁止改写间接引用

在指针声明时，将 const 修饰符放在指针类型符之前，便无法通过间接引用改写指针的所指变量。如：

```
int x=5;
```

```
const int* pInt=&x;
```

与常指针不同的是，此处的 pInt 并不被禁写，用户可使 pInt 指向其他的内存单元，但是，通过间接访问（*pInt）改写指针所指的变量是非法的。如：

```
*pInt=10;
```

禁止改写间接引用并不意味着该内存变量无法改写，通过变量名访问和改写该内存区域是合法的。如：

```
x=10;
```

> **提示** 将const写在类型符和星号之间也是可以的，如"int const * pInt=&x;"。

3．既禁止改写指针，又禁止改写间接引用

将上述两种用法结合起来，便可以将所声明的指针设定为"既禁止改写指针，又禁止改写间接引用"。如：

```
int x=5;
const int* const pInt=&x;
```

上述代码声明了一个常指针 pInt，在程序运行过程中，其值是恒定的，无法修改，同时，无法通过间接引用的方式改写 pInt 所指的内存区域。也就是说，用户既无法使指针 pInt 指向其他的内存单元，也不能通过 pInt 间接引用修改其指向的内存区域。与（2）中介绍的情况类似，使用诸如"x=10"的形式通过变量名访问和改写该内存区域是合法的。

> **提示** 不要忘记指针的初始化。

是不是被 const 的位置搞糊涂了？有一个快捷的判断方法：沿着*号划一条线，如果 const 位于*的右侧，const 就是修饰指针本身，即指针本身是常量，这对应第 1 种情况；如果 const 位于*的左侧，则 const 就是用来修饰指针所指向的变量，即指针指向为常量，这对应第 2 种情况；如果两侧都有 const，则是第 3 种情况。

12.6 动态内存分配

以前的示例程序都是将指针初始化为变量的地址（或用变量的地址来对指针变量赋值），此外，C 语言函数库中提供了 malloc 和 free 函数，允许用户动态申请所需要的内存，这给程序的设计带来了很大的灵活性。

12.6.1 动态分配的好处

先要搞明白一个问题，什么是动态分配，什么是静态分配。举例来说，在声明数组时，必须明确告诉编译器数组的大小，之后编译器就会在内存中为该数组开辟固定大小的内存。类似于数组内存这种分配机制就称为静态分配。很明显，静态分配是由编译器完成的，在程序执行前便已指定。

有些时候，用户并不确定需要多大的内存，为了保险起见，有的用户采用定义一个大数组的方法，开辟的数组大小可能比实际所需大几倍甚至十几倍，这造成内存浪费，很不方便。即使用户确切知道要存放的元素个数，但随着问题规模的变化，数据元素的数目也会变化，个数变少了还好处

理，可是，如果数目增加了，存储到什么地方去呢？

显而易见，静态分配虽然直观，易理解，但存在明显的缺陷，不是浪费内存就是数组的大小不够用。为解决这一问题，C 语言引入了动态分配机制。

动态分配是指用户可以在程序运行期间根据需要申请或释放内存，大小也完全可控。动态分配不像数组内存那样需要预先分配空间，而是由系统根据程序的需要动态分配，大小完全由用户实时指定。当使用完毕后，用户还可释放所申请的动态内存，由系统回收，以备他用，这有效地避免了内存浪费。

12.6.2　malloc 与 free 函数

malloc 和 free 是 C 标准库中提供的两个函数，用以动态申请和释放内存。malloc 函数的基本调用格式为：

```
void *malloc( unsigned int size );
```

参数 size 是个无符号整型数，用户据此控制申请内存的大小，执行成功时，系统会为程序开辟一块大小为 size 个内存字节的区域，并将该区域的首地址返回，用户可利用该地址管理并使用该块内存；如果申请失败（比如内存大小不够用），返回空指针 NULL。

malloc 函数返回类型是 void*，用其返回值对其他类型指针赋值时，必须进行显式转换。size 仅仅是申请字节的大小，并不管申请的内存块中存储的数据类型，因此，申请内存的长度须由程序员通过"长度×sizeof（类型）"的方式给出。举例来说：

```
int* p=(int*) malloc(5* sizeof(int) );
```

系统将开辟一块能存储 5 个 int 数据的内存，并用首地址为刚声明创建的 int 型指针 p 初始化，如果开辟失败，p 将初始化为 NULL。在一般的系统和编译器环境下，上述语句开辟的内存大小为 20。

鉴于动态内存申请并不一定总是成功，在每次进行动态内存申请时进行防错处理是一个好的编程习惯。举例如下：

```
int* p=(int*) malloc(5* sizeof(int) )
if(p==NULL)
{
    ......                              /*内存申请出错，应对措施*/
}
else
{
    ......                              /*申请成功时的操作*/
}
```

当动态申请的内存使用完毕，需将其归还系统，称为"释放"。调用 free 函数可实现此功能。基本格式为：

```
void free(void* p);
```

其中，p 是指向所申请内存块的指针。系统可以完成由其他类型指针向 void 型指针的转化，因此直接使用"free (指针);"就可实现内存的释放。

代码 12-8 演示了动态申请内存和使用，结束后将其释放的过程。

代码 12-8　动态内存的申请和释放 MallocAndFree

```
<--------------------------文件名: MallocAndFree.c--------------------------->
01    #include <stdio.h>                                /*使用printf()要包含的头文件*/
02    #include <conio.h>
03    void main(void)                                   /*主函数*/
04    {
05        /*声明一int型指针p，并申请一块动态内存，用其首地址为p初始化*/
06        int *p=(int*)malloc(10*sizeof(int));
07        if(p==NULL)                                   /*防错处理，判断内存申请是否成功*/
08        {
09            printf("内存申请失败，退出");
10            return;
11        }
12        int i=0;                                      /*声明一循环控制变量*/
13        for(i=0;i<10;i++)
14        {
15            *(p+i)=i;                                 /*对该块内存每个int单元赋值*/
16        }
17        for(i=0;i<10;i++)
18        {
19            printf("%d ",*(p+i));                     /*输出*/
20        }
21        free(p);                                      /*释放内存*/
22        getch();                                      /*等待，按任意键继续*/
23    }
```

输出结果为：

```
0 1 2 3 4 5 6 7 8 9
```

【代码解析】代码 12-8 动态申请了一块可存放 10 个 int 型单元的内存，通过强制类型转换将该内存的首地址赋给了 int 型指针 p，这样，通过指针 p 便可管理使用所申请的动态内存，为其中的每个 int 单元赋值，并显示出来。在使用完毕后，使用函数 free(p)释放该块内存。

在赋值和显示时，采用了 "*(p+i);" 来间接访问内存，而不是诸如 "p++" 的形式，避免了对指针 p 的修改，这是为了后面释放内存的需要。malloc 和 free 配对使用时，传递给 free 的指针值一定要和 malloc 返回的值相等（但可以是不同的指针变量）。

12.6.3　calloc 与 free

除了 malloc 函数与 free 函数外，C 语言标准库函数提供的 calloc 函数用以动态申请内存。和 malloc 函数以字节为单位申请内存不同，calloc 函数是以目标对象为单位分配的，目标对象可以是数组，也可以是后面讲到的结构体等。

calloc 函数的原型为：

```
void* calloc(size_t num, size_t size);
```

calloc 函数返回类型也是 void*，需要强制转换才能为其他类型的指针赋值。calloc 需要两个参数以指定申请内存块的大小，一是对象占据的内存字节数 size，二是对象的个数 num。

size_t 类型是无符号整型，在 Windows 及 LCC 编译环境下，其定义为：

```
typedef unsigned int size_t;
```

typedef 的用法在稍后的章节中会讲到，这实际上是为 unsigned int 起的别名，这样可以有效增强程序的可执行性。在 Windows 系统中 size_t 可以是 unsigned int 的别名，在别的系统没准就是 unsigned long 的别名，这样，只要修改 typedef 定义便可让一个名称适应各种环境。

calloc 申请的内存也是通过 free 函数释放，在使用细节上，calloc 函数与 malloc 函数并无本质不同，此处不赘述。

12.6.4　free 函数与指针

以代码 12-8 为例，p 是 main 函数中定义的变量，执行 free(p) 操作对 p 有什么影响呢？p 会被删除吗？如果没被删除,p 的值是多少？自动变为 NULL 吗？看完代码 12-9,这些问题便迎刃而解。

代码 12-9　free 函数与指针 FreePtr

```
<----------------------文件名：FreePtr.c---------------------->
01    #include <stdio.h>                          /*使用printf()要包含的头文件*/
02    #include <conio.h>
03    void main(void)                             /*主函数*/
04    {
05        /*声明一int型指针p，并申请一块动态内存，用其首地址为p初始化*/
06        int *p=(int*)malloc(10*sizeof(int));
07        if(p==NULL)                             /*防错处理，判断内存申请是否成功*/
08        {
09            printf("内存申请失败，退出");
10            return;
11        }
12        printf("p的值是%p\n",p);                 /*输出p的值*/
13        free(p);                                /*释放动态内存*/
14        printf("p的值是%p\n",p);                 /*输出p的值*/
15        getch();                                /*等待，按任意键继续*/
16    }
```

输出结果为：

```
p的值是0x00146430
p的值是0x00146430
```

【代码解析】代码 12-9 的输出结果说明："释放动态内存，并不意味着指针会消亡，也不意味着指针的值会改变"，指针 p 并不会被撤销，p 的值也不会自动变成 NULL，相反，指针 p 的值保持不变。由于 p 指向的动态内存已被操作系统回收，也许已经有了别的用处，此时，再通过指针 p 访问这块内存是不合法的，容易造成系统崩溃。像这种指针常被称为"野指针"（wild pointer）。

在使用 free 释放所申请的动态内存后，一定要将指针置为 NULL,以防止误操作，因为对 NULL 指针的一切操作都是无害的。

12.6.5　内存泄漏

已经知道"释放动态内存，并不意味着指针会消亡，也不意味着指针的值会改变"，但指针消亡，动态内存是否会自动释放呢？否，如果没有释放内存，但记录该块内存首地址的指针消亡了或者是指针的值发生了改变，在程序结束前，这块内存将无法释放，这就造成内存泄漏，如果程序长时间运行的话，不断的泄漏可能使得系统因内存耗尽而崩溃。

12.6.6 释放已经释放了的内存会出问题

既然使用已经释放了的内存是非法的，那释放已经释放了的内存会怎么样？一般来说，程序同样会崩溃。用户一般不会对同一指针多次释放，但如代码 12-10 所示的错误却经常会犯。

代码 12-10　释放已经释放了的内存 FreeAgain

```
<-----------------------------文件名: FreeAgain.c----------------------------->
01    #include <stdio.h>                              /*使用printf()要包含的头文件*/
02    #include <conio.h>
03    void main(void)                                 /*主函数*/
04    {
05        /*声明一int型指针p，并申请一块动态内存，用其首地址为p初始化*/
06        int *p=(int*)malloc(10*sizeof(int));
07        if(p==NULL)                                 /*防错处理，判断内存申请是否成功*/
08        {
09            printf("内存申请失败，退出");
10            return;
11        }
12        int *z=p;
13        free(p);                                    /*释放动态内存*/
14        free(z);                                    /*再次释放内存*/
15        getch();                                    /*等待，按任意键继续*/
16    }
```

传递给 free 函数的指针并不要求一定就是那个接受 malloc 返回值的指针，free 函数关心的是指针的值，即动态内存块的地址。当程序源代码过长时，用户往往会忘记指针的值是从哪里来的，因而难免多次对同一块动态内存进行释放，引发错误。

12.7　小结

计算机中的每个内存单元都有一个标示，对 C 语言来说，诸如 short、int 等内建类型占据着不止一个内存单元，指针指向的是某个量在内存中的首地址。

通过指针可以间接访问其指向的内存区域，此时要用到操作符*，在指针声明时也要用到操作符*，但两个场合下其作用不同，要注意区分。

声明一个指针时，一定要注意其初始化，使其指向有意义的区域，未经初始化的指针的值是随机的，对其指向的内存区域进行间接访问，结果往往是不可预测的。如果指针实在无处可指，可将指针设定为 NULL，用于通知系统该指针不指向任何地方。指针变量支持少量的运算，主要有指针和整数的加减、同类型指针求差、指针关系比较等。

C 语言还提供了动态内存分配机制，方便用户管理内存。在使用结束后，应及时将内存释放，避免内存泄漏现象的发生。

12.8　习题

一、填空题

1. 在 32 位程序里，所有类型指针的值都是一个_____位整数。

2．C 语言提供了_____来返回某程序实体的地址信息。

3．指针变量也是变量，占据一定的内存空间，有地址，因此可以用一个指针指向它，这称为_____。

4．在声明一个指针时，如果在*的右边加 const 修饰符，所声明的指针称为_____。

二、上机实践

1．下面程序的输出结果是什么？

```
#include <stdio.h>
void a(int *p)
{
  printf("%d\n",*++p);
}

void main()
{
  int x=20;
  a(&x);
}
```

【提示】最简单是使用指针的方式，回顾一下++运算符的用法。

2．定义一个数组，其元素为 5、4、3、2、1 这几个数字。用指针的方式输出数组中的所有元素。

【提示】

```
int a[5]={5,4,3,2,1};
int* p=&a[0];

for(int i=0;i<5;i++)
{
    printf("%d  ",*p);
    p++;
}
```

第 13 章　字符串及字符串操作

字符串是程序设计中常用的数据，同时也是非数值算法基本处理的数据。C 语言中并没有提供"字符串"类型，而是以特殊字符数组的形式来存储和处理字符串。这种字符数组必须以空字符\0 结尾，因此，也将这种特定字符数组称为 C 风格字符串。为方便用户处理字符串，C 语言标准库函数提供了很多 C 风格字符串处理函数。

本章包含的知识点有：

❑ 声明 C 风格的字符串
❑ 字符数组的输入和输出
❑ 常用的字符串处理函数

13.1　C 风格字符串

C 风格字符串是字符数组的一种特例，这个"特"字体现在"以\0（空字符，null character）结尾"。如何声明创建一个 C 风格字符串，如何使用 C 风格字符串，这是本节要讲解的内容。

13.1.1　C 风格字符串的声明

要声明一个 C 风格字符串，首先想到的方法是声明一个字符数组，而后对其中的元素初始化，不过要保证最后一个元素是空字符\0，如：

```
char str[]={'I', ' ', 'L', 'o', 'v', 'e', ' ', 'C', 'H', 'I', 'N', 'A', '\0'};
```

还记得吗？如果在数组声明时没有指定第 1 维的大小，编译器将根据初始化表达式执行决定数组的大小。对 C 风格字符串来说，这是种不错的方法，免去了字符计数的麻烦。

上述声明方式有点麻烦，要一个字母一个字母地用单引号包裹起来，还要记着最末尾的空字符\0。在 C 语言中，还提供了另一种声明 C 风格字符串的方法——使用字符串常量。如：

```
char str[]="I Love CHINA";
```

I Love CHINA 称为字符串常量，它隐式地包含了结尾的空字符\0，不用再显式地注明，使用十分方便。

13.1.2　C 风格字符串在内存中的表示

对 13.1.1 节声明的 C 风格字符串 str 而言，共有 12 个有效字符，但却占据了 13 个内存字节空间，示例代码 13-1 验证了这个结论。

代码 13-1　C 风格字符串占据的内存字节数 SizeOfStr

```
<------------------------------文件名: SizeOfStr.c----------------------------->
01    #include <stdio.h>                                   /*使用printf()要包含的头文件*/
02    #include <conio.h>
03    void main(void)                                      /*主函数*/
04    {
05        char sz[]="I Love CHINA";                        /*声明一个C风格字符串*/
06        printf("sz在内存中的大小为: %d",sizeof(sz));      /*输出sz占据的内存字节数*/
07        getch();                                         /*等待, 按任意键继续*/
08    }
```

输出结果为:

```
sz 在内存中的大小为:13
```

【代码解析】代码 13-1 验证了 "C 风格字符串占据的内存字节数比字符串中的字符数多 1" 这一事实, 多出来的一个内存字节用以存放末尾的空字符 (\0)。以代码 13-1 为例, C 风格字符串在内存中的表示如图 13-1 所示。

I		L	o	v	e		C	H	I	N	A	\0

图 13-1　C 风格字符串在内存中的表示

注意	空格字符和空字符是有区别的。

在字符串内部不能出现空字符, 否则, 字符串将被截断为两个 C 风格字符串。

13.2　字符数组的输入输出

本节的标题没有写 "C 风格字符串的输入输出", 而是 "字符数组的输入输出", 实际上, C 语言允许对字符数组进行整体的输入输出和元素访问, 并不会检查其末尾是否为空字符。在本节学习中, 读者应细心体会字符数组和 C 风格字符串在输入输出等方面的不同。

13.2.1　字符数组的声明

同整型数组一样, 字符数组也必须先声明再使用。一维字符数组和二维字符数组可以存放多个字符或者字符串。

(1) 一维字符数组的声明形式如下:

```
char    数组名[常量表达式];
```

功能: 声明一个一维字符数组, 常量表达式的值就是字符数组元素的个数。例如下面的声明语句:

```
char  str[10];
```

这个语句声明字符数组 str, 最多可以存放 10 个字符。

(2) 二维字符数组的声明形式如下:

```
char    数组名[常量表达式1][常量表达式2];
```

功能: 声明一个二维字符数组, 常量表达式 1×常量表达式 2 的值就是字符数组元素的个数。例如下面的声明语句:

```
char  s[3][10];                              /*声明二维字符数组*/
```

这个语句声明二维数组 s，存放 30 个字符。

声明字符型数组时，与其他的数组一样，常量表达式也是用来说明即将存放的元素个数，它必须是常量，不可为变量。另外，由于一个字符在内存中仅占一个字节，一般用数组处理的字符比较多，因此声明数组时，常量应该尽可能的大，以满足问题的处理要求。

字符数组中元素的访问形式和其他的数组类似，具体的形式如下。

❑ 一维字符数组的引用格式：

```
数组名[下标];
```

❑ 二维字符数组的引用格式：

```
数组名[下标1] [下标2];
```

例如，语句段 str[0]='a',str[2]=' e',str[i]='o'；其中变量 i 为整型变量，范围在 0~9 之间。同样的二维数组中元素的访问形式也是类似的，下标的取值范围在 0~常量表达式值-1，在使用的时候，下标的访问不能超出使用范围，否则产生溢出错误。

13.2.2　字符数组可以进行整体输入输出

普通数组不能进行整体输入输出，必须以元素为单位进行，而字符数组是个例外。来看示例代码 13-2。

代码 13-2　字符串的整体输入输出 StrInputOutput

```
<---------------------------文件名：StrInputOutput.c--------------------------->
01   #include <stdio.h>                              /*使用printf()要包含的头文件*/
02   #include <conio.h>
03   void main(void)                                 /*主函数*/
04   {
05       char sz[]="I Love CHINA";                   /*声明一个C风格字符串*/
06       printf("%s\n",sz);                          /*对字符串进行整体输出*/
07       printf("请重新输入一个字符串，不多于12个字符\n");   /*提示用户重新输入一个字符串*/
08       scanf("%s",sz);                             /*读取新的输入*/
09       printf("修改后的字符串为：%s\n",sz);          /*整体输出新的字符串*/
10       getch();                                    /*等待，按任意键继续*/
11   }
```

输出结果为：

```
I Love CHINA
请重新输入一个字符串，不多于12个字符
Hello World                    (键盘输入)
修改后的字符串为：Hello
```

【代码解析】为避免意外的错误，代码 13-2 中仍然采用 C 风格字符串，在函数和 scanf、printf 函数中可使用数组名 sz 对字符串进行整体的输入和输出。

细心的读者可能会有个疑问：在语句"scanf("%s",sz);"中，sz 的前面没有取地址符&，实际上，编译器将数组名解释为数组元素在内存中的首地址，因此，此处不用取地址符&。具体请参考第 17 章的介绍。

诸如 scanf 和 printf 等处理函数实际上是依次处理数组中的每个字符，直到遇到空字符为止，因此，对 C 风格字符串来说，输出等操作何时停止是确定的。但对普通的字符数组来说，输出可能会一直持续下去，直到遇到空字符，但由于内存中存在大量的空字节，所以这个过程一般应该可以很快停止。但总而言之，普通的字符数组的输出结果是不确定的。

还有一个疑问：用户通过键盘输入 Hello World，可为什么只有"Hello"存储到了字符串 sz 中呢？原来，使用 scanf 函数进行输入操作时，跳过前导空格，从第 1 个有效字符起，向对应的字符数组中依次存入字符，直到遇到一个空格字符，在字符串末尾添加空字符，即完成了一个字符串的输入。由于"Hello World"中"Hello"后面是空格，所以，只存储了"Hello"到 C 风格字符串 sz 中，而忽略了"World"。

因为 sz 申请的有效空间只有 13 个内存字节，可保存 12 个字符加 1 个空字符，所以，如果用户输入的字符过多，将会发生数组溢出错误。因此，代码 13-2 中明确要求输入不多于 12 个字符。这种由字符串引发的溢出错误往往是整个程序的安全隐患。

13.2.3　使用 gets() 函数读取整行

代码 13-2 在接收输入时，空格和随后的字符都被舍弃了。那有没有一种方法能将空格和随后的字符一块读入呢？有，C 语言提供了 gets() 函数，如代码 13-3 所示。

代码 13-3　使用 gets() 函数读取一整行到字符数组中 FunctionGets

```
<---------------------------文件名：FunctionGets.c--------------------------->
01    #include <stdio.h>                              /*使用printf()要包含的头文件*/
02    #include <conio.h>
03    void main(void)                                 /*主函数*/
04    {
05        char string [256];                          /*声明一字符数组string*/
06        printf ("Insert your full Name: \n");       /*提示用户输入*/
07        gets (string);                              /*使用gets()函数读取输入*/
08        printf ("Your Name is: %s\n",string);       /*输出字符串*/
09        getch();                                    /*等待，按任意键继续*/
10    }
```

输出结果为：

```
Insert your full Name:
li kuan                    (键盘输入)
Your Name is: li kuan
```

【代码解析】 代码 13-3 成功地将带空格的输入"li kuan"读入了字符数组 string 中，因为随后马上要调用 gets() 函数为其赋值，所以，在 string 声明时，未对其初始化。

gets() 函数用于读取一行输入到字符数组中：依次读取用户输入的每个字符，写入字符数组中，直到用户按回车键，读取换行符并将其写入字符数组，而后在字符数组末尾写入结束标记（空字符\0）。

13.2.4　访问字符数组中某个元素

字符数组首先是个数组，可以借助下标访问其中的单个字符。前面提到：在一个 C 风格字符串内部不能出现空字符\0，否则会将一个 C 风格字符串截断。下面的示例代码 13-4 验证了这一说法。

代码 13-4 访问字符数组中的某个元素 StrElement

```
<------------------------文件名: StrElement.c------------------------>
01   #include <stdio.h>                        /*使用printf()要包含的头文件*/
02   #include <conio.h>
03   void main(void)                           /*主函数*/
04   {
05       char sz[]="I Love CHINA";             /*声明一个C风格字符串*/
06       printf("%s\n",sz);                    /*对字符串进行整体输出*/
07       sz[5]='\0';                           /*将字符串中第6个元素置为空字符*/
08       printf("修改后的字符串为: %s\n",sz);   /*整体输出新的字符串*/
09       getch();                              /*等待, 按任意键继续*/
10   }
```

输出结果为:

```
I Love CHINA
修改后的字符串为: I Lov
```

【代码解析】 代码 13-4 通过使用语句 "sz[5]='\0';" 将 sz 的第 6 个元素, 也就是原来的字符 e 替换成了空字符。这样, 在调用 printf 函数输出 sz 时, 当输出到字符 v 后, 便认为 sz 已经结束, 所以, 修改后的字符串输出结果为 "I Lov"。

> **注意** 末尾的空字符是很多函数和算法判断字符串是否结束的依据。

13.2.5 使用 puts() 函数实现字符串的输出

调用 puts() 函数实现字符串的输出, 其调用形式为:

```
puts(字符数组);
```

该函数的功能是将字符数组起始地址开始的一个字符串 (以\0 结束的字符序列) 输出到终端, 并将字符串结束标志\0 转化成\n, 自动输出一个换行符。

举个简单的例子:

```
char sz[ ] = "I\nLOVE C++!";
puts(sz);
printf("Hello");
```

输出结果:

```
I
LOVE C++!
Hello
```

13.2.6 使用字符数组的常见问题

字符数组最基本的功能是作为字符串的存储方式, 与数值型的数据不同, 字符串中多个字符是作为整体出现的, 因此字符数组的使用方式与普通的整型、实型数组不太相同。使用时, 常见的错误主要有下面的几个方面。

(1) 虽然字符串是一个整体, 但 C 语言中不存在字符串变量, 必须用整型数组存放。因此元素的访问形式与普通数组相同。例如下面的程序段:

```
char c1[10], c2[20];
```

```
c1="beijing" ;
c2=c1;
```

这两种对数组名直接赋值的方法都是不正确的，因为 c1、c2 是数组首地址，C 语言允许使用已分配空间的地址，但是绝对不可使用未知的地址，并且不允许对地址赋常量的值。同时数组之间也不可以赋值，所以上面的语句段在编译时将会出错。字符串常量是一个整体，使用的时候程序员关注的是字符串的含义，而不是字符串的长度，因此字符串有默认结束标志\0，这样可以把字符串作为整体访问。因此上面的赋值语句改成下面两条语句之一都是正确的。

```
char  c[]="beijing";
char  c[30]={"beijing"};
```

（2）用字符数组存储字符串时，其元素的个数至少应比字符串的长度多 1。例如下面的代码段：

```
main() {
  char  c1[5]="china";
  printf("%s",c1);  /*输出字符串*/
}
```

整个程序在编译的时候，不会产生警告错误，也不会产生实际的错误，但是不能输出正确的结果，也就是输出数据的时候会出现一些莫名的信息，根本原因就是 printf 中使用%s 格式说明符控制输出，以\0 作为结束标志，但是数组的长度恰好与字符串的实际字符个数相同，所以最后的\0 没有存储。因此在输出的时候，由于不能找到结束标志，导致输出有误。同样是上面的数组，如果进行下面的操作：

```
k=0;
while(c1[k]!='\0')  k++;
```

这个循环必然是个死循环，这是因为字符数组中没有位置存放\0，取不到\0，循环条件永远是满足的，所以无法退出循环。虽然字符串处理时，无需关心字符数组的实际长度，但是若想处理的是字符串，必须要存储\0 为字符串结束标志，这就要求数组不可太小，在声明的时候如果不知道存储字符串的大小，建议在定义的时候把数组的容量适当地声明大一些。

（3）字符数组既可以用于存储字符串也可以用于存储字符或字符变量。例如下面的两条语句：

```
char str[]="Hello";
char chars[]={'H','e','l','l','o'};
```

使用的时候，不要认为字符串就是字符数组，或者字符数组是字符串。字符数组只是 C 语言用来存放字符串的一种数据类型。因此在对定义的理解上不要出错。

13.3　字符串处理函数

与其他数组相比，字符数组所能享受的"特殊待遇"是允许整体输入和输出。数组操作的其他限制对字符数组同样成立，如：不允许使用一个数组给另一个数组赋值，不允许对两个数组进行整体的算术操作。下列用法都是错误的：

```
char x[10],y[10]="123456789";
x="987654321";                        /*错误*/
x=y;                                  /*错误*/
x+=y;                                 /*错误*/
```

字符数组名的比较实际上比的是两个数组内存单元首地址的大小。如：

```
char x[10],y[10]="123456789";
if(x < y)                          /*数组名被编译器解析为地址,数组内存首字节地址*/
{……}
```

如果要实现这些特定的功能,必须以数组元素为基本单位来实现,对字符数组来说,基本单位是字符。举例来说,编写一个函数计算字符串中字符的个数,如下:

```
int strlenOwn(const char* psz)      /*const使得字符数组不被修改,指针psz可修改*/
{
    int len=0;
    while( *(psz++) )
        len++;
    return len;
}
```

上述函数返回一个非负值,采用了一个 char 型指针 psz 来遍历数组元素,循环结束条件是 psz 指向一空字符,strlenOwn 函数返回的字符数不包括末尾的空字符。关于使用指针遍历数组的相关内容,请参考第 17 章的介绍。

如果将"int len=0;"改成"int len;",对程序有影响吗?

13.3.1 理解:数组名是常指针

在继续书写示例调用上述 strlenOwn 函数之前,先来理解一个重要的概念:数组名是常指针。很多教科书中说,数组名是指向数组第 1 个元素的指针,这种说法欠妥。对一维数组来说,这个说法成立,但对高维数组,首先要确定的是数组名这个指针是什么类型的。

抛开数组名是什么类型的值不说,如果用数组名为一个指针赋值,该指针的值等于数组第 1 个元素的地址。

先来看最简单的情况。

```
int num[10]={0};
int *p1=num;
int* p2=num+1;
```

此时,数组名 num 可看成是 int 型的常指针,其值为其中第 1 个元素的地址。使用数组名 num 为 p1 赋值时,p1 指向数组中的第 1 个元素 num[0];使用 num+1 为 p2 赋值时,p2 指向 num[1]。

对二维数组来说,情况略有不同。

```
int num[3][4]={0};
int* p1=num;
int* p2=num+1;
```

此时,数组名 num 仍然是常指针,其值为数组第 1 个元素 num[0][0]的地址,但此时,p1 指向的是 num[0][0],p2 指向的却不是 num[0][1],而是 num[1][0]。根据指针与整数的加法运算原则,想想看为什么?

换一种写法:

```
int num[3][4]={0};
int* p1=num[0];
int* p2=num[0]+1;
```

此时,p1 指向的是 num[0][0],p2 指向的是 num[0][1]。是否已经体会到了两种写法的差别?更详细的讨论请参考第 17 章。

因为 C 风格字符串是一维数组，当需要使用字符指针进行字符串处理时，将数组名作为参数传递给处理函数即可。

使用上面自己编写的 strlenOwn 函数来计算某个字符串的大小，如代码 13-5 所示。

代码 13-5　自行编写函数计算字符串的长度 MyOwnStrlen

```
<-------------------------文件名: MyOwnStrlen.c------------------------->
01   #include <stdio.h>                            /*使用printf()要包含的头文件*/
02   #include <conio.h>
03   void main(void)                               /*主函数*/
04   {
05       char str[256]={'\0'};                     /*开辟一字符数组str*/
06       printf ("请输入一个字符串: \n");          /*提示用户输入*/
07       gets (str);                               /*使用gets()函数读取输入*/
08       int strlenOwn(const char*);               /*函数声明*/
09       int  length=strlenOwn(str);               /*计算字符串的长度*/
10       printf("输入字符串的长度为: %d",length);  /*输出字符串的长度*/
11       getch();                                  /*等待，按任意键继续*/
12   }
13   int strlenOwn(const char* psz)                /*const使得字符数组不被修改*/
14   {
15       int len=0;
16       while( *(psz++) )
17           len++;
18       return len;
19   }
```

输出结果为：

```
请输入一个字符串:
Hello China          (键盘输入)
输入字符串的长度为: 11
```

【代码解析】代码 13-5 中，第 7 行首先采用 gets() 函数读入用户输入的一行字符串，随后调用自行编写的 C 风格字符串长度计算函数 strlenOwn。调用 strlenOwn 时，将字符数组名 str 作为指针参数传递给了该函数。

实际上，C 语言标准库提供了很多 C 风格字符串的处理函数，以实现特定的功能，而无需用户自行编写，这些函数的声明包含在头文件 string.h 中。编写程序代码时，只要包含该头文件，便可以自由调用这些标准处理函数。这些函数的简要介绍如表 13-1 所示。

表 13-1　常用的字符串处理函数

操　　作	函数原型	备　　注
取得 C 风格字符串的长度	size_t strlen(数组名)	不包括末尾空字符
复制 C 风格字符串	char* strcpy(目标数组名,源数组名)	目标数组元素个数应不小于源数组中的元素个数
C 风格字符串相等比较	int strcmp(数组名 1,数组名 2)	数组 1 和数组 2 相等，函数返回 0；如果数组 1 小于数组 2，返回一个负数；否则，返回一个正数
将小写字母都转换成大写形式	char* strupr(数组名)	
将两个 C 风格字符串连接起来	char* strcat(数组名 1,数组名 2)	在字符数组 1 后接上字符数组 2

注：表中数组均指的是C风格字符串数组。

13.3.2　strlen()函数与 size_t

strlen()函数返回的是字符串的长度，即字符串中的实际字符数目，末尾的空字符不计数，返回类型为 size_t。

复习一下 size_t 的知识，其声明于标准头文件 stddef.h 中。

```
typedef unsigned int size_t;
```

typedef 还未讨论。上述语句是为 unsigned int 类型引入了助记符 size_t，或者说 size_t 是无符号整型 unsigned int 的别名。在使用 size_t 类型时，需特别注意一点，假设变量 A 和 B 都为 size_t 类型，则下述关系式恒成立：

```
A - B > 0
```

不能通过将两个 size_t 类型变量相减来比较大小，因此，不能通过将 strlen()函数返回的字符串长度进行差运算，以结果是否大于 0 来判断到底哪个字符串更长一些。接下来看一段示例代码 13-6。

代码 13-6　比较两个字符串长度失败 CompareLenOfTwoStr

```
<------------------------文件名: CompareLenOfTwoStr.c------------------------>
01    #include <stdio.h>                              /*使用printf()要包含的头文件*/
02    #include <conio.h>
03    #include <string.h>
04    void main(void)                                 /*主函数*/
05    {
06        char str1[256]={'\0'};                      /*开辟一字符数组str1*/
07        char str2[256]={'\0'};                      /*开辟一字符数组str2*/
08        printf ("请输入第1个字符串: \n");           /*提示用户输入第1个字符串*/
10        gets (str1);                                /*使用gets()函数读取输入*/
11        printf ("请输入第2个字符串: \n");           /*提示用户输入第2个字符串*/
12        gets (str2);                                /*使用gets()函数读取输入*/
13        size_t len1=strlen(str1);                   /*取得第1个字符串长度*/
14        size_t len2=strlen(str2);                   /*取得第2个字符串长度*/
15        if(len1-len2>0)
16            printf("第1个字符串比第2个字符串长");    /*输出结果*/
17        else if(len1-len2==0)
18            printf("两个字符串一样长");             /*输出结果*/
19        else
20            printf("第2个字符串比第1个字符串长");
21        getch();                                    /*等待, 按任意键继续*/
22    }
```

输出结果为：

```
请输入第1个字符串:
China                        (键盘输入)
请输入第2个字符串:
Hello                        (键盘输入)
两个字符串一样长
```

或

```
请输入第1个字符串:
Hello                        (键盘输入)
请输入第2个字符串:
```

Congratulations　　　　　　　　　　*（键盘输入）*
第1个字符串比第2个字符串长

很明显，字符串"Hello"比"Congratulations"短很多，但仍然输出了"第 1 个字符串比第 2 个字符串长"这一结果，这是由于 strlen 返回结果是 size_t 型，编译器认为 size_t 型值恒大于等于 0。那么如何比较 size_t 的大小呢？因为都是非负数，直接比较大小肯定不会出错。代码 13-6 中的长度判断部分可做如下修改：

```
if(len1 > len2)
    printf("第1个字符串比第2个字符串长");          /*输出结果*/
else if(len1 == len2)
    printf("两个字符串一样长");                     /*输出结果*/
else
    printf("第2个字符串比第1个字符串长");          /*输出结果*/
```

另一个方法是使用前面自己编写的长度计算函数，返回类型为有符号的 int 型。自己试着改改看。

13.3.3　字符串复制函数 strcpy()

strcpy()函数用于将一个 C 风格字符串（源串）复制给另一个 C 风格字符串（目的串）。在使用 strcpy()函数时要注意目的字符数组和源字符数组的长度匹配问题，避免将长串复制给短串，这会导致数组越界错误。当然，短串复制给长串则不会出问题。

代码 13-7 是 strcpy()函数的使用示例。

代码 13-7　将一个字符串复制给另一个字符串 StrcpySample

```
<----------------------------文件名：StrcpySample.c---------------------------->
01    #include <stdio.h>                          /*使用printf()要包含的头文件*/
02    #include <conio.h>
03    #include <string.h>
04    void main(void)                             /*主函数*/
05    {
06        char str1[256]={'\0'};                  /*开辟一个字符数组str1*/
07        char str2[256]={'\0'};                  /*开辟一个字符数组str2*/
08        printf ("请输入第1个字符串：\n");       /*提示用户输入第1个字符串*/
09        gets (str1);                            /*使用gets()函数读取一行输入*/
10        strcpy(str2,str1);                      /*将第1个字符串复制给第2个字符串*/
11        printf("第2个字符串为：\n%s",str2);     /*输出第2个字符串*/
12        getch();                                /*等待，按任意键继续*/
13    }
```

输出结果为：

请输入第1个字符串：
Hello C++　　　　　　　*（键盘输入）*
第2个字符串为：
Hello C++

【代码解析】 代码 13-7 要求用户输入一个字符串，存储在字符串 str1 中，并调用 strcpy()函数将 str1 复制给 str2。注意，strcpy()函数返回类型为 char*，返回的是指向目的字符串 str2 的指针。这样做的目的是为了实现"链式操作"，13.3.7 节会对链式操作进行说明。

对于复制函数有下面 3 点需要说明：

❑ 字符数组必须足够大，以便容纳被复制的字符串。

❑ 字符数组必须写成数组名形式，字符串可以是字符数组名，也可以是一个字符串常量，如 strcpy(str1,str)或 strcpy(str1,"China")。

❑ 复制时连同字符串后面的\0 一起复制到字符数组中。

13.3.4　字符串比较函数 strcmp()

strcmp()函数用于比较两个 C 风格字符串，比的不是两个字符串的长度，而是逐个比较字符的 ASCII 码。举例来说，如果字符串 1 以字母 A 开头，而字符串 2 以 B 开头，则不论两个字符串长度如何，不论两个开头字符的后续字符串是什么，字符串 2"大于"字符串 1 成立（B 的 ASCII 码 66 大于 A 的 ASCII 码 65）。如果开头字符相同，则比较第 2 个字符，依此类推，如果第 2 个字符相同，则比较第 3 个字符……

如果出现诸如"ABCD"和"ABCD123"这样的情况，长度长的字符串"大于"长度短的字符串。换言之，只有两个字符串长度相同、每个字符相等时，才称两个字符串相等。

对汉字来说，比较的是内码，关于汉字内码的相关介绍，感兴趣的读者可自行查阅相关资料，本书不再讨论。

strcmp()函数的原型为：

```
int strcmp(字符串1, 字符串2);
```

其返回类型是 int 型，若字符串 1 和字符串 2 相等，则函数返回 0；如果字符串 1 小于字符串 2，返回一个负数；否则，返回一个正数。来看一段示例代码 13-8。

代码 13-8　比较两个 C 风格字符串的大小 StrcmpSample

```
<----------------------------文件名：StrcmpSample.c---------------------------->
01   #include <stdio.h>                          /*使用printf()要包含的头文件*/
02   #include <conio.h>
03   #include <string.h>
04   void main(void)                             /*主函数*/
05   {
06       char str1[]="Hello,C++";                /*开辟一个字符数组str1*/
07       char str2[]="Hello,c++";                /*开辟一个字符数组str2*/
08       char str3[]="Hello";                    /*开辟一个字符数组str3*/
09       void strCompare(char* s1,char* s2);     /*函数原型声明*/
10       strCompare(str1,str2);                  /*比较字符串1和字符串2的大小*/
11       strCompare(str1,str3);                  /*比较字符串1和字符串3的大小*/
12       getch();                                /*等待，按任意键继续*/
13   }
14   void strCompare(char* s1,char* s2)
15   {
16       int res=strcmp(s1,s2);
17       if(res>0)
18           printf("字符串%s比字符串%s大\n",s1,s2);
19       else if(res<0)
20           printf("字符串%s比字符串%s小\n",s1,s2);
21       else
22           printf("字符串%s和字符串%s相等\n",s1,s2);
23   }
```

输出结果为：

```
字符串Hello,C++比字符串Hello,c++小
字符串Hello,C++比字符串Hello大
```

【代码解析】 代码 13-8 定义了函数 strCompare()，并在函数内调用 strcmp()函数，根据返回结果判断两个字符串的大小。因为字符 C 的 ASCII 码小于字符 c 的 ASCII 码，所以，输出结果"字符串 Hello,C++比字符串 Hello,c++小"。

> **注意** 对两个字符比较，不能用if(str1= =str2)的形式而只能用if(strcmp(str1,str2)= =0)的形式。

13.3.5　字符串连接函数 strcat()

字符串连接函数的原型为：

```
char* strcat(字符串1, 字符串2);
```

该函数将字符串 2 接在字符串 1 后面，这样，字符串 1 的长度会有所增加，返回的指针指向字符串 1。读者也许会有疑问：是否要求字符串 1 所在的字符数组有足够的内存空间来容纳字符串 2?

原则上，答案为"是，字符串 1 所在的字符数组应有足够的内存空间来容纳字符串 2"，否则，会出现内存越界的错误。这和前面 strcpy()函数中要求目的字符串的长度要大于源字符串的长度是一回事。

但实际上，大部分情况下，strcat()函数和 strcpy()函数的执行并不会出错，这是因为变量在内存中的位置很稀疏，如果字符数组后的一块内存并没有被其他变量所占用，程序不会出错；但如果该块内存不巧已经被分配，程序可能因此而崩溃。

13.3.6　全转换为大写形式

在某些场合，要求输入一个字符串，如果是大小写无关的，问题就来了：比如，在大小写无关意义下，"AB"、"ab"、"aB"、"Ab"都是等价的。这仅仅是两个字母的情况，如果字母更多，情况更复杂，在程序中去一一判断也很不现实。为此，C 标准库提供了字符串处理函数 strupr()，用于将字符串中所有的字母都转换成大写形式。其原型为：

```
char* strupr(字符串);
```

函数返回指向字符串的指针。来看一段示例代码 13-9。

代码 13-9　将字符串中的字母都转换成大写形式 StruprSample

```
<--------------------------文件名: StruprSample.c-------------------------->
01   #include <stdio.h>                          /*使用printf()要包含的头文件*/
02   #include <conio.h>
03   #include <string.h>
04   void main(void)                             /*主函数*/
05   {
06       char str[256]={'\0'};                   /*开辟一个字符数组str*/
07       while(1)                                /*一直循环下去*/
08       {
09           printf ("请输入密码字符串: \n");      /*提示用户输入密码字符串*/
10           gets (str);                         /*使用gets()函数读取一行输入*/
11           strupr(str);                        /*将输入的字符串转成大写形式*/
```

```
12              if(strcmp(str,"PASS1234") == 0)          /*如果两个字符串相等*/
13              {
14                  break;                                /*跳出while循环*/
15              }
16          }
17      printf("密码正确");                                /*输出提示信息*/
18      getch();                                          /*等待，按任意键继续*/
19  }
```

输出结果为：

```
请输入密码字符串：
Hello                          （键盘输入）
请输入密码字符串：
Pas123                         （键盘输入）
请输入密码字符串：
pAsS1234                       （键盘输入）
密码正确
```

【代码解析】代码 13-9 用 while 死循环模拟了密码输入的过程，因为 while 结构的判断表达式为 1，所以，循环体会一遍一遍地执行，直到遇到 break 语句跳出。break 语句执行的条件是"strcmp(str,"PASS1234")==0"，即两个字符串相等。因为已经采用了函数 strupr() 对字符串 str 进行了大写处理，因此，不论用户输入的是"pass1234"、"PaSs1234"还是其他大小写形式，都算正确的密码，由此体现与字符大小写无关的特性。

13.3.7　链式操作

前面介绍的几个函数中，strcpy() 函数、strcat() 函数和 strupr 函数的返回类型均为 char* 型，这可以方便地进行链式操作。举个例子，代码 13-9 中采用了下述语句先对 str 中的字符转换成大写形式，而后再比较其与"PASS1234"是否相同。

```
strupr(str);                                          /*将输入的字符串转成大写形式*/
if(strcmp(str,"PASS1234") == 0)                       /*如果两个字符串相等*/
{
    ......
}
```

更为简洁的写法是：

```
if(strcmp( strupr ( str ),"PASS1234") == 0)           /*如果两个字符串相等*/
{
    ......
}
```

这就是链式操作的用法，因为返回结果是指向字符串的指针，因此，可用一个函数的返回结果作另一个函数的输入参数。

13.4　小结

原则上，数组不支持整体的输入输出操作，但字符数组（包括 C 风格字符串）不受此限制，使用 scanf() 和 printf() 函数可方便地对 C 风格字符串进行输入输出。在输入时，可使用 gets() 函数读取一行，以克服 scanf() 函数不能输入空格的不足。同样，puts() 函数也提供了更为便捷的输出方式。

C 语言库函数提供了一些常用的字符串处理函数，这些函数的声明可以在头文件 string.h 中找到。本章主要介绍了最常用也最具代表性的复制 strcpy()、比较 strcmp()、连接 strcat()、大写转换 strupr ()等函数。

13.5　习题

一、填空题

1．普通数组不能进行整体输入输出，必须以元素为单位进行，而_____是个例外。

2．调用_____函数实现字符串的输出，调用_____函数读取整行字符串。

3．C 标准库提供了字符串处理函数_____，用于将字符串中所有的字母都转换成大写形式。

二、上机实践

1．按注释的要求，在重新输入字符串时，看看输入 My name is li 后程序的运行效果。

```
#include <stdio.h>
#include <conio.h>
void main(void)
{
    char sr[]="Hello World";
    printf("%s\n",sr);
    printf("请重新输入一个字符串\n");                /*这里输入My name is li*/
    scanf("%s",sr);
    printf("修改后的字符串为: %s\n",sr);
    getch();
}
```

【提示】读者一定要先知道 sr 数组的长度。

2．将以下数组连接起来组织成一句英语。

```
char sr1="You ";
char sr2="Are ";
char sr4="Welcome";
```

【提示】

```
strcat(sr1,sr2,sr4);
```

第14章 结构体、共用体、枚举和 typedef

程序设计中，如何合理地组织数据是门学问。前面介绍过的数组是一种组织数据的方式，但数组只适用于同类型的数据，如果类型不同又当如何？而且在现实中，很多对象都具有不同的属性，以人为例，像姓名、性别、身高等都是其属性。如何合理地存储并方便地访问这些信息，是本章要介绍的内容。

本章包含的知识点有：
- □ 结构体
- □ 认识特殊的结构体
- □ 共用体
- □ 共用体与结构体的区别
- □ 枚举类型

14.1 结构体

仍以人为例来介绍，要管理姓名、单位、E-mail 地址、联系电话等信息，现实生活中，很多人采用名片的形式，即将这些信息印在一张卡片上。一张张的名片集合在一起大大地方便了数据的管理。将这种理念借鉴到 C 语言程序设计中，是否有类似于名片的那么一种变量呢？

有，答案就是"结构体变量"，这是一种复合变量。在进一步说明结构体变量前，先来看"结构体"的概念。结构体和结构体变量的关系类似与类型与普通变量的关系，结构体中说明了结构体变量的信息格式，而结构体变量是结构体的实例。

14.1.1 结构体的定义

只有先完成结构体的定义，才能声明并使用结构体变量，正如只有确定了名片上要印什么内容，才能开始印刷名片。结构体的定义即是为了说明结构体变量要存储什么信息的过程。

C 语言提供了关键字 struct 来定义一个结构，一般形式的结构定义为：

```
struct 结构名称                          /*也称结构标识*/
{
   存储数据列表;                          /*也称成员变量列表*/
};
```

> **注意** 在定义结构时，一定不要忘记花括号后的分号，因为结构的定义是一条完整的语句，否则编译器会报错。

举例来说。

```
struct person
{
  char name[20];
  int age;
  char email[50];
};
```

上述代码定义了一个结构 person，这相当于将 name、age 和 email 这 3 个数据打包，统一管理，这样，person 可以像 int、double 型变量一样。利用 person 声明 person 类型的结构体变量，每个 person 型结构体变量都包括 name、age 和 email 这 3 个数据成员。

14.1.2　声明结构体变量

以上面的 person 结构为例，定义完毕后，person 就可以看成是一种类型，可以通过以下形式声明结构体变量 zhangsan。

```
struct person zhangsan;
```

注意区分 person 和 zhangsan。person 只是结构体定义，是种规范说明，编译器并不为其分配内存空间。而 zhangsan 是实实在在的结构体变量，占据一定的内存空间。

在定义结构体的同时也可以完成一个或多个结构体变量的声明。举例来说。

```
struct person
{
  char name[20];
  int age;
  char email[50];
}zhangsan, lisi, wangwu, *zhaoliu;
```

上述代码在定义结构体 person 的同时，一口气声明了 3 个结构体变量：zhangsan，lisi，wangwu，甚至还声明了一个指向 person 结构的指针 zhaoliu。

也可以在声明结构体类型的同时定义变量。一般形式为：

```
struct  结构体名
{
        成员表列
}变量名表;
```

例如下面的定义：

```
struct date
{
        int year;
        int month;
        int day;
} date_2,dd;                        /*定义date型变量date_2、dd*/
```

同样可定义 date_2、dd 为 struct date 类型的变量，系统为变量 date_2 和变量 dd 分配的内存空间为 8B。当然，既然类型已经定义了，也可用本节开始介绍的形式定义变量。例如，在上面的定义后面添加以下语句：

```
struct date  date_1;
```

用这条语句来声明变量 date_1 为 date 类型也是允许的。

实际上这样的定义通知了编译系统有两个变量 date_2 和 dd，同时还通知编译系统有一个结构体类型 date，因此在后面可以定义变量 date_1。

14.1.3 初始化结构变量

在声明结构变量的同时，可以进行变量的初始化。对结构体中每个数据初始化时，要用逗号隔开，并用花括号包裹起来。如：

```
struct person zhangsan={"Zhang San", 24, "zs@163.com"};
```

还可以将结构体定义、结构体变量声明和初始化放在一起来完成。如：

```
struct person
{
    char name[20];
    int age;
    char email[50];
}zhangsan={"Zhang San", 24, "zs@163.com"}, *pzs=&zhangsan;
```

上述代码完成了以下 3 个任务：

❏ 完成了结构体 person 的定义。

❏ 声明了结构体变量 zhangsan，声明了一个指向 person 结构的指针 pzs。

❏ 为 zhangsan 完成了初始化，并用结构体变量 zhangsan 的地址为 pzs 赋值。

对结构体变量进行初始化的时候，若成员为数组或者普通的类型变量，那么按照成员的类型以及定义顺序依次进行初始化；若成员为指针变量，就要区别对待。对于字符型的指针变量，可以直接赋值为字符串常量的首地址，但给其他类型的指针变量赋常量值是非法的。例如下面的语句段：

```
struct  Data_s { int n; char *s; }d1={1,"Hello ,c."};
struct  Data_a { int n,char a[10];}d2={2,"Hello ,c."};
```

这两条语句对于 Data_s 和 Data_a 类型采用了类似的初始化格式，但是却有不同的含义。d1 的成员 s 的值可以保存任何地址，而 d2 的成员 a 为常量，是数组的首地址。

14.1.4 访问结构体成员

习惯上将诸如字符串 name、int 型变量 age 和字符串 email 等称为结构体 person 及其声明变量的"数据成员"，简称"成员"。

声明了一个结构体变量后，可以使用成员操作符（.）来访问各个成员（内部存储的数据），如 zhangsan.name、zhangsan.age 和 zhangsan.email 分别代表 zhangsan 这个变量（结构体变量）中存储的姓名、年龄和 E-mail 等信息。来看一段示例代码 14-1。

代码 14-1　访问结构体变量中的数据成员 StructSample

```
<----------------------------文件名：StructSample.c---------------------------->
01   #include <stdio.h>                          /*使用printf()要包含的头文件*/
02   #include <conio.h>
03   struct person                               /*结构体变量定义*/
04   {
05       char name[20];                          /*字符串姓名*/
06       int age;                                /*int型年龄*/
07       char email[50];                         /*字符串E-mail*/
```

```
08      };
09      void main(void)                                    /*主函数*/
10      {
11          struct person zhangsan={"Zhang San", 24, "zs@163.com"};
            /*声明结构体变量zhangsan*/
12          struct person *pzs=&zhangsan;                  /*声明一个指向结构体的指针*/
13          printf("name:%s\n",zhangsan.name);             /*信息输出*/
14          printf("age:%d\n",zhangsan.age);
15          printf("email:%s\n",zhangsan.email);
16          printf("name:%s\n",pzs->name);
17          printf("age:%d\n",pzs->age);
18          printf("email:%s\n",pzs->email);
19          getch();                                       /*等待，按任意键继续*/
20      }
```

输出结果为：

```
name:Zhang San
age:24
email:zs@163.com
name:Zhang San
age:24
email:zs@163.com
```

【代码解析】代码 14-1 中，第 3~8 行首先定义了结构体 person，main 函数第 11~12 行声明了一个结构体变量 zhangsan 和一个指向 person 结构的指针 pzs，并用 zhangsan 的地址为 pzs 赋值。通过诸如"zhangsan.name"等的形式访问其内部数据成员，由于 pzs 是指针型，因此，可以通过"->"来访问其指向结构的数据成员。

14.1.5　结构体定义的位置

读者可以做个有趣的试验：将代码 14-1 中结构体定义的部分转移到 main 函数的后面，重新编译运行，会发生什么现象？

编译器会报一大堆的错误，正如"使用变量前必须先对其声明"一样，在使用结构体类型声明结构体变量之前，必须要先进行结构体的定义，编译器据此才知道如何为结构体中的数据成员分配内存空间，才能声明结构体变量。

除了如代码 14-1 的定义方式外，结构体还可以定义在函数（包括 main 函数）中，两种定义方式的区别在于结构体可见域不同：如果定义在函数外，从定义处到本程序结束，结构体都可见，可声明结构体变量；但如果定义在特定函数中，只有定义处到该函数结束这一段结构体可见，而如果在函数外声明结构体变量，可能会引发错误。

一种推荐的写法是将结构体定义在头文件中，只要某程序 A 包含了此头文件，便可在 A 中自由声明结构体变量。

14.1.6　结构体变量赋值

C 语言不允许使用一个数组直接为另一个数组赋值，但使用一个结构体变量为另一个结构体变量赋值是合法的，可以使用赋值操作符（=）将一个结构变量 B 赋值给另一个结构变量 A，这样，结构变量 A 中的每个成员都将被设置成结构变量 B 中相应成员的值，即使成员是数组类型也不例外，这种赋值方式称为成员赋值，如代码 14-2 所示。

代码 14-2　结构体变量间的赋值 StructureAssignment

```
<-------------------------文件名: StructureAssignment.c------------------------>
01    #include <stdio.h>                                    /*使用printf()要包含的头文件*/
02    #include <conio.h>
03    struct person                                         /*结构体变量定义*/
04    {
05        char name[20];                                    /*字符串姓名*/
06        int age;                                          /*int型年龄*/
07        char email[50];                                   /*字符串E-mail*/
08    };
09    void main(void)                                       /*主函数*/
10    {
11        struct person zhangsan={"Zhang San", 24, "zs@163.com"};/*声明结构体变量zhangsan*/
12        struct person lisi={"Li Si", 28, "ls@163.com"};  /*声明结构体变量lisi*/
13        lisi=zhangsan;                                    /*用zhangsan为lisi赋值*/
14        printf("lisi's name:\n%s\n",lisi.name);          /*信息输出*/
15        printf("lisi's age:\n%d\n",lisi.age);
16        printf("lisi's email:\n%s\n",lisi.email);
17        getch();                                          /*等待，按任意键继续*/
18    }
```

输出结果为：

```
lisi's name:
Zhang San
lisi's age:
24
lisi's email:
zs@163.com
```

【代码解析】 代码 14-2 中，采用 "lisi=zhangsan;" 语句为 lisi 赋值，尽管 lisi 在声明时已经被合理初始化，但还是完全被 zhangsan 中的数据成员覆盖，即使是两个字符数组 name 和 email，也都被改写。

> **提示**　可以将数组打包成结构体，方便地进行赋值操作。

14.2　特殊结构体

上一节中讨论的 person 结构相对简单，只包含了 3 个数据成员：name、age 和 email。如果面对的是更为复杂的结构，将所有数据成员并排似乎不是个高效的方法。那能否使用结构体嵌套，一层层管理数据呢？

14.2.1　结构体嵌套

顾名思义，结构体嵌套就是 "结构体套结构体"，某个结构的数据成员又是一个结构体变量，这样，可以按层次结构合理组织数据。举例如下：

```
struct student
{
```

```
    char name[20];
    struct scorestruct                         /*结构体scorestruct的定义*/
    {
      int math;
      int English;
    }score;                                     /*声明结构体变量score*/
    struct infostruct                           /*结构体infostruct的定义*/
    {
      float height;
      float weight;
    }info;                                      /*声明结构体变量info*/
};
```

注意　不要忘记每个struct后的分号。

---

　　student 是个外层结构,内部包含着学生的数据。结构体 student 内又定义了两个结构体变量 score (成绩) 和 info (基本情况),结构体中的成员应当是占据内存空间的变量实体,因此, score 和 info 是 student 结构的数据成员。结构体 scorestruct 和 infostruct 只是两个类型名,不占据实在的内存地址空间。将上述代码如下改写似乎更好理解一点:

```
struct scorestruct                         /*结构体scorestruct的定义*/
{
  int math;
  int English;
};
struct infostruct                          /*结构体infostruct的定义*/
{
  float height;
  float weight;
};
struct student                             /*结构体student的定义*/
{
  char name[20];
  scorestruct  score;          /*scorestruct型的结构体变量score作student结构的数据成员*/
  infostruct  info;
};
```

　　总的来说,双层结构体 student 的使用方式与普通单层结构体并没有太大差别,如示例代码 14-3 所示。

代码 14-3　结构体嵌套时对内部数据成员的访问 MultiLevelStruct

```
<----------------------------文件名:MultiLevelStruct.c-------------------------->
01    #include <stdio.h>                            /*使用printf()要包含的头文件*/
02    #include <conio.h>
03    struct student
04    {
05        char name[20];
06        struct scorestruct                        /*结构体scorestruct的定义*/
07        {
08            int math;
09            int English;
10        }score;                                   /*声明结构体变量score*/
```

```
11        struct infostruct                         /*结构体infostruct的定义*/
12        {
13            float height;
14            float weight;
15        }info;                                     /*声明结构体变量info*/
16    };
17    void main(void)                                /*主函数*/
18    {
19        struct student wangwu={"Wang Wu",{80,96},{175,80}};    /*注意花括号的层次*/
20        printf("wangwu's name:\n%s\n",wangwu.name);            /*信息输出*/
21        printf("wangwu's math socre:\n%d\n",wangwu.score.math); /*双层内容访问符*/
22        printf("wangwu's English socre:\n%d\n",wangwu.score.English);
23        printf("wangwu's height:\n%.1f cm\n",wangwu.info.height);
24        printf("wangwu's weight:\n%.1f kg \n",wangwu.info.weight);
25        getch();                                               /*等待,按任意键继续*/
26    }
```

输出结果为：

```
wangwu's name:
Wang Wu
wangwu's math socre:
80
wangwu's English socre:
96
wangwu's height:
175.0 cm
wangwu's weight:
80.0 kg
```

【代码解析】 代码 14-3 中有两点要注意：一是在结构体变量 wangwu 初始化时，最好清晰注明花括号的层次，以方便程序阅读；二是结构体变量成员 info 和 score 中的数据访问方式，采用 wangwu.socre.math 层层剥开的方式。

两点补充说明如下。

（1）在结构体 A 内定义的结构体 B，在结构体 A 定义之外的区域是不可见的，即只能在 A 的定义中使用结构体 B 声明 B 型变量。

（2）如果嵌套定义的格式如下：

```
struct student
{
  char name[20];
  struct scorestruct                              /*结构体scorestruct的定义*/
  {
    int math;
    int English;
  };                                              /*未声明结构体变量score*/
};
```

在 student 结构定义时没有声明 scorestruct 型的变量，上述方式与下述代码等价：

```
struct student
{
  char name[20];
  int math;
```

```
    int English;
};
```

假设 wangwu 是 student 型变量，那么直接使用 wangwu.math 即可访问数据成员 math 和 English。
来看下面一个特殊的情况：

```
struct student
{
  char name[20];
  struct score2007                        /*结构体score2007的定义*/
  {
    int math;
    int English;
  };                                       /*未声明结构体变量*/
  struct score2008                         /*结构体score2008的定义*/
  {
    int math;
    int English;
  };                                       /*未声明结构体变量*/
};
```

上述代码在使用诸如 wangwu.math 的方式访问数据成员时会出现歧义错误，编译器无法判断
待访问的究竟是哪个 math。而声明结构体变量可有效解决这一问题。如：

```
struct student
{
  char name[20];
  struct score2007                        /*结构体score2007的定义*/
  {
    int math;
    int English;
  }s2007;                                  /*声明结构体变量s2007*/
  struct score2008                         /*结构体score2008的定义*/
  {
    int math;
    int English;
  }s2008;                                  /*声明结构体变量s2008*/
};
```

此时，采用 wangwu.s2007.math、wangwu.s2008.math 可以有效地区分两个数据成员，方便数
据的管理。

14.2.2　匿名结构体

C 语言允许定义匿名结构，所谓匿名结构，就是不指定结构体的名称，但一定要在结构体定义
的同时声明至少一个结构体变量，否则，这种用法没有意义。如：

```
struct
{
  char name[20];
  int age;
}wangwu, lisi;
```

这样便声明创建了两个结构体变量 wangwu 和 lisi，可以通过诸如 wangwu.name 的形式来访问
其成员，但这种类型没有名称，无法在以后的程序中声明这种类型的变量。

14.3 共用体

共用体也是一种特殊的数据组织方式，C 语言使用关键字 union 来定义一个共用体结构，所以，在某些书籍中也将共用体称为"联合"。和结构体类似，共用体的使用也分为"共用体的定义"、"共用体变量的声明、初始化和使用"两大部分。

14.3.1 什么是共用体

C 语言允许用户把若干个不同类型的数据组合在一体，可作为结构体类型，也可作为共用体类型，二者都属于构造类型。二者的不同之处在于，结构体类型中各个数据均作为结构体类型的一个成员，它们分别占用一定的存储单元；而共用体类型中各个数据在内存占用的字节数不尽相同（由于数据类型不一定完全相同），但都占用同一起始地址的存储单元，也就是使用覆盖技术，使几个变量相互覆盖。这种使几个不同的变量共同占用同一段内存的结构，称为共用体类型的结构。

可以这样理解共用体，"在某个确定的时刻，共用体只能表示一种成员类型"。

14.3.2 共用体的定义

共用体可采用如下形式定义：

```
union  共用体名称（或称标识）
{
    存储数据列表（或称成员变量列表）
};
```

注意 结束花括号后的分号（;）不要遗漏，共用体的定义是一个完整的C语句。

举例来说。

```
union computerInfo               /*定义一个共用体computerInfo*/
{
    char  typeid[20];
    float  price;
};
```

某个部门要登记所有的计算机，如果是品牌机，就登记型号（typeid），如果是组装机，就登记价格（price），因此，型号和价格只取其一。这时使用共用体最为合适。

还有一种方式，在定义共用类型的同时定义共用变量。其一般形式是：

```
union  共用体名称
{
    存储数据列表（或称成员变量列表）
}共用变量名表;
```

例如下面的定义：

```
union V_tag
{
    int  ival;
    float  fval;
    char * pval;
} x,y;
```

和上例一样，同样可以定义共用变量 x、y。同时在共用体类型的作用域内可以再利用前面的形式再次定义其他的变量。例如可以在程序中使用下面的语句再次定义变量 z。

```
union  V_tag  z;
```

14.3.3　声明共用体变量

和结构体的使用方式一样，定义了共用体后，共用体名可以看成是一种类型，用其可声明共用体变量，基本格式为：

```
union 共用体名 共用体变量;
```

在定义共用体的同时也可以完成一个或多个共用体变量的声明。举例来说。

```
union computerInfo                    /*定义一个共用体computerInfo*/
{
  char  typeid[20];
  float  price;
}comp1, comp2;
```

14.3.4　共用体变量的初始化

在声明一个共用体变量的同时，可以完成其初始化。与结构体变量的初始化不同的是，只能对共用体变量列表中的一个变量进行初始化。对前面定义的共用体 computerInfo 来说，下列语句是合法的：

```
computerInfo com1={"Asus X80"};
computerInfo com1={6000};
```

与结构类似，可以把共用体定义、共用体变量声明及其初始化放在一起。如：

```
union computerInfo                    /*定义一个共用体computerInfo*/
{
  char  typeid[20];
  float  price;
}comp1={" Asus X80"};
```

14.3.5　共用体成员访问

不论共用体在定义时成员变量列表中有多少项，在某个确定时刻，共用体变量只能存储一个成员。来看一个示例代码 14-4。

代码 14-4　共用体变量的访问范例 UnionSample

```
<----------------------------文件名：UnionSample.c---------------------------->
01  #include <stdio.h>                      /*使用printf()要包含的头文件*/
02  #include <conio.h>
03  union computerInfo                      /*定义一个共用体computerInfo*/
04  {
05      char  typename[20];                 /*品牌机类型*/
06      float  price;                       /*组装机价格*/
07  };
08  void main(void)                         /*主函数*/
09  {
```

```
10         union computerInfo comp1={7000};              /*声明一个共用体变量*/
11         int type=0;
12         printf("组装机（输入0）或品牌机（输入1）？\n");    /*用户选择*/
13         scanf("%d",&type);
14         if(type==0)
15         {
16             printf("请输入该组装机的价格\n");
17             scanf("%f",&comp1.price);                  /*共用体中存储的是价格信息*/
18             printf("该组装机的价格是%.1f\n",comp1.price);
19         }
20         if(type==1)
21         {
22             printf("请输入该品牌机的型号\n");
23             scanf("%s",&comp1.typename);               /*共用体中存储的是型号信息*/
24             printf("该品牌机的型号是%s\n",comp1.typename);
25         }
26         getch();                                       /*等待，按任意键继续*/
27     }
```

输出结果为：

组装机（输入0）或品牌机（输入1）？
0   （键盘输入）
请输入该组装机的价格
4000   （键盘输入）
该组装机的价格是4000.0

或

组装机（输入0）或品牌机（输入1）？
1   （键盘输入）
请输入该品牌机的型号
ThinkPad   （键盘输入）
该品牌机的型号是ThinkPad

【代码解析】 代码 14-4 首先要求用户选择计算机类别，据此决定究竟应向共用体变量 comp1 中写入价格还是型号。

14.3.6 共用体赋值

从本质上理解，共用体实际上是为不同的成员分配一块共用内存，编译器并不会约束存入这块内存的值，关键在于程序员如何解析这块内存，如何使用存入的内容。

C 语言允许共用体变量间的相互赋值，无论是结构体变量的赋值还是共用体变量的赋值，实际上都是内存单元的照搬复制。

14.4 结构体和共用体的内存差异

结构体变量和共用体变量是两种复合类型的变量。对于 C 语言内置的基本数据类型，我们都明确知道其占用的内存空间大小，但结构体变量和共用体变量占据多大的内存空间呢？两种变量在内存中的表示形式有何差别？这是本节讨论的问题。

14.4.1　结构体变量和共用体变量内存形式的不同

前面已经提到，系统会为结构体变量中的每个数据成员分配不同的地址空间，也就是说，结构体变量中的数据成员是并列关系；而系统为共用体变量中的数据成员分配的是同一块内存，每个时刻只有一个数据成员有意义。图 14-1 从内存地址的角度体现了两者的差异。

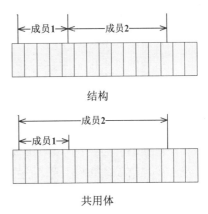

图 14-1　结构变量和共用体变量的内存差异

14.4.2　结构体变量的内存大小

直观上理解，结构体变量占据的内存单元的个数应当是其内部所有数据成员占据内存单元数的和，但实际情况却并非如此。来看一段代码 14-5。

代码 14-5　结构体变量占据的内存大小 SizeofStruct

```
<-------------------------文件名：SizeofStruct.c------------------------->
01    #include <stdio.h>                        /*使用printf()要包含的头文件*/
02    #include <conio.h>
03    struct  sample1                           /*定义一个结构体sample1*/
04    {
05        char c;                               /*char型成员，占1个字节*/
06        short s;                              /*short型成员，占2个字节*/
07        float f;                              /*float型成员，占4个字节*/
08    };
09    struct  sample2                           /*定义一个结构体sample2*/
10    {
11        char c;                               /*char型成员，占1个字节*/
12        float f;                              /*float型成员，占4个字节*/
13        short s;                              /*short型成员，占2个字节*/
14    };
15    void main(void)                           /*主函数*/
16    {
17        struct sample1 Example1;              /*声明sample1型变量Example1*/
18        struct sample2 Example2;              /*声明sample2型变量Example2*/
19        /*输出Example1和Example2占据内存空间的大小*/
20        printf("结构体变量Example1占据的内存字节数是%d\n",sizeof(Example1));
21        printf("结构体变量Example2占据的内存字节数是%d\n",sizeof(Example2));
22        getch();                              /*等待，按任意键继续*/
23    }
```

输出结果为：

```
结构体变量Example1占据的内存字节数是8
结构体变量Example2占据的内存字节数是12
```

【代码解析】 代码 14-5 中，单从结构体定义来看，sample1 和 sample2 不过是调换了下数据成员的顺序，两种结构体变量似乎应占据相同大小的内存空间，大小似乎也应该是"1+2+4=7"。但输出结果令人意外，Example1 占据 8 个内存字节，而 Example2 占据 12 个内存字节，这是为什么？请看下一小节。

14.4.3 字节对齐

出于效率的考虑，C 语言引入了字节对齐机制，一般来说，不同的编译器字节对齐机制有所不同，但还是有以下 3 条通用准则。

（1）结构体变量的首地址能够被其最宽基本类型成员的大小所整除。

（2）结构体每个成员相对于结构体首地址的偏移量（offset）都是成员大小的整数倍，如有需要，编译器会在成员之间加上中间填充字节（internal adding）。

（3）结构体的总大小为结构体最宽基本类型成员大小的整数倍，如有需要，编译器会在最末一个成员之后加上填充字节（trailing padding）。

第 2 条和第 3 条准则决定了结构体变量占据内存空间的大小。据此，下面来解释代码 14-5 的输出结果。

对 sample1 结构体来说，第 2 个成员 s 大小为 2，而第 1 个成员 c 大小为 1，为满足第 2 条准则，需要在 c 和 s 之间插入 1 个填充字节；第 3 个成员 f 大小为 4，此时，其距离结构体首地址的偏移量为 1（c 的大小）＋ 1（填充的字节）＋ 2（s 的大小）=4，满足第 2 条准则，不需要在 s 和 f 之间插入填充空格。此时，结构体的大小为 1（c 的大小）＋ 1（填充的字节）＋ 2（s 的大小）＋ 4（f 的大小）=8，结构体最宽基本类型为 float，占 4 个内存单元，第 3 条准则成立，无须在结构体后添加填充字节，故输出结果为 8，如图 14-2 所示。

对 sample2 结构体来说，第 2 个成员 f 大小为 4，而第 1 个成员 c 大小为 1，为满足第 2 条准则，需要在 c 和 f 之间插入 3 个填充字节；第 3 个成员 s 大小为 2，此时，其距离结构体首地址的偏移量为 1（c 的大小）＋ 3（填充的字节）＋ 4（f 的大小）=8，满足第 2 条准则，不需要在 f 和 s 之间插入填充空格。此时，结构体的大小为 1（c 的大小）＋ 3（填充的字节）＋ 4（f 的大小）＋ 2（s 的大小）=10，结构体最宽基本类型为 float，占 4 个内存单元，第 3 条准则不成立，为使其成立，需在结构体后填充 2 字节，故输出结果为 12，如图 14-3 所示。

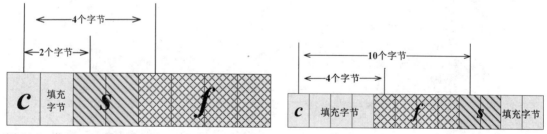

图 14-2　代码 14-5 结构体变量 Example1 内存示意图　　图 14-3　代码 14-5 结构体变量 Example2 内存示意图

从节省内存的角度考虑，一般要求填充能满足条件的最少的字节数。

14.4.4 最宽基本类型

字节对齐第 3 条准则提及最宽基本类型的概念，所谓基本类型是指像 char、short、int、float、double 这样的内置数据类型，"数据宽度"就是指其 sizeof 的大小，诸如结构体、共用体和数组等都不是基本数据类型。来看一段示例代码 14-6。

代码 14-6　最宽基本类型 WidestType

```
<----------------------------文件名：WidestType.c---------------------------->
01    #include <stdio.h>                                      /*使用printf()要包含的头文件*/
02    #include <conio.h>
03    struct sample1                                          /*定义一个结构体sample1*/
04    {
05        char c;                                             /*char型成员，占1个字节*/
06        float f;                                            /*float型成员，占4个字节*/
07        short s;                                            /*short型成员，占2个字节*/
08    };
09    struct sample2                                          /*定义一个结构体sample2*/
10    {
11        char c;                                             /*char型成员，占1个字节*/
12        double d;                                           /*double型成员，占8个字节*/
13        struct sample1 e;                                   /*结构体变量嵌套*/
14    };
15    void main(void)                                         /*主函数*/
16    {
17        struct sample1 Example1;                            /*声明sample1型变量Example1*/
18        struct sample2 Example2;                            /*声明sample2型变量Example2*/
19        /*输出Example1和Example2占据内存空间的大小*/
20        printf("结构体变量Example1占据的内存字节数是%d\n",sizeof(Example1));
21        printf("结构体变量Example2占据的内存字节数是%d\n",sizeof(Example2));
22        getch();                                            /*等待，按任意键继续*/
23    }
```

输出结果为：

```
结构体变量Example1占据的内存字节数是12
结构体变量Example2占据的内存字节数是32
```

【代码解析】代码 14-6 中出现了结构体的嵌套，此时应如何贯彻字节对齐的 3 条准则呢？

准则 2 可重新解释为"复合成员（此处是 sample1 型结构体变量 e）相对于结构体首地址的偏移量（offset）是复合成员中最宽简单类型成员大小的整数倍"，准则 3 为"结构体的总大小为结构体最宽基本类型成员大小的整数倍"。所以，判断最宽基本类型是关键。此处"sample1 中最宽基本类型"是 float，而"sample2 中最宽基本类型"是 double，可据此来解析一下 Example2 的大小为何为 32。

sample2 中第一个成员 c 为 char 型，大小为 1，第二个成员 d 为 double，大小为 8，为满足准则 2，需要在 c 和 d 之间添加 7 个内存字节，成员 e 的大小为 12，e 中最宽基本类型为 float，大小为 4。此时，e 距结构体首地址 1（c 的大小）＋ 7（填充字节）＋ 8（d 的大小）=16，满足准则 2，无需在 d 和 e 之间添加填充字节。此时，结构体 sample2 的大小为 1（c 的大小）＋ 7（填充字节）＋ 8（d 的大小）＋ 12（e 的大小）=28，而 sample2 中最宽基本类型为 double，故要在末尾添加 4 个填充字节，使其大小可被 8 整除，所以结果为 32。

14.4.5　共用体的大小

原则上，共用体的大小取决于占据最大内存的成员的长度。如：

```
union Example
{
```

```
char c;
short s;
float f;
};
```

则 sizeof(Example)的结果为 4，但字节对齐准则 3 "结构体的总大小为结构体最宽基本类型成员大小的整数倍，如有需要编译器会在最末一个成员之后加上填充字节（trailing padding）"仍然成立。来看下面的共用体定义：

```
union Example
{
char c[9];
double d;
};
```

字符数组 c 是占内存最多的成员，但 sizeof(Example)返回的不是 9，而是 16。此时，共用体 Example 中最宽基本数据类型为 double，大小为 8，为了满足准则 3，编译器在后面填充 7 个字节，使总的大小能被 8 整除。

14.5 枚举类型

从字面上理解，枚举是"列举所有情况"的意思，C 语言中，枚举类型也是这么用的。枚举类型是一种用户自定义类型，在定义枚举类型时，需指明其取值集合。用枚举类型声明枚举变量时，只能取集合中的某项作为其值，这在一定程度上保证了取值的安全性。

14.5.1 什么是枚举类型

在处理实际问题时，常常要涉及一些非数值型数据，而这些数据难以用前面介绍的标准类型准确描述，只好采用一些替代方法。例如：

- ❑ 性别有男女之分，用整数 0、1 分别表示。
- ❑ 红、橙、黄、绿、青、蓝、紫 7 种颜色，用 1、2、3、4、5、6、7 分别表示。
- ❑ 一周有 7 天，用 0、1、2、3、4、5、6 分别表示。
- ❑ 一年有 12 个月，用 1~12 分别表示。

显然，这种用数值代码来代表某一具体非数值数据的方法在程序设计中属于个别约定，虽可采用，但使用起来有诸多的不便。一方面这种描述方法不易明确数据与代码的对应关系，不直观，可读性差；另一方面，这些数值代码的整数形式容易混淆其真实含义，对这些数字代码进行的某些语法正确的运算，可能毫无意义，更可能导致不必要的错误。在编写程序的时候，可以利用枚举类型来解决这些问题。

14.5.2 枚举类型的定义

C 语言提供了关键字 enum 定义枚举类型，基本格式为：

```
enum 枚举类型名 {枚举常量1[=整型常数],枚举常量2[=整型常数],…};
```

枚举类型的定义是一条完整的 C 语句，不要忘记结尾的分号。
枚举类型的定义包括以下要素。

❑ 枚举类型名：为有效的 C 语言标识符。

❑ 枚举表：即"{枚举常量 1[=整型常数],枚举常量 2[=整型常数],…}"部分。枚举表是枚举常量的集合，枚举表中每项后的"=整型常数"是给枚举常量赋初值，方括号代表赋初值的操作可以省略。

如果不给枚举常量赋初值，编译器会为每一个枚举常量赋一个不同的整型值，第一个为 0，第二个为 1 等。当枚举表中某个常量赋值后，其后的成员则按依次加 1 的规则确定各自值。

来看下面一个简单的例子：

```
enum day {Sunday,Monday,Tuesday,Wednesday,Thursday,Friday,Saturday};
```

上述代码定义了枚举类型 day，该类型包含 7 个枚举常量（Sunday 到 Saturday），编译器自动令 Sunday 为 0，Monday 为 1，以此类推。

也可为枚举常量赋予不同的整型值。如：

```
enum day {Sunday=-1,Monday=10,Tuesday,Wednesday=20,Thursday=8,Friday=1,Saturday};
```

这样，从 Sunday 到 Saturday，其值分别为-1，10，11，20，8，1，2。

在对枚举常量赋初值的时候，允许几个枚举常量具有相同的值。

14.5.3　声明枚举变量

定义了枚举类型 day 后，便可声明 day 型枚举变量。如：

```
enum day today;
```

上述语句声明了 day 型变量 today。注意，today 只能取枚举表中的某项作为其值，枚举变量在其枚举表成员之外取值是不允许的。

可在枚举类型定义的同时声明该类型的变量。如：

```
enum day {Sunday,Monday,Tuesday,Wednesday,Thursday,Friday,Saturday} today;
```

14.5.4　枚举常量是什么

在上面定义的枚举类型 day 中，诸如 Monday、Tuesday 等称为枚举常量。有个疑问：枚举常量到底是什么？来看一段示例代码 14-7。

代码 14-7　枚举常量 EnumConst

```
<--------------------------------文件名: EnumConst.c-------------------------->
01    #include <stdio.h>                          /*使用printf()要包含的头文件*/
02    #include <conio.h>
03    enum color {Red,Green,Blue,Black,White};    /*枚举类型的定义*/
04    void main(void)                             /*主函数*/
05    {
06        enum color c1=Blue;
07        printf("Blue is %d",c1);                /*枚举常量是整型*/
08        getch();                                /*等待，按任意键继续*/
09    }
```

输出结果为：

```
Blue is 2
```

【**代码解析**】第 3 行定义了一个枚举类型的 color 常量，其中包括 5 个值。第 6 行定义了一个变量 c1，取枚举常量中的值 Blue。输出的时候注意是 d%。从结果可以看到，输出了 Blue 在枚举中的顺序编号。因为从 0 开始，所以第 3 个值的编号其实是 2。

枚举常量实际上是一些整型数的"名称"，但是，不允许直接用数字来定义枚举类型，必须使用合法的 C 标识符作为枚举常量的名称。下列用法是错误的。

```
enum day {0,1,2,3,4,5,6};
```

使用枚举常量主要有如下两个方面的好处：

☐ 提高程序的可读性，用有意义的名称来代替数字。

☐ 限定了枚举变量的取值范围。如代码 14-7 中的 c1 只能取 Red、Green、Blue、Black、White 中的一个，这保障了变量取值的安全性。

14.5.5 使用枚举时常见的错误

枚举型是基本数据类型的一种，在使用中不同于结构体，枚举型的变量和枚举常量都可以在程序中使用。一般来说枚举型使用的常见错误有下面几种。

（1）定义枚举类型时的枚举常量的次序可能导致逻辑错误。例如下面的代码：

```
#include "stdio.h"
 enum Bool (True,False };
 enum Bool is_correct();
main()
{
...
  if(is_correct())
        printf("the program is correct.");
    else
     printf("the program isn't correct.");
  ...
}
```

此处的想法是 is_correct() 函数要检查一些事情，并依据情况返回 True 或 False。假设在上述的代码要返回 True，由于 True 的值是 int 型的 0，所以显示的串是：

```
the program is correct.
```

这可能与程序员设计的初衷不相同。因此可把上述代码改为：

```
...
  if(is_correct()==True)
        printf("the program is correct.");
    else
     printf("the program isn't correct.");
  ...
```

同时在编写程序的时候，最好把程序的枚举类型的定义改为：

```
enum Bool { False,True};
```

这样就不会犯逻辑错误了。

（2）枚举常量是定义的常量值，因此程序中不可更改其数据的值。例如下面的定义：

```
enum  color {red,green,blue};
```

声明枚举类型的时候，也可以更改常量的值。例如下面的语句：

```
enum color {red,green=230,blue};
```

如果在程序中有下面的赋值语句：

```
blue=255;
```

则会肯定提示编译错误，提示左值不可以为常量。

（3）枚举常量的值为普通整型，一个整数不能直接赋给一个枚举变量，应先进行强制类型转换才能赋值。例如下面的定义：

```
enum color  r;
```

则 r=(enum color)0 等价于 r=red。

（4）由于枚举类型是有助于记忆的，它的效用趋于文档化，因此，程序员经常利用枚举类型进行编程，例如与用 0 和 1 来区别一些交替的选择相比，程序员更愿意使用下面的编写程序的方法：

```
enum bool {false,true};
enum off_on { off,on};
enum no_yes {no,yes};
```

这种结构的使用使得代码更加易读。因此在编写程序的时候，经常把上面的结构写在程序头，利用 include 加入所写的代码中。如果加入代码中，那么在程序中就不需要上面这些枚举类型的定义语句，否则程序会出现"标识符已经定义，不许重复定义"的说明。

上面这些常见的错误解析，都是初学者在学习编程的时候应注意的地方。

14.6　给类型取个别名——typedef

可以给某个已经存在的类型取个别名，使其更易写、更易记。C 语言中提供了两种方法，一是使用#define 语句；另一个方法是使用 typedef 语句，两者之间存在细微的差别。

14.6.1　typedef 基本用法

先来看一个直观的例子：

```
typedef double* DP;
```

typedef 为 double* 引入了一个新的助记符 DP，在程序中可使用 DP 声明一个指向 double 型变量的指针。如：

```
DP pDouble1, pDouble2;
```

上述代码声明了两个 double 型的指针变量 pDouble1 和 pDouble2。

14.6.2　#define 用法

#define 语句称为预定义语句，是预处理指令，在编译预处理时进行简单的替换，不做正确性检查，不管含义是否正确，只是简单替换。如：

```
#define DP double*
```

程序中所有出现 DP 的地方都被替换为 double*。再来看下述语句：

```
DP pDouble1, pDouble2;
```

编译预处理时将被替换为：

```
double* pDouble1, pDouble2;
```

上述语句声明了一个 double 型指针变量 pDouble1 和一个 double 型变量 pDouble2。由此，读者可体会 typedef 和#define 的差别。

注意	typedef语句后的分号不要忘记，#define不是语句，后面不能加分号，如果#define结构后出现分号，会一起被替换。

14.7 小结

本章讨论了几种重要的数据类型组织方式，主要有结构体、共用体和枚举类型。结构体相当于是对成员类型打包，而共用体在某个时刻只有其中一个成员有意义，枚举类型限定了变量的取值范围，在某些场合有独特的应用。

3 种类型的使用方式基本一致，都是要先完成类型的定义，才能声明、初始化和使用该类型的变量。对结构体和共用体来说，通过数据成员访问符 "."可有效访问变量的成员。

14.8 习题

一、填空题

1．C 语言提供了_____关键字来定义一个结构，_____关键字来定义一个共用体，_____关键字来定义一个枚举类型。

2．_____语句称为预定义语句，是预处理指令。

3．枚举变量在其枚举表成员之外取值是_____的。A.不允许 B.允许

二、上机实践

1．定义一个结构体，是网上书店的购物车，它包括商品名称 itemName-"零基础学 C 语言"、价格 price-"59.8"、数量 total-"10"。用两种方法依次将它们的值打印出来。

【提示】一种方法是用字符，一种方法是用指针->。

2．找出以下语句的错误。

```
#include <stdio.h>
#include <conio.h>
enum day {Sun,Mon,Tue,Wed,Thu,Fri,Sat};
void main(void)
{

    enum day d2="Thu";
    printf("今天是本周第%d天",d2);
    getch();
}
```

【提示】枚举类型不能带引号，它不是字符串。

第 15 章　如何节省内存——位运算

前面介绍的各种运算都是以字节为基本单位进行的。但很多程序，特别是系统程序，要求在位（bit）一级进行运算和处理。灵活的位操作可以有效地提高程序运行的效率。C 语言提供了位运算的功能，这使得 C 语言也能像汇编语言一样用来编写系统程序。而且，在一些内存要求严格的场合，使用位运算能有效节省内存。位是信息的最小单位，一般来讲，它是由值 1 或者 0 来表示（开/关、真/假、是/否等）。位运算允许程序员接触到机器的内部，一般高级程序不需要位运算，而低级代码如编写设备程序或者图形程序需要位运算的知识。

本章包含的知识点有：
- ❏ 什么是位运算
- ❏ 位的逻辑运算
- ❏ 移位运算

15.1　什么是位运算

从开始到现在，本书经常出现的一个词是内存单元，即 1B。我们说，char 型占 1 个内存单元（1B），而 short 型占 2 个内存单元（2B）。1B 被当成整体来看，但不要忘记下面的等式成立：

```
1 B = 8 bits
```

1 个字节有 8 个位，每个位有 0、1 两个取值，从这个角度上说，1 个字节所能包含的意义似乎比预想的要大很多。

15.1.1　开灯关灯

举例来说，房间里有 8 盏灯，为了控制每盏灯的亮灭，可以声明 8 个 Byte 变量，变量为 0 代表灯灭，变量为非 0 代表灯亮，这完全行得通，而且看起来很有效率。

换种角度思考，能不能只用 1 个字节的 8 个位来控制 8 盏灯？位为 0 代表灯灭，位为 1 代表灯亮。答案是"可以"。比较两种方法，发现使用位操作的方式能有效节省内存，提高效率，如图 15-1 所示。

图 15-1　使用一位来控制一盏灯

15.1.2　改变状态

假设某个时刻，灯 1 和灯 2 亮，而其他灯都灭，此时控制字为 11000000；想变换一下状态，让灯 1 和灯 3 亮，其他灯灭，目标控制字为 10100000，只要赋值给该单元即可。

问题又来了，如果原来不知道哪几盏灯亮哪几盏灯灭，如何在不影响其他灯状态的情况下，让第 3 盏灯亮起来，赋值操作看来是行不通了，要如何做呢？

位运算应运而生，本章的剩余章节将结合开灯关灯这一场景讲述位运算的内容。

总体来说，C 语言中的位运算符有以下两类：

❑ 位逻辑运算符：&（位"与"）、^（位"异或"）、|（位"或"）、~（位"取反"）

❑ 移位运算符：<<（左移）、>>（右移）

15.1.3　计算机中的数据存储形式

计算机系统的内存储器是由许多称为字节的单元组成的，一个字节由 8 个二进制位（bit）构成，每位的取值为 0 或者 1。最右端的位称为"最低位"，编号为 0；最左端的位称为"最高位"，而且从最低位到最高位顺序依次编号。如图 15-2 所示是一个字节各二进制位的编号。

图 15-2　一个字节各二进制位的编号

这样 8 个连续的二进制位有唯一确定的地址编号，此时的存储单元称为一个字节（Byte），连续的两个字节称为字（Word）。所有的数据都是以二进制的形式存放在字节中。其在内存中的存储形式称为机器码，机器码所表示的实际值称为真值，一般有下面常见的 3 种编码的方案。

1．数值的原码表示

数值的原码表示是指，将最高位用作符号位（0 表示正数，1 表示负数），其余各位代表数值本身的绝对值（以二进制形式表示）的表示形式。为简化描述起见，本节约定用一个字节表示 1 个整数。

例如，+9 的原码是 00001001，-9 的原码是 10001001，其中符号位上的 0 表示正数，符号位上的 1 表示负数。

2．数值的反码表示

数值的反码表示分两种情况：

❑ 正数的反码与原码相同，例如，+9 的反码是 00001001。

❑ 负数的反码符号位为 1，其余各位为该数绝对值的原码按位取反（1 变 0、0 变 1）。例如，因为-9 是负数，则其反码符号位为 1，其余 7 位为-9 的绝对值+9 的原码 0001001 按位取反为 1110110，所以-9 的反码是 11110110。

3．数值的补码表示

数值的补码表示也分两种情况：

❑ 正数的补码与原码相同，例如，+9 的补码是 00001001。

❑ 负数的补码符号位为 1，其余位为该数绝对值的原码按位取反，然后整个数加 1。例如，因为-9 是负数，则符号位为 1，其余 7 位为-9 的绝对值+9 的原码 0001001 按位取反为 1110110，再加 1，所以-9 的补码是 11110111。

已知一个数的补码求原码的操作分两种情况：

❑ 如果补码的符号位为 0，表示是一个正数，所以补码就是该数的原码。

❑ 如果补码的符号位为 1，表示是一个负数，求原码的操作可以是符号位不变，其余各位取反，然后再整个数加 1。

　　例如，已知一个补码为 11111001，则原码是 10000111（-7）。计算过程是这样的：因为符号位为 1，表示是一个负数，所以该位不变，其余 7 位 1111001 取反后为 0000110，再加 1，所以是 10000111。

　　在计算机系统中，数值一律用补码表示（存储），原因在于，使用补码可以将符号位和其他位统一处理，同时减法也可按加法来处理。另外，两个用补码表示的数相加时，如果最高位（符号位）有进位，则进位被舍弃。

15.2　位逻辑运算符

　　读者对逻辑运算不会陌生，位逻辑运算的原理与普通逻辑运算基本一致，不同在于普通的逻辑运算以变量为单位，而位逻辑运算以位（bit）为单位。

15.2.1　位取反操作

　　假设不知道哪几盏灯亮着哪几盏灯灭着，但想进行一个操作：让亮着的灯灭掉，让灭着的灯亮起来，用位取反操作就能达到目的。

　　位取反的操作符为"~"。如果 A 为 10101010，那么~A 返回的结果为 01010101，即每位都取反，0 变成 1，1 变成 0。需要注意的是，位取反运算并不改变操作数的值。

　　假设字节 A 控制着 8 盏灯的亮灭，那么下述操作可实现预想的功能。

```
A=~A;
```

　　位取反运算并不改变操作数的值，是赋值运算改变了 A 的值。

15.2.2　位与运算

　　位与运算的操作符为"&"，将对两个操作数的每一位进行与运算。位"与"运算的准则如下：

```
1 & 1=1    1 & 0=0    0 & 1=0    0 & 0=0
```

　　不知道哪几盏灯亮着哪几盏灯灭着，不影响其他灯的前提下，想让第 3 盏灯灭掉，使用位与就能实现。想想看该如何做呢？

　　只要在当前状态的基础上位与 11011111 即可，和 1 位与并不会改变原来位的状态，而和 0 位与，无论原来是 0 还是 1，都会变成 0，则灯灭。

15.2.3　位或运算

　　位或运算的操作符为"|"，是对两个操作数的每一位进行或运算。位"或"运算的准则如下：

```
1 | 1=1    1 | 0=1    0 | 1=1    0 | 0=0
```

　　不知道哪几盏灯亮着哪几盏灯灭着，想让第 3 盏灯亮起来，使用位或就能实现，只要在当前状态的基础上位或 00100000 即可，和 0 位或并不会改变原来位的状态，而和 1 位或，无论原来是 0 还是 1，都会变成 1，则灯亮。

　　　　　　　　　　　　　　　　励志照亮人生　编程改变命运

15.2.4 位异或

位异或运算的操作符为"^"，将对两个操作数的每一位进行异或运算。通俗地讲，如果位异或运算的两个位相同（同为 0 或同为 1），结果为 0，若两个位不同（一个为 0，另一个为 1），结果为 1。对应的准则为：

```
1 ^ 1=0  1 ^ 0=1  0 ^ 1=1  0 ^ 0=0
```

位反、位与、位或和位异或运算符都不关心操作数的符号，只是按操作数所在字节的 0、1 序列进行运算，符号位会被当成普通的 0 或 1 进行处理。

15.2.5 实例分析

代码 15-1 演示了位取反、位与、位或和位异或几种运算符的用法。

代码 15-1　位逻辑运算符的使用 BitLogic

```
<-----------------------------文件名：BitLogic.c----------------------------->
01   #include <stdio.h>                              /*使用printf()要包含的头文件*/
02   #include <conio.h>
03   void main(void)                                 /*主函数*/
04   {
05       short czs1=521;                             /*声明操作数czs1,初始化*/
06       short czs2=123;                             /*声明操作数czs2,初始化*/
07       short ResAnd,ResOr,ResNot,Res;              /*声明几个变量用以保存结果*/
08       ResAnd=czs1&czs2;                           /*位与运算*/
09       ResOr=czs1|czs2;                            /*位或运算*/
10       ResNot=~czs1;                               /*位取反运算*/
11       Res=czs1^czs2;                              /*位异或运算*/
12       printf("位与: czs1&czs2是%d\n",ResAnd);      /*输出*/
13       printf("位或: czs1|czs2是%d\n",ResOr);
14       printf("位取反: ~czs1是%d\n",ResNot);
15       printf("位异或: czs1^czs2是%d\n",Res);
16       getch();                                    /*等待,按任意键继续*/
17   }
```

输出结果为：

```
位与: czs1&czs2是9
位或: czs1|czs2是635
位取反: ~czs1是-522
位异或: czs1^czs2是626
```

【代码解析】采用图例分析更为简洁直观。根据前面数据类型的知识，short 型占据两个内存单元共计 16 位，加上前面对几种运算符的介绍，操作的过程如图 15-3 所示。

位与、位或和位异或的结果都很好理解，关键在于位取反操作，为什么结果是 -522 呢？这要由数据在内存中的存储形式决定的。原来，带符号数是以机器数的补码形式存储的，正数的补码等于其本身，而负数的补码等于其反码加 1，反码即是把每位取反，用公式表示如下：

$$带符号数A的值=\begin{cases} 机器码本身； & A大于等于0 \\ -（反码+1）； & A小于0 \end{cases}$$

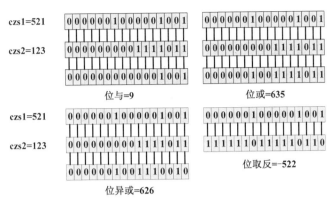

图 15-3　位逻辑运算示意图

代码 15-1 中使用的是 short 类型，是带符号数，因此，对诸如 9、636 和 622 之类的正数，其二进制形式（机器数）与内存单元中的存储形式一致，而对于-522，二进制形式（机器数）和内存单元中的存储形式并不一致。

15.3　移位运算

顾名思义，移位运算就是将某个量中的 bits 整体向左或向右移动，该量的值也会相应发生变化。在开灯关灯这个场景中，移位运算的一个重要应用是实现流水灯效果，即按从 1 到 8 或从 8 到 1 的顺序每次只亮一个灯。

15.3.1　基本形式

移位运算表达式的基本形式为：

```
A << n;        /*左移*/
```

或

```
A >> n;        /*右移*/
```

A 称为操作数，其必须为数字型变量或数字型常量，此处的数字型包括整型、浮点型和 char 型。A 中存储的 0、1 序列向左或右移动 n 位，移动后的值作为整个表达式的输出，执行移位运算并不改变操作数 A 的值。

15.3.2　移位举例

通过一个简单的例子来看一下移位运算的相关用法，如示例代码 15-2 所示。

代码 15-2　移位运算示例 BitShift

```
<-----------------------文件名：BitShift.c----------------------->
01   #include <stdio.h>                        /*使用printf()要包含的头文件*/
02   #include <conio.h>
03   void main(void)                           /*主函数*/
04   {
05       short czs=19889;                       /*声明操作数czs，初始化*/
```

```
06         short ls=0,rs=0;                    /*声明两个结果变量,保存左移右移的结果*/
07         rs=czs>>4;                          /*右移操作*/
08         ls=czs<<4;                          /*左移操作*/
09         printf("19889左移4位结果是%d\n",ls);  /*输出ls*/
10         printf("19889右移4位结果是%d",rs);    /*输出rs*/
11         getch();                            /*等待,按任意键继续*/
12     }
```

输出结果为:

```
19889左移4位结果是-9456
19889右移4位结果是1243
```

【代码解析】 由于 int 型在不同的机器和系统上占据的内存单元数不同,因此,代码 15-2 采用了 short 型作为测试类型。short 型变量占据两个内存字节,计 16 位。程序首先声明了一个操作数 czs,并初始化为 19889,二进制形式为:0100 1101 1011 0001。两个移位的过程如图 15-4 所示。

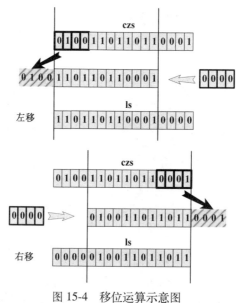

图 15-4　移位运算示意图

代码 15-2 中,语句 rs=czs>>4 是将 czs 中的每位都向右移 4 位,左边空出的位补 0,并把移位后的结果赋值给 rs,这个过程中 czs 的值并不会变化。语句 ls=czs<<4 是将 czs 中的每位都向左移 4 位,右边空出的位补 0,并把移位后的结果赋值给 ls。由于右移后 short 型符号位变成了 1,所以输出结果为-9456,这个过程中 czs 的值同样不会变化。

对空白位补 0 这一操作是针对无符号数或有符号正数而言,对于有符号的负数,编译器会对符号位进行特殊的处理。

试着将代码 15-2 中的操作数 czs 改为-12879,其二进制形式变为 1100 1101 1011 0001,重新执行程序,输出结果为:

```
-12879左移4位结果是-9456
-12879右移4位结果是-805
```

15.3.3　移位和乘以 2

先来看以下代码：

```
int a=3,b= -1;
```

则 a<<1 和 b<<4 的结果分别为：

a<<1　　移位前 a 的机器码 = 0000 0000 0000 0011

　　　　移位后 a 的机器码 = 0000 0000 0000 0110　　左移后补 0

移位后 a=6，相当于 3×2^1。

b<<4　　移位前 b 的机器码 = 1111 1111 1111 1111

　　　　移位后 b 的机器码 = 1111 1111 1111 0000　　左移后补 0

移位后 b=-16，相当于 -1×2^4。

若左移时舍弃的高位不包含 1，则数每左移一位，相当该数乘以 2。因此可得知，左移 1 位相当于该数乘以 2；左移 n 位相当于该数乘以 2^n。但此结论只适用于该数左移时被溢出舍弃的高位中不包含 1 的情况。按位左移比乘法运算快得多，有的 C 编译系统自动将乘 2 运算用左移一位来实现。

15.4　小结

尽管当下的内存资源已不如早期程序设计时那么紧张，但位运算在很多方面有着独到的应用。位运算主要分为位逻辑运算和移位运算两大类，位逻辑运算主要有位取反运算、位或运算、位与运算和位异或运算，使用时应注意和普通变量的逻辑运算区分；移位运算分为向左移动和向右移动两类，对无符号数或有符号正数来说，编译器会自动为空白位补 0；对有符号负数来说，当填充的空白位涉及符号位时，编译器会对符号位进行特殊处理。

15.5　习题

一、填空题

1．如果 A 为 10101010，那么~A 返回的结果为＿＿＿＿＿＿。

2．一个字节由＿＿＿＿＿＿个二进制位（bit）构成。

3．+9 的原码是 00001001，-9 的原码是＿＿＿＿＿＿。

4．通俗地讲，如果位异或运算的两个位相同（同为 0 或同为 1），结果为＿＿＿＿＿＿；若两个位不同（一个为 0，另一个为 1），结果为＿＿＿＿＿＿。

二、上机实践

写出以下代码的输出结果。

```
#include <stdio.h>
#include <conio.h>
void main(void)
{
    short x1=125;
```

```
    short x2=687;
    short ResAnd,ResOr,ResNot,Res;

    ResAnd=x1&x2;
    ResOr=x1|x2;
    ResNot=~x1;
    Res=x1^x2;
    printf("位与x1&x2是%d\n",ResAnd);
    printf("位或x1|x2是%d\n",ResOr);
    printf("位取反~x1是%d\n",ResNot);
    printf("位异或x1^x2是%d\n",Res);
    getch();
}
```

【提示】掌握本书第 15.2 节的内容即可。

第三篇
C语言进阶主题

第16章　存储不仅仅局限于内存——文件

文件是程序设计中极为重要的一个概念。文件一般指存储在外部介质上的数据的集合。文件可以是自己编制的，也可以是系统已有的。如果将所有的变量和数字等都存放在内存中，一旦断电，所有的数据都会丢失。为了能将结果保存起来，下次开机时再使用，就需要用到文件。

本章包含的知识点有：

- ❑ 什么是文件
- ❑ 文件的存储形式
- ❑ 文件的各种操作，打开、关闭、读、写等
- ❑ 文件内容的定位

16.1　什么是文件

首先解决一个问题：什么是外部介质。外部介质的概念是针对内存来说的，首先想到的外部介质是硬盘和光盘等。但外部介质的概念比这宽泛得多，还包括一些输入输出设备，比如键盘、显示器以及打印机等。

16.1.1　文件

文件的准确定义为"存放在外部介质上的、以文件名为标识的数据的集合"。凡是起到输入输出作用，与 CPU 直接或间接打交道的一组信息集合都是文件。

每个文件都以文件名为标识，I/O（Input/Output，输入/输出）设备的文件名是系统定义的。如：

```
COM1或AUX——第一串行口，附加设备
COM2——第二串行口，此外，还可能有COM3、COM4等
CON——控制台（console），键盘（输入用）或显示器（输出用）
LPT1或PRN——第一并行口或打印机
LPT2——第二并行口，还可能有LPT3等
NUL——空设备
```

磁盘文件可以由用户自己命名，但上述被系统（Windows 或 DOS，下均是如此）保留的设备名字不能用作文件名，如，不能把一个文件命名为 CON（不带扩展名）或 CON.TXT（带扩

展名）。

一般来讲，文件主要分为下面 3 类：

- ❑ 按文件的存储介质不同可分为磁盘文件、磁带文件。
- ❑ 按文件的内容不同可分为源程序、目标文件、数据文件。
- ❑ 按文件的编码方式（存储形式）不同可分为文本文件（字符文件）、二进制文件。

16.1.2　流

流是一个动态的概念，可以将一个字节形象地比喻成一滴水，字节在设备、文件和程序之间的传输就是流，类似于水在管道中的传输。可以看出，流是对输入输出源的一种抽象，也是对传输信息的一种抽象。通过对输入输出源的抽象，屏蔽了设备之间的差异，使程序员能以一种通用的方式进行存储操作，通过对传输信息的抽象，使得所有信息都转化为字节流的形式传输，使信息解读的过程与传输过程分离。

C 语言中，I/O 操作可以简单地看作是从程序移进或移出字节，这种搬运的过程便称为流（stream）。程序只需要关心是否正确地输出了字节数据，以及是否正确地输入了要读取字节数据，特定 I/O 设备的细节对程序员是隐藏的。

C 语言中，文件是一个"数据流"，文件结构为"流式文件结构"，采用缓冲文件系统，通过文件类型的指针访问文件。

16.1.3　重定向

重定向是由操作系统来完成的。一般来说，标准的输出和输入设备通常指的是显示器和键盘，在支持重定向的操作系统中，标准输入输出能被替换。以 DOS 系统为例，看一段代码 16-1。

代码 16-1　重定向测试程序 Redirection

```
<---------------------------文件名：Redirection.c------------------------->
01   #include <stdio.h>                          /*使用printf()要包含的头文件*/
02   #include <conio.h>
03   void main(void)                             /*主函数*/
04   {
05       printf("本段文字用来测试重定向");         /*输出提示信息*/
06       getch();                                 /*等待，按任意键继续*/
07   }
```

【代码解析】代码第 5 行用到的 printf 函数在前面的例子中已经多次用到，相信读者已经了解它的含义，就是在屏幕上输出信息。

编译运行该程序，提示信息"本段文字用来测试重定向"将会输出到屏幕上。如果我们执行下面的操作，将上述代码生成的可执行程序 Redirection.exe 在命令行方式下执行，格式为：

```
Redirection.exe > output.txt
```

磁盘上将生成文件 output.txt，打开来看，里面内容是"本段文字用来测试重定向"，不需任何编程，已经生成了一个磁盘文件。

输入同样可以重定向，DOS 系统提供了重定向输入符号"<"供用户使用。

16.1.4　文件的处理形式——缓冲区和非缓冲区

C 语言提供了两种处理文件的方式，分别介绍如下。

1．缓冲文件系统

前面提及，C 语言中的 I/O 操作可以简单地看作是从程序移进或移出字节。一般来说，外设的存取速度和 CPU 的工作速度间存在较大的差异，举例来说，如果 CPU 每输出一个字节，都要让磁盘写入一次，将会十分耗时。采用"缓冲区"能有效缓和这种矛盾，在内存中开辟一块专门的内存区域，当 CPU 写出的字节积攒到一定数量，再一次性写入磁盘。当需要从磁盘读入数据时，也在内存中开辟一块缓冲区，一次性从磁盘读入一块数据到该缓冲区中，让 CPU 慢慢取用，这样大大提高了程序的工作效率。

缓冲区的分配是由系统自动完成的，缓冲区的大小取决于所用 C 语言编译器，程序开发人员要做的是保证程序能正确地输入输出字节信息。

2．非缓冲文件系统

非缓冲文件系统是指系统不自动为文件操作开辟缓冲区，但程序设计人员可根据需要自行开辟缓冲区。

标准 C 语言采用的第一种"缓冲文件系统"的工作方式，即系统自动的在内存区为每一个正在使用的文件开辟一个缓冲区。

16.1.5　文件的存储形式——文本形式和二进制形式

C 语言将文件作为字节序列来对待，但从编码角度，或者说从对字节信息的解释来看，文件有两种数据格式：文本形式和二进制形式。

文本形式中，字节是基本单位，字节中存放字符的 ASCII 码，所以文本文件也称为 ASCII 码文件。这种形式便于对字符进行逐个处理，也便于输出显示，但需要的存储空间相比二进制形式往往要大一些。

二进制形式是把数据在内存中的表示形式照样搬到磁盘上。一般来说，二进制形式与字符不存在对应关系，可读性差一些，但节省存储空间，处理速度快。

16.2　C 语言如何使用文件

文件的操作（从文件输入、向文件输出）不过是在标准输入（键盘）输出（显示器）的基础上增加了一些控制信息，从应用原理上两种情况应该说是一致的。

16.2.1　文件型指针

使用 printf 函数时，输入设备默认为标准输入设备（一般是键盘），因此，不需要告诉 printf 函数键盘在哪。但如果想从文件中读取输入，情况就不同了。系统中有不同的磁盘，每个磁盘又有成千上万的文件，到底应该从哪个读呢？要想对文件进行操作，系统需要很多控制信息，包括文件名、文件当前读写位置、缓冲区位置和大小等，为此，C 语言提供了"文件型"结构来记录待操作文件的信息。该结构定义于头文件 stdio.h 中，其形式为：

```
struct _iobuf {
    char *_ptr;
    int   _cnt;
    char *_base;
    int   _flag;
    int   _file;
    int   _charbuf;
    int   _bufsiz;
    char *_tmpfname;
    };
typede f struct _iobuf FILE;
```

> **注意**　不同的操作系统，FILE结构的形式可能不同。

对于文件操作来说，FILE 结构十分有用，可用其定义文件类型指针变量。如：

```
FILE *pf=NULL;
```

从编程的层面看，不必了解 FILE 结构中的实现细节，做到会使用即可。

上述语句声明了文件类型指针变量 pf，或简称为文件指针。C 语言标准库中提供的很多文件处理函数中都有文件指针参数，利用该指针找到待操作的文件，即可实现特定的功能。

16.2.2　文件操作的步骤

C 语言程序在进行文件操作时遵循如下操作步骤：打开→读写操作→关闭。通俗地说，打开是获取文件结构、系统为文件分配缓冲区的过程，不打开文件就不能对其进行读写；关闭是释放缓冲区和其他资源的过程，不关闭文件就会慢慢耗光系统资源。

在进行文件操作时，系统自动与 3 个标准设备文件联系，这 3 个文件无需打开和关闭。它们的文件指针分别如下。

- ❏ stdin：标准输入文件指针，系统分配为键盘。
- ❏ stdout：标准输出文件指针，系统分配为显示器。
- ❏ stderr：标准错误输出文件指针，系统分配为显示器。

举例来说，从文件输入和向文件输出有两个对应函数 fscanf 和 fprintf，两个函数的原型分别为：

```
int fscanf(FILE* ifp ,控制字符串，参数表);
int fprintf(FILE* ofp,控制字符串，参数表);
```

参数表中参数的个数同样是任意的，fprintf 函数用于将转换后的控制字符串写出到 ofp 指向的文件中，fscanf 用于从 ifp 指向的文件中读取字节信息为参数表中的参数赋值。

前面章节中用到的标准输入输出函数 printf 和 scanf 实际上等价于：

```
fprintf(stdout, 控制字符串，参数表)
fscanf(stdin, 控制字符串，参数表)
```

16.3　文件的打开与关闭

文件的打开、操作和关闭都是由 C 标准库中提供的函数来完成的，这些函数的声明位于头文件 stdio.h 中。打开文件是进一步操作的前提，而当文件使用结束后，应及时关闭文件，以防止误用和数据丢失。

16.3.1　用于打开文件的 fopen()函数

fopen()函数用于打开一个文件，其函数原型为：

```
FILE *fopen(const char *filename,const char *mode)
```

filename 是要打开文件的文件名，它可以是字符串常量或字符数组。mode 是指打开文件的方式，如表 16-1 所示。

表 16-1　fopen()函数文件打开方式一览表

mode	意　义
r	打开一个文本文件，只能读，如果文件不存在或无法找到，fopen()函数失败，返回 NULL
w	创建一个文本文件，只能写，若文件存在则被重写
a	打开一个文本文件，只能在文件尾部添加，如果文件不存在或无法找到，则新创建一个文件
r+	打开一个文本文件，可读可写，文件必须存在，否则，fopen()函数失败，返回 NULL
w+	生成一个文本文件，可读可写，若文件存在则被重写
a+	打开一个文本文件，可读可写，但只能在末尾添加，如果文件不存在，则新创建一个文件
rb	只读，为输入打开一个已存在的二进制文件
wb	只写，为输出打开一个二进制文件
ab	追加，为追加打开一个已存在的二进制文件

注：a和a＋在对待文件尾标记EOF时有细微不同，a模式不会将原文件的EOF移除，而a＋模式会移除原文件中的EOF。

还可以使用 b（代表 binary，二进制）或 t（代表 text，文本）指定文件的打开方式是文本方式（ASCII）还是二进制形式，b 和 t 一定要放在 r、w 和 a 之后，＋号之前，如果将 b 和 t 作为前缀，fopen()函数同样会失败，返回 NULL。默认采用 t 模式，因此，共有 12 种打开方式组合。

fopen()函数的一般调用方式为：

```
FILE* fp=NULL;                          /*声明一个FILE结构的指针fp，初始化为NULL*/
fp=fopen(文件名，文件打开方式);
```

fopen()函数将完成一系列的关联工作，为文件分配缓冲区，并填充 FILE 结构体变量 fp，可将 fp 传递给其他库函数完成所需操作。

举例来说。

```
fp=fopen("E:\\Hello.txt", "wt");
```

上述代码的意思是以文本文件只写方式打开 E 盘下的 Hello.txt 文件。特别注意文件路径中的"\\"代表转义字符，表示一个反斜杠。

```
fp=fopen("x.com", "rb");
```

上述代码的意思是以二进制文件只读方式打开当前目录下的 x.com 文件。

文件的打开是进行文件操作的首要前提。使用 fopen()函数时，要特别注意参数的使用，主要包括以下4点。

（1）用以上方式可以打开文本文件或二进制文件，但目前有些 C 编译系统可能不提供所有这些功能，有的 C 版本不用 r+、w+、a+而用 rw、wr、ar 等。请大家注意所用 C 系统的规定。

（2）如果文件打开不能实现，fopen()函数值将会返回一个错误信息。出错的原因可能有：用 r 方式打开一个并不存在的文件、磁盘出故障、磁盘已满无法建立新文件等。此时 fopen()函数将返回一个空指针值 NULL（NULL 在 stdio.h 文件中已被定义为 0）。所以常用下面的语句形式来打开一个文件：

```
if ((fp=fopen ("c:\\file1.txt","r"))==NULL)
{  /*以读的方式打开文件file1*/
    printf ("can not open this file \n");
    getch();                            /*按任意键*/
    exit(0);                            /*程序退出*/
}
```

这段程序的含义是，如果返回的指针为空，表示不能打开 C 盘根目录下的 file1 文件，则给出提示信息"can not open this file"。下一行 getch()的功能是从键盘输入一个字符，但不在屏幕上显示，在这里该行的作用是等待，只有当用户从键盘按任一键时，程序才继续执行，因此用户可利用这个等待时间阅读出错提示。按任一键后执行 exit(0)退出程序。其中 exit 函数的函数原型为：

```
void exit([程序状态值]);
```

这个语句的作用为关闭已打开的所有文件，结束程序运行，返回操作系统，并将"程序状态值"返回给操作系统。当"程序状态值"为 0 时，表示程序正常退出；非 0 值时，表示程序出错退出。

（3）在读取文本文件时，会自动将回车、换行两个符号转换为一个换行符，在写入时会自动将一个换行符转换为回车和换行两个字符。在用二进制文件时，不会进行这种转换，因为在内存中的数据形式与写入外部文件中的数据形式完全一致，一一对应。

（4）在程序开始运行时，系统自动打开 3 个文件：标准输入、标准输出、标准出错输出。通常这 3 个文件都与终端相联系，因此以前所用到的从终端输入或输出，都不需要打开终端文件。系统自动定义了 3 个文件指针 stdin、stdout 和 stderr，分别指向终端输入、终端输出和标准出错输出（也从终端输出）。如果程序中指定要从 stdin 所指的文件输入数据，就是指从终端键盘输入数据。

> **说明**　每次打开文件的数目，由FOPEN_MAX指定，其数目至少8个。

16.3.2　打开是否成功

如果 fopen()函数被正确执行，将返回一个与打开文件相关的文件指针，否则，将返回空指针 NULL。因此，采用下述代码进行防错处理是个通用的策略。

```
FILE* fp=NULL;
fp=fopen("E:\\Hello.txt", "wt");
if(fp==NULL)
{
    出错处理;
}
else
{
```

```
        打开正确时的处理;
    }
```

> **提示** 打开一个要写入数据的文件时，必须要有足够的磁盘空间。

16.3.3 用于关闭文件的 fclose()函数

一旦操作完毕，应及时使用 fclose()函数将文件关闭，防止其被误用。fclose()函数用于切断文件指针和其指向文件的联系，其原型为：

```
int fclose(FILE *fp);
```

关闭文件会使系统对缓冲区进行操作。以文件写入过程举例，正常的操作步骤是先向缓冲区写入数据，当缓冲区满了的时候才将缓冲区中的内容整块送到磁盘文件中。使用 fclose()函数关闭文件时，即使缓冲区未满，其中的数据也会被送到磁盘文件中。反过来看从文件读入的过程，正常的操作步骤是从磁盘文件中读入一块内容到缓冲区中，使用 fclose()函数关闭文件时，缓冲区中的数据都会被丢掉。

如果关闭操作正确，则返回结果为 0，否则为 EOF。程序退出时所有已经打开的文件将会被自动关闭。

及时关闭文件不仅能有效防止误操作，而且能有效释放资源。

16.4 文件的读写

文件的打开是为文件的读写做准备，关闭文件是为读写收尾。可见，读写操作才是文件操作的核心所在。C 语言中提供了多种文件读写的函数，按读写单位的不同大致可分为：字符读写函数、字符串读写函数、块读写函数和格式化函数。本节将分别进行介绍。

16.4.1 读写的相对参照

文件是被当成字节流来看的，要从文件中读取数据或向文件中输出数据，首先要解决从哪个地方读取或向哪个位置写入的问题。使用 C 语言进行文件读写时，系统为每个打开的文件维护一个"位置指针"，用以指示当前读写的位置。

当文件以读或写方式打开时，该指针指向文件的第一个字节；当文件以追加方式打开时，该指针指向文件的最后一个字节。在顺序操作中，每读写一个字符，位置指针的值都会自动加 1，指向下一个字符；但在随机操作中，位置指针的值可人为控制，改变这个指针的值，也就改变了下一次读写的位置。

文件指针和位置指针是两码事。文件指针是指向待操作文件的，需要在程序中定义说明，只要不重新赋值，文件指针的值不发生变化；而位置指针用以指示文件内的读写位置，每读写一次，该指针都向文件尾部移动一次，该指针是由系统自动维护生成的，不需要在程序中显式声明。

16.4.2 如何判断文件已经结束

对文本文件进行读取时，如果到达文件末尾，将返回 EOF（-1），在程序中只要判断函数返回值是否为 EOF 即可判断是否到了文件末尾。但对二进制文件来说，情况有所不同，-1 是合法的数据，因此，如果一返回 EOF 就停止的话，会产生错误。为此，C 语言函数库提供了 feof 函数用以判断文件位置指针是否已经到达文件尾。其调用格式为：

```
int feof(FILE* fp);
```

该函数不会影响文件位置指针的位置，如果位置指针已到达文件尾，则返回 1，否则，返回结果为 0。

16.4.3 字符读写函数 fgetc()和 fputc()

fgetc()函数用于从文件中读入一个字符，而 fputc()函数用于向一个文件中写一个字符。两个函数的原型分别为：

```
int fgetc(FILE *fpIn);
int fputc(int c,FILE* fpOut);
```

fpIn 必须是以读或读写方式打开的文件指针，fpOut 必须是以写、读写或追加方式打开的文件指针。

若读取操作正确，fgetc()函数返回读入字符的 ASCII 码，若读到文件尾或出错，返回 EOF。fputc()函数与之类似，若写操作正确，fputc()函数返回写字符的 ASCII 码，否则返回 EOF。

每读入成功一个字符或写成功一个字符，文件内部的位置指针向后移动一个单位。来看一个简单的例子，在 E 盘中建立一个文本文件 A.txt，输入一段话。编写一段程序，在 F 盘中创建一文本文件 B.txt，内容与 A.txt 一致，如示例代码 16-2 所示。

代码 16-2 字符读写示例 fputcAndfgetc

```
<-----------------------文件名: fputcAndfgetc.c----------------------->
01    #include <stdio.h>                    /*使用printf()要包含的头文件*/
02    #include <conio.h>
03    void main(void)                       /*主函数*/
04    {
05        FILE* fpI=NULL;                    /*声明文件指针fpI，输入用*/
06        fpI=fopen("E:\\A.txt","rt");       /*以只读文本形式打开E盘的A.txt文件*/
07        if(fpI==NULL)                      /*防错处理，判断打开是否成功*/
08        {
09            printf("输入文件打开失败,请检查");  /*正常退出程序*/
10            exit(0);
11        }
12        FILE* fpO=NULL;                    /*声明文件指针fpO，输出用*/
13        fpO=fopen("F:\\B.txt","wt");       /*以只写文本方式打开F盘的B.txt文件*/
14        if(fpO==NULL)                      /*防错处理，判断打开是否成功*/
15        {
16            printf("输出文件打开失败,请检查");
17            exit(0);
18        }
19        char temp='\0';                    /*声明一个字符变量temp，中转用*/
20        while(!feof(fpI))                  /*到达输入文件尾时停止*/
21        {
22            temp=fgetc(fpI);               /*从输入文件中读入一个字符*/
23            if(temp!=EOF)                  /*防错处理，判断字符是否有意义*/
24                fputc(temp,fpO);           /*向输出文件写该字符*/
25        }
```

```
26      fclose(fpO);                          /*操作结束,关闭输出文件*/
27      fclose(fpI);                          /*关闭输入文件*/
28      getch();
29   }
```

【代码解析】代码 16-2 的第 5 行和第 12 行声明了两个文件指针 fpI 和 fpO，分别以只读文本形式和只写文本形式打开，并有效地进行了防错处理。如果 E 盘上没有 A.txt 文件或打开失败，程序将执行 exit(0)退出，如果 F 盘上没有 B.txt 文件，程序将会新建一个，但如果磁盘空间不足等原因导致打开失败，程序同样会执行 exit(0)语句退出。

char 型变量 temp 被用作中转字符，从输入文件中读入的字符存入 temp 中，再将 temp 写到输出文件。由于要对输入文件从头至尾进行遍历，因此采用了 while(!feof(fpI))循环结构，终止条件是 feof(fpI)返回 1，即到达输入文件尾。在使用 fputc()函数向输出文件写出字符时，最好也对字符的合法性进行判断，以预防错误。

在输入输出操作完毕后，不要忘记关闭文件。

16.4.4　字符串读写函数 fgets()和 fputs()

比较一下 fputc 与 fputs、fgetc 与 fgets 的函数名可以很容易发现，c 代表 char（字符），而 s 则代表 string（字符串），所以，fgets 和 fputs 两个函数分别用来"从输入文件中读取一个 C 风格字符串到字符数组中"和"将一个 C 风格字符串写到输出文件中"。

两个函数的原型为：

```
char * fgets(char * str, int n, FILE * fpIn);
int fputs(const char * str, FILE *fpOut);
```

同样，fpIn 必须是以读或读写方式打开的文件指针，fpOut 必须是以写、读写或追加方式打开的文件指针。

对 fgets()函数来说，n 必须是个正整数，表示从文件中读出的字符数不超过 n-1，存储到字符数组 str 中，并在末尾加上结束标志\0，换言之，n 代表了字符数组的长度，即 sizeof(str)。如果读取过程中遇到换行符或文件结束标志，读取操作结束。若正常读取，返回指向 str 代表字符串的指针，否则，返回 NULL（空指针）。

fputs()函数把 C 风格串 str 中的内容逐个写到 fpOut 相关的文件，直到遇到末尾的空字符。如果使用字符数组作参数，写入操作将一直进行下去，直到遇到后续某个内存单元的值为空字符。写入成功时返回非负值，否则返回 EOF。

来看一段示例代码 16-3，要求用户先输入一串字符，而后这串字符将被保存在用户指定的位置处。

代码 16-3　字符串输入输出函数 fputsAndfgets

```
<-----------------------文件名:fputsAndfgets.c----------------------->
01   #include <stdio.h>                       /*使用printf()要包含的头文件*/
02   #include <conio.h>
03   void main(void)                          /*主函数*/
04   {   /*声明创建两个字符数组,分别用来保存字符串和位置*/
05       char str[100],FileA[50];
06       printf("请输入一串字符: \n");          /*提示用户输入字符串*/
07       gets(str);                           /*读取字符串,等价于fgets(str,stdin);*/
```

```
08          printf("要将该字符串保存在什么地方? \n");    /*提示用户输入保存位置*/
09          gets(FileA);                                 /*读取保存位置*/
10          FILE* fpO=NULL;                              /*声明文件指针fpO,输出用*/
11          fpO=fopen(FileA,"wt");                       /*以文本只写方式打开FileA指定的文件*/
11          if(fpO==NULL)                                /*防错处理,判断打开是否成功*/
12          {
13              printf("输出文件打开失败,请检查");
14              exit(0);
15          }
16          if(fputs(str,fpO)==EOF)                      /*将字符串写入文件,并防错*/
17          {
18              printf("字符串写入失败");
19              exit(0);
20          }
21          fclose(fpO);                                 /*关闭文件*/
22          getch();                                     /*等待,按任意键结束*/
23      }
```

输出结果为:

```
请输入一串字符:
Hello, Beijing 2008 Olympic Games              (键盘输入)
要将该字符串保存在什么地方?
E:\ABC.TXT                                      (键盘输入)
```

【代码解析】打开 E 盘会发现创建了文件 ABC.TXT,其中的内容是"Hello, Beijing 2008 Olympic Games"。值得注意的是代码 16-3 中的 gets 函数,其实际上等价于 fgets(str,stdin)。

再来看一个例子,读取某个文件,比如说刚建立的 E:\ABC.TXT,将其中的字符串显示在屏幕上,如示例代码 16-4 所示。

代码 16-4　fgets()函数示例 fgetsSample

```
<----------------------------文件名:fgetsSample.c---------------------------->
01   #include <stdio.h>                         /*使用printf()要包含的头文件*/
02   #include <conio.h>                          /*使用getch()要包含的头文件*/
03   #include <string.h>                         /*使用strlen要包含的头文件*/
04   void main(void)                             /*主函数*/
05   {
06       char FileA[50];                         /*声明创建字符数组,用来保存文件位置*/
07       printf("要从哪个文件中读入字符串? \n");    /*提示用户输入读取位置*/
08       gets(FileA);
09       FILE* fpI=NULL;                         /*声明文件指针fpO,输出用*/
10       fpI=fopen(FileA,"rt");                  /*以文本只读方式打开FileA指定的文件*/
11       if(fpI==NULL)                           /*防错处理,判断打开是否成功*/
12       {
13           printf("输入文件打开失败,请检查");
14           exit(0);
15       }
16       char str[100]={'0'};                    /*声明创建字符数组,保存读入的字符串*/
17       if(fgets(str,sizeof(str),fpI)==NULL)    /*从文件中读入字符串,并防错*/
18       {
19           printf("字符串读出失败");
20           exit(0);
```

```
21        }
22        puts(str);                    /*将str显示在屏幕上，等价于fputs(str,stdout) */
23        fclose(fpI);                  /*关闭文件*/
24        getch();                      /*等待，按任意键结束*/
25    }
```

输出结果为：

要从哪个文件中读入字符串？
E:\ABC.TXT   （键盘输入）
Hello, Beijing 2008 Olympic Games

【代码解析】代码 16-4 中使用了语句"**if(fgets(str,sizeof(str),fpI)==NULL)**"，既读取了字符串，又进行了防错处理。在不知道待读取字符串长度时，最好的方式是根据声明的字符数组的大小来给 fgets()函数赋参数。上面便使用了 sizeof(str)，有效避免了字符数组可能出现的越界错误。

16.4.5 块读写函数 fread()和 fwrite()

fread()和 fwrite()函数用于"从输入文件中读取一块数据到内存中"和"将内存中的一块数据写到文件中"。两个函数的原型分别为：

```
size_t fread(void * p, size_t size, size_t num, FILE * fpIn);
size_t fwrite(const void * p, size_t size, size_t num, FILE * fpOut);
```

同样，fpIn 必须是以读或读写方式打开的文件指针，fpOut 必须是以写、读写或追加方式打开的文件指针。

这两个函数的参数个数明显比前面介绍的字符读写函数和字符串读写函数的多。抛开参数不讲，想一下，如果想"从输入文件中读取一块数据到内存中"，需要解决的问题有哪些？列举如下。

- ❏ 哪个文件？文件指针可指定，即为 fpIn。
- ❏ 读到什么地方？需要一个指向内存某个单元的指针，即为 p。
- ❏ 读取的块数据有多大？这个问题拆分为：一是该块内存中基本单元占几个内存字节，即为 size，二是该块内存有几个基本单元，即为 num。所以，如果基本单元在该块内存中连续排列，要读入的块数据的大小为 size×num。

函数 fwrite 的参数分析与上述过程一致。

调用成功时，返回值为输入输出的基本单元数，如果执行失败，返回值为 0。来看一段示例代码 16-5。

代码 16-5 将一块内存数据写到文件 fwriteSample

```
<-----------------------文件名：fwriteSample.c----------------------->
01    #include <stdio.h>                    /*使用printf()要包含的头文件*/
02    #include <conio.h>                    /*使用getch()要包含的头文件*/
03    #define NUM 2
04    typedef struct                        /*声明结构体person*/
05    {
06        char name[20];                    /*姓名信息*/
07        int age;                          /*年龄信息*/
08        char email[50];                   /*电子邮件信息*/
09    }person;
10    void getInfo(person* pInfo)           /*读取用户输入到结构体中*/
```

```
11    {
12        printf("请输入姓名: ");
13        gets(pInfo->name);
14        printf("请输入年龄: ");
15        scanf("%d",&pInfo->age);
16        getchar();                              /*等待输入*/
17        printf("请输入电子邮件: ");
18        gets(pInfo->email);
19    }
20    void main(void)                             /*主函数*/
21    {
22        person People[NUM];                     /*声明结构体数组People*/
23        /*声明创建字符数组，用以保存文件位置*/
24        char FileA[50];
25        printf("保存在哪个文件? \n");            /*提示用户输入读取位置*/
26        gets(FileA);
27        FILE* fpO=NULL;                         /*声明文件指针fpO，输出用*/
28        /*以文本只写方式打开FileA指定的文件*/
29        fpO=fopen(FileA,"wt");
30        if(fpO==NULL)                           /*防错处理，判断打开是否成功*/
31        {
32            printf("输出文件打开失败，请检查");
33            exit(0);
34        }
35        for(int i=0;i<NUM;i++)
36        {
37            getInfo(&People[i]);                /*获取用户输入*/
38        /*将当前person结构体变量占据的一块内存写到文件中*/
39            if(fwrite(&People[i],sizeof(person),1,fpO)==0)
40            {
41                printf("块写入失败");
42                exit(0);
43            }
44        }
45        printf("块写入成功");
46        fclose(fpO);                            /*关闭文件*/
47        getch();                                /*等待，按任意键结束*/
48    }
```

输出结果为：

```
保存在哪个文件?
E:\personinfo.txt                    (键盘输入)
请输入姓名: Zhang San               (键盘输入)
请输入年龄: 25                       (键盘输入)
请输入电子邮件: zs@yahoo.com         (键盘输入)
请输入姓名: Li Si                    (键盘输入)
请输入年龄: 27                       (键盘输入)
请输入电子邮件: ls@gmail.com         (键盘输入)
块写入成功
```

【代码解析】代码16-5中，第4~9行首先定义了结构体person，内部包含姓名、年龄和电子邮件信息，在主函数中声明创建了person型的数组People，含两个元素，getInfo函数用以读取用户输入到数组元素中。使用fwrite()函数一次性将People数组占据的内存块写到了用户指定的文件中。

重点来看第 39 行语句：&People[i]作为数组名指针传递的是要保存元素的内存位置，sizeof(person) 是基本单元的大小，每次写 1 个基本单元，fpO 是文件指针。

打开 E:\personinfo.txt，可以看到姓名和电子邮件，而年龄好像是乱码，这是由于内存形式和文本形式的不一致造成的。那如何验证是否已经成功写入呢？可以用另一段示例代码 16-6，从刚才生成的 personinfo.txt 文件中读取信息并显示出来。

细心的读者可以发现，到目前为止，用到的文件都是.txt 型的，实际上，文件类型对程序没有任何影响，你完全可以定义自己的类型，如 personinfo.xyz。文件等价于字节流，真正要关心的是待读写的字节信息。

代码 16-6　从文件中读一块数据到内存中 freadSample

```
<---------------------------文件名：freadSample.c---------------------------->
01    #include <stdio.h>                                   /*使用printf()要包含的头文件*/
02    #include <conio.h>                                   /*使用getch()要包含的头文件*/
03    #define NUM 2
04    typedef struct                                       /*声明结构体person*/
05    {
06        char name[20];                                   /*姓名信息*/
07        int age;                                         /*年龄信息*/
08        char email[50];                                  /*电子邮件信息*/
09    }person;
10    void display(person p1)                              /*显示人员信息的函数*/
11    {
12        printf("Name:%s\n",p1.name);
13        printf("Age:%d\n",p1.age);
14        printf("Email:%s\n",p1.email);
15    }
16    void main(void)                                      /*主函数*/
17    {
18        person People[NUM];                              /*声明结构体数组People*/
19        char FileA[50];                                  /*声明创建字符数组，用以保存文件位置*/
20        printf("从哪个文件中读取数据？\n");                  /*提示用户输入读取位置*/
21        gets(FileA);
22        FILE* fpI=NULL;                                  /*声明文件指针fpI，输入用*/
23        fpI=fopen(FileA,"rt");                           /*以文本只读方式打开FileA指定的文件*/
24        if(fpI==NULL)                                    /*防错处理，判断打开是否成功*/
25        {
26            printf("输入文件打开失败，请检查");
27            exit(0);
28        }
29        for(int i=0;i<NUM;i++)
30        {
31            if(fread(&People[i],sizeof(person),1,fpI)==0)  /*从文件中读取一块内存到People中*/
32            {
33                printf("块读取失败");
34                exit(0);
35            }
36            display(People[i]);
37        }
```

```
38          fclose(fpI);                              /*关闭文件*/
39          getch();                                  /*等待，按任意键结束*/
40    }
```

输出结果为：

```
从哪个文件中读取数据？
E:\personinfo.txt                    (键盘输入)
Name:Zhang San
Age:25
Email:zs@yahoo.com
Name:Li Si
Age:27
Email:ls@gmail.com
```

【代码解析】代码 16-6 中，结构体 person 的定义与代码 16-5 一致，然后用代码第 31 行从文件中读入一块数据，读取数据的文件是代码 16-5 生成的，输出结果正确。代码 16-5 和代码 16-6 可以看成是两个互逆的过程。

16.4.6　格式化文件输入输出 fprintf()与 fscanf()

读者已经对普通的格式化输入输出函数 scanf()和 printf()很熟悉了。格式化文件输入输出函数是在两个函数名前加 f，表明"读写对象是磁盘文件而不是键盘和显示器"。

两个函数的原型为：

```
int fprintf(FILE *, const char *, ...);
int fscanf(FILE *, const char *, ...);
```

fprintf()和 fscanf()与普通的 printf()和 scanf()用法几乎一致，唯一的不同在于多了第一个参数——文件指针，用以标识输入的源文件或输出的目的文件。

当输入输出正确时，两个函数返回正确处理的字符数，当出错或遇到文件尾时，返回 EOF(-1)。

下述示例代码 16-7 将一串格式化信息输出到磁盘文件中。

代码 16-7　格式化文件输出范例 fprintfSample

```
<--------------------------文件名：fprintfSample.c-------------------------->
01    #include <stdio.h>                       /*使用printf()要包含的头文件*/
02    #include <conio.h>                        /*使用getch()要包含的头文件*/
03    void main(void)                           /*主函数*/
04    {
05        char FileA[50];                       /*声明创建字符数组，用以保存文件位置*/
06        printf("保存在哪个文件？\n");          /*提示用户输入读取位置*/
07        gets(FileA);
08        FILE* fpO=NULL;                       /*声明文件指针fpO，输出用*/
09        fpO=fopen(FileA,"wt");                /*以文本只写方式打开FileA指定的文件*/
10        if(fpO==NULL)                         /*防错处理，判断打开是否成功*/
11        {
12            printf("输出文件打开失败，请检查");
13            exit(0);
14        }
15        char name[20]={'0'};
16        int age=0;
17        printf("请输入你的姓名：");            /*提示信息*/
```

```
18        gets(name);                             /*读入姓名*/
19        printf("请输入你的年龄: ");              /*提示信息*/
20        scanf("%d",&age);                       /*读入年龄信息*/
21        getchar();                              /*将换行符从输入缓冲区中抛掉*/
22        if(fprintf(fpO," %s %d",name,age)==EOF)     /*格式化输出*/
23        {
24            printf("写入失败");
25            exit(0);
26        }
27        printf("写入成功");
28        fclose(fpO);                            /*关闭文件*/
29        getch();                                /*等待，按任意键结束*/
30    }
```

输出结果为：

保存在哪个文件？
E:\ABC.xyz   （键盘输入）
请输入你的姓名：<u>ZhangSan</u>   （键盘输入）
请输入你的年龄：<u>23</u>   （键盘输入）
写入成功

【代码解析】代码 16-7 中的文件保存形式采用了自定义的后缀名（ABC.xyz），直接用记事本将其打开，会发现其中内容是："ZhangSan 23"。注意，在使用 fprintf()进行格式化输出时，"%s %d"中间应添加一个空格，以区分不同的数据。

下面再来看示例代码 16-8，从刚建立的文件 ABC.xyz 中读取姓名和年龄信息。

代码 16-8　从文件中进行格式化输入范例 fscanfSample

```
<-----------------------文件名: fscanfSample.c----------------------->
01    #include <stdio.h>                        /*使用printf()要包含的头文件*/
02    #include <conio.h>                        /*使用getch()要包含的头文件*/
03    void main(void)                           /*主函数*/
04    {
05        char FileA[50];                       /*声明创建字符数组，用以保存文件位置*/
06        printf("从哪个文件中读取? \n");        /*提示用户输入读取位置*/
07        gets(FileA);
08        FILE* fpI=NULL;                       /*声明文件指针fpI，输入用*/
09        fpI=fopen(FileA,"rt");                /*以文本只读方式打开FileA指定的文件*/
10        if(fpI==NULL)                         /*防错处理，判断打开是否成功*/
11        {
12            printf("输入文件打开失败，请检查");
13            exit(0);
14        }
15        char name[20]={'0'};                  /*声明字符数组name，保存姓名信息*/
16        int age=0;                            /*声明int型变量age，保存年龄信息*/
17        fscanf(fpI,"%s %d",name,&age);            /*格式化输入*/
18        printf("读取结果: 姓名为%s, 年龄为%d",name,age);     /*在显示器上输出*/
19        fclose(fpI);                          /*关闭文件*/
20        getch();                              /*等待，按任意键结束*/
21    }
```

输出结果为：

从哪个文件中读取？

```
E:\ABC.xyz                          （键盘输入）
读取结果：姓名为ZhangSan，年龄为23
```

【代码解析】 正因为代码 16-7 在进行格式化输出时，使用了 "%s %d" 的形式，即在两个数据中间留一个空格，代码 16-8 在进行格式化输入时才能进行正确的解析，否则，如果写成 "%s%d" 形式，那么 "ZhangSan23" 将被解释成一个字符串。

16.5 文件的定位

前面介绍的文件读写是针对顺序读写的情况。实际上，文件的读写方式有两种，一是顺序读写，位置指针按字节顺序从头到尾移动；另一种是随机读写，位置指针按需要移动到任意位置。随机形式多用于二进制文件的读写。

如果要对文件进行随机读写，就需要控制文件位置指针的值，这就是文件的定位。与文件定位有关的函数是 rewind 函数、fseek()函数和 ftell 函数，本节来看一下这些函数的用法。

16.5.1 移动指针到文件开头 rewind()

rewind()函数没有返回值，其调用形式为：

```
rewind(FILE* fp);
```

其中 fp 是文件指针，该函数没有返回值。例如有一个文件 file1.txt，要求第一次使它的内容显示在屏幕上，第二次把它复制到另一个文件 file2.txt 上，然后再关闭文件。其具体步骤为：

- ❑ 以读的方式打开文件，fp 保存打开文件的指针。
- ❑ 从文件中读出数据，输出到屏幕上。
- ❑ 返回该文件内部指针到文件开头。
- ❑ 打开另外一个文件，实现两个文件的复制操作。
- ❑ 关闭文件。

16.5.2 移动指针到当前位置 ftell()

随机形式允许文件位置指针跳来跳去。为得到文件指针的当前位置，C 语言标准库提供了 ftell() 函数，其原型为：

```
long ftell(FILE *);
```

执行成功时，返回当前文件指针的值，否则，返回-1L（L 表示该-1 为 long 型常量），用其可进行防错处理。例如下面的语句段：

```
long  n;
if ((n=ftell(fp))==-1L)
printf ("A file error has occurred at %ld.\n",i);
```

该语句段可通知用户在文件什么位置出现了错误。

16.5.3 移动指针 fseek()

文件定位中最重要的一个函数是 fseek()，用以控制、调整文件指针的值，从而改变下一次读写操作的位置。其函数原型为：

```
int fseek(FILE * fp, long offset, int startPos);
```

其中，fp 是文件指针，startPos 是起始点，offset 是目标位置相对起始点的偏移量，可以为负数，如果函数操作执行成功，文件位置指针将被设定为"起始点+offset"。起始点并不是任意设定的，C 语言给出了 3 种起始点定义方式，如表 16-2 所示。

表 16-2 fseek()函数起始点的 3 种定义方式

起 始 点	值	名 称
文件开始	0	seek_set
文件末尾	2	seek_end
当前位置	1	seek_cur

既可以使用 0、1 或 2 作参数传递给 fseek()函数，也可以使用诸如 seek_set 之类的名称。如果 fseek()函数执行正确，返回 0，否则，返回非 0。

介绍完 3 个函数后，来看示例代码 16-9。该代码首先向某个文件写入一个字符串，再从该文件中倒着读入该字符串，然后显示在屏幕上。

代码 16-9 移动文件位置指针位置 fseekSample

```
<--------------------------文件名：fseekSample.c-------------------------->
01    #include <stdio.h>                        /*使用printf()要包含的头文件*/
02    #include <conio.h>                        /*使用getch()要包含的头文件*/
03    void main(void)                           /*主函数*/
04    {
05        FILE* fp=NULL;                        /*声明文件指针fp，输入用*/
06        fp=fopen("E:\\test.dat","wb");        /*以二进制写方式打开指定文件*/
07        if(fp==NULL)                          /*防错处理，判断打开是否成功*/
08        {
09            printf("输出文件打开失败，请检查");
10            exit(0);
11        }
12        fputs("BeijingOlympic",fp);           /*将一个字符串写到文件中*/
13        fclose(fp);                           /*关闭该文件*/
14        fp=fopen("E:\\test.dat","rb");         /*以二进制读方式打开指定文件*/
15        for(int i=1;fseek(fp,-i,SEEK_END)==0;i++)   /*从尾到头移动文件位置指针*/
16        {
17            putchar(fgetc(fp));               /*将当前指针所指的字符输出*/
18        }
19        fclose(fp);                           /*关闭文件*/
20        getch();                              /*等待，按任意键结束*/
21    }
```

输出结果为：

```
cipmylOgnijieB
```

【代码解析】代码 16-9 中主体部分是 for 结构，从文件尾到文件头不断前移，直到 fseek()函数执行失败，返回非 0，for 循环结束退出。在 for 循环体中，通过 putchar 函数将读到的字符显示在屏幕上。

需要注意的是，fseek()和 ftell()函数只可以处理二进制文件，因此打开文件的时候，需要以二进制的模式打开。利用 fseek()函数和 ftell()函数比较经典的程序是实现文件倒置输出，其操作步骤为：

- ❏ 为了文件的倒置输出，应该以读方式打开二进制文件。
- ❏ 利用 fseek()函数把文件读写指针移动到文件最后的实际字符，注意，不是文件的结束符。
- ❏ 循环条件开始测试文件读写指针是否到达文件头，如果没有，则移动文件读写指针，逐个字符前移，实现倒置输出，否则程序结束。
- ❏ 关闭文件。

16.6 小结

"文件"是以文件名标示的一组相关数据的有序集合。C 语言文件操作采用了"缓冲区+流"的形式，大大提高了处理效率。理解文件和字节流的等价性十分关键。

按存储形式可将文件分为文本形式和二进制形式，两种方式各有优缺点，但从字节流的角度理解，二者本质是一样的。操作文件时，必须采用"打开→读写操作→关闭"的流程。C 语言使用文件指针来管理文件，打开操作实际上是将文件的 FILE 结构变量地址赋给该指针的过程，这就在文件指针和文件间建立了关联。几乎所有的操作函数都需要文件指针参数指明要对哪个文件进行操作。

打开文件时，检查文件是否打开成功是十分必要的。读写操作完成后，一定要关闭该文件，及时清理所占的系统资源，保障其他程序正常工作。

16.7 习题

一、填空题

1. C 语言提供了两种处理文件的方式，分别是_____和_____。
2. 从对字节信息的解释来看，文件有两种数据格式：_____和_____。
3. 用于打开文件的函数是_____，用于关闭文件的函数是_____。
4. 在程序中只要判断函数返回值是否为_____即可判断是否到了文件末尾。

二、上机实践

1. 由键盘输入 3 个学生的信息，信息包括 name 和 age。接收输入的学生信息后，保存到 C 盘下的 student.txt 文件中。

【提示】

```
FILE *fp;
 int i;
 if((fp=fopen("student.txt","w"))==NULL)
 {
 printf("打开文件过程中有错\n");
 exit(1);
 }
```

```
for(i=0;i<3;i++)
scanf("%s%d",s[i].name,&s[i].age);

for(i=0;i<3;i++)
fwrite(&s[i],sizeof(struct st),1,fp);
```

2．继续上一个习题，已知文件 student.txt 中存储了 3 个学生的信息，运用本章所学知识，将
这些学生信息显示在屏幕上。

【提示】

```
FILE* fp;
int i;
if((fp=fopen("student.txt","r"))==NULL)
{
    printf("打开文件过程中有错! \n");
    exit(1);
}

for(i=0;i<3;i++)
    fread(&s[i],sizeof(struct st),1,fp);

for(i=0;i<3;i++)
printf("%s%d\n",s[i].name,s[i].age);
```

第17章 灵活却难以理解——指针进阶

前面章节中，读者已经领会到了指针的强大功用。实际上，指针所能做的不仅仅是向函数传递变量的地址，本章将讨论一些指针进阶的知识，如指针数组、函数指针等。套用一句曾经很流行的话：欢迎走进指针这片"雷区"。

本章包含的知识点有：

❑ 指针与数组
❑ 指针与结构体
❑ 指针与函数

17.1 指针与数组

在第13章中已经介绍过"数组名指针"的概念，可以将数组名作为指针参数传递给函数。本节将深入讲述数组名指针、数组元素的表示形式和指针数组等内容。

17.1.1 数组名指针

从第13章中可归纳出以下结论：数组名是一种常指针（不能修改），其值等于数组占据内存单元的首地址，但其类型取决于数组的维数。

对三维数组 A 而言，有下面的关系成立：

```
A=&A[0];
A+1=&A[1];
...
A[0]=&A[0][0];
A[0]+1=&(A[1][0]);
...
A[0][0]=&A[0][0][0];
A[0][0]+1=&A[0][0][1];
...
```

更高维的情况可以此类推。可见，数组名指针是种层次关系。

上述关系中的&表示的是一种多级指针对应关系，而非真正取地址。来看示例代码17-1。

代码 17-1 数组名指针及多级指针的概念 ArrayName

```
<----------------------------------文件名：ArrayName.c---------------------------------->
01   #include <stdio.h>                                    /*使用printf()要包含的头文件*/
02   #include <conio.h>
03   void main(void)                                       /*主函数*/
04   {
```

```
05      int A[2][3][4]={0};                              /*声明一个3维数组*/
06      printf("A is %p\n",A);                           /*数组名指针，3级指针*/
07      printf("A[0] is %p\n",A[0]);                     /*2级指针*/
08      printf("A[0][0] is %p\n",A[0][0]);               /*1级指针*/
09      printf("&A[0][0][0] is %p\n",&A[0][0][0]);       /*数组首元素的内存地址*/
10      getch();                                         /*等待，按任意键继续*/
11   }
```

输出结果为：

```
A is 0x0012ff10
A[0] is 0x0012ff10
A[0][0] is 0x0012ff10
&A[0][0][0] is 0x0012ff10
```

【代码解析】 对代码 17-1 定义的 3 维数组 A 而言，数组名 A 实际上是一个 3 级常指针，指向的是一个 3×4 的二维 int 数组结构。同理，A[0]是一个 2 级常指针，指向的是一个大小为 4 的一维数组结构，A[0][0]才是指向 int 型数组元素 A[0][0][0]的常指针。但 A、A[0]、A[0][0]的值相同，同为&A[0][0][0]。%p 表示以地址形式输出后续参数。

17.1.2　使用数组名常指针表示数组元素

数组与指针关系密切，数组元素除了可以使用下标来访问，还可用指针形式表示。数组元素可以很方便地用数组名常指针来表示。以 3 维 int 型数组 A 为例，其中的元素 A[i][j][k]可用下述几种形式表示：

（1）*(A[i][j]+k)

A[i][j]是 int 型指针，其值为&A[i][j][0]，因此，A[i][j][k]可表述为*(A[i][j]+k)。

（2）*(*(A[i]+j)+k)

和第一种形式比较，不难发现 A[i][j]= *(A[i]+j)，A[i]是 2 级指针，其值为&A[i][0]。

（3）*(*(*(A+i)+j)+k)

将第 2 种形式的 A[i]替换成了*(A+i)，此处 A 是 3 级指针，其值为&A[0]。

此处以 3 维数组举例，还可进一步推广到更高维的情况。

17.1.3　指向数组元素的指针变量

使用一个指向数组元素的指针变量可以很方便地访问数组中的元素。不过，在元素定位时需要考虑多维数组在内存中的存储形式。看一段示例代码 17-2。

代码 17-2　指向数组元素的普通指针变量 PointerToArray1

```
<-------------------------文件名：PointerToArray1.c------------------------->
01   #include <stdio.h>                                  /*使用printf()要包含的头文件*/
02   #include <conio.h>
03   void main(void)                                     /*主函数*/
04   {
05      /*声明一个3维数组A并初始化*/
06      int A[2][3][4]={{{1,2,3,4},{5,6,7,8},{9,10,11,12}},
07                      {{13,14,15,16},{17,18,19,20},{21,22,23,24}}};
08      int* pA=A[0][0];                                 /*为普通指针变量赋值*/
09      for(int i=0;i<2;i++)                             /*第一维*/
```

```
10              for(int j=0;j<3;j++)                         /*第二维*/
11                  for(int k=0;k<4;k++)                     /*第三维*/
12                      printf("%d ",*(pA+i*3*4+j*4+k));     /*遍历输出*/
13      pA=A[0][0];                                          /*使pA重新指向数组开头*/
14      printf("\n");                                        /*换行*/
15      for(int m=0;m<sizeof(A)/sizeof(int);m++)
16      {
17          printf("%d ",*pA);                              /*输出pA指向元素*/
18          pA++;                                           /*指向数组中的下一个元素*/
19      }
20      getch();                                            /*等待,按任意键继续*/
21  }
```

输出结果为:

```
1 2 3 4 5 6 7 8 9 10 11 12 13 14 15 16 17 18 19 20 21 22 23 24
1 2 3 4 5 6 7 8 9 10 11 12 13 14 15 16 17 18 19 20 21 22 23 24
```

【代码解析】代码 17-2 采用两种方法对数组元素进行了遍历,其中第 12 行采用 3 个维数下标来计算指针偏移值,而后一种输出直接对指针 pA 进行递增处理,两者输出的结果一致。

pA 是普通的 int 型指针,除了使用代码 17-2 中的初始化方式外,还可使用如下的初始化方式。下述代码与 "int* pA=A[0][0];" 都是等价的。

```
int *pA=&A[0][0][0];        /*取第一个元素的地址*/
int *pA=(int*)A[0];         /*类型强制转换*/
int *pA=(int*)A;            /*类型强制转换*/
```

和数组名常指针不同,指针变量的值可以修改,使用也更为灵活。

17.1.4　指向数组的指针变量

请体会本小节和上小节标题的不同。仍以 3 维数组为例,数组名是 3 级常指针,能否声明一个变量是 3 级常指针呢? 先来看示例代码 17-3。

代码 17-3　指向数组的指针变量 PointerToArray2

```
<--------------------------文件名:PointerToArray2.c-------------------------->
01  #include <stdio.h>                          /*使用printf()要包含的头文件*/
02  #include <conio.h>
03  void main(void)                             /*主函数*/
04  {
05      /*声明一个3维数组A并初始化*/
06      int A[2][3][4]={{{1,2,3,4},{5,6,7,8},{9,10,11,12}},
07                      {{13,14,15,16},{17,18,19,20},{21,22,23,24}}};
08      int (*pA)[3][4]=A;                       /*为普通指针变量赋值*/
09      for(int i=0;i<2;i++)                     /*第一维*/
10          for(int j=0;j<3;j++)                 /*第二维*/
11              for(int k=0;k<4;k++)             /*第三维*/
12                  printf("%d ",*(*(*(pA+i)+j)+k)); /*遍历输出*/
13      printf("\n");                            /*换行*/
14      for(int i=0;i<2;i++)                     /*第一维*/
15          for(int j=0;j<3;j++)                 /*第二维*/
16              for(int k=0;k<4;k++)             /*第三维*/
17                  printf("%d ",pA[i][j][k]);   /*遍历输出*/
18      getch();                                 /*等待,按任意键继续*/
19  }
```

输出结果为：

```
1  2  3  4  5  6  7  8  9  10  11  12  13  14  15  16  17  18  19  20  21  22  23  24
1  2  3  4  5  6  7  8  9  10  11  12  13  14  15  16  17  18  19  20  21  22  23  24
```

【代码解析】代码17-3中第8行声明了一个指向int型3×4数组的指针pA，并用数组名A为其初始化。同样的道理，可以采用"int(*pA)[4];"的形式声明一个指向大小为4的一维数组的指针。

代码17-3声明的数组名式指针pA，其功用和数组名A完全相同，既可以用*(*(*(pA+i)+j)+k)的形式访问A[i][j][k]，也可以直接写成pA[i][j][k]的形式。

17.1.5　指针数组

指针也可作为数组中的元素，即将一个个指针用数组形式组织起来，就构成了指针数组。指针数组的一个重要应用是管理字符串，如示例代码17-4所示。

代码17-4　使用指针数组管理字符串 ArrayofPointer

```
<----------------------------文件名：ArrayofPointer.c---------------------------->
01    #include <stdio.h>                              /*使用printf()要包含的头文件*/
02    #include <conio.h>
03    void main(void)                                 /*主函数*/
04    {
05        /*声明一个指针数组*/
06        char* 07pA[7]={"Sunday","Monday","Tuesday","Wednesday","Thursday","Friday",
    "Saturday"};
07        /*输出提示信息 */
08        printf("今天是一周中的第几天？（周日为0，周一为1，……）\n");
09        int index=0;                                /*声明int型变量index，用以标志第几天*/
10        scanf("%d",&index);                         /*读取用户输入*/
11        printf("今天是%s",pA[index]);              /*输出英文单词*/
12        getch();                                    /*等待，按任意键继续*/
13    }
```

输出结果为：

```
今天是一周中的第几天？（周日为0，周一为1，……）
4                                         （键盘输入）
今天是Thursday
```

【代码解析】代码17-4中声明了一个char型指针数组pA，大小为7，并用常量字符串的地址为数组元素赋初值，根据用户输入的索引，输出对应的字符串。

形如"Sunday"的字符串称为常量字符串，编译器将为其在只读存储区分配内存，编译器将其解释为指向该字符串的指针。

不使用指针数组，改为二级char型数组也可以实现同样的功能，但数组维数的大小必须以最长的单词Wednesday（9个字符加1个末尾空字符='0'）为准，即：

```
char A[7][10]={ "Sunday","Monday","Tuesday","Wednesday","Thursday","Friday","Saturday"};
```

对比不难发现，使用指针数组管理字符串能有效地节省内存。

由于数组这种数据组织方式要求元素类型一致，因此，原则上指针数组中的指针应是同类型的。但由于所有的指针均为4字节，因此，必要时可通过强制转换跳过这一约束。

17.1.6　指针与数组的常见问题

指针变量访问数组中数据的时候，要注意指针变量的值是可以变化的，使用不当会导致数组的访问越界。例如下面的程序段：

```
main()
{
  int *p,i,a[10];
  p=a;
  for(i=0;i<10;i++)
    *p++=i;                             /*指针变量为数组元素赋初值*/
  for(i=0;i<10;i++)
    printf("a[%d]=%d\n",i,*p++);        /*错误代码*/
}
```

在输出数组中元素的时候，要注意先对指针变量赋值，否则输出没有意义。因此上面的程序段在输出前应该有指针变量重新赋值的语句 p=a，这样在输出数组中的元素的时候，程序就不会产生输出错误了。

另外，指针变量作为形参可以在调用函数中处理或者访问实参数组中的数据。在使用的时候，要注意实参和形参指针的类型一致。例如下面的程序段：

```
void fun(int *p,int n)
{  /*处理一维数组*/
  int *q;
  for(q=p;q<p+n;q++)
  printf("%d",*q);
}
main()
{
  int a[3][4]={1,2,3,4,5,6,7,8,9,10,11,12};
  fun(a,12);                            /*错误代码*/
}
```

这段程序在很多 C 语言环境中会报错，这是由于虽然二维数组的地址和其第 0 行 0 列元素的地址相同，但是分别属于不同类别的地址，导致形参和实参的类型不同，因此产生错误。改正的时候，把主函数中 fun(a,12)改成 fun(*a,12)。这样参数的类型相同，就可以进行数据传递了。p 是一级地址，a 是二级地址，二者刚好地址相同，但是二者的含义是不同的，读者在自己编写程序时要注意这一点。

17.2　指针、结构体和结构体数组

结构体变量占据一定内存大小，可声明一个结构体类型的指针，其值为结构体占据内存空间的首地址，而且，一个个的结构体变量可以组织在一起构成结构体数组。本节将讨论如何使用指针访问结构体和结构体数组。

17.2.1　两种访问形式

完成结构体的定义后，结构体名可以看成是一种新的类型。通过结构体名可以声明指向结构体

类型的指针，并可用某个结构体变量的地址为其赋值。举例来说：

```
struct person
{
    char name[20];
    int age;
    char email[50];
}zhangsan={"Zhang San", 24, "zs@163.com"}, *pzs=&zhangsan;
```

则 pzs 是一个指向结构体类型的指针，pzs 的值为结构体变量 zhangsan 所占据内存的首地址。使用指针访问结构体成员有以下两种形式：

```
(*指针).成员
指针->成员
```

两种访问方式是等价的。

17.2.2 声明创建一个结构数组

数组占据的是一片连续的内存空间，而且，数组元素的类型是一致的，由此可知，创建一个结构数组是完全可行的。和 C 语言内置类型（如 int、char 等）数组一样，结构数组同样要先"声明"，后"使用"。

数组声明用于通知编译器为该数组开辟特定大小的内存，数组所占内存的大小取决于数组声明时指定的元素数目和元素类型。和普通的数组声明一样，结构数组声明的一般格式为：

```
结构类型名 结构数组名[元素个数];
```

仍以上面定义的结构 person 为例，下述语句用于声明一个 person 类型的数组 psz：

```
struct person psz[5];
```

上述语句告诉编译器：psz 是一个数组，其中存储的元素为 person 型，元素数目为 5，请为这个数组开辟所需要的内存。

17.2.3 结构数组的初始化

和普通数组一样，结构数组既可以在声明的同时完成数组元素的初始化，也可以在数组创建完毕后，对其中元素进行赋值。

首先来看一下如何在声明的同时对元素进行初始化。如：

```
struct person psz[3]={ {"Zs", 24, "zs@1.com"},{"Ls", 25, "ls@2.com"},{"Ww", 26,
"ww@3.com"} };
```

来看一段示例代码 17-5。

代码 17-5 结构数组元素初始化 StructArrayElementInitial

```
<----------------------------文件名:StructArrayElementInitial.c---------------------------->
01    #include <stdio.h>                           /*使用printf()要包含的头文件*/
02    #include <conio.h>
03    struct person                                /*定义person结构*/
04    {
05        char name[20];
06        int age;
07    };
```

```
08    void main(void)                                 /*主函数*/
09    {
10        /*声明一个3维数组psz1并初始化，合法*/
11        struct person psz1[3]={ {"Zs", 24},{"Ls", 25},{"Ww", 26} };
12        /*声明一个person类型的结构变量p1*/
13        struct person p1={"Zs", 24};
14        /*试图用变量为数组元素初始化，非法*/
15        /*struct person psz2[3]={p1,p1,p1}; */
16        /*当所有元素都被初始化后，声明时可省略数组大小*/
17        struct person psz3[]={ {"Zs", 24},{"Ls", 25},{"Ww", 26} };
18        for(int i=0;i<3;i++)
19        {
20                    printf("%s\n",psz1[i].name);    /*遍历输出*/
21                    printf("%s\n",psz3[i].name);    /*遍历输出*/
22        }
23        getch();                                     /*等待，按任意键继续*/
24    }
```

输出结果为：

```
Zs
Zs
Ls
Ls
Ww
Ww
```

【代码解析】由代码 17-5 可以看出，如果所有元素都被初始化，编译器可自行判断数组的大小，此时在数组声明时，不用指定数组元素的个数，对应上述第 11 行代码。

代码 17-5 中第 15 行是被注释掉的代码。读者可试着去掉该句代码的注释，看是否可编译通过。试后可知，编译器报错，C 语言不允许使用变量为数组元素进行初始化。

17.2.4　结构数组的使用

声明创建一个结构数组并对其中的元素初始化后，便可以像使用普通数组那样（"数组名+下标"的形式）使用结构数组。而且，上节中介绍的指针与数组相关内容对结构体指针和结构体数组来说完全适用。合理使用结构体变量、结构体指针和结构体数组，能有效地解决复杂问题。

前面讲过，共用体可以看成是一种特殊的结构，本书不赘述共用体数组的用法。

17.2.5　指向结构数组的指针

普通数组名可以看成是"指向数组元素首地址的常指针"，结构数组名同样可以看成是指向结构数组元素首地址的常指针；也可以声明一个结构指针变量，使其指向数组元素首地址。这两种方式都能通过指针访问结构数组的元素。来看一段示例代码 17-6。

代码 17-6　结构数组名常指针和指向结构数组的指针变量 PointerToStructArray

```
<------------------------文件名：PointerToStructArray.c----------------------->
01    #include <stdio.h>                              /*使用printf()要包含的头文件*/
02    #include <conio.h>
03    struct person                                   /*定义person结构*/
```

```
04  {
05      char name[20];
06      int age;
07  };
08  void main(void)                          /*主函数*/
09  {
10      /*声明一维数组psz1并初始化, 合法*/
11      struct person psz1[3]={ "Zs", 24,"Ls", 25,{"Ww", 26} };
12      /*声明一个person类型的结构指针变量p1,并用数组名为其初始化*/
13      struct person* p1=psz1;
14      for(int i=0;i<3;i++)
15      {
16          printf("%s\n",(psz1+i)->name);      /*遍历输出*/
17          printf("%s\n",(*p1).name);          /*遍历输出*/
18          p1++;
19      }
20      getch();                                /*等待, 按任意键继续*/
21  }
```

输出结果为:

```
Zs
Zs
Ls
Ls
Ww
Ww
```

【代码解析】代码 17-6 中, psz1 是结构数组名, 也是指向结构数组元素首地址的常指针。所谓常指针, 指的是 psz1 不能被改写, 因此, 使用其访问数组元素时, 采用了(psz1+i)->name 形式, 当然, 也可以采用(*(psz1+i)).name 访问数据成员 name。p1 是声明的结构指针变量, 用 psz1 为其赋值使其指向数组首地址。代码第 13 行实质上等价于"struct person* p1=&psz1[0];", 在循环体内通过代码第 18 行使该指针不断指向下一个元素, 实现了对整个数组的遍历访问。在访问结构数据成员 name 时, 示例采用了(*p1).name 的形式, 由 17.2.1 一节的介绍可知, 此处还可写成 p1->name。

17.3　函数指针

笔者学习 C 语言时, 明白了指针与数组的关系、指针与结构体的关系后, 曾有个疑问: 指针和函数是什么关系? 有没有指向函数的指针? 指向函数的指针有什么用? 本节便解答这一连串的问题。

17.3.1　函数名指针

就像数组名是指向数组元素首地址的常指针一样, 函数名也是指向函数的指针, 函数在内存中也有对应的一块存储单元, 函数名便是指向该块内存的常指针。换句话说, 可通过函数名确定要执行的代码块在内存中的位置。

做一个小实验来验证上面的结论, 看下面的代码 17-7。

代码 17-7 输出函数名指针 FunctionName

```
<----------------------------文件名：FunctionName.c---------------------------->
01    #include <stdio.h>                              /*使用printf()要包含的头文件*/
02    #include <conio.h>
03    void main(void)                                 /*主函数*/
04    {
05        void disp(void);                            /*函数声明*/
06        printf("%p",disp);                          /*函数名输出*/
07        disp();                                     /*函数执行*/
08        getch();                                    /*等待，按任意键继续*/
09    }
10    void disp()                                     /*函数定义*/
11    {
12        printf("\n Hello,C");                        /*只输出一句话*/
13    }
```

输出结果为：

```
0x004012f5
Hello,C
```

提示 内存分配随编译器和操作系统不同有所不同，因此，在读者的机器上，输出的地址可能与此处给出的结果不同。

【代码解析】代码 17-7 中定义了一个非常简单的函数 disp，该函数只输出一句简单的"Hello，C"。输出函数名 disp 可以发现，编译器将其解释为一个内存地址，这个地址即是该函数可执行代码在内存中的位置。

17.3.2 指向函数的指针

下面解决另一个问题：有没有指向函数的指针变量？答案是"有"。和函数名常指针不同，函数指针变量的值可以改变，换句话说，只要满足特定的条件，既可以让声明的函数指针变量指向 A 函数，也可以让其指向 B 函数。

函数指针变量的声明格式与普通指针变量的声明格式有所不同。来看下述两个语句：

```
int* fun(int);
int (*fun)(int);
```

第一条语句容易理解，fun 是函数名，该函数所带参数是 int 型，返回 int 型指针类型。第二条语句就声明了一个函数指针，即指向函数的指针 fun，该函数返回值是 int，所带的参数也是 int 型。这里仅仅相差一个括号，意义便大不一样。

函数指针变量声明完毕后，其仅仅是个无所指向的指针，对其进行初始化或赋值是非常重要的，这样，才能用该指针调用其他函数。当然，赋值和初始化的前提是待调用函数和所声明的函数指针变量在返回值和参数上一致。来看一段简单的示例代码 17-8。

代码 17-8 指向函数的指针变量 PointerToFunc

```
<----------------------------文件名：PointerToFunc.c---------------------------->
01    #include <stdio.h>                              /*使用printf()要包含的头文件*/
02    #include <conio.h>
03    void main(void)                                 /*主函数*/
```

```
04  {
05          char sz1[20]="I Love ";          /*声明一个C风格字符串sz1*/
06          char sz2[20]="China";            /*声明一个C风格字符串sz2*/
07          char* (*pFun)(char*,char*);      /*声明函数指针pFun*/
08          pFun=strcat;                     /*函数名常指针为函数指针变量赋值*/
09          (*pFun)(sz1,sz2);                /*间接引用形式调用函数*/
10          printf("%s",sz1);                /*输出*/
11          pFun=&strcpy;                    /*对函数名取地址，与pFun=strcat完全一致*/
12          pFun(sz1,sz2);                   /*也可以直接用指针调用*/
13          printf("\n%s",sz1);              /*输出*/
14          getch();                         /*等待，按任意键继续*/
15  }
```

输出结果为：

```
I Love China
China
```

【代码解析】 代码 17-8 调用了字符串一章中提到的两个函数 strcat 和 strcpy，通过表 17-1 回顾一下。

表 17-1　strcpy 函数与 strcat 函数

操　作	函数原型
复制 C 风格字符串	char* strcpy(char*, char*)
连接两个 C 风格字符串	char* strcat(char*, char*)

代码第 7 行声明了一个函数指针 pFun，声明完毕后，pFun 只是个空指针，并没有指向任何实际的函数，因此，采用了如下形式为 pFun 赋值：

```
pFun=strcat;
pFun=&strcpy;
```

如此才能根据指针 pFun 调用两个函数。注意，对函数来说，上述两种写法是等价的，读者可自行尝试输出 strcat 和&strcat 检验。这和数组有些类似，举 3 维数组（int A[2][3][4]）来说，A、&A、A[0]、&A[0]、A[0][0]、&A[0][0] 的值均相同，等于 A[0][0][0] 的地址（&A[0][0][0]）。

> **注意**　之所以能使用strcat和strcpy为pFun赋值，是因为这两个函数的返回类型和参数类型与pFun的声明格式一致。

再来看一下如何用指针 pFun 调用其指向的函数，下述两种格式也是等价的：

```
(*pFun)(sz1,sz2);
pFun(sz1,sz2);
```

也就是说，既可以像普通指针用法那样，使用间接引用(*pFun)的形式调用函数，也可以直接将函数指针当函数名来调用。就代码 17-8 来说，首先使 pFun 指向 strcat，这会将 sz2 连接到 sz1 后，输出 sz1 即会在屏幕上输出连接后的字符串"I Love China"；随后让 pFun 指向 strcpy，将 sz2 复制给 sz1，这将会冲掉 sz1 中原有的内容"I Love China"，所以第二次输出 sz1，换行后在屏幕上输出"China"。

另外，不仅可以采用赋值的方式使函数指针变量指向特定的函数，在函数指针声明的同时也可进行初始化。如在代码 17-8 中：

```
char* (*pFun)(char*,char*);              /*声明函数指针pFun*/
pFun=strcat;                             /*函数名常指针为函数指针变量赋值*/
```

完全可以写成下述形式：

```
char* (*pFun)(char*,char*) = strcat;
```

或

```
char* (*pFun)(char*,char*) = &strcat;
```

使用函数指针变量时还应注意以下两点：

❑ 函数指针变量不能进行算术运算，这是与数组指针变量不同的。数组指针变量加减一个整数可使指针移动指向后面或前面的数组元素，而函数指针的移动是毫无意义的。

❑ 函数调用中"(*指针变量名)"两边的括号不可少，其中的"*"不应该理解为求值运算，在此处它只是一种表示符号。

17.3.3　函数指针类型

C 语言中，内置类型（如 int 型）的指针（int*）可以看成一种新的类型。有没有函数指针类型呢？借助前面介绍的 typedef，能容易地将函数指针类型化。

在结构体和共用体一章中介绍了 typedef 和#define 的基本用法，对比以下两个语句：

```
typedef double* DP;
DP pDouble1, pDouble2;
```

与

```
#define DP double*
DP pDouble1, pDouble2;
```

不知读者是否还记得两者的不同？通俗地说，#define 是种字面替换，而 typedef 却是引入一个新的助记符号。这么说稍显枯燥，下面给出一个简单的理解方式：试着将上面语句中的 typedef 和 #define 去掉试试看。

对 typedef 语句"typedef double* DP;"来说，去掉 typedef 后，其仍然是条完整的 C 语句"double* DP;"，该语句用以声明一个 double 类型的指针变量 DP。由此可以理解：typedef 的作用是将变量名作为（或说定义为）该变量所属类型的别名（或说助记符）。#define 不具备这种特点，去掉#define 后，"DP double*"并不是一条合法的 C 语句。

在此基础上，不难理解下述写法：

```
typedef char* (*pFun)(char*,char*);
```

请读者先来思考一个问题：pFun 是什么？

以上问题的答案是，由于使用了 typedef，pFun 已经由一个函数指针变量转变成了该变量所属类型（函数指针类型，返回 char*，所带参数为两个 char*）的别名。pFun 便可以像 int、double 等内置类型关键字一样，采用下述格式声明函数指针变量：

```
pFun pf;
```

pf 是函数指针变量，返回 char*，所带参数为两个 char*。对代码 17-8 进行改写如代码 17-9 所示。

代码 17-9　使用 typedef 为函数指针类型引入助记符 FuncPointerAndTypedef

```
<------------------------文件名：FuncPointerAndTypedef.c------------------------>
01    #include <stdio.h>                              /*使用printf()要包含的头文件*/
02    #include <conio.h>
03    typedef char* (*pFun)(char*,char*);             /*使用typedef为函数指针类型引入助记符*/
04    void main(void)                                 /*主函数*/
05    {
06        char sz1[20]="I Love ";                     /*声明一个C风格字符串sz1*/
07        char sz2[20]="China";                       /*声明一个C风格字符串sz2*/
08        /*使用pFun声明函数指针pf，并用函数名常指针strcat初始化函数指针*/
09        pFun pf=strcat;
10        (*pf)(sz1,sz2);                             /*间接引用形式调用函数*/
11        printf("%s",sz1);                           /*输出*/
12        pf=&strcpy;                                 /*对函数名取地址，与pFun=strcat完全一致*/
13        pf(sz1,sz2);                                /*也可以直接用指针调用*/
14        printf("\n%s",sz1);                         /*输出*/
15        getch();                                    /*等待，按任意键继续*/
16    }
```

输出结果为：

```
I Love China
China
```

【代码解析】代码 17-9 容易理解，关键在于第 3 行代码，此后，pFun 便可以作为"返回 char*，所带参数为两个 char*"函数指针类型助记符来使用，语句"**pFun pf=strcat;**"等价于"char* (*pf)(char*,char*)=strcat;"。

17.3.4　函数指针作函数参数

使用 typedef 为函数指针类型引入助记符后，便可以将函数指针作为另一个函数的参数。请读者看示例代码 17-10 体会之。

代码 17-10　函数指针作函数参数 FuncPointerAsAugment

```
<------------------------文件名：FuncPointerAsAugment.c------------------------>
01    #include <stdio.h>                              /*使用printf()要包含的头文件*/
02    #include <conio.h>
03    typedef char* (*pFun)(char*,char*);             /*使用typedef为函数指针类型引入助记符*/
04    void main(void)                                 /*主函数*/
05    {
06        char sz1[20]="I Love ";                     /*声明一个C风格字符串sz1*/
07        char sz2[20]="China";                       /*声明一个C风格字符串sz2*/
08        void fun(char*,char*,pFun);                 /*函数声明*/
09        fun(sz1,sz2,strcat);                        /*函数调用*/
10        fun(sz1,sz2,strcpy);                        /*函数调用*/
11        getch();                                    /*等待，按任意键继续*/
12    }
13
14    void fun(char* s,char* d,pFun p)                /*函数指针作参数*/
15    {
16        p(s,d);                                     /*利用传递进来的函数指针调用函数*/
```

```
17        printf("%s\n",s);                              /*输出*/
18    }
```

输出结果为：

```
I Love China
China
```

【代码解析】代码 17-10 中，函数 fun（代码第 14~18 行）的参数列表中包含着一个指向其他函数的指针 p，这样，在函数 fun 内便可以通过传递进来的指针 p 调用 p 所指向的函数，实现特定的功能。pFun 类型为返回 char*并带两个 char*参数的函数指针，因此，C 标准库中用以处理字符串的 strcat 和 strcpy 函数名都可以看成是 pFun 类型的常指针。

注意，如果使用 typedef 定义 pFun 类型，fun 函数可定义为如下形式：

```
void fun(char* s,char* d, char* (*p)(char*,char*))   /*函数指针作参数*/
{
  p(s,d);                                            /*利用传递进来的函数指针调用函数*/
  printf("%s\n",s);                                  /*输出*/
}
```

此时程序明显不如代码 17-10 易读、易理解。

17.3.5　函数指针数组

先复习一下指针数组的概念，当数组元素都是同种类型的指针时，该数组称为指针数组，如"int* A[3];"，即声明了一个指针数组 A，大小为 3，其中每个元素都是 int 型指针。如果数组元素都是指向同型函数（返回值类型相同，参数类型相同）的指针，该数组称为函数指针数组。来看一个例子：

```
double (*f[5])( );
```

f 是一个数组，有 5 个元素，元素都是函数指针，指向"没有参数且返回 double 类型的"函数。函数指针数组的使用方式和普通数组完全一致。来看一段示例代码 17-11。

代码 17-11　函数指针数组的应用 ArrayOfFuncPtr

```
<---------------------------文件名：ArrayOfFuncPtr.c--------------------------->
01    #include <stdio.h>                              /*使用printf()要包含的头文件*/
02    #include <conio.h>
03    void main(void)                                 /*主函数*/
04    {
05        char sz1[20]="I Love ";                      /*声明一个C风格字符串sz1*/
06        char sz2[20]="China";                        /*声明一个C风格字符串sz2*/
07        /*声明函数指针数组fun，并对其中元素进行初始化*/
08        char* (*fun[2])(char*,char*)={strcat,strcpy};
09        fun[0](sz1,sz2);                             /*函数调用*/
10        printf("%s",sz1);                            /*输出*/
11        fun[1](sz1,sz2);                             /*函数调用*/
12        printf("\n%s",sz1);                          /*输出*/
13        getch();                                     /*等待，按任意键继续*/
14    }
```

输出结果为：

```
I Love China
```

```
China
```

【代码解析】代码 17-11 中，第 8 行声明了一个函数指针数组 fun，有 2 个元素，每个元素都是指向返回 char*、带两个 char*参数的函数指针，同时，用 C 标准库函数名常指针 strcat 和 strcpy 为两个元素初始化。因此，后面便可采用下述形式调用 strcat 和 strcpy 函数：

```
fun[0](sz1,sz2);
fun[1](sz1,sz2);
```

如果采用 typedef 方式，可以有如下两种写法。

（1）为特定类型、特定大小的函数指针数组引入助记符，如：

```
typedef char* (*FuncSz[2])(char*,char*);
…
FuncSz fun={strcat,strcpy};
```

（2）仅仅为函数指针引入助记符，如：

```
typedef char* (*Func)(char*,char*);
…
Func fun[2]={strcat,strcpy};
```

比较而言，后面一种方式更符合传统的理解习惯。

17.3.6　指向函数指针的指针

再来看下述语句：

```
double (*f[5])( );
```

已经知道，数组名可作为指向数组首元素起始地址的常指针，那函数指针数组的数组名是什么呢？类推得出，函数指针数组名，对应上面语句中的 f，是指向函数指针的常指针。下述代码声明了一个指向函数指针的指针变量 p，并用 f 为其初始化。

```
double (**p)( )=f;
```

17.4　小结

在 C 语言中，指针是强大的工具，但正如快刀易伤手的道理一样，如果使用不当，可能会给程序带来灾难性的后果。特别是一些错误用法并不会被编译连接器察觉，到了执行阶段才逐渐体现，如内存泄漏、非法内存访问等。因此，掌握指针的用法是 C 语言初学者感觉头疼，但却必须吃透的难关。

本章先从指针和数组的关系入手，讨论了数组名常指针、指向数组的指针和指针数组的相关内容。指针不仅仅适用于 C 语言内置的类型，如 int、double 等，对自定义的类型，如结构体和共用体等，同样可以利用指针，结构体变量和共用体变量也可以作为数组的元素，构成结构数组。对结构体来说，访问其内部有两种方式，一种是"结构变量名.×××"，另一种是"指向结构变量的指针->×××"。

函数指针是本章讨论的另一个重要内容，数组名被解释为指向数组元素首地址的常量指针，函数名同样如此，可解释为指向函数在内存中对应的可执行代码块首地址的常指针。可以声明指向函数的指针，该指针可以像函数名一样使用，来调用其指向的函数。

有了前面介绍的 typedef，可以为函数指针类型引入新的助记符，该助记符可以被当作一个新的类型符来使用。而且，函数指针可以作为另一个函数的参数，以完成特定的功能。函数指针也能构成函数指针数组，以合理地组织程序结构。

17.5　习题

一、填空题

1. _____是用来操作地址的特殊数据类型。

2. 数组名是一种常指针（不能修改），其值等于_____，但其类型取决于_____。

3. 数组元素可以有两种方式来访问，分别是使用_____和使用_____。

4. _____是指一个指针变量，其指向的空间属于一个数组中的某一个元素。

二、上机实践

1. 请读者先来做个小测试，用变量名 p 给出下列有关指针的定义：

（1）一个指向整型数的指针。

（2）一个指向整型数指针的指针。

（3）一个有 10 个整型指针的数组。

（4）一个指向有 10 个整型数数组的指针。

（5）一个指向函数的指针，该函数有一个整型参数，并返回一个整型数。

（6）一个有 10 个指针的数组，该指针指向一个函数，该函数有一个整型参数，并返回一个整型数。

（7）一个指向函数指针的指针，所指向的函数有一个整型参数，并返回一个整型数。

【提示】本题是对指针的一个总结，如果你的回答不及格，请重新阅读本章。

2. 编写一个函数，通过指针实现两个数的交换。

【提示】

```
void main()
{
  int x,y;
  scanf("%d %d",&x,&y);
  int *p,*q;
  p=&x;
  q=&y;
  change(p,q);/*完成这个函数*/
  printf("%d,%d",x,y);
}
```

第 18 章 更深入的理解——函数进阶

第 10 章中已经讨论了函数的基础知识，读者对函数也有了基本的认识。本章从与函数关系最密切的调用和返回入手，在更深的层次上帮助读者理解函数。函数的参数传递有传值和传指针两种方式，从类型的角度上看，参数不仅可以是系统内建的数据类型，还可以是数组、结构等。此外，递归编程机制、带参主函数等都是本章讨论的重点内容。

本章包含的知识点有：

- ❏ 参数传递的原理
- ❏ 如何让函数返回值
- ❏ 函数与结构体的应用
- ❏ 函数与数组的应用
- ❏ 递归编程的原理

18.1 参数传递的副本机制

如果将函数比作剧本，那形参和实参就相当于角色和演员，函数的参数传递有传值和传地址两种方式。传值调用时，在函数内对形参的改变不会影响实参，要想在函数内对实参进行操作，必须采用传地址调用的方式。这是形象化的理解，从本质上说，这是由参数传递的副本机制决定的。

副本机制是指 copy（复制）的思想，不论是传值调用还是传址调用，系统都要为每个参数制作临时副本，或称复制。函数体中对参数的修改都是对副本的修改，下面具体分析。

18.1.1 传值调用的副本

传值调用的情况相对简单，不论传递的参数如何，系统都为这些参数制作临时副本，函数体中对参数的修改都是针对副本进行的，丝毫不会影响传来的参数。试通过示例代码 18-1 体会传值调用的副本机制。

代码 18-1 传值调用的副本机制 CopyOfValue

```
<------------------------文件名：CopyOfValue.c---------------------------->
01   #include <stdio.h>                              /*使用printf()要包含的头文件*/
02   #include <conio.h>
03   void swap2Variable(int a,int b)                 /*函数头*/
04   {
05       /*输出函数执行时，形参（副本）的内存地址*/
06       printf("a在内存中的地址为%p, b在内存中的地址为%p\n",&a,&b);
07       int temp;                                   /*临时变量，交换的中间媒介*/
08       temp=a;
```

```
09          a=b;
10          b=temp;
11      }
12      void main(void)                                          /*主函数*/
13      {
14          /*声明两个变量num1和num2并初始化*/
15          int num1=3,num2=5;
16          /*输出num1和num2的内存地址*/
17          printf("num1在内存中的地址为%p, num2在内存中的地址为%p\n",&num1,&num2);
18          swap2Variable(num1,num2);                            /*函数调用*/
19          getch();                                             /*等待，按任意键结束*/
20      }
```

输出结果为：

```
num1在内存中的地址为0x0012ff6c, num2在内存中的地址为0x0012ff68
a在内存中的地址为0x0012ff5c, b在内存中的地址为0x0012ff60
```

> **提示**　操作系统和编译器的不同可能会导致输出的地址与上面给出的结果不同。

【代码解析】代码 18-1 的输出结果很好地体现了 C 语言函数传值调用时的副本机制，main()函数中声明的变量 num1 和 num2 在内存中的地址分别是 0x0012ff6c 和 0x0012ff68，当执行到第 18 行语句时，将 num1 和 num2 作为参数传递给函数 swap2Variable 时，该函数并不是直接将 num1 当成 a，将 num2 当成 b，而是新建了参数 a 和 b，换言之，又在内存的 0x0012ff5c 和 0x0012ff60 处分别开辟了两块内存，表示 a 和 b，而函数中对 a 和 b 的操作是对 0x0012ff5c 和 0x0012ff60 处对应变量的操作，而不是对 num1 和 num2 的操作。所谓的传递，仅仅是将 0x0012ff6c 处 num1 的值复制给 0x0012ff5c 处的变量 a，将 0x0012ff68 处变量 num2 的值复制给 0x0012ff60 处的变量 b。

因此，代码 18-1 试图用函数 swap2Variable 交换 num1 和 num2 的值，不会成功。

18.1.2　传址调用的副本机制

相比传值调用，传址调用似乎要复杂一点，但是要知道，传址调用也是通过副本机制，便能很好地理解传址调用的机理。同样从一个简单例子入手，见示例代码 18-2。

代码 18-2　传址调用的副本机制 CopyOfPtr

```
<---------------------文件名：CopyOfPtr.c--------------------->
01      #include <stdio.h>                                      /*使用printf()要包含的头文件*/
02      #include <conio.h>
03      void swap2Variable(int* a,int* b)                       /*函数头*/
04      {
05          /*输出函数执行时，形参（副本）的内存地址*/
06          printf("a在内存中的地址为%p, b在内存中的地址为%p\n",&a,&b);
07          /*输出函数执行时，形参（副本）的值*/
08          printf("a的值为%p, b的值为%p\n",a,b);
09          int temp;                                            /*临时变量，交换的中间媒介*/
10          temp=*a;
11          *a=*b;
12          *b=temp;
13      }
14      void main(void)                                          /*主函数*/
```

```
15  {
16      /*声明两个变量num1和num2并初始化*/
17      int num1=3,num2=5;
18      /*输出num1和num2的内存地址*/
19      printf("num1在内存中的地址为%p, num2在内存中的地址为%p\n",&num1,&num2);
20      /*声明一个int型的指针pNum1, 使其指向num1*/
21      int *pNum1=&num1;
22      /*声明一个int型的指针pNum2, 使其指向num2*/
23      int *pNum2=&num2;
24      /*输出pNum1和pNum2在内存中的地址, 实参*/
25      printf("pNum1在内存中的地址为%p, pNum2在内存中的地址为%p\n",&pNum1,&pNum2);
26      /*输出实参pNum1和pNum2的值*/
27      printf("pNum1的值为%p, pNum2的值为%p\n",pNum1,pNum2);
28      swap2Variable(pNum1,pNum2);                 /*函数调用*/
29      getch();                                    /*等待, 按任意键结束*/
30  }
```

输出结果为：

```
num1在内存中的地址为0x0012ff64, num2在内存中的地址为0x0012ff60
pNum1在内存中的地址为0x0012ff6c, pNum2在内存中的地址为0x0012ff68
pNum1的值为0x0012ff64, pNum2的值为0x0012ff60
a在内存中的地址为0x0012ff54, b在内存中的地址为0x0012ff58
a的值为0x0012ff64, b的值为0x0012ff60
```

【代码解析】传值调用时,实参和形参均为指针类型,实参 pNum1 在内存中的地址为 0x0012ff6c, pNum2 在内存中的地址为 0x0012ff68。当执行第 28 行语句调用函数时, 在内存的 0x0012ff54 和 0x0012ff58 处分别创建指针变量 a 和 b, a 和 b 可以看成是 pNum1 和 pNum2 的副本。而后, 将 pNum1 和 pNum2 的值赋值给 a 和 b, 所以在 swap2Variable 函数内, a 的值为 0x0012ff64, b 的值为 0x0012ff60, 通过指针 a 和 b 间接引用、修改, 即完成了对 num1 和 num2 的操作。所以, 代码 18-2 能成功地交换 num1 和 num2 的值。

在传址调用时, 形参和实参均是指针类型, 尽管在内存中的位置不同（副本）, 但其值相同, 即指向同一块内存区域, 所以在函数中对形参所指向内存的操作实际上相当于对实参指向内存的操作。

理解了传址调用时的副本机制后, 试分析代码 18-3 有什么问题。

代码 18-3　动态内存申请出错 GetMemory

```
<-------------------------文件名: GetMemory.c-------------------------->
01  #include <stdio.h>                          /*使用printf()要包含的头文件*/
02  #include <conio.h>
03  void GetMemory(char* p,int num)             /*定义函数GetMemory*/
04  {
05      p=(char*)malloc(sizeof(char)*num);       /*动态申请内存*/
06  }
07  void main(void)                             /*主函数*/
08  {
09      char* str=NULL;                          /*声明一char型指针str并初始化为NULL*/
10      GetMemory(str,10);                       /*调用函数GetMemory*/
11      if(str!=NULL)                            /*判断动态内存是否申请成功*/
12          strcpy(str,"Hello,C");               /*将一个C风格字符串复制给str*/
```

```
13          printf("%s",str);
14          free(str);                              /*释放动态申请的内存*/
15          getch();                                /*等待，按任意键结束*/
16      }
```

输出结果为：

```
(null)
```

【代码解析】问题出在函数 GetMemory 的定义上，在使用第 10 行语句调用函数时，第 3 行中的 p 实际上是主函数中 char 型指针 str 的一个副本，第 5 行语句是为副本 p 动态申请新内存，只是把 p 指向的内存地址改变了，但 str 丝毫没有变化，所以函数调用完毕后，str 仍为 NULL。下述防错处理语句：

```
if(str!=NULL)                                   /*判断动态内存是否申请成功*/
    strcpy(str,"Hello,C");                      /*将一个C风格字符串复制给str*/
```

因为 str 恒为 NULL，strcpy 操作永远也不会发生。同样，语句"free(str);"进行的一直是释放空指针的操作，而不是将函数中申请的动态内存释放，所以，每执行一次 GetMemory 函数，就会为副本 p 动态申请一块新的内存，在 main() 函数执行结束，整个程序退出前，这块内存得不到有效释放，从而造成内存泄漏。

如果要使用指针参数动态申请内存，可使用指向指针的指针，传 str 的地址给 GetMemory 函数，如代码 18-4 所示。

代码 18-4　传递指针的指针成功申请动态内存 GetMemorySunccess1

```
<-------------------文件名：GetMemorySunccess1.c----------------------------->
01  #include <stdio.h>                          /*使用printf()要包含的头文件*/
02  #include <conio.h>
03  void GetMemory(char** p,int num)            /*定义函数GetMemory*/
04  {
05      *p=(char*)malloc(sizeof(char)*num);     /*动态申请内存*/
06  }
07  void main(void)                             /*主函数*/
08  {
09      char* str=NULL;                         /*声明一char型指针str并初始化为NULL*/
10      GetMemory(&str,10);                     /*调用函数GetMemory*/
11      if(str!=NULL)                           /*判断动态内存是否申请成功*/
12          strcpy(str,"Hello,C");              /*将一个C风格字符串复制给str*/
13      printf("%s",str);
14      free(str);                              /*释放动态申请的内存*/
15      getch();                                /*等待，按任意键结束*/
16  }
```

输出结果为：

```
Hello,C
```

【代码解析】代码 18-4 成功地为 str 申请到了动态内存，尽管二级指针 p 仍是 &str 的副本，但由于 p 和 &str 的值相同，因此，p 指向的内存区域即是 str，通过间接引用*p 申请动态内存实际上就是为 str 申请了动态内存。

下节中，还会介绍如何通过函数返回值传递动态内存。同样地，函数返回值也存在副本机制。

18.2　函数返回值的副本机制

如果要细分，函数返回值也可以认为存在传值和传址两种方式。函数返回值同样也是根据副本机制来处理的，下面首先来回顾函数返回的流程。

当执行到 return 语句时，return 的值被复制到某个内存单元或寄存器中，其地址是由系统来维护的，程序员无法直接访问该地址，也就是说，在函数执行完毕，相关现场被撤销前，返回的值被复制保存到了某个地方，系统访问该位置即可知道函数的返回值。该位置即可看成是函数中返回值的副本。

对函数返回值取地址是不合法的。即假设存在如下函数：

```
int A(int b,int c);
```

不允许使用如下形式的语句：

```
&A(3,4);
```

18.2.1　return 局部变量为什么合法

函数返回值的副本机制很好地解释了为什么 return 一个局部变量是合法的。来看以下简单的求和函数代码：

```
int sum(int a,int b)      /*函数定义*/
{
    int c=a+b;            /*局部变量c*/
    return c;             /*返回*/
}
...
int d=sum(1,2);          /*函数调用*/
```

来看语句"int d=sum(1,2);"，该语句先执行函数 sum()，sum()函数执行完毕后将结果赋值给 int 型变量 d，如果从字面上理解，是将 c 赋值给 d，但在执行赋值操作时，由于函数 sum()已经执行完毕返回，函数中的局部变量 c 已被撤销，不存在了。实际上，在 c 被撤销前，函数已经为返回值 c 创建了副本，保存在特定的位置上，赋值操作是由该位置处的副本完成的。形象的示意如图 18-1 所示。

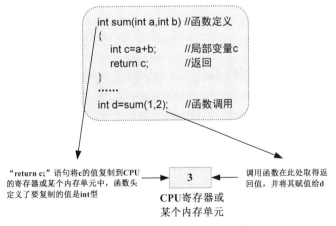

图 18-1　函数返回的副本机制

18.2.2　返回指针申请动态内存

下面来看一下如何通过返回指针在函数中动态申请内存，试比较代码 18-5 与代码 18-4 的异同。

代码 18-5　通过返回指针传递动态内存 GetMemorySunccess2

```
<------------------------文件名：GetMemorySunccess2.c------------------------->
01   #include <stdio.h>                              /*使用printf()要包含的头文件*/
02   #include <conio.h>
03   char* GetMemory(int num)                        /*定义函数GetMemory*/
04   {
05       char* p=(char*)malloc(sizeof(char)*num);    /*动态申请内存*/
06       return p;
07   }
08   void main(void)                                 /*主函数*/
09   {
10       char* str=NULL;                             /*声明一char型指针str并初始化为NULL*/
11       str=GetMemory(10);                          /*调用函数GetMemory*/
12       if(str!=NULL)                               /*判断动态内存是否申请成功*/
13           strcpy(str,"Hello,C");                  /*将一个C风格字符串复制给str*/
14       printf("%s",str);
15       free(str);                                  /*释放动态申请的内存*/
16       getch();                                    /*等待，按任意键结束*/
17   }
```

输出结果为：

```
Hello,C
```

【代码解析】 代码 18-5 中，若函数 GetMemory 中动态内存申请成功，则指针 p 的值发生改变，操作 "return p;" 在局部指针 p 被撤销前为其在特定位置处创建副本，并赋值给 str，也就是说，str 成功地指向了函数中动态申请的内存。

代码 18-5 的成功执行说明：函数执行完毕返回时，尽管函数内定义的局部变量等会被撤销，但函数中动态申请的内存并不会被自动释放。动态内存只在以下两种情况下得到回收与再利用。

（1）程序员显式地对动态申请的内存进行释放。

（2）整个程序运行结束时，操作系统会回收该程序占用的内存。

程序员应特别注意函数中申请的动态内存的处理，以免发生内存泄漏，而且，寄希望于操作系统回收动态内存是不明智的，因为你无法保证别人不会将有内存泄漏隐患的代码用到别的地方。

18.2.3　不要返回指向栈内存的指针

动态申请内存是在堆中完成的，而函数返回不会释放堆内存，但不要忘记，函数返回时，栈内存中的内容会被自动清除，因此，不要返回指向栈内存的指针。

试分析代码 18-6 的问题所在。

代码 18-6　返回指向栈内存的指针 PtrToStackMemory

```
<------------------------文件名：PtrToStackMemory.c------------------------->
01   #include <stdio.h>                              /*使用printf()要包含的头文件*/
02   #include <conio.h>
03   char* GetMemory(void)                           /*定义函数GetMemory*/
```

```
04      {
05          char p[]="Hello,C";                        /*栈内存中开辟字符串*/
06          return p;                                  /*返回局部指针*/
07      }
08      void main(void)                                /*主函数*/
09      {
10          char* str=NULL;                            /*声明一char型指针str并初始化为NULL*/
11          str=GetMemory();                           /*调用函数GetMemory*/
12          if(str!=NULL)                              /*判断动态内存是否申请成功*/
13              strcpy(str,"Hello,C");                 /*将一个C风格字符串复制给str*/
14          printf("%s",str);
15          getch();                                   /*等待，按任意键结束*/
16      }
```

输出结果为：

```
p?|                    (乱码)
```

【代码解析】 代码 18-6 输出了乱码，这是因为 GetMemory 函数返回的指向栈内存的指针的地址不是 NULL，但由于函数执行完毕后，栈内存原有的内容被清除，该位置处的新内容不可知。对 LCC 编译器来说，编译器会给出如下的警告信息，提示不要返回指向局部内存的指针。

```
Warning pointer to local 'p' is an illegal return value
```

18.2.4　返回指向只读存储区的指针

如果将代码 18-6 中的 GetMemory 函数修改如下，结果会怎样？

```
char* GetMemory(void)                          /*定义函数GetMemory*/
{
  char* p="Hello,C";                           /*栈内存中开辟字符串*/
  return p;                                    /*返回局部指针*/
}
```

"Hello,C"作为常量字符串，位于程序的只读存储区（.rodata），此时，返回指向只读存储区的指针 p 并没有问题，但该指针只能用于输出，而不能用于输入、改写。

18.3　函数与结构体

结构体可以看成一种数据组织方式，将很多不同类型的相关数据打包，构成一种新的类型。从这种意义上说，结构体变量完全可以当成一种普通类型的变量来使用。结构体变量作函数参数时，也有传值和传址两种方式，函数返回也是如此，既可以返回结构体变量，也可以返回指向非局部结构体变量的指针。

18.3.1　结构体变量的传值和传址调用

采用值传递时，在函数内将生成实参的"复制品"，如果参数多是像 int、char 之类的简单变量，则这些变量占用的内存并不多，复制也快。但结构或共用体变量往往由多个成员变量组成，占用内存多，如果复制一份，会造成时间和空间双重浪费。采用址传递不会造成时空浪费，因为不管是多么复杂的结构类型，指针参数只占 4 个内存字节。

来看一段简单的示例代码 18-7，演示如何在函数中进行结构体变量传值和传址调用。

代码 18-7　结构体变量的传值和传址调用 StructCircle

```
<----------------------------------文件名：StructCircle.c---------------------------->
01    #include <stdio.h>                              /*使用printf()要包含的头文件*/
02    #include <conio.h>
03    struct Circle                                   /*定义一个圆结构*/
04    {
05        int x;                                      /*圆心的x坐标*/
06        int y;                                      /*圆心的y坐标*/
07        double radius;                              /*圆的半径*/
08    };
09    void main(void)                                 /*主函数*/
10    {
11        struct Circle C={3,4,10};                   /*创建结构体变量C*/
12        void print(struct Circle c);                /*函数声明*/
13        void enlarge(struct Circle* pC,int n);      /*函数声明*/
14        print(C);                                   /*输出信息*/
15        enlarge(&C,2);                              /*扩大半径*/
16        print(C);
17        getch();                                    /*等待，按任意键结束*/
18    }
19    void print(struct Circle c)                     /*print函数，输出圆的信息*/
20    {
21        printf("圆心坐标是（%d, %d）\n",c.x,c.y);     /*圆心坐标信息*/
22        printf("半径大小为%f\n",c.radius);            /*半径信息*/
23    }
24    void enlarge(struct Circle* pC,int n)           /*将圆的半径扩大n倍*/
25    {
26        pC->radius=pC->radius*n;
27    }
```

输出结果为：

```
圆心坐标是（3, 4）
半径大小为10.000000
圆心坐标是（3, 4）
半径大小为20.000000
```

【代码解析】第 3~8 行定义了一个结构体 Circle，然后通过第 19~27 行定义的两个函数对此结构体进行操作，一个输出了圆的坐标和半径信息；一个将圆的半径扩大了 2 倍。

总的来说，用结构体变量作函数参数属于多值传递，需要对整个结构体做一份完整复制，浪费 CPU 时间和存储空间，效率相对较低；而传址调用仅仅复制一份指针，效率高。

18.3.2　结构体变量的成员作为函数参数

结构体变量的数据成员作函数实参时，结构体变量的数据成员可以当成是普通变量来使用。同样存在传值和传址两种函数调用方式，改写代码 18-7，如代码 18-8 所示。

代码 18-8　结构体变量的成员作函数实参 StructMemberAsAugment

```
<---------------------文件名：StructMemberAsAugment.c-------------------->
01    #include <stdio.h>                              /*使用printf()要包含的头文件*/
02    #include <conio.h>
03    struct Circle                                   /*定义一个圆结构*/
```

```
04   {
05       int x;                                    /*圆心的x坐标*/
06       int y;                                    /*圆心的y坐标*/
07       double radius;                            /*圆的半径*/
08   };
09   void main(void)                               /*主函数*/
10   {
11       struct Circle C={3,4,10};                 /*创建结构体变量C*/
12       void print(int x,int y,double radius);    /*函数声明*/
13       void enlarge(double* radius,int n);       /*函数声明*/
14       print(C.x,C.y,C.radius);                  /*输出信息*/
15       enlarge(&C.radius,2);                     /*扩大半径*/
16       print(C.x,C.y,C.radius);
17       getch();                                  /*等待，按任意键结束*/
18   }
19   void print(int x,int y,double radius)         /*print函数，输出圆的信息*/
20   {
21       printf("圆心坐标是（%d, %d）\n",x,y);         /*圆心坐标信息*/
22       printf("半径大小为%f\n",radius);              /*半径信息*/
23   }
24   void enlarge(double* radius,int n)            /*将圆的半径扩大n倍*/
25   {
26       *radius=(*radius)*n;
27   }
```

输出结果为：

```
圆心坐标是（3, 4）
半径大小为10.000000
圆心坐标是（3, 4）
半径大小为20.000000
```

【代码解析】 由代码 18-8 可以看出，将结构体变量的数据成员传递给函数时，其使用方法与普通的变量并没有区别。

18.3.3　返回结构体的函数

如果函数的返回值是某个结构体变量，常称该函数为结构体型函数。结构体型函数定义的基本格式为：

```
struct 结构体名 函数名(形参列表)
{
    函数体；
}
```

声明一个结构体型函数时也不要遗漏 struct 关键字。

```
struct 结构体名 函数名(形参列表)；
```

来看一段示例代码 18-9。

代码 18-9　结构体型函数范例 ReturnStruct

```
<-----------------------文件名：ReturnStruct.c----------------------->
01   #include <stdio.h>                            /*使用printf()要包含的头文件*/
02   #include <conio.h>
03   struct Point                                  /*定义一个点结构*/
```

```
04  {
05      int x;                                            /*点的x坐标*/
06      int y;                                            /*点的y坐标*/
07  };
08  void main(void)                                       /*主函数*/
09  {
10      struct Point GetInfo(void);                       /*函数声明*/
11      void print(struct Point );                        /*函数声明*/
12      struct Point C;                                   /*创建结构体变量C*/
13      C=GetInfo();
14      print(C);                                         /*输出信息*/
15      getch();                                          /*等待，按任意键结束*/
16  }
17  struct Point GetInfo()                                /*结构体型函数定义*/
18  {
19      struct Point temp;                                /*局部结构体变量定义*/
20      printf("请依次输入点的x坐标、y坐标，用空格隔开\n");    /*输出提示信息*/
21      scanf("%d%d",&temp.x,&temp.y);                     /*读取输入*/
22      return temp;                                      /*返回*/
23  }
24  void print(struct Point c)                            /*print函数，输出点的信息*/
25  {
26      printf("点的坐标是（%d, %d）\n",c.x,c.y);           /*输出坐标信息*/
27  }
```

输出结果为：

```
请依次输入点的x坐标、y坐标，用空格隔开
5 6                              （键盘输入）
点的坐标是（5, 6）
```

　　【代码解析】代码18-9的关键在于第17~23行的GetInfo函数，temp是在函数内定义的局部结构体变量，在函数执行完毕返回时，temp将被撤销。但由于函数返回的副本机制，在被撤销前，在内存的其他位置处为temp开辟副本，实现结构体数据成员值的传递。

18.3.4　返回结构体指针的函数

　　结构体指针同样可以作为函数的返回类型，前提是该指针不是指向栈内存的，换句话说，该指针不是指向局部结构体变量的。与返回结构体变量相比，返回结构体指针大大节省了函数返回时创建副本的时空开销，有较高的执行效率。

18.4　函数与数组

　　数组是一种使用广泛的数据结构，数组名和数组元素都可以作为函数的参数，实现函数间的数据传递和共享。此外，由于数组名和指针的对应关系，在一些需要指针型参数的场合，可以用数组名（即常指针）作函数参数。

18.4.1　数组元素作为函数参数

　　数组元素作为函数参数和上节讨论的"结构体变量的成员作函数参数"类似，从数组元素可以

当成是普通的变量（内置类型的变量或自定义的结构变量）来看，也就是说，一个数组元素实质上就是一个同类型的普通变量，只要是可以使用该类型变量的场合，都可以使用数组元素。

来看一段示例代码 18-10。

代码 18-10　数组元素作为函数参数 ArrayElementAsAugment

```
<---------------------------文件名：ArrayElementAsAugment.c--------------------------->
01   #include <stdio.h>                              /*使用printf()要包含的头文件*/
02   #include <conio.h>
03   void main(void)                                 /*主函数*/
04   {
05       int p[5]={3,4,5,6,7};                       /*声明一个大小为5的数组p*/
06       void print(int x);                          /*函数声明*/
07       void doubleValue(int* x);                   /*函数声明*/
08       int i=0;                                    /*循环控制变量*/
09       for(i=0;i<5;i++)
10           print(p[i]);                            /*数组元素传值调用*/
11       for(i=0;i<5;i++)
12           doubleValue(&p[i]);                     /*数组元素传址调用*/
13       printf("\n");
14       for(i=0;i<5;i++)
15           print(p[i]);                            /*再次输出，验证传址调用是否成功*/
16       getch();                                    /*等待，按任意键结束*/
17   }
18   void print(int x)                               /*print函数，输出数组元素*/
19   {
20       printf("%d ",x);
21   }
22   void doubleValue(int* x)                        /*将数组元素的值扩大一倍*/
23   {
24       *x=(*x)*2;
25   }
```

输出结果为：

```
3 4 5 6 7
6 8 10 12 14
```

【代码解析】 由代码 18-10 可见，数组元素作函数参数时，数组元素是被当成是同类型的普通变量来使用的，同样有传值和传址两种方式。

18.4.2　数组名作为函数参数

数组名既可以作为函数的形参，也可以作为函数的实参。数组名实际上是数组元素的首地址，所以，数组名作函数参数属于传址调用。先来看一段示例代码 18-11。

代码 18-11　数组名作函数参数 ArrayAsAugment

```
<---------------------------文件名：ArrayAsAugment.c--------------------------->
01   #include <stdio.h>                              /*使用printf()要包含的头文件*/
02   #include <conio.h>
03   void main(void)                                 /*主函数*/
04   {
05       int p[5]={3,4,5,6,7};                       /*声明一个大小为5的数组p*/
```

```
06          void print(int[],int);                    /*函数声明*/
07          void doubleValue(int[],int);              /*函数声明*/
08          print(p,5);
09          doubleValue(p,5);
10          printf("\n");
11          print(p,5);
12          getch();                                  /*等待，按任意键结束*/
13      }
14      void print(int x[],int n)                     /*print函数，输出数组元素*/
15      {
16          for(int i=0;i<n;i++)
17              printf("%d ",x[i]);
18      }
19      void doubleValue(int x[],int n)               /*将数组元素的值扩大一倍*/
20      {
21          for(int i=0;i<n;i++)
22              x[i]=x[i]*2;
23      }
```

输出结果为：

```
3 4 5 6 7
6 8 10 12 14
```

【代码解析】 使用数组名作参数，传递给形参的实际上是数组在内存中的地址。print 和 doubleValue 函数中声明的形参数组 x 并不意味着真正建立一个包含若干元素的数组，在函数调用时也不会为 x 分配数组内存，x 仅仅是个"指针"。上述两个函数等价于如下形式：

```
void print(int *x, int n)                        /*print函数，输出数组元素*/
{
  for(int i=0;i<n;i++)
    printf("%d ",*(x+i));
}
void doubleValue(int *x,int n)                   /*将数组元素的值扩大一倍*/
{
  for(int i=0;i<n;i++)
    *(x+i)=(*(x+i))*2;
}
```

上面的函数形式可能更容易理解。由于是传址调用，因此，当函数中形参数组元素值发生变化时，实参数组的对应元素值也随之改变。

数组名可视为指向其元素首地址的常指针，因此，当形参为指针类型时，可直接用数组名作实参。

可以看出，数组名作函数参数时，其退化成一个指针，而且，数组的大小不会自动传递到函数中，这就是两个函数 print 和 doubleValue 都有一个 int 型参数 n 的原因。也就是说，即使函数 print 定义为如下形式：

```
void print(int x[5],int n) /*等价于void print(int x[ ], int n) */
{
  ...
}
```

编译器对方括号中的内容不予处理，数组的大小需要人为显式地传递到函数中。

用数组名作函数参数时，有以下几点要特别注意：

（1）实参数组和形参数组类型要一致，否则容易导致出错。

（2）形参只是个起始地址，并非真正的数组，传递时只是将实参数组的首地址传递给形参，因此，可以用同类型的指针作实参，给数组形参传址，前提是操作的内存区域合法。请读者来对代码 18-11 进行修改，将其中的语句：

```
doubleValue(p,5);
```

修改为：

```
doubleValue(&p[2],3);
```

重新编译运行，程序输出结果变为：

```
3 4 5 6 7
3 4 10 12 14
```

&p[2]实际上是将数组 p 第 3 个元素的地址传递给了实参 x，这样，x[0]实际上对应的是 p[3]，x[1]对应的是 p[4]，依次类推。

18.4.3　多维数组名作为函数参数

如果数组是二维甚至更高维的，在函数参数列表中的形参数组，除第一维外，其余各维的长度说明必须给出，因为多维数组元素的存放是按连续地址进行的。同时，编译器自动忽略掉第一维方括号中的内容。来看示例代码 18-12。

代码 18-12　二维数组名作函数参数 MultiDimensionArray

```
<---------------------文件名：MultiDimensionArray.c--------------------->
01    #include <stdio.h>                          /*使用printf()要包含的头文件*/
02    #include <conio.h>
03    void main(void)                             /*主函数*/
04    {
05        void print(int x[][4],int n);           /*函数声明*/
06        int p[3][4] = {1,2,3,4,5,6,7,8,9,10,11,12};  /*声明一3×4的二维数组*/
07        print(p,3);
08        printf("-----------------\n");
09        print(p+1,2);
10        getch();                                /*等待，按任意键结束*/
11    }
12    void print(int x[][4],int n)                /*除第一维外，其他维的大小应指定*/
13    {
14        for(int i=0;i<n;i++)
15        {
16            for(int j=0;j<4;j++)
17                printf("%d ",x[i][j]);          /*输出一行*/
18            printf("\n");                       /*换行*/
19        }
20    }
```

输出结果为：

```
1  2  3  4
5  6  7  8
9  10  11  12
```

励志照亮人生　编程改变命运

```
------------------
5  6  7  8
9  10  11  12
```

【代码解析】为更容易理解代码 18-12，不妨将函数 print 改写为如下等价形式：

```
void print(int (*x)[4],int n)
{
...
}
```

形参 x 接收的实际是指向一大小为 4 的一维数组的指针，因此，函数调用"print(p,3);"和"print(p+1,2);"得到了如上所示的输出结果。

18.4.4　数组名作函数参数时的退化

数组名作函数参数时，仅仅相当于一个指针，函数无法得到数组的大小，如果在函数中需要用到数组的大小，必须显式以参数传递的形式来完成。下面的代码验证了这一说法，请读者先来判断一下代码 18-13 会输出什么样的结果。

代码 18-13　数组名在函数内的退化 SizeOfArrayName

```
<---------------------------文件名：SizeOfArrayName.c------------------------->
01   #include <stdio.h>                                /*使用printf()要包含的头文件*/
02   #include <conio.h>
03   void main(void)                                    /*主函数*/
04   {
05       int p[50]={1};              /*声明一个大小为50的数组p,第一个元素初始化为1，其余为0*/
06       printf("数组大小：%d \n",sizeof(p));            /*输出数组大小*/
07       void print(int[]);                             /*函数声明*/
08       print(p);                                      /*函数调用*/
09       getch();                                       /*等待，按任意键结束*/
10   }
11   void print(int x[])                                /*print函数，输出数组大小*/
12   {
13           printf("函数内数组大小：%d ",sizeof(x));
14   }
```

输出结果为：

```
数组大小：200
函数内数组大小：4
```

【代码解析】代码 18-13 说明，数组名在函数传递过程中仅仅相当于一个指针，数组大小的信息并不会通过数组名传递到函数中。

18.5　递归

递归是程序设计中的一种算法，或者说是一种编程机制。一个函数直接调用自己本身或者通过调用其他函数来间接地调用自己本身，称为递归函数。

18.5.1　递归流程

简单地说，递归就是编写这样一个特殊的函数，该函数体中有一个语句用于调用函数本身，称为递归调用。递归函数实现了自我的嵌套执行。先来看一个递归应用最广泛的例子：计算 N 的阶乘 N！。由数学知识，我们知道：

$$\begin{cases} N! = N \times (N-1) \times (N-2) \times \cdots \times 3 \times 2 \times 1 \\ 0! = 1 \end{cases}$$

没有学递归之前，可能想到会用循环来做。编写计算阶乘的函数如下：

```
int  f(int n)                                    /*求阶乘的函数f*/
{
    int res=1;                                   /*声明局部变量，记录结果*/
    for(int i=n;i>1;i--)                         /*循环体*/
        res*=i;
    return res;                                  /*返回*/
}
```

采用递归流程求解阶乘，如代码 18-14 所示。

代码 18-14　使用递归编程求解阶乘 Iteration

```
<----------------------------文件名: Iteration.c---------------------------->
01    #include <stdio.h>                          /*使用printf()要包含的头文件*/
02    #include <conio.h>
03    int f(int n)                                /*计算阶乘的函数*/
04    {
05        printf("求解%d的阶乘\n",n);
06        if(n==1)
07            return 1;
08        else
09            return f(n-1)*n;
10    }
11    void main(void)                             /*主函数*/
12    {
13        int n=1,res=1;                          /*n用于接收用户输入，res用于存储结果*/
14        printf("请输入一个整数\n");
15        scanf("%d",&n);                         /*读取输入*/
16        res=f(n);
17        printf("%d的阶乘为%d",n,res);
18        getch();                                /*等待，按任意键结束*/
19    }
```

输出结果为：

```
请输入一个整数
5                               (键盘输入)
求解5的阶乘
求解4的阶乘
求解3的阶乘
求解2的阶乘
求解1的阶乘
5的阶乘为120
```

【代码解析】代码 18-14 的函数 f 中，当 n>1 时，返回调用自身，将参数修正为 n-1，如此下去，直到参数变成 1，返回 1，而后层层返回，得到正确的结果。以输入的数字 5 为例，f(5)的值为 5×f(4)，f(4)的值为 4×f(3)，……，当 n=1 时递归停止，逐步返回到第一次调用处，返回结果为 5×4×

$3 \times 2 \times 1=120$。

　　递归函数的执行总是一个函数体尚未执行完，就带着本次执行的结果又进入另一轮函数体的执行，如此反复，不断深入，直到某次执行达到递归的终止条件，则不再深入；执行本次函数体剩余的部分，返回上一次调用的函数体中，执行余下的部分；而后，层层返回，最后回到起始位置，结束整个递归过程，得到相应的结果。

　　递归的核心就是"逐步深入，而后又逐步返回"。

18.5.2　递归两要素

　　递归要成功，离不开两点，一是递归递进机制，二是递归终止条件。递进机制应保证每次调用都向调用终止靠近一步，在代码18-14中，f(5)调用f(4)，f(4)调用f(3)，……，一步步靠近f(1)这一终止条件。这保证了递归调用正常结束，不致出现无限循环，导致因系统内存耗尽而崩溃。通常用参数对调用过程进行判断，以便在合适的时候切断调用链，如代码18-14中的"if(n==1){……}"结构。

　　对于数值型问题，首先要找出解题的数学公式，这个公式必须是递归定义的，且所处理的对象要有规律地递增或递减；然后确定递归结束条件。例如，计算 x^n、计算前 n 个自然数的和及求解最大公约数等，都有递归计算的数学公式，此时就可以利用递归的方法来解决问题。

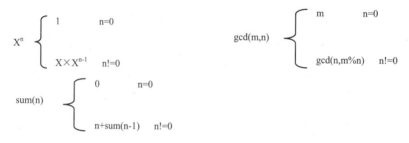

$$X^n \begin{cases} 1 & n=0 \\ X \times X^{n-1} & n!=0 \end{cases} \qquad gcd(m,n) \begin{cases} m & n=0 \\ gcd(n,m\%n) & n!=0 \end{cases}$$

$$sum(n) \begin{cases} 0 & n=0 \\ n+sum(n-1) & n!=0 \end{cases}$$

　　只要有递推的数学公式，以及结束条件，则问题很容易利用递归来解决。递归函数的一般定义形式为：

```
返回值类型    fun(形参)/* fun表示函数的名称*/
{
 /*变量声明*/
 if (结束条件)
 /(*返回值*/
 else   /*继续计算*/
 ...
}
```

　　以计算 x^n 为例，递归函数可以书写为下面的代码段：

```
long xn(int x,int n)
{
 long f=0;
 if (n<0) printf("n<0,data error!\n");
 else if (n==0) f=1;        /*结束条件*/
 else f=x*xn(x,n-1);         /*继续递归计算n-1次幂的值*/
```

```
    return (f);
}
```

有些问题不能直接用数学公式求解。非数值型问题比数值型问题更难找出递归的算法，它不能用一个递归公式表示。解决这类问题首先要把问题由大化小，由繁化简。将一个复杂的问题化解成若干个相对简单的小问题，而某个小问题的解法与原问题解法相同，并且越来越简单直至有确定的解。比如反向输出给定的整数以及数制之间的转换问题等等，以反向输出数据为例：给定整数是12345，要求输出 54321。

问题分析：

（1）输出一个数字，正反都一样。

（2）输出给定的 n 位整数的个位上的数字，可以用对 10 求余数的方法得到。

（3）把给定的 n 位整数除以 10，由于都是整数，可以得到这个整数的前 n-1 位。

（4）原问题被缩减为 n-1 位整数反向输出问题。

（5）如果 n-1 为 1（结束条件）则执行（6），否则循环再执行（2）。

（6）递归调用结束。

例如，给定整数为 12345，那么具体的过程可以表示成：

函数的算法可以表示成：

```
反向输出（整数 N）
{  if（N >=10）then
   {  输出最后一位；
      N 除以10取整 NN-1；
      调用反向输出（ NN-1）；
   }else
      输出 N；
}
```

函数设计的时候要关注两个问题：

❑ 如何化简问题。只要问题化简正确，化简后的工作由递归解决（本题化简为一个数字、N-1个数字）。

❑ 递归结束的条件。

18.5.3　效率 VS 可读性

递归调用中，每次函数调用都有一定的堆栈操作，相比循环方式，时空开销较大，因此，递归函数的效率总比功能相同的循环结构略低。任何用递归编写的函数都可用循环代替，以提高效率。

但是，递归带来的好处也是显而易见的：一是程序的可读性比较好，易于修改和维护；二是在不断的函数调用中，函数的规模在减小，在求解阶乘例子中，不断用复杂度为 n-1 的问题来描述复杂度为 n 的问题，直到问题可以直接求解为止（参数为 1）。

如果用循环语句实现的算法比使用递归复杂得多，则有必要考虑复杂度和效率的折中，此时建议优先采用递归方式来解决问题。

18.6　带参数的主函数

前面介绍过的 main()函数都是不带参数的，实际上，main()函数也可以带参数。main()函数的参数是由谁传来的呢？答案是：操作系统。C 语言规定 main()函数的参数只能有两个：argc 和 argv。带参 main()函数的形式为：

```
int main(int argc, char* argv[ ])
{
   ...
}
```

第 1 个参数 argc 必须是整型变量，称做参数计数器，其值是包括命令名在内的参数个数；第 2 个参数 argv 必须是指向字符的指针数组，用于存放命令名和参数字符串的地址。

要调用带参主函数必须在操作系统环境下进行。下面来看示例代码 18-15。

代码 18-15　带参主函数的用法 MainWithAugment

```
<---------------------文件名：MainWithAugment.c--------------------->
01    #include <stdio.h>                                /*使用printf()要包含的头文件*/
02    #include <conio.h>
03    void main(int argc,char* argv[])                  /*两个参数*/
04    {
05        for (int i=argc-1;i>=0;i--)                    /*倒着输出，0到argc-1，防止越界*/
06        {
07            printf("%s\n",argv[i]);
08        }
09        getch();
10    }
```

编译连接上述代码生成可执行文件，假设其名为 example.exe，复制到 C 盘根目录下，在 DOS 环境下输入下列命令行：

```
C:\> example world hello
```

输出结果为：

```
hello
world
example
```

【代码解析】文件名 example 本身也算个参数，所以，上述命令行调用 example.exe 一共用 3 个参数，DOS 系统向 main()函数传递的参数 argc 为 3，字符指针数组 argv 中的元素 argv[0]、argv[1]、argv[2]分别存储着字符串 example、world、hello 的地址。按照 main()函数的定义，将 3 个字符串倒序输出。

18.7　小结

本章讨论了有关函数的深层次的内容，先从函数的参数传递和返回值角度，用大量实例帮助读者理解"副本机制"。C 语言的函数参数传递有传值和传址两种方式，不论采用哪种方式，函数都会为实参在堆栈中开辟副本，所有的操作都是针对副本进行的，因此，传值调用不会修改实参。但传址调用时，因为指针间接操作的关系，会影响实参所在的内存区域。函数返回同样有值和地址之分，但应注意，不要返回指向局部变量（即栈内存）的指针。函数是 C 语言的核心所在，只有全面掌握了函数的机制，才能读懂高质量代码，写出自己的高质量代码。

作为两种有效组织数据的手段，结构和数组在函数中有着广泛的应用；结构体变量本质上可以当成是普通变量来使用；而用数组名作参数传递给函数时，其退化成一个指针，数组的大小等需要另外显式地传递给函数。

最后说明了一种常用的编程机制—递归，使用递归应注意终止条件的书写，防止出现无限调用循环，造成程序崩溃。

18.8　习题

一、填空题

1．结构体变量作函数参数时，有＿＿＿＿＿和＿＿＿＿＿两种方式。

2．返回结构体指针与返回结构体变量相比，＿＿＿＿＿大大节省了函数返回时创建副本的时空开销，有较高的效率。

3．数组名作函数参数属于＿＿＿＿＿调用。

4．函数体中有一个语句用于调用函数本身，称为＿＿＿＿＿。

5．递归要成功，离不开两点，一是＿＿＿＿＿，二是＿＿＿＿＿。

二、上机实践

1．以下程序的运行结果是什么？

```
void main()
{
    struct node
    {
      int data;
      struct node *next;
    }s[10];
    int i;

    for(i=0;i<10;i++)
        s[i].data=2*i+1;

    for(i=0;i<10;i++)
        printf("%d\n",s[i].data);
}
```

【提示】第 1 个 for 循环为结构体赋值，第 2 个循环输出结构体的值。

2．写出以下代码的运行结果。

```
#include <stdio.h>
struct node
```

```
{
    int data;
    char n[10];
};
void fun(struct node *a)
{
    a->data=10;
}
void main()
{
  struct node s={20,"zhang"};
  printf("%d,%s",s.data,s.n);
  fun(&s);
  printf("%d,%s",s.data,s.n);
}
```

【提示】上述程序中传址调用 fun 函数，修改 s.data 的值为 10，因此结构体变量 s 的值会发生改变。

第 19 章　生存期、作用域与可见域

有时兴致勃勃地写完一大篇的程序，编译连接后却显示了很多奇奇怪怪的错误信息，比如某某变量未定义、某某函数找不到等。你可能在嘀咕，这个函数明明在这里啊？那不是某某变量吗？是不是编译器有问题啊？读完本章你就会发现，编译器没有问题，是函数、变量的作用域、生存期与可见域在作怪。

生存期、作用域与可见域可能涉及的程序要素有：变量（普通类型的变量、结构体变量和共用体变量的统称）、常量、函数以及结构体、共用体的定义等。

本章包含的知识点有：

❑ 程序的内存分配问题
❑ auto、register、extern、static 变量
❑ 函数的作用域和可见域
❑ 结构体的作用域和可见域

19.1　内存分配

变量名、函数名等都对应着内存中的一块区域，那么这些实体在内存中是如何存放的呢？程序又是如何使用这些变量的？下面首先从 C 程序内存分配入手，一步步来回答这些问题。

19.1.1　内存分区

一个由 C 编译的程序占用的内存大致分为以下几部分。

❑ 栈区（stack）：由编译器自动分配释放，存放函数的参数值、局部变量的值等。
❑ 堆区（heap）：一般由程序员分配释放（动态内存申请与释放），若程序员不释放，程序结束时可能由操作系统回收。
❑ 全局区（静态区）（static）：全局变量和静态变量的存储是放在一块的，初始化的全局变量和静态变量在同一块区域，未初始化的全局变量和未初始化的静态变量在相邻的另一块区域，该区域在程序结束后由操作系统释放。
❑ 常量区：字符串常量和其他常量的存储位置，程序结束后由操作系统释放。
❑ 程序代码区：存放函数体的二进制代码。

来看下面一个程序：

```
int a = 0;                    /*全局初始化区*/
char *p1;                     /*全局未初始化区*/
main()
{
```

```
    int b;                         /*栈*/
    char s[] = "abc";              /*栈*/
    char *p2;                      /*栈*/
    char *p3 = "123456";           /*123456\0在常量区，p3在栈区，体会与char s[] = "abc";的不同*/
    static int c =0;               /*全局（静态）初始化区*/
    p1 = (char *)malloc(10);       /*堆区*/
    p2 = (char *)malloc(20);       /*堆区*/
    /*123456\0放在常量区，但编译器可能会将它与p3所指向的"123456"优化成一个区域*/
    strcpy(p1, "123456");
}
```

19.1.2　变量的存储类别

C语言中，变量的存储类别大致分为4种：auto（自动）、register（寄存器）、static（静态）和extern（外部）。其中，auto和register变量属于自动分配方式，而static和extern变量属于静态分配方式。不同分配方式下，变量的生存期、作用域和可见域各不相同。

按作用域分，变量可分为局部变量和全局变量。

所谓局部变量，是指在函数内部定义的变量。局部变量仅在定义它的函数内才能有效使用，其作用域仅限在函数内，即从变量定义的位置开始，到函数体结束。通常，系统不为局部变量分配内存单元，而是在程序运行中，当局部变量所在的函数被调用时，系统根据需要临时为其分配内存。当函数执行结束时，局部变量被撤销，占用内存被收回。

在函数外定义的变量称为全局变量，也称外部变量。全局变量的作用域较广，全局变量不属于任何一个函数，理论上可被其作用域中的所有函数访问。因此，全局变量提供了一个不同函数间联系的途径，使函数间的数据联系不只局限于参数传递和return语句。全局变量一经定义，编译器会为其分配固定的内存单元，在程序运行期间，这块内存单元始终有效，一直到程序执行完毕才由操作系统收回该块内存。

变量的存储类型决定了变量的使用时间。下面对变量的存储类型以表格的形式做一个小结，方便读者的掌握和理解，以便在程序设计中可以快速地分析变量的存储属性。表 19-1 总结了各种类型的变量的特点。

表 19-1　各种变量的特点

	局部变量			全局变量	
存储类别	auto	register	static	static	extern
存储方式	动态		静态		
存储区	动态区	寄存器	静态存储区		
生存期	函数调用开始至结束		程序整个运行期间		
作用域	定义变量的函数或复合语句内			本文件	其他文件
赋初值	每次函数调用时		编译时赋初值，只赋一次		
未赋初值	不确定		自动赋初值 0 或者空字符		

在使用变量的时候，需要注意以下几点：

❑ 局部变量默认为 auto 型。

❑ register 型变量个数受限，且不能为 long、double、float 型。

❑ 局部 static 变量具有全局寿命和局部可见性。

❑ 局部 static 变量具有可继承性。

❑ extern 不是变量定义，可扩展外部变量作用域。

19.1.3　生存期

通俗地讲，生存期指的是在程序运行过程中，变量从创建到撤销的一段时间。生存期的长短取决于前面所讲的存储方式，对于自动分配（栈分配）方式，变量与其所在的代码块共存亡；对于静态分配（编译器预分配）方式，变量与程序共存亡，程序开始执行时即已存在，一直到程序运行完毕退出后才撤销；对于动态存储的内存块（注意：不是指向该内存块的指针），则由程序员决定其生存期。

对程序代码区的函数、常量区的字符串常量和其他常量、结构体和共用体的定义等来说，生存期的讨论没有意义，因为它们都是与程序共存亡的。

19.1.4　作用域与可见域

在程序代码中，变量有效的范围（源程序区域）称为作用域，能对变量、标识符进行合法访问的范围（源程序区域）称为可见域。可以这样说，作用域是变量理论上有效的区域，而可见域是变量实际有效的区域，可见域是作用域的子集。

可以将 C 语言的作用域分为以下几类。

（1）块作用域。自动变量（auto、register）和内部静态变量（static）具有块作用域，在一个块内声明的变量，其作用域从声明点开始，到该块结束为止。函数定义中声明的形参，其作用域限定在该函数体内，与其他函数中声明的同名变量不是一回事，允许在不同的函数中使用相同的变量名，编译器将为这些变量分配不同的存储单元，不会混淆。

注意	在一个函数内给出的标号，不管在任何位置，都可使用goto语句将程序流程转到标号处，但是，C语言不允许使用goto语句将流程转到别的函数中。

（2）文件作用域。外部静态变量（static）具有文件作用域，从声明点开始到文件末尾。此处所指的文件是编译基本单位——.c 文件。

（3）全局（程序）作用域。全局变量（extern）具有全局作用域，只要在使用前对其进行声明，便可在程序（由若干个.c 文件组成）的任意位置使用全局变量。

19.2　auto 变量

函数的形参及代码块中定义的变量都属于 auto 变量，这是 C 语言中应用最广的一种变量，这类变量是栈分配的，是动态分配存储空间的。以函数形参为例，当调用该函数时，为形参分配存储空间，当函数调用结束时，就自动释放这些存储空间。对代码块中定义的变量（包含函数中定义的变量），当执行到变量声明语句时，系统为这些 auto 变量分配空间，当程序流程离开代码块时，这些变量被自动撤销，其占用的内存空间被释放。

19.2.1 定义格式

自动变量的定义格式为：

```
[auto] 数据类型 变量1[=初始化表达式]，变量2[=初始化表达式]……;
```

其中，方括号表示可以省略，此处变量不仅指普通内置类型的变量，还包括数组、结构体和指针等复合结构。

C 语言默认所定义的变量是 auto 变量，在以前所举例子中，函数和代码块中的局部变量并没有使用关键字 auto，这实际上是遵循了 C 语言的默认规定。举个例子来说，在一个函数中，如下定义：

```
int a;
float b;
```

自动被 C 编译器解释为：

```
auto int a;
auto float b;
```

> **注意** 在函数定义和声明时，形参不能用auto修饰，形参必须也只能是栈分配，无须修饰。

19.2.2 作用域和生存期

auto 变量的作用域和生存期都局限在定义它的代码块中。所谓代码块，是指用两个花括号包裹起来的代码行。函数只是代码块的一种，常见的代码块还有 if 结构、for 结构等，哪怕只是两个成对的花括号，也能构成一个独立代码块。

此外，结合"先声明，后使用"的原则可知，auto 变量的作用域和生存期对应着从定义到所在代码块结束的这块时空区域。

来看下面的函数：

```
01    int func(int m,int n)
02    {
03        int x;                      /*#1，等价于auto int x;*/
04        {                           /*#4*/
05            int a,b,c;              /*#2，等价于auto int a,b,c; */
06            ...
07        }                           /*#5*/
08        int y,z;                    /*#3，等价于auto int y,z; */
09        ...
10        return 0;
11    }
```

【代码解析】 形参 m 和 n 是默认的 auto 变量，生存期（时间）是从 func 开始到执行结束返回，作用域（空间）涵盖整个函数代码。

对自动变量 x、y、z 和 a、b、c 来说，其生存期和作用域是由定义所在的代码块决定的。x、y和 z 定义在函数中，因此，x 的作用域和生存期是从#1 到函数执行结束返回；y 和 z 的作用域和生存期是从#3 到函数执行结束返回。a、b 和 c 是定义在由#4 和#5 组成的代码块中的，a、b 和 c 的作用域和生存期即是从#2 到#5（代码块结束）。因此，如果在#3 及之后的代码中使用 a、b 和 c，编译器将会给出错误提示——所使用的变量未定义。

19.2.3　auto 变量的屏蔽准则

代码块可以嵌套使用形成一定的层次结构。那么内外层的代码块中可否定义同名变量呢？如果可以，这些同名变量有什么关系呢？先来看示例代码 19-1。

代码 19-1　内层 auto 变量屏蔽外层 auto 变量 AutoVariable

```
<------------------------------文件名：AutoVariable.c------------------------------>
01    #include <stdio.h>                                        /*使用printf()要包含的头文件*/
02    #include <conio.h>
03    void main(void)                                          /*主函数*/
04    {
05        /*此处记为A行，声明3个自动变量，作用域和生存期为从A行到main函数执行结束*/
06        int x=1,y=2,z=3;
07        printf("x is %d,y is %d,z is %d\n",x,y,z);
08        {                                                      /*#1*/
09            /*此处记为B行，声明的变量y，作用域和生存期为从B行到#4，屏蔽了A行定义的y*/
10            int y=6;
11            printf("x is %d,y is %d,z is %d\n",x,y,z);
12            {                                                  /*#2*/
13                /*此处记为C行，声明的y和z，作用域和生存期为从C行到#3*/
14                /*屏蔽了B行定义的y和A行定义的z*/
15                int y=8,z=9;
16                printf("x is %d,y is %d,z is %d\n",x,y,z);
17            }                                                  /*#3*/
18            printf("x is %d,y is %d,z is %d\n",x,y,z);
19        }                                                      /*#4*/
20        printf("x is %d,y is %d,z is %d\n",x,y,z);
21        getch();                                               /*等待，按任意键结束*/
22    }
```

输出结果为：

```
x is 1,y is 2,z is 3
x is 1,y is 6,z is 3
x is 1,y is 8,z is 9
x is 1,y is 6,z is 3
x is 1,y is 2,z is 3
```

【代码解析】代码 19-1 中，有 3 个层次的代码块。

```
第一层：main函数块。
第二层：#1和#4构成的代码块。
第三层：#2和#3构成的代码块。
```

内层定义的 auto 变量在其作用域内屏蔽了外层的 auto 变量。在代码 19-1 中，第二层中定义的 y 屏蔽了第一层中定义的 y，而第三层中定义的 y 又屏蔽了第二层中定义的 y，同时，第三层中定义的 z 屏蔽了第一层中定义的 z。

在第二层和第三层中并没有定义 x，因此，第一层中的 x 没有被屏蔽，因此，x 的作用域（理论有效区域）和可见域（实际有效区域）相等，都是从 x 定义到 main 函数执行结束。但对第一层中定义的 y 和 z 来说，其作用域和可见域因为屏蔽现象的存在并不相同，对第一层中定义的 y 来说，其作用域是从定义到 main 函数执行结束，但其可见域是第一层扣除第二层从 y 定义到#4 这部分；对第一层中定义的 z 来说，其作用域是从定义到 main 函数执行结束，但其可见域是第一层扣除第三层从 z 定义到#3 这部分。

同理，对第二层中定义的 y 来说，其作用域是从 B 行到#4，但其可见域并没有这么大，应当扣除第三层从 y 定义到#3 这一部分。

19.2.4　重复定义

auto 变量不能重复定义，所谓重复，是指在同一代码块中，出现两个同名变量。此处所指的同一代码块，不包括屏蔽的情况。

下面的代码就犯了重复定义的错误：

```
if(……)
{
    int x,y;
    double x,y;
}
```

并列层次的代码块中可以出现同名变量而不会引起混淆，最普遍的一个例子就是函数。由于所有的函数都是在外部定义的，包括 main 函数在内的所有函数都是并列的，因此，函数 A 内定义的 auto 变量在函数 B 内是完全不可见的，即使两个函数中定义了同名变量，编译器也能很好地将其区分开，这大大方便了函数的编写。

main 函数中定义的变量只在 main 函数中有效，不能在其他函数中使用，同样，main 函数也不能使用其他函数中定义的变量，因为 main 函数和普通函数之间也是并列关系。下列用法是合法的：

```
int func(int m,int n)
{
    if(m>n)
    {                                          /*#1*/
        int x,y,z;
        …
    }                                          /*#2*/
    else
    {                                          /*#3*/
        int x,y,z;
        …
    }                                          /*#4*/
}
```

#1、#2 构成的代码块和#3、#4 构成的代码块是并列关系，因此，两个代码块中的 x、y 和 z 既不屏蔽也不重复，编译器能对其进行区分。

19.2.5　auto 变量的初始化和特点

编译器并不会自动为 auto 变量初始化，这项工作必须在变量定义时由程序员显式完成，否则，变量的值是随机不确定的。不论是对指针变量还是对普通变量，应时刻提醒自己注意初始化，能有效防止一些稀奇古怪错误的发生。

一般来讲自动变量有以下 3 个特点：

（1）自动变量的作用域仅限于定义该变量的个体内。在函数中定义的自动变量，只在该函数内有效，在复合语句中定义的自动变量只在该复合语句中有效。

（2）自动变量属于动态存储方式，只有在定义该变量的函数被调用时才给它分配存储单元，开始它的生存期；函数调用结束时释放存储单元，结束生存期。因此函数调用结束之后，自动变量的值不能保留。在复合语句中定义的自动变量，在退出复合语句后也不能再使用，否则将引起错误。这一特点也决定了定义变量时若没赋初值，则变量的初值不确定；如果赋初值则每次函数被调用时执行一次赋值操作。

（3）由于自动变量的作用域和生存期都局限于定义它的个体内（函数或复合语句内），因此不同的个体中允许使用同名的变量而不会混淆，即使在函数内定义的自动变量也可与该函数内部的复合语句中定义的自动变量同名。

由上述 3 点决定自动变量在程序运行期间不是一直占用内存，因此在程序设计中，没有特殊作用的变量一般声明为自动变量。只不过在使用自动变量前要对自动变量赋初值，否则自动变量的值会是一个随机数。

19.3　register 变量

一般来说，CPU 访问内部寄存器的速度大大高于访问内存的速度，因此，有人提议，能否将一些应用频繁的变量放在 CPU 的通用寄存器中，这样，在使用该变量时便不必再访问内存，直接从寄存器中取，这将大大提高程序运行的效率。因此，C 语言引入了 register 变量，称为寄存器变量。

19.3.1　定义格式

寄存器变量的定义格式为：

```
register 数据类型 变量1[=初始化表达式]，变量2[=初始化表达式]……；
```

和 auto 变量一样，register 变量也属于局部变量。只能在函数体内定义 register 变量。

CPU 使用寄存器中数据的速度要远远快于使用内存中数据的速度，因此，应用好 CPU 内的寄存器可以大大提高程序的运行效率和速度。但是，CPU 中寄存器的数量有限，所以，通常是把使用频繁的变量定义为寄存器变量。

寄存器变量的使用要注意以下 3 点：

- ❑ 只有局部变量才能定义成寄存器变量，全局变量不行。
- ❑ 对寄存器变量的实际处理，随系统而异，例如计算机上的 MSC 和 TC 将寄存器变量实际当作自动变量处理。
- ❑ 允许使用的寄存器数目是有限的，不能定义任意多个寄存器变量。

19.3.2　使用举例

来看一个计算 π 的近似值的例子。求解的一个近似公式如下：

$$\pi = 4 \times \left(1 - \frac{1}{3} + \frac{1}{5} - \frac{1}{7} + \frac{1}{9} \right)$$

为达到较高精度，需要进行的循环次数较多，为提高效率，可将循环控制变量定义为寄存器变量，如代码 19-2 所示。

代码 19-2　将循环控制变量定义为寄存器变量 CalcPi

```
<--------------------------------文件名：CalcPi.c-------------------------------->
01    #include <stdio.h>                            /*使用printf()要包含的头文件*/
02    #include <conio.h>
03    void main(void)                               /*主函数*/
04    {
05        register int i=0;                         /*寄存器变量*/
06        double sign=1.0,res=0,ad=1.0;
07        for(i=1;i<=100000000;i++)
08        {
09            res=res+ad;
10            sign=-sign;
11            ad=sign/(2*i+1);
12        }
13        res=res*4;
14        printf("pi is %f",res);                   /*输出结果*/
15        getch();                                  /*等待，按任意键结束*/
16    }
```

输出结果为：

```
pi is 3.141593
```

【代码解析】第 5 行定义了寄存器变量 i，并为其赋值。从第 7 行可以看出，i 循环 100000000 次，因为循环次数多，所以定义 i 为寄存器变量。

关于寄存器变量有以下事项需要注意：

（1）为寄存器变量分配寄存器是动态完成的，因此，只有局部变量才能定义为寄存器变量。而且，寄存器的长度一般和机器的字长一致，所以，只有较短的类型如 int、char、short 等才适合定义为寄存器变量，诸如 double 等较长的数据类型，不推荐将其定义为寄存器类型。

（2）CPU 寄存器数目有限，因此，即使定义了寄存器变量，编译器可能并不真正分配寄存器，而是将其当作普通的 auto 变量来对待，为其分配栈内存。当然，有些优秀的编译器，能自动识别使用频繁的变量，如循环控制变量等，在有可用寄存器时，即使没有使用 register 关键字定义，也自动为其分配寄存器，而无须由程序员来指定。

19.4　extern 变量

extern 变量又称全局变量，放在静态存储区中。所谓全局，是说该变量可以在程序的任意位置使用，其作用域是整个程序代码范围内。和 auto 变量不同的是，extern 变量有定义和声明之分。

19.4.1　全局变量定义

全局变量定义的基本格式为：

```
extern 类型 变量名 = 初始化表达式;
```

此时，初始化表达式不可省略。此语句通知编译器在静态存储区中开辟一块指定类型大小的内存区域，用于存储该变量。

下列语句创建了一个初始值为 100 的 int 型全局变量 m：

```
extern int m=100;
```

C 语言规定，只要是在外部，即不是在任何一个函数内定义的变量，编译器就将其当作全局变量，无论变量定义前是否有 extern 说明符。也就是说，下面方式定义的变量 m 是全局变量：

```
int m=100;
```

定义全局变量时，当且仅当省略了 extern 时，初始化表达式才可省略，系统默认将其初始化为 0；对于定义的全局数组或结构，编译器将其中的每个元素或成员的所有位都初始化为 0。

19.4.2　全局变量声明

全局变量是与程序共存亡的，因此，全局变量的生存期不是关心的重点，经常讨论的是其作用域与可见域。

全局变量的作用域是整个程序，不论该程序由几个.c 文件组成。理论上，可以在程序的任意位置使用定义的全局变量，但在特定位置处，全局变量是否可见取决于是否对其进行了合理声明。不进行任何声明时，全局变量的可见域为从定义到本文件结束。来看下面一段示例代码：

```
int x;                          /*全局变量x，x的可见域起始位置*/
extern int y=0;                 /*全局变量y，y的可见域起始位置*/
int func1()                     /*函数func1*/
{
    ......
}
double m,n;                     /*全局变量m、n（可见域起始位置）*/
void func2()                    /*函数func2*/
{
    ......
}
void main(void)                 /*main()函数*/
{
    ......
}                               /*x、y、m和n的可见域结束位置*/
```

如果要想在全局变量定义位置之前引用它或在其他文件中引用它，必须对该全局变量进行声明以扩展其可见域。全局变量声明的格式为：

```
extern 类型 变量名;
```

可以看出，声明语句和定义语句的区别在于初始化表达式。

来看一段示例代码 19-3，演示了如何声明全局变量使其可见。

代码 19-3　全局变量的声明 GlobalVariableDeclaration

```
<------------------------- 文件名:GlobalVariableDeclaration.c------------------------->
01   #include <stdio.h>                 /*使用printf()要包含的头文件*/
02   #include <conio.h>
03   void main(void)                    /*主函数*/
04   {
05       extern float z;                /*声明全局变量z*/
06       z=5;                           /*对全局变量的操作*/
07       void print(void);              /*print函数声明*/
08       print();                       /*print函数调用*/
09       getch();                       /*等待，按任意键结束*/
```

```
10      }
11      float z;                                    /*定义全局变量z，默认初始化为0*/
12      void print()                                /*print函数*/
13      {
14          extern int x;                           /*全局变量x声明*/
15          extern double y;                        /*全局变量y声明*/
16          printf("x is %d ,y is %f ,z is %f",x,y,z); /*输出*/
17      }
<------------------------------文件名：data.c------------------------------>
18      extern int x=10;                            /*定义全局变量x，带初始表达式*/
19      double y=30;                                /*extern可省略，只要定义在外部即可*/
```

输出结果为：

```
x is 10 ,y is 30.000000 ,z is 5.000000
```

【代码解析】由代码 19-3 可以看出，不论全局变量定义在哪个位置，在使用前只要使用全局变量声明使其可见即可。extern 起到扩展全局变量可见域的作用。

关于全局变量的定义和声明，有以下要点：

❑ 定义只能有一次，而声明可以有多次。

❑ 定义一定是在外部，而声明的位置没有限制，只要在使用前对全局变量声明使其可见即可。

❑ 定义有两种形式：带 extern 的形式（不可缺少初始化语句）和省略 extern 的形式（可省略初始化语句，编译器默认其初始化），而声明只有带 extern 但不带初始化表达式这一种形式。

19.4.3 可见域

声明扩展了全局变量的可见域，但将可见域扩展到了什么程度呢？实际上，声明的位置在很大程度上决定了其可见域。读者可以在代码 19-3 的基础上做个实验，看在 main 函数中能否输出 x 和 y 呢？

结果是，编译连接后，系统报错，找不到 x 和 y。这是因为在 main 函数中只声明了全局变量 z，却没有声明全局变量 x 和 y。

在块内声明全局变量时，其可见性仅限于该块，要在该块外部访问该全局变量时，编译器会给出变量未定义的错误提示。来看代码 19-4。

代码 19-4　声明给全局变量可见域带来的扩展 DeclarePos

```
<------------------------------文件名：DeclarePos.c------------------------------>
01      #include <stdio.h>                          /*使用printf()要包含的头文件*/
02      #include <conio.h>
03      void main(void)                             /*主函数*/
04      {
05          {                                       /*#1*/
06              extern int x;                       /*声明全局变量x*/
07              printf("x is %d",x);                /*可以访问*/
08          }                                       /*#2*/
09          printf("x is %d",x);                    /*错误，找不到x*/
10          getch();                                /*等待，按任意键结束*/
11      }
12      int x=5;
```

编译连接，报错如下：

```
undeclared identifier 'x'
```

【代码解析】代码 19-4 中，在代码块#1 和#2 中声明的全局变量，可见域仅仅扩展了该代码块这片区域，试图在代码块外访问全局变量 x 则会引发错误。

在代码 19-4 中，如果在#1 和#2 构成的代码块中再声明一个自动变量 x，将会引发重复定义的错误，因为"extern int x;"语句通知编译器 x 代表的是外部全局变量，此时再声明一个自动变量 x，编译器无法判断后续代码中用到的 x 对应哪块地址（静态存储区或栈），编译器报错。

当在外部（不在任何一个函数内）声明全局变量时，从声明位置到本文件结束，该全局变量都是可见的。对代码 19-3 进行改写，变更全局变量的声明位置，如代码 19-5 所示。

代码 19-5　在外部声明全局变量 DeclareOutside

```
<----------------------------文件名：DeclareOutside.c---------------------------->
01   #include <stdio.h>                          /*使用printf()要包含的头文件*/
02   #include <conio.h>
03   extern int x;                               /*全局变量x声明*/
04   extern double y;                            /*全局变量y声明*/
05   extern float z;                             /*全局变量z声明*/
06   void main(void)                             /*主函数*/
07   {
08       z=5;                                    /*对全局变量的操作*/
09       void print(void);                       /*print函数声明*/
10       print();                                /*print函数调用*/
11       getch();                                /*等待，按任意键结束*/
12   }
13   float z;                                    /*定义全局变量z，默认初始化为0*/
14   void print()                                /*print函数*/
15   {
16       printf("x is %d ,y is %f ,z is %f",x,y,z); /*输出
17   }
<----------------------------文件名：data.c---------------------------->
18   extern int x=10;                            /*定义全局变量x，带初始表达式*/
19   double y=30;                                /* extern可省略，只要定义在外部即可*/
```

输出结果为：

```
x is 10 ,y is 30.000000 ,z is 5.000000
```

【代码解析】只要在 DeclareOutside.c 文件中 main 函数之前声明了全局变量 x、y 和 z，便可以在声明处到文件结束整个范围内访问这 3 个全局变量。这样，在 main 函数和 print 函数内访问 x、y 和 z 不必再声明。

19.4.4　全局变量的屏蔽准则

在 auto 变量一节中提到，内层代码块中声明的变量将屏蔽外层代码块中声明的同名变量，屏蔽准则对全局变量同样适用，如示例代码 19-6 所示。

代码 19-6　内部自动变量屏蔽全局变量 Shield

```
<----------------------------文件名：Shield.c---------------------------->
01   #include <stdio.h>                          /*使用printf()要包含的头文件*/
```

```
02    #include <conio.h>
03    extern int x=10;                               /*定义全局变量x,带初始表达式*/
04    double y=30;                                    /*extern可省略,只要定义在外部即可*/
05    void main(void)                                 /*主函数*/
06    {
07        extern float z;                             /*声明全局变量z*/
08        z=5;                                        /*对全局变量的操作*/
09        void print(void);                           /*print函数声明*/
10        print();                                    /*print函数调用*/
11        printf("x is %d ,y is %f ,z is %f\n",x,y,z); /*输出全局变量*/
12        getch();                                    /*等待,按任意键结束*/
13    }
14    float z;                                        /*定义全局变量z,默认初始化为0*/
15    void print()                                    /*print函数*/
16    {
17        int x=1;                                    /*局部变量屏蔽全局变量*/
18        double y=3;
19        printf("x is %d ,y is %f ,z is %f\n",x,y,z); /*输出局部变量*/
20    }
```

输出结果为：

```
x is 1 ,y is 3.000000 ,z is 5.000000
x is 10 ,y is 30.000000 ,z is 5.000000
```

【代码解析】 在 print 函数输出 x、y 和 z 时，x 和 y 指的实际上是在 print 函数内定义的 auto 变量，全局变量 x 和 y 在 print 函数内被屏蔽了。

如果要在 print 函数内访问被屏蔽了的全局变量，可在访问处对全局变量再次声明，见示例代码 19-7。

代码 19-7　全局变量亦可屏蔽自动变量 GlobalAccess

```
<------------------------------------文件名:GlobalAccess.c------------------------------------>
01    #include <stdio.h>                             /*使用printf()要包含的头文件*/
02    #include <conio.h>
03    extern int x=10;                               /*定义全局变量x,带初始表达式*/
04    double y=30;                                    /*extern可省略,只要定义在外部即可*/
05    void main(void)                                 /*主函数*/
06    {
07        extern float z;                             /*声明全局变量z*/
08        z=5;                                        /*对全局变量的操作*/
09        void print(void);                           /*print函数声明*/
10        print();                                    /*print函数调用*/
11        printf("x is %d ,y is %f ,z is %f\n",x,y,z); /*输出全局变量*/
12        getch();                                    /*等待,按任意键结束*/
13    }
14    float z;                                        /*定义全局变量z,默认初始化为0*/
15    void print()                                    /*print函数*/
16    {
17        int x=1;                                    /*局部变量屏蔽全局变量*/
18        double y=3;
19        printf("x in function is %d ,y in function is %f ,z is %f\n",x,y,z);
                                                      /*输出auto变量*/
20        {                                           /*#1*/
```

```
21          extern int x;                              /*在局部对全局变量进行声明*/
22          extern double y;
23          printf("x is %d ,y is %f ,z is %f\n",x,y,z); /*输出全局变量*/
24      }                                              /*#2*/
25  }
```

输出结果为：

```
x in function is 1 ,y in function is 3.000000 ,z is 5.000000
x is 10 ,y is 30.000000 ,z is 5.000000
x is 10 ,y is 30.000000 ,z is 5.000000
```

【代码解析】 代码 19-7 中，通过在 print 函数#1 和#2 构成的代码块中声明全局变量 x、y，使得在这个代码块中，自动变量又重新被全局变量 x 和 y 覆盖。

除非必要，尽量不要声明同名的全局变量和自动变量，以免因屏蔽而带来意想不到的问题。

19.4.5　全局变量的利与弊

全局变量有如下显而易见的好处：

(1) 为函数间数据传递提供了新的途径，函数返回值只能有 1 个，很多情况下，这不能满足要求，而全局变量可用于更多处理结果。

(2) 利用全局变量可以减少形参和实参的个数，省去函数调用时的时空开销，提高程序运行的效率。

但是，全局变量在程序执行期间都有效，一直占据着存储单元，不像局部变量等在调用执行期间临时占用内存，退出函数时便被释放。最大的问题是降低了函数的封装性和通用性，由于函数中存在全局变量，因此，如果想把函数复用在其他文件中，必须连所涉及的全局变量一块移植过去，这容易引发各种问题，造成程序不可靠。全局变量使得函数间独立性下降，耦合度上升，可移植性和可靠性变差。

综上，在可以不使用全局变量的情况下应尽量避免使用全局变量。

19.5　static 变量

static 变量又称静态变量，是一种特殊的变量。此类变量也存放在静态存储区，一旦为其分配了内存，则在整个程序执行期间，它们将固定地占有分配给它们的内存。和 extern 变量不同的是，static 变量只有定义，没有声明。

19.5.1　定义格式

static 变量的定义格式为：

static 数据类型 变量1[=初始化表达式]，变量2[=初始化表达式]……;

与 extern 变量都是全局变量不同，static 变量有静态全局变量和静态局部变量之分。

- ❏ 静态局部变量，除了生存期是整个程序执行期间（与程序共存亡）外，其作用域与可见域与普通 auto 变量完全一样。
- ❏ 静态全局变量和 extern 变量的不同体现在作用域上，extern 作用域是本程序的所有源代码文件，只要在一个文件中定义，在其他文件中使用时只要对其进行声明即可。而静态全局变量只有定义，没有声明，其作用域仅限于从定义位置起到本文件结束的一段代码区域，不能被其他文件中的函数使用。

静态全局变量实际上是对 extern 变量破坏封装性和可靠性的一种改良。

当省略初始化表达式时，编译器自动以 0 初始化静态变量。对于数组或结构，编译器将其中的每个元素或成员的所有位都初始化为 0。

19.5.2 静态局部变量

静态局部变量定义在函数内部，可以把它当作一种不会被撤销的自动变量来使用，其可见域、作用域与普通的自动变量完全一致。一般使用静态局部变量在函数调用间隙保存某些变量的值，如代码 19-8 所示。

代码 19-8 静态局部变量的使用 StaticInside

```
<------------------------------文件名：StaticInside.c------------------------>
01    #include <stdio.h>                              /*使用printf()要包含的头文件*/
02    #include <conio.h>
03    void main(void)                                 /*主函数*/
04    {
05        void print(void);                           /*print函数声明*/
06        for(int i=0;i<5;i++)
07            print();                                /*print函数调用*/
08        getch();                                    /*等待，按任意键结束*/
09    }
10
11    void print()                                    /*print函数*/
12    {
13        static int x=1000;                          /*定义静态局部变量*/
14        printf("x is %d\n",x);                      /*输出静态全局变量*/
15        x++;
16    }
```

输出结果为：

```
x is 1000
x is 1001
x is 1002
x is 1003
x is 1004
```

print 函数中的"**static int x=1000;**"如果修改为"int x=1000"，则输出结果为：

```
x is 1000
x is 1000
x is 1000
x is 1000
x is 1000
```

【代码解析】体会一下其中的差别，在 print 函数内定义的静态局部变量 x，只能在 print 函数内对其进行访问，但 print 函数执行结束时，x 并不会被撤销，其生存期是全局的，与程序共存亡，当再次执行 print 函数时，x 的值仍有效，所以，输出的数字从 1000 到 1001，……，步步递加。而如果省略了 static，x 只是普通的自动变量，在每次函数执行时编译器为其动态分配栈内存，将其初始化为 1000 并输出，语句 "x++" 虽然将其值修正为 1，但随后函数执行结束，x 被撤销，下次函数调用依旧是重复上述过程，所以，输出 5 个 1000。

19.5.3　静态全局变量

比较一下普通的 extern 全局变量和静态全局变量，二者在存储方式上没有不同，都分配在静态存储区，与程序共存亡。二者的区别在于 extern 变量的作用域是整个源程序，当源程序由多个文件组成时，extern 全局变量在各个文件中都是有效的，而静态全局变量则限制了其作用域，只在定义该变量的源文件内有效，在同一源程序的其他源文件中不能使用它。

来看示例代码 19-9。

代码 19-9　静态全局变量的使用 StaticOutside

```
<----------------------------文件名：StaticOutside.c---------------------------->
01    #include <stdio.h>                              /*使用printf()要包含的头文件*/
02    #include <conio.h>
03    static int num=10;                       /*定义文件StaticOutside.c内的静态全局变量*/
04    void main(void)                                  /*主函数*/
05    {
06        /*输出本文件中静态全局变量num的值和地址*/
07        printf("num in Outside.c is %d,address is %p\n",num,&num);
08        void print1(void);                          /*print1函数声明*/
09        void print2(void);                          /*print2函数声明*/
10        print1();                                   /*函数调用*/
11        print2();                                   /*函数调用*/
12        getch();                                    /*等待，按任意键结束*/
13    }
<--------------------------------文件名：Func.c-------------------------------->
14    #include <stdio.h>                              /*使用printf()要包含的头文件*/
15    #include <conio.h>
16    static int num=100;                             /*定义静态全局变量*/
17    void print1()                                   /*print1函数*/
18    {
19        static int num=1000;                        /*定义静态局部变量，屏蔽*/
20        /*输出函数print1内静态全局变量值和地址*/
21        printf("num in print1 is %d,address is %p\n",num,&num);
22    }
23    void print2()                                   /*print2函数*/
24    {
25        /*输出func.c文件中静态全局变量num的值和地址*/
26        printf("num in Func.c is %d, address is %p\n",num,&num);
27    }
```

输出结果为：

```
num in Outside.c is 10,address is 0x0040a0a0
num in print1 is 1000,address is 0x0040a0d4
num in Func.c is 100, address is 0x0040a0d0
```

【代码解析】不难看出，在 StaticOutside.c 和 Func.c 中定义的两个静态全局变量 num 对应着内存中两个不同位置的实体，如果将两个 static 说明符去掉使其成为全局变量，或者更改为 extern 说明符使其成为全局变量，编译器会报出重复定义的错误（extern 变量只能定义一次）。而 static 说明符将静态全局变量的作用域限制在本文件内,编译器为不同文件中声明的同名静态全局变量分配不同的内存空间。

当然,如果在同一文件中,静态全局变量定义在了同名 extern 变量的可见域,或在静态全局变量的可见域,通过定义或声明重叠了 extern 变量的可见域,编译器也会报错。

在 Func.c 中的函数 print1 中定义了静态局部变量 num,屏蔽了同名的静态全局变量 num。

19.5.4　静态局部变量和静态全局变量的区别

静态局部变量和静态全局变量同属静态存储方式,但两者区别较大,其主要区别有以下 3 点。

- ❑ 定义的位置不同:静态局部变量在函数内定义,静态全局变量在函数外定义。
- ❑ 作用域不同:静态局部变量属于内部变量,其作用域仅限于定义它的函数内,虽然生存期为整个源程序,但其他函数是不能使用它的;静态全局变量在函数外定义,其作用域为定义它的源文件内,生存期为整个源程序,但其他源文件中的函数也是不能使用它的。
- ❑ 初始化处理不同:静态局部变量仅在第一次调用它所在的函数时被初始化,当再次调用定义它的函数时不再初始化,而是保留上一次调用结束时的值;而静态全局变量是在函数外定义的,不存在静态内部变量的"重复"初始化问题,其当前值由最近一次给它赋值的操作所决定。

> **注意**　把局部变量改变为静态内部变量后,改变了它的存储方式,即改变了它的生存期。把外部变量改变为静态全局变量后,改变了它的作用域,限制了它的使用范围。因此,关键字static在不同的地方所起的作用是不同的。

19.5.5　extern 变量和 static 变量的初始化

在编译时,编译器为 extern 变量和 static 变量静态分配内存,因此,如果程序员不对其进行显式初始化,编译器将默认以 0 填充变量结构。

如果要对变量进行显式初始化,只能使用常量表达式来初始化 extern 变量和 static 变量,常量表达式包括直接常量、const 常量、枚举常量和 sizeof()运算符。下面的初始化代码都是合法的:

```
int num;                            /*编译器自动将num初始化为0*/
int num1=20;                        /*直接常量*/
const int x=10;                     /*const常量*/
int num2=x;
int num3=sizeof(double);            /*sizeof运算符*/
```

不能使用变量来初始化 extern 变量和 static 变量,因为 extern 变量和 static 变量的内存空间是在程序刚开始执行就开辟的,初始化也在这时完成,此时,变量的值是未知的,变量的内存空间甚至还没有被分配。

可以用一个 extern 变量或 static 变量为另一个 extern 变量或 static 变量赋值,前提是该变量可见。

19.6　函数的作用域与可见域

C语言中的函数都是独立的代码块,以二进制形式存储在程序代码区中,函数名可以看作指向其对应代码块的常量指针。以前接触到的函数都是外部的，类似于 extern 变量的用法，只要在一个文件中定义一次，并通过声明使其可见，便可以被源程序中其他源文件中的其他函数调用。实际上，也可定义只能在本文件调用的内部函数。

19.6.1　内部函数

所谓内部函数，是指一个源文件中定义的函数只能被本文件中的函数调用，而不能被其他源文件中的函数调用。定义一个内部函数的方法是在其函数前使用关键字 static，格式如下：

```
static 返回类型 函数名(参数表)
{
    函数体
}
```

来看示例代码 19-10。

代码 19-10　内部函数 FuncInside

```
<------------------------------文件名：FuncInside.c------------------------->
01    #include <stdio.h>                          /*使用printf()要包含的头文件*/
02    #include <conio.h>
03    void main(void)                             /*主函数*/
04    {
05        void print(void);                       /*内部函数print声明*/
06        void Func_print(void);                  /*外部函数Func_print声明*/
07        print();                                /*函数调用*/
08        Func_print();                           /*函数调用*/
09        getch();                                /*等待，按任意键结束*/
10    }
11    static void print()                         /*定义内部函数print */
12    {
13        printf("This is print in FuncInside.c \n");   /*输出提示信息*/
14    }
<------------------------------文件名：Func.c------------------------------>
15    #include <stdio.h>                          /*使用printf()要包含的头文件*/
16    #include <conio.h>
17    void Func_print()                           /*定义外部函数Func_print */
18    {
19        void print(void);                       /*内部函数print声明*/
20        print();
21    }
22    static void print()                         /*定义内部函数print */
23    {
24        printf("This is print in Func.c \n");   /*输出提示信息*/
25    }
```

输出结果为：

```
This is print in FuncInside.c
This is print in Func.c
```

【代码解析】内部函数也称静态函数，内部函数不能被其他文件中的函数使用，所以在不同源文件中定义的同名内部函数不会引起混淆，而且，内部函数会屏蔽掉其他源文件中定义的同名外部函数，即使将代码 19-10 中 print 函数定义中的 static 修饰符去掉，编译器仍能正确区分两个 print

函数，输出结果不变。

但是，不允许在同一源文件中同时定义同名外部函数和内部函数。

19.6.2　外部函数

如果一个函数可以被其他源文件中的函数调用，称为外部函数，用关键字 extern 修饰。定义格式为：

```
[extern] 返回类型 函数名(参数表)
{
    函数体
}
```

中括号表示可省略，即 C 语言默认所定义的函数是外部的，这就是本书前面所举例子中的函数定义都直接采用"返回类型　函数名(参数表)"的原因。

和外部变量一样，在源程序中，外部函数只能定义一次，其作用域为所有的源程序文件，但其默认可见域为从函数定义位置起到该源文件结束。如果要在其他源文件中调用外部函数，需要对该函数进行声明以扩展其可见域。

可见域扩展的程度同样取决于声明的位置，如果是在代码块中声明的，扩展的范围是从声明位置起到代码块结束；如果是外部声明的，扩展范围是从声明位置起到该文件结束。声明的格式为：

```
[extern] 返回类型 函数名(参数表);
```

例如下面的源程序结构。

```
/*这里是file1.c文件的内容*/
main( )
{
extern int f1(int i);
/* 外部函数说明，表示f1函数在其他源文件中 */
…
}
/*这里是file2.c文件的内容*/
extern int f1(int i)        /* 外部函数定义 */
{
…
}
```

这样在 file1.c 中可以使用 file2.c 中定义的外部函数 f1。如果想限制函数的使用，不允许在源程序外部调用，那么需要将函数声明为内部函数。

19.7　结构体定义的作用域与可见域

在结构体和共用体一章中曾经讨论过结构体定义位置的不同给程序带来的影响，本节讨论和结构体（包括共用体）相关的作用域与可见域的关系。

19.7.1　定义位置与可见域

结构体既可以定义在代码块内部，也可以定义在外部，即它不属于任何一个函数。当定义在代码块内部时，其作用域与可见域为定义位置起到代码块结束；当定义在外部时，其定义域和可见域为定义位置起到其所在的源文件结束。

想想看，如果要在其他源文件中使用定义的结构体类型，该如何去做呢？

19.7.2　允许重复定义

不像函数和 extern 变量，整个源程序的所有源文件中只能有一处定义，结构体类型允许在整个源程序的所有文件中多次定义，不同源文件中的定义可以不同，但同一源文件中的定义必须一致（包括数据成员的顺序也要一致），否则，编译器会给出重复定义的错误。

来看示例代码 19-11。

代码 19-11　源程序中结构体可以有多个版本的定义 StructDefPos

```
<------------------------------文件名：StructDefPos.c------------------------>
01    #include <stdio.h>                              /*使用printf()要包含的头文件*/
02    #include <conio.h>
03    struct person                                   /*定义结构体变量*/
04    {
05        char name[20];                              /*字符串姓名*/
06        int age;
07        char email[50];                             /*字符串E-mail*/
08    };
09    void main(void)                                 /*主函数*/
10    {
11        struct person zhangsan={"ZhangSan", 24, "zs@163.com"};
                                                      /*声明结构体变量zhangsan*/
12        printf("name:%s\n",zhangsan.name);          /*信息输出*/
13        printf("age:%d\n",zhangsan.age);
14        printf("email:%s\n",zhangsan.email);
15        void print(void);                           /*print函数声明*/
16        print();
17        getch();                                    /*等待，按任意键继续*/
18    }
<------------------------------文件名：Func.c-------------------------------->
19    #include <stdio.h>                              /*使用printf()要包含的头文件*/
20    #include <conio.h>
21    struct person                                   /*结构体变量定义*/
22    {
23        char name[20];                              /*字符串姓名*/
24        char email[50];                             /*字符串E-mail*/
25    };
26    void print(void)                                /*print函数*/
27    {
28        struct person ls={"Li Si", "ls@163.com"};   /*声明结构体变量ls*/
29        printf("name:%s\n",ls.name);                /*信息输出*/
30        printf("email:%s\n",ls.email);
31    }
```

输出结果为：

```
name:ZhangSan
age:24
email:zs@163.com
name:Li Si
email:ls@163.com
```

【代码解析】可以发现，两个源文件中 person 结构的定义并不相同，但由于各自只在本身所在的文件中有效，因此，编译器能合理区分两个结构体。

尽管允许，但并不推荐这种给同一结构体名在不同文件中定义不同版本的做法，这大大破坏了程序的可读性，使得程序维护变得困难。而且，习惯上将结构体的定义放在特定的头文件中，这样，只要在某.c 源文件中包含该头文件，便可在整个源文件范围内使用定义好的结构体。

19.8 常见的有关变量存储的错误

初学者在接触变量的存储属性的时候，经常犯一些错误。正确应用变量的存储属性是程序可以正确运行的前提。有关变量的存储属性，在使用中常出现的错误有下面的几种情况。

（1）同一作用域中的变量的命名相同。例如下面的程序段：

```
int a=1,b=2;                              /*全局变量作用域从定义开始到程序结束*/
main()
{
int   c;                                 /*局部变量c作用域为主函数内*/
  c=max(a,b);
  printf("max is %d\n",c);
}
max(a,b)
{
int  a, b;                               /*a、b为局部变量*/
  return  a>b?a:b;                        /*局部变量的作用域屏蔽全局变量作用域*/
}
```

函数定义的全局变量已经可以建立主函数和 max() 函数之间的联系通道了，因此在书写程序的时候，不可再重复定义变量 a、b 了，可以改成全局变量的声明。

（2）局部自动变量在使用之前未赋初值，将产生不可预知的结果。

（3）一般来讲变量的作用域和生存期是一致的，唯一例外的是静态局部变量的作用域和使用时间不一致。静态局部变量在整个程序的运行期间一直存在，但是不是在所有的函数中都可以使用。例如下面的程序段：

```
main()
{
  increment();
  increment();
  printf("%d",x);
}
void  increment ( )
{
  static int x=0;                         /*静态变量值有继承性*/
  x+=1;
  printf("%d",x);
}
```

程序运行时出现的错误为：

```
Undefined symbol 'x' in function main
Type mismatch in redeclaration of 'increment'
```

　　改正程序的时候可以把主函数中变量 x 的输出语句去掉，虽然在主函数运行的时候，变量 x 的数据空间没有被撤销，同时数据的值也存在，但是在主函数中 x 没有作用域，因此输出变量 x 的语句仍然是错误的。

　　（4）关键字 register 修饰的变量称为寄存器变量，在程序设计过程中使用过多。计算机内部的寄存器是有限的，若变量都声明成寄存器变量，将导致系统的寄存器数目不足以存储所用的变量，那么寄存器变量会以普通的自动变量的形式参加运算以及操作。

　　（5）使用全局变量的时候，不注意全局变量的副作用。例如下面的程序段。

```
int  i;                                    /*变量i为全局变量*/
main()
{
    void  prt();
    for(i=0;i<5;i++)                       /*使用全局变量i*/
        prt();
}
void  prt()
{
    for(i=0;i<5;i++)                       /*使用局部变量i*/
        printf("%c", '*');
    printf("\n");
}
```

　　程序编译的时候，不会提示编译错误，但从编辑的角度，这个程序也没有错误。程序的输出结果为：

```
*****
```

　　不是和预期一样可以输出一个矩阵样式的"*"号图形，因为在 prt() 函数及 main() 函数中，所用到的变量全部为全局变量，而全局变量在使用的过程中数据的值每次改动都可以影响下一次函数的使用，因此程序仅可以输出 5 个星号。

　　（6）在使用全局变量的时候，不注意全局变量的声明和作用域的扩充的区别。例如下面的程序段。

```
extern int a=13, b=-6;                     /*全局变量a、b*/
int max()
{  int  z;
   z=a>b?a:b;                              /*返回全局变量的最大值*/
   return(z);
}
main()
{  printf("max=%d",max());
}
int a=10,b;
```

　　编译时的错误提示为：

```
Redeclaration of 'a'
```

　　程序中的第一条语句的作用是全局变量 a 和 b 的作用域的扩充说明，不同于变量的定义，二者的区别如表 19-2 所示。

表 19-2　全局变量定义与说明的区别

	全局变量的定义	全局变量的说明
次数	只能定义 1 次	可说明多次
位置	所有函数之外	函数内或函数外
分配内存	分配内存，可初始化	不分配内存，不可初始化

改正的时候，只要把变量的声明中的为变量初始化的语句放到最后一条变量的定义语句中即可。

19.9　小结

本章讨论了 C 语言中程序实体的生存期、作用域和可见域的相关内容。首先从 C 语言程序的内存分区入手，引出了变量的存储类别和作用域、可见域。

按存储类别，变量可分为 auto、register、extern 和 static 几类，按作用域的不同分为局部变量和全局变量。auto、register 和静态局部变量属于局部变量，extern 和静态全局变量属于全局变量，几种变量在使用上各有不同。

函数也可划分为内部函数和外部函数，平时使用最多的是外部函数，如果不指明存储类别，编译器默认定义的函数为外部函数。外部函数的作用域是整个源程序的所有源文件，而内部函数只能在其所在的源文件中进行使用。

最后讨论了结构体的用法，不同源文件中可以多次定义不同版本的结构体，甚至是在同一源文件中，结构体也能定义多次，但定义必须保持一致，否则，编译器会报错。

19.10　习题

一、填空题

1．按作用域分，变量可分为_____和_____。

2．变量的存储类别大致分为 4 种：_____、_____、_____和_____。

3．能对变量、标识符进行合法访问的范围（源程序区域）称为_____。变量有效的范围（源程序区域）称为_____。

4．如果一个函数可以被其他源文件中的函数调用，称为_____，用关键字_____修饰。

二、上机实践

1．给出以下代码的运行结果。

```
#include <stdio.h>
#include <conio.h>
extern int m=100;
void main(void)
{
    void print(void);
    for(int i=0;i<5;i++)
```

```
    print();
  getch();
}
void print()
{
  static int x=1000;
  printf("x is %d,m is%d\n",x,m);
  x++;m++;
}
```

【提示】考查 extern 和 static 的用法。

2．给出以下代码的运行结果。

```
#include <stdio.h>
#include <conio.h>

extern int x=10;
double y=10;
void main(void)
{
  extern float z;
  z=5;
  void print(void);
  print();
  printf("x is %d ,y is %d ,z is %f\n",x,y,z);
  getch();
}
float z;
void print()
{
  int x=2;
  double y=6;
  printf("x is %d ,y is %d ,z is %f\n",x,y,z);
}
```

【提示】如果读者没有好好阅读本章内容，则这个答案一定无法给出。不要漏掉每一处变量定义的地方，特别要看清变量定义前的关键字，如 extern。

第 20 章　编译及预处理

C 语言提供的编译预处理的功能，是它与其他许多编程语言的重要区别之一。它允许在源程序中使用几种特殊的命令（不是一般的 C 语句）。编译系统对程序进行编译之前，先对程序中这些特殊的命令进行"预处理"，如置换源程序文件中的特定表示符，或把指定的头文件嵌入被编译的源文件里等操作，然后再进行编译处理，以得到目标代码。

如果一个源程序由多个诸如 A.c、B.h 等源文件组成，使用的编译连接器是如何根据这些文件生成可执行文件的？编译连接的机理到底是什么？这是本章要学习的内容。

本章包含的知识点有：

- ❑ 编译的流程
- ❑ 如何判断程序中的错误
- ❑ 预处理命令
- ❑ 宏定义
- ❑ 条件编译

20.1　编译流程

本书前面给出了很多示例代码，实际上，哪怕是像"Hello World"这样简单的示例程序，都要经过编辑、预处理、编译、连接 4 个步骤，才能变成可执行程序，鼠标双击就弹出命令窗口，显示"Hello World"。这也是一般 C 语言程序的编译流程，如图 20-1 所示。

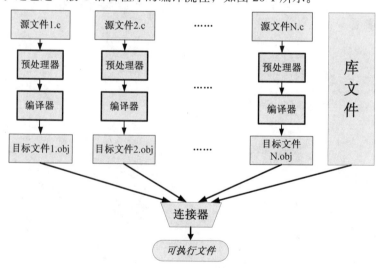

图 20-1　C 语言程序编译流程图

20.1.1　编辑

编辑就是通常所说的"写代码"，用集成开发工具也好，用记事本也好，按 C 语言的语法规则组织一系列的源文件。主要有两种形式：

- 一种是.c 文件。
- 一种是.h 文件，也称头文件。

20.1.2　预处理

前面接触到的#include 和#define 都属于编译预处理，C 语言允许在程序中用预处理指令写一些命令行。预处理器在编译器之前根据指令更改程序文本，编译器看到的是预处理器修改过的代码文本。

C 语言提供的编译预处理功能有以下 3 种：

- 宏定义
- 文件包含
- 条件编译

主要使用的预处理指令有下面 9 个：

```
#define  #undef  #include  #if  #elif  #else  #endif  #ifdef  #ifndef
```

程序运行之前要进行编译程序，那么首先做的事情就是进行编译预处理。在该阶段编译器读入头文件，根据条件编译指令确定处理合适的源程序段并进行必要的字符串替换。预处理的优越性在于可以在程序运行之前执行一些特定的运算，这些运算与程序的运行时间没有关系。预处理指令以换行符结束，不需要使用分号，如果一行出现多个字符串，那么相邻字符串合并为单一字符串，例如：

```
"ab"  "cde"合并为"abcde"
```

预处理命令共同的语法规则有以下 6 条：

- 所有的预处理命令在程序中都是以"#"来引导，如#include "stdio.h"。
- 每一条预处理命令必须单独占一行，在一行中写成 "#include "stdio.h" #include <stdlib.h>" 是不允许的。
- 预处理命令后不可以加分号，如 "#include "stdio.h";" 是非法的。
- 预处理命令一行写不下，可以续行，但需要加续行符\。如下面分两行写的宏定义：

```
#define   STRING   "China Beijing\n"\
"2008 Olympics",
```

- 宏定义与文件包含命令一般放在程序的开头（原则上可以放在程序中的任意位置）。
- 所有预处理命令的作用域都是从定义起直到其所在源程序的末尾。

编译预处理命令扩展了 C 程序设计的能力，合理地使用编译预处理功能，可以使得编写的程序便于阅读、修改、移植和调试。

20.1.3　编译

编译器处理的对象是由单个 c 文件和其中递归包含的头文件组成的编译单元。一般来说，头文件是不直接参加编译的。编译器会将每个编译单元翻译成同名的二进制代码文件，在 DOS 和 Windows 环境下，二进制代码文件的后缀名为.obj，在 UNIX 环境下，其后缀名为.o，此时，二进制代码文件是零散的，还不是可执行二进制文件。

错误检查大多是在编译阶段进行的，编译器主要进行语法分析、词法分析、产生目标代码，并进行代码优化等处理；为全局变量和静态变量等分配内存，并检查函数是否已定义，如没有定义，是否有函数声明，函数声明通知编译器：该函数在本文件后面定义，或者在其他文件中定义。

20.1.4　连接

连接器将编译得到的零散的二进制代码文件组合成二进制可执行文件。主要完成两个工作，一是解析其他文件中函数引用或其他引用，二是解析库函数。

举例来说，某个程序由两个.c 文件组成，分别为 A.c、B.c，两个.c 文件和其中递归包含的头文件组成的两个编译单元，经过预处理和编译生成二进制代码文件 A.obj 和 B.obj。假设 A.c 中调用了函数 C，可函数 C 定义在 B.c 中，A.obj 中实际上仅仅包括对 C 函数的引用，其二进制定义代码需要从 B.obj 中提取，插入 A.obj 的调用处，这个过程称为函数解析（resolve），由连接器完成。不仅仅是函数，变量（诸如有外部连接性的全局变量）也牵扯到解析的问题。当 B.c 没有定义函数 C 时，编译时不会产生错误，但连接时却会提示有未解析的对象，据此可分析出问题出在编译阶段还是连接阶段。

出于商业考虑或保密需要，C 标准库函数和其他公司或组织等提供的第三方库函数是以二进制代码形式提供的，后缀名为.lib。在程序中调用了库函数，便需要对库函数进行解析，连接器会从对应的二进制库文件中将该函数的代码抽出并插入调用处。如果库中无此函数或找不到对应的库，也会发生未解析（unresolved）的错误。

在每个编译单元生成的.obj 文件中，变量和函数并未得到系统分配的绝对地址，因而仍无法执行。从本质上说，连接是为程序中的变量和函数分配绝对地址、使二进制文件可执行的过程。此外，根据不同的操作系统，连接器会为组合后的二进制程序"添加"一些与操作系统有关的代码，使其可运行。

这就解释了为什么在 Windows 环境下编译生成的可执行程序（如.exe 格式文件）在 UNIX 环境下无法运行。

20.2　程序错误

兴致勃勃地写完程序，编译连接过程中却出现了一大堆的错误提示，遇到这种情况不要沮丧，再优秀的程序员也会犯错，有人说，程序编写的过程大部分的时间都是用在查错调试上。有时为了排除一个小问题，可能会几天几夜地跟踪代码。正因为如此，有人把问题找到并解决的刹那称为"痛苦的幸福"。

在说明程序错误前，有个观点要说明：没有完美的程序，不存在没有缺陷的程序，如果一个程序运行得很完美，那是因为它的缺陷一直还没有被发现。同样，软件测试是为了发现程序中可能存在的问题，而不是为了证明程序没有错误。

20.2.1　错误分类

错误可分两大类：一是程序书写形式在某些方面不符合 C 语言要求，称为语法错误，这种错误将会由编译器指明，是一种比较容易修改的错误；二是程序书写本身没错，编译连接能够完成，但输出结果与预期不符，或者执行时会崩溃，这种称为逻辑错误。

细分下去，语法错误又可分为编译错误和连接错误，很明显，编译错误就是在程序编译阶段出的错误，而连接错误就是在程序连接阶段出的问题。

20.2.2　编译错误

如果文件中出现编译错误，编译器将给出错误信息，并指明错误所在的行，提示用户修改代码。编译错误主要有以下两类。

（1）语法问题。缺少符号，如缺分号、括号等；符号拼写不正确。遇到这些情况，编译器一般都会指明错误所在行，但由于代码是彼此联系的，有时编译器给出的信息未必正确。一般来说，源程序中出错位置要么就是编译器提示的位置，要么在提示位置之前，甚至是在前面很远的地方。另一个问题是有时一个实际错误会让编译器给出很多出错提示，所以，当面对成百上千个错误提示时，不要害怕，没准修改一处代码，所有的问题都解决了。

面对编译器给出的一堆提示，集中精力解决第一个错误，如果无法确认后面的错误，重新编译检查，排除一个错误可能会消除很多错误提示行。

（2）上下文关系有误。程序设计中有很多彼此关联的东西，比如变量要先创建再使用，有时编译器会发现某个变量尚未定义，便会提示出错。这种情况有时是因为变量名拼写有误，有时是因为确实忘了定义。

除了错误外，编译器还会对程序中一些不合理的用法进行警告（warning），尽管警告不耽误程序编译连接，但对警告信息不能掉以轻心，警告常常预示着隐藏很深的错误，特别是逻辑错误，应当仔细排查。

20.2.3　连接错误

当一个编译单元中调用了库函数或定义在其他编译单元中的函数时，在连接阶段就需要从库文件或其他目标文件中抽取该函数的二进制代码，以便进行组合等一系列工作。当函数名书写错误时，连接器就无法找到该函数对应的代码，便会提示出错，指出函数名称未解析（unresolved）。

一般来说，连接器给出的错误提示是关于函数名、变量名等方面信息。

20.2.4　逻辑错误

即使程序顺利通过了编译连接，也不是说就万事大吉，可以收工了，要检查生成的可执行程序，看其是否实现了所需的功能。实际上，运行阶段出现的逻辑错误更难排查，更让人头疼，编译错误和连接错误还有提示信息，但面对逻辑错误，就像浑水摸鱼。

可能出现的逻辑错误有以下情况：

❑ 与操作系统有关的操作，是否进行了非法操作，如非法内存访问等。

❑ 是否出现了死循环，表现为长时间无反应、假死。注意，长时间无反应并不一定都是死循环，有的程序确实需要运行很长时间，对这种情况要仔细分析。

❏ 程序执行期间发生了一些异常，比如除数为 0 等，操作无法继续进行。

❏ 程序能正确执行，但结果不对，此时应检查代码的编写是否合乎问题规范。

20.2.5　排错

排除错误，有两层含义：找到出错的代码，修改该代码。排错也有两种形式，一是静态排错，编译器和连接器发现的错误基本都属于这一类，通过观察源程序便能确定问题所在并改正它；另一种是动态排错，逻辑错误的发现和纠正都比较困难，要综合考虑代码、使用的数据和输出结果的关联，仔细思考，尝试更换数据，观察结果的改变，依此分析错误可能存在的地方。

如果还是不行，就要使用动态检查机制，最基本的方法是"分而治之"，检查程序执行的中间状态，最常用的方法是在可能出错的地方插入一些输出语句，让程序输出一些中间变量的值，确定可能出错的区域。此外，还可利用编译环境提供的 debug 工具，对程序进行跟踪、监视和设断点等，定位并排错，这在第 2 章中已经讨论过。

20.3　预处理命令之宏定义

预处理命令的引入是为了优化程序设计环境，提高编程效率。合理使用预处理命令能使编写的程序易于阅读、修改、移植和调试，也有利于程序的模块化设计。

预处理命令必须独占一行，并以#开头，末尾不加分号，以示与普通 C 语句的区别。原则上，预处理行可以写在程序的任何位置，但推荐（或是通常写法）写在程序文件的头部。编译器在对文件进行实质性的编译之前，先处理这些预处理行，这也是"预"字的含义。C 语言的编译预处理功能主要包括宏定义、文件包含和条件编译 3 种。

20.3.1　宏定义

读者对宏已经不再陌生，在第 14 章中已经介绍过#define 的用法，宏即是用#define 语句定义的。宏定义是用宏名来表示一个字符串，在编译预处理时，对程序中所有出现的宏名，都用宏定义中的字符串来替换，称为"宏代换"或"宏展开"。

宏展开只是一种简单的代换，字符串中可以包含任何字符，可以是常数，也可以是表达式，预处理器进行宏展开时并不进行语法检查。

20.3.2　不带参数的宏定义

不带参数宏的一般定义形式为：

```
#define 宏名 宏体
```

例如：

```
#define X 100
#define PI 3.14159265
```

宏名的命名规则与变量相同，一般习惯用大写字母，以便与变量区分。当然，这并不是说不允许使用小写字母作为宏名。

来看一个不带参数宏的示例代码 20-1，从中学习一些宏的用法。

代码 20-1　不带参数宏的使用 MacroWithoutAugment

```
<-------------------------文件名：MacroWithoutAugment.c------------------------>
01    #include <stdio.h>                          /*使用printf()要包含的头文件*/
02    #include <conio.h>
03    #define SIDE 5
04    #define SQUARE SIDE*SIDE                     /*宏定义允许嵌套*/
05    #define PI 3.14159265
06    #define OUTPUT printf("Hello,C\n");
07
08    void main(void)                             /*主函数*/
09    {
10        int x=SQUARE;
11        printf("x is %d\n",x);
12        if(PI<4)
13            OUTPUT
14        printf("PI is %f",PI);
15        getch();                                /*等待，按任意键继续*/
16    }
```

输出结果为：

```
x is 25
Hello,C
PI is 3.141593
```

【代码解析】由代码 20-1 不难看出，宏定义允许嵌套，即在定义宏 SQUARE 时，使用了已定义的宏 SIDE。此外，有的读者会问，不是说宏的末尾不加分号吗，那宏 OUTPUT 定义行后的分号是怎么回事呢？实际上，预处理器会将分号和前面的语句一起替换 OUTPUT。

程序中用双引号括起来的字符串以及用户标识符中的部分，即使有与宏名完全相同的成分，由于它们不是宏名，编译器并不会对其进行替换。代码 20-1 的 main 函数替换后为：

```
void main(void)                             /*主函数*/
{
  int x=5*5;
  printf("x is %d\n",x);
  if(3.14159265<4)
    printf("Hello,C\n");
  printf("PI is %f",3.14159265);
  getch();                                  /*等待，按任意键继续*/
}
```

尽管 PI 表示 3.14159265，但在 printf 语句中，PI 被引号括起来，这表示把"PI is %f"当成字符串处理，因此不做宏替换。

预处理器对宏进行字面替换，只是为了优化编程环境，方便程序员而进行的宏定义，因此，编译器不会为宏分配内存。但宏有作用域，不管是在外部还是在内部定义宏，宏名的有效范围是从宏定义开始到本源文件结束，或遇到命令#undef 时为止。

举例来说，看下面代码：

```
#define PI 3.14
void main(void)
```

```
{
    ......
}
#undef PI
int func()
{
    ......
}
```

此时，宏名 PI 仅在"#define PI 3.14"和"#undef PI"之间有效，如果在 func 中使用宏名 PI，会引发错误。

> **提示**　在不同源文件中为同一宏名定义不同的宏体是完全合法的。

当宏定义过长，在一行中写不下，需要在另一行中继续写时，只需在最后一个字符后紧接着加一个反斜杠"\"即可。此外，在第 14 章中曾对比介绍了#define 和 typedef 为数据类型引入助记符的内容，此处不再赘述。

20.3.3　带参数的宏定义

和函数一样，宏也可以带参数，宏定义中的参数称为形参，宏调用时的参数称为实参。宏调用时，不仅要将宏展开，而且要用实参代替形参。带参宏定义的一般格式为：

```
#define 宏名(参数表) 宏体
```

> **注意**　宏名与参数表之间不能有空格出现，否则，预处理器会将宏名当作不带参数的宏来对待。

因为是字面替换，因此，参数表中不需指明参数的数据类型。宏调用的基本格式为：

```
宏名(实参表)
```

宏调用时，要求实参个数与形参个数相同，但没有类型要求。来看一个简单的示例代码 20-2，计算两个数的乘积。

代码 20-2　带参数的宏用法 MacroWithAugment

```
<----------------------------文件名：MacroWithAugment.c---------------------->
01    #include <stdio.h>                              /*使用printf()要包含的头文件*/
02    #include <conio.h>
03    #define MULTIPLY(x,y) x*y                        /*宏定义*/
04    void main(void)                                  /*主函数*/
05    {
06        int m=5,n=6;                                 /*声明两个int型变量m和n*/
07        int res=MULTIPLY(m,n);                       /*实参*/
08        printf("%d multiply %d is %d",m,n,res);         /*输出*/
09        getch();                                     /*等待，按任意键继续*/
10    }
```

输出结果为：

```
5 multiply 6 is 30
```

【代码解析】代码 20-2 中，第 7 行使用预处理器同时完成宏展开和参数替换，编译器处理的代码行为：

```
int res=m*n;
```

替换时，字符串中的形参将会被程序中相应的实参部分逐一替换，字符串中非形参字符将原样保留。看起来，这似乎比函数还要好用，但带参宏定义常常出现问题，来看下面的代码 20-3。

代码 20-3　带参的宏使用不当带来的问题 WrongMacro

```
<--------------------------文件名:WrongMacro.c-------------------------->
01    #include <stdio.h>                        /*使用printf()要包含的头文件*/
02    #include <conio.h>
03    #define CUBE(x) x*x*x                      /*宏定义*/
04    void main(void)                            /*主函数*/
05    {
06        int res=CUBE(3);                       /*实参*/
07        printf("3的3次方为%d\n",res);          /*输出*/
08        res=CUBE(3+1);
09        printf("4的3次方为%d\n",res);
10        int res=CUBE(4);                       /*实参*/
11        printf("4的3次方为%d\n",res);
12        getch();                               /*等待，按任意键继续*/
13    }
```

输出结果为：

```
3的3次方为27
4的3次方为10
4的3次方为64
```

【代码解析】代码 20-3 的结果明显不对，4 的 3 次方明明应该是 64，为什么第 2 个输出是 10 呢，很明显"CUBE(3+1)"与"CUBE(4)"的值并不相同。问题出在哪里呢？先来展开看看：

```
res=CUBE(4);
```

展开为：

```
res=4*4*4;
```

而下述语句：

```
res=CUBE(3+1);
```

展开为：

```
res=3+1*3+1*3+1;
```

问题就在于没有在适当的位置使用括号。由于是字面替换，括号的使用十分重要，只要将宏定义改为如下形式，问题便解决了：

```
#define CUBE(x) (x)*(x)*(x)
```

这样，语句：

```
res=CUBE(3+1);
```

将被展开为：

```
res=(3+1)*(3+1)*(3+1);
```

表 20-1 列出了带参的宏和函数之间的区别。

表 20-1　带参的宏和函数的区别

比 较 项	带参的宏	函　　数
执行时间	预处理时，编译之前	程序运行时
参数类型	字面替换，无须指明类型（或说不存在数据类型）	需指明形参和实参的类型
类型检查	不检查	检查
处理过程	不分配内存，字面替换	为形参分配内存，入栈出栈
运行时间	不占用运行时间	调用和返回占用时间
对程序长度的影响	宏展开后源程序变长	源程序长度不变
返回值	可设法得到多个返回值	只有一个返回值

预处理器并不会对宏进行正确性检查，无论给宏传递什么样的参数，哪怕是汉字，预处理器都会对其进行字面替换。后期编译时，编译器可能会指明错误。

有几点要单独说明如下。

（1）宏定义中，如果在用双引号括起来的字符串常量中含有形参，在宏替换时，实参不会替换掉此双引号中的形参。如：

```
#define DISP(m) printf("m is %d\n",m)
```

则下述语句：

```
int x=10, y=20;
DISP(x);
DISP(y);
```

输出为：

```
m is 10
m is 20
```

这是由于第一个 m 位于用双括号括起来的字符串中，预处理并不将其当作形参。为解决这一问题，可以在 m 前加一"#"，即宏定义采取如下形式：

```
#define DISP(m) printf("#m is %d\n",m)
```

则上述语句输出变为：

```
x is 10
y is 20
```

（2）如果宏定义中包含"##"，宏替换时自动将"##"去掉，将其前后的字符串合在一起。举例来说：

```
#define H(x,y,z) x##y##z
```

则宏调用 H(1,2,3)将被替换为 123。

合理使用宏，能增强程序的可读性，使程序便于修改，书写简便。而且，对于一些使用频繁、函数体较小的函数，使用宏代替它们能有效地提高运行效率，减少时间和空间的开销。

20.3.4　#define 定义常量与 const 常量

#define 定义的常量称为符号常量，而 const 常量常称为静态常量。相比#define，const 有很多

优势，在实际使用时，推荐采用 const 定义常量。

对#define 定义的符号常量，预处理器只是进行简单的字符串替换，并不对其进行类型检查，所以会与程序中定义的同名变量冲突。如：

```
#define num 10;
void disp()
{
    int num;
    cout<<num;
}
```

编译时，预处理器会将 disp 函数中的语句"int num;"替换成"int 10;"。若使用"const int num=10;"便不会出现这种问题。

const 标识符遵循变量的作用域规则，既可以定义在代码块内部，又可定义在外部。当定义在函数外部时，其作用域是文件作用域，即 const 定义的外部常量的作用域限定在本编译单元内，从定义点处到结束。但定义在代码块中时，该标识符的作用域为从定义位置起到该代码块结束。

20.3.5　文件包含

文件包含是 C 语言预处理的另一个重要功能，用"#include"来实现将一个源文件的全部内容包含到另一个源文件中，成为它的一个部分。文件包含的一般格式为：

```
#include <文件名>
```

或者

```
#include "文件名"
```

两种形式的区别在于：使用尖括号表示在系统头文件目录中查找（由用户在设置编程环境时设置），而不在源文件目录中查找；使用双引号则表示首先在当前的源文件目录中查找，找不到再到系统头文件目录中查找。

#include "文件名"格式下，用户可以显式指明文件的位置。如：

```
#include "D:\A\B\C.h"
#include "…\X.h"                                /*上级目录下的X.h文件*/
```

一个 include 命令只能包含一个文件，如果有多个文件要包含，则要使用多个 include 命令。不允许写成下述形式：

```
#include <stdio.h, conio.h>
```

文件包含允许嵌套，即在一个被包含文件中又可以包含其他文件。而且，文件包含命令包含的文件通常是头文件，但也可以包含其他源文件，例如.c 文件，甚至是.txt 文本文件。当然，由于被包含文件的全部内容都会出现在源程序清单中，因此，所包含文件的内容必须符合 C 语言的语法规则，否则在编译程序时，编译器会报错。来看代码 20-4。

代码 20-4　将一个文本文件包含到源程序中 FileContain

```
<---------------------------文件名：FileContain.c--------------------------->
01    #include <stdio.h>                          /*使用printf()要包含的头文件*/
02    #include <conio.h>
03    #include "Print.txt"                        /*将文本文件包含进来*/
04    void main(void)                             /*主函数*/
```

```
05  {
06      print();                                          /*调用print函数*/
07      getch();                                          /*等待，按任意键继续*/
08  }
<------------------------------文件名: Print.txt-------------------------------->
09  void print(void)
10  {
11      printf("这个函数是在文本文件中写的");
12  }
```

输出结果为：

这个函数是在文本文件中写的

【代码解析】 虽然 print 函数的定义位于文本文件 Print.txt 中，通过语句"#include "Print.txt""将其包含了进来，相当于在 main 函数前对 print 函数进行了定义，采用双括号形式表明该文件位于源程序目录中。

注意区分多文件编译和文件包含的不同。

在定义和使用文件包含时还应注意以下两点：

（1）一条文件包含命令只能包含一个文件，若想包含多个文件须用多条文件包含命令。例如下面的代码：

```
#include<iostream.h>
#include<stdio.h>
...
```

（2）文件包含命令可以嵌套使用，即在一个被包含的文件中可以包含另一个文件。例如定义一个头文件，其名字为 filel.h，该文件内容如下：

```
#include "file2.h"
#include "file3.h"   /*文件包含的先后位置安排*/
...
```

这里即嵌套使用了文件包含命令。

20.3.6　条件编译

通过某些条件，控制源程序中的某段源代码是否参加编译，这就是条件编译的功能。一般来说，所有源文件中的代码都应参加编译，但有时候希望某部分代码不参加编译，应用条件编译可达到这一目的。

条件编译的基本形式为：

```
#if 判断表达式
    语句段1
#else
    语句段2
#endif
```

或

```
#if 判断表达式
    语句段1
#endif
```

采用上面的写法时，如果判断表达式的值非 0，编译语句段 1，否则编译语句段 2。对第二种写法而言，如果判断表达式的值非 0，编译语句段 1，否则，不编译语句段 1。这样可使程序在不同条件下完成不同的功能。

　　判断表达式可以是包含宏、算术运算、逻辑运算等的合法 C 表达式，如果判断表达式为一个未定义的宏，那么它的值被视为 0。来看一段示例代码 20-5。

代码 20-5　条件编译的应用 Compile

```
<------------------------------文件名：Compile.c----------------------------->
01   #include <stdio.h>                      /*使用printf()要包含的头文件*/
02   #include <conio.h>
03   #define DEBUG                            /*没有宏体的宏定义*/
04   void main(void)                          /*主函数*/
05   {
06       #if defined(DEBUG)                   /*判断表达式为defined(DEBUG) */
07           printf("工作在调试模式下");
08       #else
09           printf("工作在正常模式下");
10       #endif
11       getch();                             /*等待，按任意键继续*/
12   }
```

输出结果为：

```
工作在调试模式下
```

　　【代码解析】对代码 20-5 来说，其中#if 结构的判断表达式为"defined(DEBUG)"。对"defined(宏名)"而言，如果宏名已经定义，返回 1，否则，返回 0，defined(宏名)可以进行逻辑运算。由于已经通过"#define DEBUG"定义了 DEBUG 宏，因此，第 7 行语句被编译，而第 9 行语句不会被编译。

　　读者可以尝试将"#define DEBUG"注释掉再看一下输出结果。

　　#ifdef、 #ifndef 用来测试某个宏是否被定义，"#ifdef"相当于"#if defined( )"，"#ifndef"相当于"#if !defined( )"，因此，条件编译可以有以下两种变体。

　　（1）如果宏名已经被定义，则编译语句段 1，否则，编译语句段 2。方括号代表其中的部分可省略，省略时，若宏名已被定义，则编译语句段 1，否则，不编译语句段 1。

```
#ifdef 宏名
    语句段1
[#else
    语句段2]
#endif
```

　　（2）如果宏名未曾被定义，则编译语句段 1，否则，编译语句段 2。方括号代表其中的部分可省略，省略时，若宏名未曾被定义，则编译语句段 1，否则，不编译语句段 1。

```
#ifndef 宏名
    语句段1
[#else
    语句段2]
#endif
```

20.3.7　宏函数

　　宏函数是指使用宏定义实现的函数。宏函数的形式如下：

```
#define 宏名(参数列表) 宏函数体
```

其调用表达式为：

```
宏名(参数列表)
```

宏展开后，程序中的宏函数调用表达式都被宏函数体代替。宏名后的左括号必须紧靠宏名，否则，会被识别为宏对象。例如：

```
#define MIN(x, y) (x < y) ? x : y
```

如果写为：

```
#define MIN  (x, y) (x < y) ? x : y
```

则 MIN 被视为宏对象，所有 MIN 都被宏展开为"$(x, y) (x < y) ? x : y$"。

下面以宏函数的几个应用为例，讨论使用宏函数的注意事项。

（1）使用"\"将太长的宏函数分为多行。由于宏函数体只能是与宏函数同一行的后面的内容，因此，当函数体内容较多时，如果都写在一行中，会影响程序的可读性。为使程序逻辑清晰，可以使用分行符"\"将宏函数体分拆为多行。

（2）将形参放入括号中。在宏定义中的形参是标识符，而宏调用中的实参可以是表达式。由于宏展开时为直接替换，所以必须将宏函数体中的形参都放在括号里，以免出错。

（3）将整个宏函数体放在括号中。如果一个宏函数需要返回一个值，即可能作为一个语句的子表达式，应该将整个宏函数体放在一个括号内；如果宏函数只是执行一些操作，不返回值，则应该将整个函数体放在花括号内，形成单独一个程序块。

（4）控制宏函数体的长度。不要定义函数体过长的宏函数，否则，调用该宏函数将该长函数体多次替换到代码中，会导致代码量急剧膨胀。比如，如果宏函数体有 50 行，被调用 1000 次，那么，宏展开后就会增加 50000 行代码。

（5）使用#undef 可以取消宏函数。同样也可以使用#undef 来取消宏函数，其形式与取消宏对象的形式一样。如下：

```
#undef 宏名
```

例如：

```
#define BBB(x) …
…                                    /* 宏函数BBB的作用域 */
#undef BBB
…                                    /* 此时，BBB已经无效 */
```

20.4　小结

本章讨论了 C 语言程序编译及预处理的相关内容。C 语言程序的编译分编辑、预处理、编译和连接等几个步骤。预处理指令是由预处理器负责执行的，主要有头文件包含、宏定义、条件编译等。经过预处理后，编译器才开始工作，将每个编译单元编译成二进制代码文件，但此时分散的二进制代码文件中的变量和函数没有被分配具体的内存地址，因而不能执行，需要连接器将这些二进制代码文件、用到的库文件中相关代码、系统相关的信息组合起来，形成二进制可执行文件。

20.5 习题

一、填空题

1．C 语言的编译预处理功能主要包括_____、_____和_____ 3 种。

2．随意写出 3 个预处理指令：_____、_____和_____。

3．在 DOS 和 Windows 环境下，二进制代码文件的后缀名为_____，在 UNIX 环境下，其后缀名为_____。

4．在不同源文件中为同一宏名定义不同的宏体是_____的。

5．#define 定义的常量称为_____，而 const 常量常称为_____。

二、上机实践

1．以下程序的输出结果是什么？

```c
#include <stdio.h>
#define P 6
#define M(x)  P*x*x
void main()
{
 int x=2;
 printf("%d",M(x));
}
```

【提示】上述程序中 M(x)表达式其实就是 $6 \times x \times x$。

2．利用带参数的宏，找出 3 个数中的最大值。

```c
#include <stdio.h>
#define MAX(x,y) x>y?x:y
void main()
{
  int a,b,c,d,m;
  scanf("%d %d %d",a,b,c);
  d=MAX(a,b);
  m=MAX(d,c);
  printf("%d",m);
}
```

【提示】本题没有固定答案，只是根据读者输入的数据大小，给出其中的最大值。

第 21 章 数 据 结 构

前面的章节中已经对 C 语言的基本语法机制作了介绍，但要写出好的程序，从而解决实际问题，还要了解一些数据组织方面的内容，即数据结构的相关知识。常见的数据结构包括链表、栈、队列、树、图和线性表等。本章主要从链表、栈和队列、自定义类型入手，介绍数据结构的一些基本知识。

本章包含的知识点有：
- ❑ 链表的结构
- ❑ 链表的各种操作
- ❑ 栈和队列的各种操作
- ❑ 自定义类型

21.1 链表

数组对应着一个连续存储的内存块，将同类型的元素一个个地排列起来，是组织数据的很好的手段。声明数组时需要告诉编译器数组的大小（即元素的个数），以便开辟足够大小的内存，但解决实际问题时，元素的个数常常是不确定的，此时该如何声明数组呢？如果指定的数组太小而实际数据太多，无法满足要求；可如果指定的数组太大而实际却用不了那么多，又会造成内存浪费。

在这种背景下，有人提出用链表来存储数据，像用线串珠子一样，元素不一定需要连续的内存空间，只要在需要存储数据时，再申请存储空间（动态申请内存空间或栈分配）即可，并用指针将数据一个一个链接起来，称为链表，如图 21-1 所示。

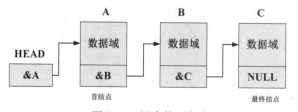

图 21-1 链表的形象表示

21.1.1 链表的结构

链表元素常称为链表结点，每一个结点是一个结构体，包含两个域：数据域和指针域。数据域保存数据，指针域连接该结点到下一个结点。结点类型可以相同，也可以不同，当结点类型相同时，称为同质链表，否则，称为异质链表。在实际应用中，常用的是同质链表。

每一个结点占用一块存储单元，结点的增减都十分容易：当要在链表中增加一个结点时，可动态地为该结点分配一个存储单元；当要在链表中删除一个结点时，也可释放该结点的存储单元。

就如图 21-1 所示的链表来说，如果将该链表比作一串珠子，头结点 HEAD 就是绳头，找珠子就要从头结点开始，头结点指向的结点 A 是链表的第 1 个数据结点，也就是第 1 颗珠子，A 中不仅有数据域，还包含指向下一结点 B 的指针，如此"顺藤摸瓜"，即可遍历整个链表。

> **提示** 链表的存取必须从头指针开始进行，最后一个结点的指针域为空（NULL）。

头结点的数据域可以不包含任何信息，也可以存储诸如元素个数等附加信息，或者干脆用一个指针代替头结点，如果链表为空，头结点的指针域为空。

链表与结构数组有相似之处，都由若干相同类型的结构变量组成，结构变量间有一定的顺序关系。但二者存在很大差别，其主要差别如下：

- ❑ 结构数组中各元素是连续存放的，而链表中的结点可以不连续存放。
- ❑ 结构数组元素可通过下标运算或相应指针变量的"移动"进行顺序或随机访问；而链表中结点不便于随机访问，只能从链头开始一个结点一个结点地顺序访问。
- ❑ 结构数组在定义时就确定其元素个数，不能动态增长；而链表的长度往往是不确定的，根据问题求解过程中的实际需要，动态地创建结点并为其分配存储空间。

下面是一个描述学生结构的实例：

```
struct Stu
{
  int num;
  int score;
  Stu *next;
};                        /*链表结点的数据结构*/
```

前两个成员组成数据域，后一个成员 next 是指针域，它是一个指向 stu 类型结构的指针变量。同时，链表头指针 head 的类型为：

```
struct Stu  *head;
```

对链表的访问必须从头指针开始，逐个结点进行访问，每个结点的类型和指针的基本类型相同。具体从内存中申请结点空间的语句为：

```
head=(struct Stu *)malloc(sizeof(struct Stu));
```

如果指针值为 NULL 即 0，表示当前链表为空。可以说头指针是链表的唯一标识。

21.1.2 创建链表并遍历输出

链表的建立一般是指先建立一个空链表，而后一个一个地将元素插在头结点后面。来看示例代码 21-1。

代码 21-1 创建一个链表并将其显示出来 CreateList

```
<----------------------------文件名：CreateList.c---------------------------->
01    #include <stdio.h>                        /*使用printf()要包含的头文件*/
02    #include <conio.h>
03    struct student                            /*定义结构student*/
04    {
```

```
05          int num;                                          /*学号*/
06          int score;                                        /*成绩*/
07          struct student* next;                             /*指向下一个结点的指针*/
08      };
09      typedef struct student STU;
10      STU* create(void)
11      {
12          STU* head=NULL;                                   /*头指针，设为空，空链表*/
13          STU* tail=NULL;                                   /*尾结点指针*/
14          head=(STU*)malloc(sizeof(STU));                   /*为头结点分配内存空间*/
15          if(head==NULL)                                    /*防错处理，内存分配是否成功*/
16          {
17              printf("头结点内存申请失败");
18              return NULL;
19          }
20          head->next=NULL;                                  /*头结点next指针置为空*/
21          tail=head;                                        /*开始时尾结点指向头结点*/
22          STU* pNewElement=NULL;              /*新加结点的指针，用于为新加结点动态申请内存*/
23          int n,s;                                          /*自动变量n和s，接收用户输入*/
24          while(1)
25          {
26              printf("请输入该同学的学号和成绩\n");          /*输出提示信息*/
27              scanf("%d%d",&n,&s);                          /*输入*/
28              if(n>0 && s>0)                                /*如果学号和成绩均不为负*/
29              {
30                  pNewElement=(STU*)malloc(sizeof(STU));     /*新申请一块内存空间*/
31                  if(pNewElement==NULL)                     /*防错处理*/
32                  {
33                      printf("结点内存申请失败");
34                      return NULL;
35                  }
36                  pNewElement->num=n;                       /*为新申请的内存赋值*/
37                  pNewElement->score=s;
38                  pNewElement->next=NULL;
39                  tail->next=pNewElement;                   /*将新元素插入尾结点前*/
40                  tail=pNewElement;                         /*更新尾结点位置*/
41              }
42              else                               /*如果学号或成绩有一个为负或0，输入结束*/
43                  break;
44          }
45          pNewElement=head;
46          head=head->next;                                  /*修正头指针的位置*/
47          free(pNewElement);                                /*释放资源*/
48          return head;
49      }
50      void disp(STU* head)
51      {
52          STU* p=head;                                      /*遍历输出用的指针*/
53          while(1)
```

```
54          {
55              if(p==NULL)                                    /*输出到尾部，退出*/
56                  return;
57              printf("(学号: %d, 成绩: %d)\n",p->num,p->score);/*打印信息*/
58              p=p->next;                                     /*指向下一结点*/
59          }
60  }
61  void main(void)                                        /*主函数*/
62  {
63
64      STU* head=NULL;                                    /*头指针，设为空，空链表*/
65      head=create();                                     /*调用create函数创建链表*/
66      disp(head);                                        /*显示链表*/
67      getch();                                           /*等待，按任意键继续*/
68  }
```

输出结果为：

```
请输入该同学的学号和成绩
1 100                            (用户输入)
请输入该同学的学号和成绩
2 90                             (用户输入)
请输入该同学的学号和成绩
3 80                             (用户输入)
请输入该同学的学号和成绩
4 70                             (用户输入)
请输入该同学的学号和成绩
5 60                             (用户输入)
请输入该同学的学号和成绩
6 50                             (用户输入)
请输入该同学的学号和成绩
0 0                              (用户输入)
(学号: 1, 成绩: 100)
(学号: 2, 成绩: 90)
(学号: 3, 成绩: 80)
(学号: 4, 成绩: 70)
(学号: 5, 成绩: 60)
(学号: 6, 成绩: 50)
```

【代码解析】代码 21-1 中首先用 head 指针动态申请内存创建了一个头结点，让头结点的指针域为 NULL。而后在 while 结构中为实际数据申请内存，创建结点，用指针 pNewElement 指向它，并将用户输入的学号和成绩等信息放入该结点的数据域中，设置其指针为 NULL，时刻保持尾结点指针 tail 指向链表尾部。接着创建第 2 个数据结点，输入数据，将第 1 个数据结点的指针域指向第 2 个结点，第 2 个结点的指针域为 NULL，依此类推，创建第 3 个、第 4 个结点……

最后，修正 head 指针的位置，使其指向第 1 个数据结点。为了方便读者观察链表是否创建成功，代码 21-1 对链表成员进行了遍历输出，通过 head 指针，使遍历指针 p 指向第 1 个数据结点，输出其数据域；接着使 p 指向下一个结点，输出其数据域，如此进行下去，直到达到链表尾部，指针 p 为 NULL，输出结束。

用分步的思想形象地看链表的创建过程，如图 21-2 所示。

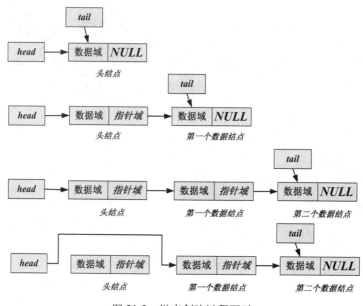

图 21-2 链表创建过程图示

21.1.3 链表的插入

顾名思义，插入即是往链表中加入一个新结点，使链表变长。根据插入位置的不同，将一个元素插入链表有以下几种情况。

（1）如果插入在第 1 个结点之前，如图 21-3 所示。

此时，需要使待插入结点 E_insert 的指针域指向原来的第 1 个结点 E1，并使得 head 指针指向 E_insert，如图 21-4 所示。

图 21-3 将元素插入在第 1 个结点前   图 21-4 元素已经被插入到了第 1 个元素前

（2）如果将元素插入链表中间，即前后都有结点的位置，如图 21-5 所示。

此时，应先让 E_insert 的指针域指向 E1，然后让 E2 的指针域指向 E_insert，如图 21-6 所示。

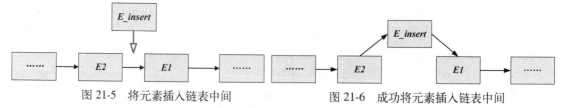

图 21-5 将元素插入链表中间   图 21-6 成功将元素插入链表中间

（3）将元素插入链表尾部，这基本上类似于链表创建时向链表添加元素的过程，如图 21-7 所示。

先让原来尾结点 E1 的指针域指向待插入结点 E_insert，再让 E_insert 指向空，如图 21-8 所示。

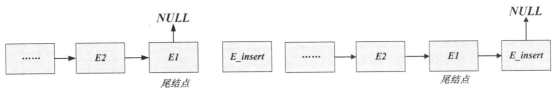

图 21-7　将元素插入链表尾部　　　　　图 21-8　成功将元素插入链表尾部

根据上述分析，编写添加元素插入函数 insert 如下：

```c
STU* insert(STU* head)
{
    int n,s;                                      /*自动变量n和s，接收用户输入*/
    STU* Einsert=NULL,*E1=NULL,*E2=NULL;
    E1=head;
    while(1)
    {
        printf("请输入待插入同学的学号和成绩\n");    /*输出提示信息*/
        scanf("%d%d",&n,&s);                      /*输入*/
        if(n>0 && s>0)                            /*如果学号和成绩均不为负*/
        {
            Einsert=(STU*)malloc(sizeof(STU));    /*新申请一块内存空间*/
            if(Einsert==NULL)                     /*防错处理*/
            {
                printf("结点内存申请失败");
                return NULL;
            }
            Einsert->num=n;                       /*为新申请的内存赋值*/
            Einsert->score=s;
            while(n>E1->num&&E1->next!=NULL)      /*寻找插入位置，在E1和E2之间*/
            {
                E2=E1;
                E1=E1->next;
            }
            if(n<=E1->num)
            {
                if(head==E1)                      /*插在头部*/
                {
                    Einsert->next=E1;
                    head=Einsert;
                }
                else                              /*插在中间*/
                {
                    E2->next=Einsert;
                    Einsert->next=E1;
                }
            }
            else                                  /*插在尾部*/
            {
                E1->next=Einsert;
                Einsert->next=NULL;
            }
        }
        else                                      /*如果学号或成绩有一个为负或0，输入结束*/
```

```
                              break;
       }
    return head;
}
```

结合上节编写的链表创建和显示函数，进行链表结点的插入操作，如代码 21-2 所示。

代码 21-2　链表结点的插入 ListInsert

```
<-----------------------------文件名：ListInsert.c----------------------------->
01    void main(void)                                        /*主函数*/
02    {
03        STU* head=NULL;                                     /*头指针，设为空，空链表*/
04        head=create();                                      /*调用Create函数创建链表*/
05        printf("------------------------------------\n");
06        disp(head);                                         /*显示链表*/
07        printf("------------------------------------\n");
08        head=insert(head);                                  /*元素插入函数*/
09        printf("------------------------------------\n");
10        disp(head);                                         /*显示链表*/
11        getch();                                            /*等待，按任意键继续*/
12    }
```

输出结果为：

```
请输入该同学的学号和成绩
3 75                       (键盘输入)
请输入该同学的学号和成绩
4 90                       (键盘输入)
请输入该同学的学号和成绩
7 66                       (键盘输入)
请输入该同学的学号和成绩
0 0                        (键盘输入)
------------------------------------
(学号：3，成绩：75)
(学号：4，成绩：90)
(学号：7，成绩：66)
------------------------------------
请输入待插入同学的学号和成绩
1 98                       (键盘输入)
请输入待插入同学的学号和成绩
5 80                       (键盘输入)
请输入待插入同学的学号和成绩
9 77                       (键盘输入)
请输入待插入同学的学号和成绩
0 0                        (键盘输入)
------------------------------------
(学号：1，成绩：98)
(学号：3，成绩：75)
(学号：4，成绩：90)
(学号：5，成绩：80)
(学号：7，成绩：66)
(学号：9，成绩：77)
```

【代码解析】代码 21-2 中，开始时按顺序将学号 3、4 和 7 的结点放入链表中，随后，插入了学号为 1 的结点（链表头部），学号为 5 的结点（插入学号为 4 和 7 的结点之间），以及学号为 9 的结点（链表的尾部）。

创建链表时并没有考虑顺序因素，实际应用中如果有顺序要求，可以考虑把顺序插入机制整合到创建函数中。

21.1.4　链表结点的删除

结点删除几乎可以看成是结点插入的逆操作，将图 21-3 到图 21-8 换一个顺序即可。

- 如果删除的是第 1 个数据结点，即从图 21-4 到图 21-3，则应使 head 指针指向 E1，同时释放 E-insert 占据的动态内存。
- 如果删除的是中间结点，即从图 21-6 到图 21-5，则只需让 E2->next 指向 E-insert->next，同时，释放 E-insert 占据的动态内存。
- 如果删除的是尾结点，即从图 21-8 到图 21-7，只需让 E1->next 为 NULL，同时释放 E-insert 占据的动态内存。

删除中间结点和删除尾结点可以看成是统一的操作，都是让被删除结点前一结点的指针域等于被删除结点的指针域，同时释放动态内存。

依据上述分析，编写 del 函数代码如下：

```
STU* del(STU* head, int num)               /*删除学号为num的结点*/
{
STU *p1=NULL,*p2=NULL;                      /*结点指针，用于寻找删除位置*/
p1=head;
while(num!=p1->num&&p1->next!=NULL)         /*删除位置的寻找*/
{
    p2=p1;
    p1=p1->next;
}
if(num==p1->num)                           /*判断是否是待删除的结点*/
{
    if(p1==head)                           /*要删除的是头结点*/
    {
        head=p1->next;
        free(p1);
    }
    else                                   /*中间结点或尾结点，第二、三两种情况*/
    {
        p2->next=p1->next;
        free(p1);
    }
}
else                                       /*找不到要删除的结点*/
    printf("找不到待删除的结点\n")
return head;                               /*返回头指针*/
}
```

将 del 函数加入代码 21-2 中，main 函数编写如代码 21-3 所示。

代码 21-3　链表结点的删除操作 ListDelete

```
<----------------------------------文件名：ListDelete.c---------------------------->
01    void main(void)                                         /*主函数*/
02    {
03        STU* head=NULL;                                     /*头指针，设为空，空链表*/
04        head=create();                                      /*调用Create函数创建链表*/
05        printf("-----------------------------------------\n");
06        disp(head);                                         /*显示链表*/
07        printf("-----------------------------------------\n");
08        head=del(head,3);                                   /*删除学号为3的结点*/
09        head=del(head,5);                                   /*删除学号为5的结点*/
10        disp(head);                                         /*显示链表*/
11        getch();                                            /*等待，按任意键继续*/
12    }
```

输出结果为：

```
请输入该同学的学号和成绩
1 98                              （键盘输入）
请输入该同学的学号和成绩
2 66                              （键盘输入）
请输入该同学的学号和成绩
3 77                              （键盘输入）
请输入该同学的学号和成绩
4 80                              （键盘输入）
请输入该同学的学号和成绩
5 50                              （键盘输入）
请输入该同学的学号和成绩
6 92                              （键盘输入）
请输入该同学的学号和成绩
0 0                               （键盘输入）
-----------------------------------------
(学号：1，成绩：98)
(学号：2，成绩：66)
(学号：3，成绩：77)
(学号：4，成绩：80)
(学号：5，成绩：50)
(学号：6，成绩：92)
-----------------------------------------
(学号：1，成绩：98)
(学号：2，成绩：66)
(学号：4，成绩：80)
(学号：6，成绩：92)
```

【代码解析】源文件代码过长，代码 21-3 仅保留了 main 函数部分，其余函数的定义已经在前面的小节中一一说明了，光盘源代码中是完整的 ListDelete.c 文件源代码。

21.1.5　链表的逆置

所谓链表的逆置，是指"头变尾，尾变头"，即将原来的"A→B→C→D→……"变成"……→D→C→B→A"。先从单链表模型来看，如图 21-9 所示。

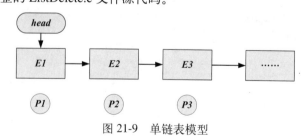

图 21-9　单链表模型

要让链表逆置，可先声明 3 个指针 p1、p2 和 p3，首先要让 p2->next 指向 p1，然后让 p1=p2，p2=p3，p3=p2->next，即 3 个指针不断向队尾移动即可。编写函数代码如下：

```
STU* reverse(STU* head)                              /*将链表逆置*/
{
  STU *p1=NULL,*p2=NULL,*p3=NULL;                     /*结点指针*/
  /*如果是空链表或只有一个元素的链表，逆置没有意义*/
  if(head==NULL || head->next==NULL)
    return head;
  p1=head;
  p2=p1->next;
  while(p2)                                           /*一直到链表尾部*/
  {
    p3=p2->next;
    p2->next=p1;
    p1=p2;                                            /*3个指针不断向后移动*/
    p2=p3;
  }
  head->next=NULL;                                    /*原来的首结点，现在是尾结点*/
  head=p1;                                            /*新的head指针*/
  return head;                                        /*返回头指针*/
}
```

基于前面介绍过的链表创建和显示函数，出于篇幅考虑，同样只给出 main 函数，create 函数和 disp 函数与代码 21-1 中的定义完全一致，reverse 函数的定义也已给出，逆置代码见示例代码 21-4。

代码 21-4　单链表的逆置 ListReverse

```
<----------------------------文件名：ListReverse.c---------------------------->
01    void main(void)                                /*主函数*/
02    {
03        STU* head=NULL;                            /*头指针，设为空，空链表*/
04        head=create();                             /*调用Create函数创建链表*/
05        printf("-----------------------------------------\n");
06        disp(head);                                /*显示链表*/
07        printf("-----------------------------------------\n");
08        head=reverse(head);                        /*逆置函数*/
09        disp(head);                                /*显示链表*/
10        getch();                                   /*等待，按任意键继续*/
11    }
```

输出结果为：

```
请输入该同学的学号和成绩
2 78                          (键盘输入)
请输入该同学的学号和成绩
3 80                          (键盘输入)
请输入该同学的学号和成绩
4 95                          (键盘输入)
请输入该同学的学号和成绩
5 60                          (键盘输入)
请输入该同学的学号和成绩
0 0                           (键盘输入)
-----------------------------------------
(学号：2，成绩：78)
```

励志照亮人生　编程改变命运

```
(学号: 3, 成绩: 80)
(学号: 4, 成绩: 95)
(学号: 5, 成绩: 60)
----------------------------------------
(学号: 5, 成绩: 60)
(学号: 4, 成绩: 95)
(学号: 3, 成绩: 80)
(学号: 2, 成绩: 78)
```

【代码解析】代码 21-4 中，原来的尾结点在逆置后成了第 1 个结点，而原来的第 1 个结点变成了尾结点。掌握链表的关键在于其内存模型。

21.1.6 链表的销毁

在链表使用完毕后，需将其销毁，回收所分配的内存。由于是整体销毁，实现起来比结点的删除简单，可以采取如下策略：每次删除第 1 个结点后面的结点，最后再删除头结点，这样即可实现整个链表的销毁。

仅仅删除第 1 个结点并不意味着整个链表被删除掉了，链表是一个结点一个结点建立起来的，所以，销毁它也必须一个结点一个结点地删除才行。

编写链表销毁的函数如下：

```c
void freeAll(STU* head)
{
STU* p=NULL,*q=NULL;
p=head;
while(p->next!=NULL)
{
    q=p->next;
    p->next=q->next;                        /*删除结点*/
    free(q);                                /*释放内存*/
}
free(head);                                 /*释放第1个结点所占内存*/
}
```

21.1.7 链表的综合实例

前面对链表常用的操作进行了介绍，根据这些机理可以编写其他操作的代码，此处不再赘述。为了对链表的使用有个整体的认识，我们利用前面编写的函数形成一个完整的源程序，以检验效果，如代码 21-5 所示。

代码 21-5　链表操作综合实例 List

```c
<----------------------------------文件名: List.c---------------------------------->
01    #include <stdio.h>                        /*使用printf()要包含的头文件*/
02    #include <conio.h>
03    #include "listFunc.h"
04    void main(void)                            /*主函数*/
05    {
06        STU* head=NULL;                        /*头指针,设为空,空链表*/
07        head=create();                         /*调用create函数创建链表*/
08        printf("创建完毕后的链表为: \n");
```

```
09        disp(head);                                        /*显示链表*/
10        head=insert(head);                                 /*插入结点*/
11        printf("插入结点后的链表为：\n");
12        disp(head);                                         /*显示链表*/
13        printf("请输入要删除的结点学号：\n");
14        int xh=0;
15        scanf("%d",&xh);
16        head=del(head,xh);                                 /*删除结点*/
17        printf("删除学号为%d的结点后：\n",xh);
18        disp(head);                                         /*显示链表*/
19        head=reverse(head);                                /*链表逆置*/
20        printf("将链表逆置后：\n");
21        disp(head);                                         /*显示链表*/
22        freeAll(head);                                      /*销毁链表*/
23        getch();                                            /*等待，按任意键继续*/
24    }
```

<------------------------------文件名：ListFunc.h------------------------------>

```
25    struct student                                         /*定义结构student*/
26    {
27        int num;                                           /*学号*/
28        int score;                                         /*成绩*/
29        struct student* next;                              /*指向下一个元素的指针*/
30    };
31    typedef struct student STU;                            /*为结构student引入助记符STU*/
32    STU* create(void);                                     /*链表创建函数*/
33    void disp(STU* head);                                  /*链表的遍历输出*/
34    STU* insert(STU* head);                                /*结点插入*/
35    STU* del(STU* head, int num);                          /*结点删除*/
36    STU* reverse(STU* head);                               /*链表逆置*/
37    void freeAll(STU* head);                               /*链表销毁*/
```

<------------------------------文件名：ListFunc.c------------------------------>

```
38    #include <stdio.h>                                     /*使用printf()要包含的头文件*/
39    #include <conio.h>
40    #include "listFunc.h"
41    STU* create(void)
42    {
43        STU* head=NULL;                                    /*头指针，设为空，空链表*/
44        STU* tail=NULL;                                    /*尾指针*/
45        head=(STU*)malloc(sizeof(STU));                    /*为头结点分配内存空间*/
46        if(head==NULL)                                     /*防错处理，内存分配是否成功*/
47        {
48            printf("头结点内存申请失败");
49            return NULL;
50        }
51        head->next=NULL;                                   /*头结点next指针置为空*/
52        tail=head;                                         /*开始时尾结点指向头结点*/
53        STU* pNewElement=NULL;                  /*新加结点的指针，用于为新加结点动态申请内存*/
54        int n,s;                                           /*自动变量n和s，接收用户输入*/
55        while(1)
56        {
57            printf("请输入该同学的学号和成绩\n");          /*输出提示信息*/
58            scanf("%d%d",&n,&s);                           /*输入*/
59            if(n>0 && s>0)                                 /*如果学号和成绩均不为负*/
```

```
60              {
61                  pNewElement=(STU*)malloc(sizeof(STU));        /*新申请一块内存空间*/
62                  if(pNewElement==NULL)                         /*防错处理*/
63                  {
64                      printf("结点内存申请失败");
65                      return NULL;
66                  }
67                  pNewElement->num=n;                           /*为新申请的内存赋值*/
68                  pNewElement->score=s;
69                  pNewElement->next=NULL;
70                  tail->next=pNewElement;                       /*将新元素插入队尾*/
71                  tail=pNewElement;                             /*更新尾结点位置*/
72              }
73              else                                   /*如果学号或成绩有一个为负或0，输入结束*/
74                  break;
75          }
76      pNewElement=head;
77      head=head->next;                                          /*修正头指针的位置*/
78      free(pNewElement);                                        /*释放资源*/
79      return head;
80  }
81
82  void disp(STU* head)
83  {
84      STU* p=head;                                              /*遍历输出用的指针*/
85      while(1)
86      {
87          if(p==NULL)                                           /*输出到尾部，退出*/
88              return;
89          printf("(学号：%d，成绩：%d)\n",p->num,p->score);/*打印信息*/
90          p=p->next;                                            /*指向下一结点*/
91      }
92  }
93
94  STU* insert(STU* head)
95  {
96      int n,s;                                                  /*自动变量n和s，接收用户输入*/
97      STU* Einsert=NULL,*E1=NULL,*E2=NULL;
98      E1=head;
99      while(1)
100     {
101         printf("请输入待插入同学的学号和成绩\n");          /*输出提示信息*/
102         scanf("%d%d",&n,&s);                              /*输入*/
103         if(n>0 && s>0)                                    /*如果学号和成绩均不为负*/
104         {
105             Einsert=(STU*)malloc(sizeof(STU));            /*新申请一块内存空间*/
106             if(Einsert==NULL)                             /*防错处理*/
107             {
108                 printf("结点内存申请失败");
109                 return NULL;
110             }
111             Einsert->num=n;                               /*为新申请的内存赋值*/
112             Einsert->score=s;
```

```
113              while(n>E1->num&&E1->next!=NULL)        /*寻找插入位置，在E1和E2之间*/
114                  {
115                      E2=E1;
116                      E1=E1->next;
117                  }
118              if(n<=E1->num)
119                  {
120                      if(head==E1)                      /*插在头部*/
121                          {
122                              Einsert->next=E1;
123                              head=Einsert;
124                          }
125                      else                              /*插在中间*/
126                          {
127                              E2->next=Einsert;
128                              Einsert->next=E1;
129                          }
130                  }
131              else                                      /*插在尾部*/
132                  {
133                      E1->next=Einsert;
134                      Einsert->next=NULL;
135                  }
136          }
137      else                                              /*如果学号或成绩有一个为负或0，输入结束*/
138          break;
139      }
140      return head;
141 }
142
143 STU* del(STU* head, int num)                          /*删除学号为num的结点*/
144 {
145     STU *p1=NULL,*p2=NULL;                            /*结点指针，用于寻找删除位置*/
146     p1=head;
147     while(num!=p1->num&&p1->next!=NULL)               /*删除位置的寻找*/
148     {
149         p2=p1;
150         p1=p1->next;
151     }
152     if(num==p1->num)                                  /*判断是否是待删除的结点*/
153     {
154         if(p1==head)                                  /*要删除的是首结点*/
155             {
156                 head=p1->next;
157                 free(p1);
158             }
159         else                                          /*中间结点或尾结点，第二、三两种情况*/
160             {
161                 p2->next=p1->next;
162                 free(p1);
163             }
164     }
165     else                                              /*找不到要删除的结点*/
```

励志照亮人生　编程改变命运

```
166              printf("找不到待删除的结点\n");
167         return head;                               /*返回头指针*/
168    }
169
170    STU* reverse(STU* head)                          /*将链表逆置*/
171    {
172         STU *p1=NULL,*p2=NULL,*p3=NULL;             /*结点指针*/
173         /*如果是空链表或只有一个元素的链表，逆置没有意义*/
174         if(head==NULL || head->next==NULL)
175             return head;
176         p1=head;
177         p2=p1->next;
178         while(p2)                                   /*一直到链表尾部*/
179         {
180             p3=p2->next;
181             p2->next=p1;
182             p1=p2;                                  /*3个指针不断向后移动*/
183             p2=p3;
184         }
185         head->next=NULL;                            /*原来的首结点，现在是尾结点*/
186         head=p1;                                    /*新的head指针*/
187         return head;                                /*返回头指针*/
188    }
189
190    void freeAll(STU* head)
191    {
192         STU* p=NULL,*q=NULL;
193         p=head;
194         while(p->next!=NULL)
195         {
196             q=p->next;
197             p->next=q->next;                        /*删除结点*/
198             free(q);                                /*释放内存*/
199         }
200         free(head);                                 /*释放第1个结点所占内存*/
201    }
```

输出结果为：

```
请输入该同学的学号和成绩
1 90
请输入该同学的学号和成绩
3 70
请输入该同学的学号和成绩
5 80
请输入该同学的学号和成绩
7 65
请输入该同学的学号和成绩
0 0
创建完毕后的链表为：
(学号：1，成绩：90)
(学号：3，成绩：70)
(学号：5，成绩：80)
(学号：7，成绩：65)
```

```
请输入待插入同学的学号和成绩
2 88
请输入待插入同学的学号和成绩
4 72
请输入待插入同学的学号和成绩
0 0
插入结点后的链表为：
(学号：1，成绩：90)
(学号：2，成绩：88)
(学号：3，成绩：70)
(学号：4，成绩：72)
(学号：5，成绩：80)
(学号：7，成绩：65)
请输入要删除的结点学号：
3
删除学号为3的结点后：
(学号：1，成绩：90)
(学号：2，成绩：88)
(学号：4，成绩：72)
(学号：5，成绩：80)
(学号：7，成绩：65)
将链表逆置后：
(学号：7，成绩：65)
(学号：5，成绩：80)
(学号：4，成绩：72)
(学号：2，成绩：88)
(学号：1，成绩：90)
```

【代码解析】代码21-5将所有函数的声明放在了头文件ListFunc.h中，而函数的定义由ListFunc.c来实现，这是推荐的程序组织结构。这样，在需要创建链表、输出链表、向链表中增加结点、删除结点甚至是销毁整个链表时，只要包含头文件 ListFunc.h 即可。

21.1.8 循环链表

和前面介绍的单链表一样，循环链表是一种链式的存储结构，不同的是，循环链表的最后一个结点的指针是指向该循环链表第1个结点的，也就是说，头尾相连构成一个环形结构。循环链表和单链表的操作基本一致，但有以下两点需要特别注意：

（1）新建循环链表时，必须使最后一个结点的指针指向第1个结点，而不是像单链表一样对其赋值为 NULL。

（2）在判断是否达到链表尾部时，是判断该结点指针域是否指向第1个结点，而不是像单链表一样判断其是否为 NULL。

21.1.9 双链表

双链表与单链表的相似，是对单链表的改进。在单链表中，每个结点指向下一个结点（后继结点），进行操作时，需要从链表头开始查找。双链表对结点的结构进行了改进，使其既包含一个指向下一结点（后继结点）的指针，也包含一个指向上一结点（前驱结点）的指针。仍然以前面的student 结构为例，要将其作为双链表的结点，可改写为：

```
01    struct student                                              /*定义结构student*/
02    {
03        int num;                                                /*学号*/
04        int score;                                              /*成绩*/
05        struct student* next;                                   /*指向后继结点指针*/
06        struct student* prev;                                   /*指向前驱结点指针*/
07    };
```

双链表的操作与单链表类似，不同之处仅仅体现在对 prev 结点的处理。以所定义的 student 结构为例，建立双链表的函数 dcreate 如下：

```
01    STU* dcreate(void)
02    {
03        STU* head=NULL;                                         /*头指针，设为空，空链表*/
04        STU* tail=NULL;                                         /*尾指针*/
05        head=(STU*)malloc(sizeof(STU));                         /*为头结点分配内存空间*/
06        if(head==NULL)                                          /*防错处理，内存分配是否成功*/
07        {
08            printf("头结点内存申请失败");
09            return NULL;
10        }
11        head->next=NULL;                                        /*头结点next指针置为空*/
12        tail=head;                                              /*开始时尾结点指向头结点*/
13        STU* pNewElement=NULL;                      /*新加结点的指针，用于为新加结点动态申请内存*/
14        int n,s;                                                /*自动变量n和s，接收用户输入*/
15        while(1)
16        {
17            printf("请输入该同学的学号和成绩\n");                   /*输出提示信息*/
18            scanf("%d%d",&n,&s);                                /*输入*/
19            if(n>0 && s>0)                                      /*如果学号和成绩均不为负*/
20            {
21                pNewElement=(STU*)malloc(sizeof(STU));          /*新申请一块内存空间*/
22                if(pNewElement==NULL)                           /*防错处理*/
23                {
24                    printf("结点内存申请失败");
25                    return NULL;
26                }
27                pNewElement->num=n;                             /*为新申请的内存赋值*/
28                pNewElement->score=s;
29                pNewElement->next=NULL;
30                tail->next=pNewElement;                         /*将新元素插入队尾*/
31                pNewElement->prev=tail;
32                tail=pNewElement;                               /*更新尾结点位置*/
33            }
34            else                                    /*如果学号或成绩有一个为负或0，输入结束*/
35                break;
36        }
37        pNewElement=head;
38        head=head->next;                                        /*修正头指针的位置*/
39        head->prev=NULL;
40        free(pNewElement);                                      /*释放资源*/
41        return head;
42    }
```

相比前面单链表的创建函数 create，此处的 dcreate 仅仅多了第 31 和第 39 两行代码，多出的代码是对前向指针的控制。在遍历输出上，双链表与单链表完全一致，而且，如果知道了双链表最后一个结点的位置，还可以对双链表逆置输出。

来看一下向双链表中插入结点的函数 dinsert。

```
01    STU* dinsert(STU* head)
02    {
03        int n,s;                                    /*自动变量n和s，接收用户输入*/
04        STU* Einsert=NULL,*E1=NULL,*E2=NULL;
05        E1=head;
06        while(1)
07        {
08            printf("请输入待插入同学的学号和成绩\n");   /*输出提示信息*/
09            scanf("%d%d",&n,&s);                     /*输入*/
10            if(n>0 && s>0)                           /*如果学号和成绩均不为负*/
11            {
12                Einsert=(STU*)malloc(sizeof(STU));   /*新申请一块内存空间*/
13                if(Einsert==NULL)                    /*防错处理*/
14                {
15                    printf("结点内存申请失败");
16                    return NULL;
17                }
18                Einsert->num=n;                      /*为新申请的内存赋值*/
19                Einsert->score=s;
20                while(n>E1->num&&E1->next!=NULL)      /*寻找插入位置，在E1和E2之间*/
21                {
22                    E2=E1;
23                    E1=E1->next;
24                }
25                if(n<=E1->num)
26                {
27                    if(head==E1)                     /*插在头部*/
28                    {
29                        Einsert->next=E1;
30                        E1->prev=Einsert;            /*增加的语句*/
31                        head=Einsert;
32                    }
33                    else                             /*插在中间*/
34                    {
35                        E2->next=Einsert;
36                        Einsert->next=E1;
37                        Einsert->prev=E1->prev;      /*增加的语句*/
38                        E1->prev=Einsert;            /*增加的语句*/
39                    }
40                }
41                else                                 /*插在尾部*/
42                {
43                    E1->next=Einsert;
44                    Einsert->prev=E1;                /*增加的语句*/
45                    Einsert->next=NULL;
46                }
47            }
48            else                                     /*如果学号或成绩有一个为负或0，输入结束*/
49                break;
```

```
50              }
51          return head;
52      }
```

【代码解析】和单链表结点插入函数 insert 相比，同样是增加了几条语句，理解起来还是十分简单的。

最后是结点删除的函数 ddel。

```
01      STU* ddel(STU* head, int num)                    /*删除学号为num的结点*/
02      {
03          STU *p1=NULL,*p2=NULL;                        /*结点指针，用于寻找删除位置*/
04          p1=head;
05          while(num!=p1->num&&p1->next!=NULL)           /*删除位置的寻找*/
06          {
07              p2=p1;
08              p1=p1->next;
09          }
10          if(num==p1->num)                              /*判断是否是待删除的结点*/
11          {
12              if(p1==head)                              /*要删除的是首结点*/
13              {
14                  head=p1->next;
15                  head->prev=NULL;
16                  free(p1);
17              }
18              else if(p1->next==NULL)                   /*要删除的是尾结点*/
19              {
20                  p2->next=NULL;
21                  free(p1);
22              }
23              else                                      /*要删除的是中间结点*/
24              {
25                  p2->next=p1->next;
26                  p1->next->prev=p2;
27                  free(p1);
28              }
29          }
30          else                                          /*找不到要删除的结点*/
31              printf("找不到待删除的结点\n");
32          return head;                                  /*返回头指针*/
33      }
```

【代码解析】对于双链表，读者同样可以画出与图 21-3 到图 21-8 类似的示意图。总而言之，不论是单链表还是双链表，掌握其内存模型是最重要的。通晓了结点之间的关系，才能更好地使用链表管理数据。

21.2　栈和队列

除了链表外，栈和队列是程序设计中广泛使用的两种线性结构。使用栈和队列时，对元素的操作有一定限制，但正因为它们的特点，在不同的软件系统中得到了广泛的应用。

21.2.1　栈的定义

栈是一种"先入后出"的结构，打个比方，栈相当于放餐盘的带底木桶，而数据相当于一个个的盘子，刷完的盘子一个个摆起来放在桶里，用盘子时就一个个从桶中取出。很容易理解，最先刷好的盘子会放在桶底，此时，只有上面的盘子用光了才会将其取出来，这就是所谓的先入后出 FILO（First In Last Out），等价的说法是后入先出。

一个栈有以下要素：栈底（表示栈的开始位置——木桶的底部），栈顶（当前数据已经排放在什么位置了——当前盘子摆了多高了），而不含元素的栈称为空栈。栈的形象的示意如图 21-10 所示。

21.2.2　栈的分类

根据元素储存方式的不同，可以将栈分为顺序栈和链式栈两类。

（1）顺序栈。顺序栈是利用一组连续的内存单元依次存放自栈底到栈顶的数据，同时，用一个指针 top 指示栈顶的位置。在 C 语言中，这可用数组来实现，一般是先开辟一块内存区域，在编程中可根据需要再对此区域进行调整。

（2）链式栈。链式栈的结构与链表类似，如图 21-11 所示。其中，top 为栈顶指针，始终指向栈顶元素，栈顶元素的指针指向下一个元素，依此类推，直到栈底，栈底元素的指针区域为空，如果 top 为空，表示该栈是个空栈。

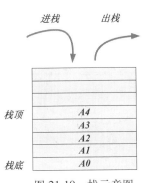

图 21-10　栈示意图

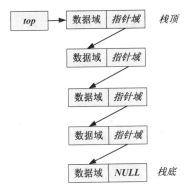

图 21-11　链式栈示意图

21.2.3　栈的操作

对栈元素的操作有一定限制，不允许随意访问栈中间的元素，只允许访问栈顶元素，对栈的操作有以下几种：判断栈是否为空，判断栈是否已满（只针对顺序栈），将一个元素压入栈，从栈中弹出一个元素，销毁一个栈（或称清空一个栈）。

判断栈是否为空相对来说比较简单，只要判断 top 指针是否为 NULL 即可。下面给出栈的使用范例，如代码 21-6 所示。

代码 21-6　栈的操作综合实例 Stack

```
<----------------------文件名：Stack.c---------------------->
01    #include <stdio.h>                        /*使用printf()要包含的头文件*/
02    #include <conio.h>
03    #include "StackFunc.h"
```

```
04    void main(void)                                    /*主函数*/
05    {
06        STU* top=NULL;                                 /*空栈*/
07        int n,s;                                       /*自动变量n和s，接收用户输入*/
08        STU* pNewElement=NULL;                         /*为新元素开辟内存用*/
09        while(1)
10        {
11            printf("请输入该同学的学号和成绩\n");        /*输出提示信息*/
12            scanf("%d%d",&n,&s);                       /*输入*/
13            if(n>0 && s>0)                             /*如果学号和成绩均不为负*/
14            {
15                pNewElement=(STU*)malloc(sizeof(STU));  /*新申请一块内存空间*/
16                if(pNewElement==NULL)                  /*防错处理*/
17                {
18                    printf("结点内存申请失败");
19                    return;
20                }
21                pNewElement->num=n;                    /*为新申请的内存赋值*/
22                pNewElement->score=s;
23                pNewElement->next=NULL;
24                top=push(top,pNewElement);             /*入栈*/
25            }
26            else
27                break;
28        }
29        pNewElement=(STU*)malloc(sizeof(STU));         /*新申请一块内存空间*/
30        if(pNewElement==NULL)                          /*防错处理*/
31        {
32            printf("结点内存申请失败");
33            return;
34        }
35        do
36        {
37            top=pop(top,pNewElement);                  /*出栈*/
38            printf("(学号：%d，成绩：%d)\n",pNewElement->num,pNewElement->score);
                                                         /*输出*/
39        }while(top);
40        free(pNewElement);                             /*释放动态内存*/
41        freeAll(top);                                  /*将栈清空*/
42        getch();                                       /*等待，按任意键继续*/
43    }
```

<---------------------------------文件名：StackFunc.h--------------------------->

```
44    struct student                                     /*定义结构student*/
45    {
46        int num;                                       /*学号*/
47        int score;                                     /*成绩*/
48        struct student* next;                          /*指向下一个元素的指针*/
49    };
50    typedef struct student STU;                        /*为结构student引入助记符STU*/
51    STU* push(STU* top,STU* e);                        /*入栈函数*/
52    STU* pop(STU* top,STU* o);                         /*出栈函数*/
53    void freeAll(STU* top);                            /*清空栈*/
```

<---------------------------------文件名：StackFunc.c--------------------------->

```
54    #include <stdio.h>                                 /*使用printf()要包含的头文件*/
```

```
55    #include <conio.h>
56    #include "StackFunc.h"
57    STU* push(STU* top,STU* e)                      /*入栈操作*/
58    {
59        if(top==NULL)                               /*如果是空栈*/
60        {
61            top=e;                                  /*插入指针e,动态内存*/
62            e->next=NULL;
63        }
64        else                                        /*如果不是空栈*/
65        {
66            e->next=top;                            /*插入在栈顶*/
67            top=e;
68
69        }
70        return top;
71    }
72
73    STU* pop(STU* top,STU* o)                        /*弹出栈顶元素*/
74    {
75        STU *p1=top;
76        o->num=top->num;                            /*接收数据*/
77        o->score=top->score;
78        free(top);                                  /*释放元素所占动态内存*/
79        top=p1->next;                               /*调整栈顶位置*/
80        return top;
81    }
82
83    void freeAll(STU* top)
84    {
85        if(top!=NULL)
86        {
87            STU* p=NULL,*q=NULL;
88            p=top;
89            while(p->next!=NULL)
90            {
91                q=p->next;
92                p->next=q->next;                    /*删除元素*/
93                free(q);                            /*释放内存*/
94            }
95            free(top);                              /*释放第1个元素所占内存*/
96        }
97    }
```

输出结果为：

请输入该同学的学号和成绩	
1 90	(用户输入)
请输入该同学的学号和成绩	
3 78	(用户输入)
请输入该同学的学号和成绩	
4 60	(用户输入)
请输入该同学的学号和成绩	
5 98	(用户输入)

```
请输入该同学的学号和成绩
0 0                                    （用户输入）
（学号：5，成绩：98）
（学号：4，成绩：60）
（学号：3，成绩：78）
（学号：1，成绩：90）
```

【代码解析】由代码21-6不难看出，栈操作实际上是链表操作的简化：入栈操作实际上是在链表头部插入结点，出栈操作实际上在链表头部删除结点，而清空栈与销毁链表类似，从栈顶开始依次销毁栈元素。

21.2.4　函数与栈

在系统中，栈有着重要的应用。举函数调用为例，在 C 语言中，调用函数与被调用函数之间的连接和信息交换也是由编译程序通过栈来完成的。

当在函数 A 中调用函数 B 时，函数 A 称作调用函数而函数 B 称作被调用函数。在运行函数 B 之前，有以下工作要完成：

- ❑ 保存现场，将参数、返回地址等信息传递给函数 B。
- ❑ 为函数 B 中的局部变量分配存储空间。
- ❑ 将程序流程转到函数 B 的入口处。

当函数 B 执行完毕返回时，要完成以下工作：

- ❑ 保存函数 B 的输出结果。
- ❑ 释放为函数 B 中局部变量分配的内存。
- ❑ 依照保存的返回地址将程序流程转回调用函数 A 中。

之所以采用栈式管理，是因为函数的运行规则是"后调用，先返回"。

递归函数的调用过程与上面所说的函数调用类似，不同之处在于"调用函数和被调用函数是同一函数"。C 语言采用了"递归工作栈"机制，以保证"每层递归调用"都是对本层的数据进行操作。递归工作栈用于完成以下工作：

- ❑ 将本层调用中的实参和返回地址传递给下一层递归调用。
- ❑ 保存本层的参数和变量等，以便从下一层返回时重新使用它们。

之所以采用栈式结构管理递归函数调用，也是因为递归函数具有"后调用，先返回"的特点。

21.2.5　队列

日常生活中，去银行取款、到火车站买票等都需要排队，队列这个名词大家一定不会陌生。和栈不同，队列的特点是"先进先出"FIFO（First In First Out），可将队列形象地比作管道，如图21-12所示。

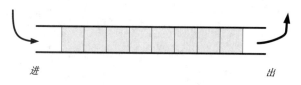

进　　　　　　　　　　　　　　　　　　　　　出

图 21-12　队列示意图

与栈类似，队列也有顺序式和链式两种存储方式。队列的操作也受到一定程度的限制，常用的操作有：判断队列是否为空，判断元素是否已满（针对顺序式队列），元素入队，元素出队，清空队列（或说销毁整个队列）。

栈和队列都可以看成是特殊的链表，链表允许在表内任意位置进行插入和删除；栈只能在一端（栈顶端）进行插入和删除；而队列在一端只能进行插入（队尾tail），在另一端只能进行删除（队列头front）。

借鉴链表的思想，下面给出比较简单的队列操作，如代码21-7所示。

代码21-7　队列支持的操作Queue

```
<--------------------------文件名：Queue.c-------------------------->
01   #include <stdio.h>                                /*使用printf()要包含的头文件*/
02   #include <conio.h>
03   #include "QueueFunc.h"
04   void main(void)                                   /*主函数*/
05   {
06       STU* tail=NULL;                               /*空队列*/
07       int n,s;                                      /*自动变量n和s，接收用户输入*/
08       STU* pNewElement=NULL;                        /*为新元素开辟内存用*/
09       while(1)
10       {
11           printf("请输入该同学的学号和成绩\n");        /*输出提示信息*/
12           scanf("%d%d",&n,&s);                      /*输入*/
13           if(n>0 && s>0)                            /*如果学号和成绩均不为负*/
14           {
15               pNewElement=(STU*)malloc(sizeof(STU)); /*新申请一块内存空间*/
16               if(pNewElement==NULL)                 /*防错处理*/
17               {
18                   printf("结点内存申请失败");
19                   return;
20               }
21               pNewElement->num=n;                   /*为新申请的内存赋值*/
22               pNewElement->score=s;
23               pNewElement->next=NULL;
24               tail=EnQueue(tail,pNewElement);       /*入队*/
25           }
26           else
27               break;
28       }
29       pNewElement=(STU*)malloc(sizeof(STU));        /*新申请一块内存空间*/
30       if(pNewElement==NULL)                         /*防错处理*/
31       {
32           printf("结点内存申请失败");
33           return;
34       }
35       do
36       {
37           tail=DeQueue(tail,pNewElement);           /*出队*/
38           printf("(学号: %d, 成绩: %d)\n",pNewElement->num,pNewElement->score);
             /*输出*/
39       }while(tail);
```

```
40          free(pNewElement);                          /*释放动态内存*/
41          freeAll(tail);                              /*将栈清空*/
42          getch();                                    /*等待，按任意键继续*/
43      }
```
<---------------------------文件名: QueueFunc.h--------------------------->
```
44      struct student                                  /*定义结构student*/
45      {
46          int num;                                    /*学号*/
47          int score;                                  /*成绩*/
48          struct student* next;                       /*指向下一个元素的指针*/
49      };
50      typedef struct student STU;                     /*为结构student引入助记符STU*/
51      STU* EnQueue(STU* tail,STU* e);                 /*入队函数*/
52      STU* DeQueue(STU* front,STU* o);                /*出队函数*/
53      void freeAll(STU* tail);                        /*清空队列*/
```
<---------------------------文件名: QueueFunc.c--------------------------->
```
54      #include <stdio.h>                              /*使用printf()要包含的头文件*/
55      #include <conio.h>
56      #include "QueueFunc.h"
57      STU* EnQueue(STU* tail,STU* e)                  /*入队操作*/
58      {
59          if(tail==NULL)                              /*如果是空队列*/
60          {
61              tail=e;                                 /*插入指针e，动态内存*/
62              e->next=NULL;
63          }
64          else                                        /*如果不是空队列*/
65          {
66              e->next=tail;                           /*插入在队列尾部*/
67              tail=e;
68          }
69          return tail;
70      }
71      STU* DeQueue(STU* tail,STU* o)                  /*从队列头部弹出元素*/
72      {
73          STU *p1=tail,*p2=tail;
74          while(p1->next)                             /*查找队列尾位置*/
75          {
76              p2=p1;
77              p1=p1->next;
78          }
79          if(p1==tail)                                /*如果只有一个元素或是空队列*/
80          {
81              tail=tail->next;                        /*tail置为NULL*/
82          }
83          else
84              p2->next=NULL;                          /*否则，将第2个元素当作队头*/
85          o->num=p1->num;                             /*接收数据*/
86          o->score=p1->score;
87          free(p1);                                   /*释放元素所占动态内存*/
88          return tail;
89      }
90      void freeAll(STU* tail)
```

```
91   {
92       if(tail!=NULL)
93       {
94           STU* p=NULL,*q=NULL;
95           p=tail;
96           while(p->next!=NULL)
97           {
98               q=p->next;
99               p->next=q->next;            /*删除元素*/
100              free(q);                     /*释放内存*/
101          }
102          free(tail);                      /*释放第1个元素所占内存*/
103      }
104  }
```

输出结果为:

```
请输入该同学的学号和成绩
1 76                          (键盘输入)
请输入该同学的学号和成绩
2 50                          (键盘输入)
请输入该同学的学号和成绩
3 44                          (键盘输入)
请输入该同学的学号和成绩
4 90                          (键盘输入)
请输入该同学的学号和成绩
0 0                           (键盘输入)
(学号: 1, 成绩: 76)
(学号: 2, 成绩: 50)
(学号: 3, 成绩: 44)
(学号: 4, 成绩: 90)
```

【代码解析】入队、销毁整个队列的操作和入栈、销毁整个栈的操作基本一致,而出队列操作和出栈操作是不同的。首先要找到队列的头部,据此也可判断该队列是否是空队列或只有一个元素的队列,并采取不同的动作。

21.3 自定义类型

C语言不仅提供了丰富的数据类型,而且还允许由用户自己定义类型说明符,也就是说允许由用户为数据类型取"别名",该功能是通过关键字typedef来完成的。typedef能把标识符和特定的类型联系在一起,具体的联系形式为:

```
typedef    系统已存在的数据类型    标识符;
```

例如下面的语句:

```
typedef int color;
```

这条语句执行过后,color和int是同义的,color也是一种类型,像其他类型一样能用在声明中。例如下面的定义语句:

```
color red,blue;
```

这条语句和利用int定义变量的形式相同,也就是与下面的语句完全等价:

```
int  red,blue;
```

采用自定义类型来定义变量可使可读性更强一些。

typedef 使得程序员可以使用更适宜于具体应用的类型名。同样，当程序员建立像枚举类型或结构类型这样的复杂或冗长的用户自定义类型时，使用它会有助于控制复杂性。定义已有类型别名的方法可以分成以下 3 个步骤：

（1）按定义变量的方法写出定义体。

（2）将变量名换成要定义的别名。

（3）在定义体最前面加上 typedef。

下面通过编写一个计算下一日是星期几的函数来说明 typedef 在编程中的具体用法。

❑ 首先定义枚举类型标识一周内的 7 天的枚举常量，给出定义的变量。

```
enum  Day  {sun,mon,tue,wed,thu,fri,sat }  day;
```

❑ 然后更换变量的名称为类型名，改为 Day。

❑ 利用 typedef 给枚举类型重新定义出新的标识符。

```
typedef enum Day {sun,mon,tue,wed,thu,fri,sat }    Day;/*此处 Day 为枚举类型的标识符*/
```

判断星期几的函数可以写成下面的代码：

```
/*枚举类型在定义的时候，命名标识符Day*/
Day   find (Day  d)
{
  Day tomorrow;
  switch (d)
   {
   case  sun:      tomorrow=mon;break;
   case  mon:      tomorrow=tue;break;
   case  tue:      tomorrow=wed;break;
   case  wed:      tomorrow=thu;break;
   case  thu:      tomorrow=fri;break;
   case  fri:      tomorrow=sat;break;
   case  sat:      tomorrow=mon;break
   }
   return tommrow
}
```

对于此函数有以下 3 点说明：

（1）语句"typedef enum Day {sun，mon，tue，wed，thu，fri，sat }Day;"中，typedef 为类型枚举类型创建了一个新名 Day，按常规，类型 enum Day 的标识符作为类型名。在 ANSI C 中，类型标识符命名空间与其他名字的命名空间是分开的。这样，编译器就能理解标识符 Day 和类型 Day 间的不同。如果把 typedef 移出程序，那么在整个代码中凡是用标识符 Day 的地方，都必须要写 enum Day 。

（2）Day find (Day d)的函数定义的头告诉编译器这个函数仅需要一个类型为 Day 的形式参数，并向调用环境返回一个类型为 Day 的值。

（3）"Day tomorrow;"为函数内声明的类型为 Day 的中间变量。

从上面的例子可见，有了 typedef 来对已有的类型重新命名，可以使程序的代码的可读性较好。只不过在使用的时候需要注意的是，typedef 定义的类型只是 C 已有类型的别名，而不是新类型。有时也可用宏定义来代替 typedef 的功能，但是宏定义是由预处理完成的，而 typedef 则是在编译时完成的，后者更为灵活方便。

typedef 可以为数据类型定义一个符号名，就像引用是一个变量的别名一样。它的主要用途是简化复杂的类型说明，改进程序的可读性。例如下面的语句：

```
typedef  char *String;
typedef  char Name[12];
typedef   unsigned int uint;
```

这些定义的效果是把 String 变成字符型指针的别名，Name 变成有 12 个元素的字符数组的别名，uint 变成 unsigned int 的别名。有了上面的定义后就可以使用下面的几条变量定义语句。

```
String str;                 /* 等价于"char *str;",因此str为字符型的指针变量*/
Name name;                  /* 等价于"char name[12];",name为含有12个元素的字符数组*/
uint n;                     /* 等价于"unsigned int n;",unit为无符号整型变量*/
```

typedef 在为类型重新命名的时候，允许使用前面已经定义的新类型名，因此利用这种数据类型的时候，要考虑好定义的类型的具体含义。例如下面的定义：

```
#define N 3
typedef int data;
typedef  data  array[N];
typedef  array  matrix[N];
```

这些语句用 typedef 机制创建了类型 data、array 和 matrlx，这在文档和概念上是合适的，代表数据、数组和矩阵。以自然的方式可以对编程语言进行扩展，以把这些类型和使用领域相结合。

注意用 typedef 创建类型的层次。例如上面声明的 matrix 是含有 3 行 3 列的二维数组类型而不是一维数组，因为 array 是一维数组的类型。

在使用 typedef 声明一个新类型名时，应该注意下面几点：

❏ 用 typedef 只是对原有的类型起个新名，并没有生成新的数据类型。

❏ typedef 不能用于变量的定义。

❏ typedef 并不是简单的字符串替换，与#define 的作用不同。

❏ typedef 定义类型别名可以嵌套进行。

❏ 用 typedef 定义的类型名往往用大写字母表示，并单独存于一个文件中。

❏ 利用 typedef 定义类型名有利于程序的移植，并增加了程序的可读性。

21.4 小结

本章结合具体实例学习了 C 语言中基本的数据结构：链表、栈和队列，最后介绍了自定义类型。链表支持的操作比较多，可以在链表中间自由地删除和插入元素，而栈和队列的操作要受到一定程度的限制，对栈而言，只能在栈顶一端进行元素的插入和删除，而队列只允许在一端插入、在另外一端删除元素。数据结构是合理组织数据的手段，掌握数据结构，能使代码组织清晰，程序质量高，易读易维护。

21.5 习题

一、填空题

1. 链表的每一个结点是一个结构体，主要包含两个域：_____和_____。

2．不含元素的栈称为_____。

3．队列的特点是_____，简称是_____。

二、上机实践

创建一个链表，里面有任意 4 个学生的固定信息（非动态输入），其中包括姓名、学号、成绩，将结果输出至屏幕。

【提示】

```
struct st
{
 char name[10];
 int n;
 float score;
 struct st *next;
};
void main()
{
 struct st s1={"zhangyiyi",5324,98.5,NULL};
 struct st s2={"Liulili",32121,78.5,NULL};
 struct st s3={"Hufang",45221,86.0,NULL};
 struct st s4={"cuichen",21243,89.0,NULL};
 struct st *head;
 head=&s1;
 s1.next=&s2;
 s2.next=&s3;
 s3.next=&s4;
 s4.next=NULL;
 struct st *p=head;
 while(p!=NULL)
 {
  printf("%s,%d,%.1f\n",p->name,p->n,p->score);
  p=p->next;
 }
}
```

第四篇
C语言程序设计实例与面试题解析

第 22 章　C 语言程序课程设计：游戏

前面学习了很多 C 语言的基础知识，读者已经对具体的应用稍有了解，但如何把一些零散的知识点贯穿起来，形成一个完整的项目，是一种技术上的突破。本章就通过几个好玩的游戏案例，从 C 语言本身的开发过程入手，指导读者把前面的知识点回顾一下。

本章包含的知识点有：

❑ 一些 C 语言算法的原理
❑ C 语言流程控制的程序
❑ 前面掌握的 C 语言基础表达式
❑ 完整的 C 程序开发过程

22.1　黑白棋

本节案例学习一个小游戏：黑白棋。从游戏开发的功能要求开始，然后让读者知道究竟设计成一个什么样的结果，最后给出开发的代码。

22.1.1　程序功能要求

程序说明：黑白棋也叫苹果棋或翻转棋，它是一款经典的策略性游戏。它使用 8×8 的棋盘，由两人分别执黑子和白子轮流下棋，最后子多方为胜方。游戏中只要用自己的两个棋子夹住对方的棋子，便能使对方被夹住的棋子全部变色，变成自己的棋子颜色。到一方或双方都无子可下的时候，统计各方得分，保留棋子最多者就是胜者。

程序要求：根据黑白棋的规则，编制黑白棋游戏。

输出结果：绘制基础黑白棋盘，并能够进行游戏操作。

> **说明**　因为采用了TC中的图形库graphics.h，所以本例代码无法在LCC和VC中测试。

22.1.2　输入输出样例

黑白棋游戏就是要求在机器上实现黑白棋游戏的功能，程序的输出如图 22-1 所示。

22.1.3　程序分析

分析黑白棋游戏的规则，可以知道该游戏的核心是：当其中一方的棋子夹住另一方的棋子后，如图 22-2 所示，被夹住的棋子要变色，变色后如图 22-3 所示。被夹住的棋子可以是在水平、垂直、斜线 3 个方向中的任意一个。

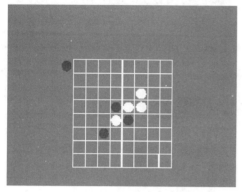

图 22-1　黑白棋游戏运行结果示意图

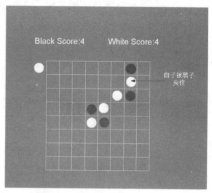

图 22-2　变色前棋子状态

为了便于理解本节的程序，下面介绍一些程序中用到的主要功能函数。程序的整体设计思路如图 22-4。

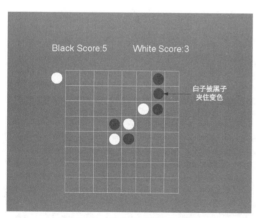

图 22-3　变色后棋子的颜色

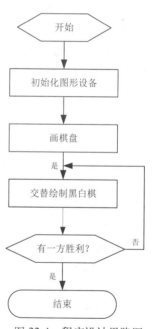

图 22-4　程序设计思路图

根据图 22-4 分析程序并进行结构设计。每一步的设计安排为下面的一个小节。

22.1.4　程序初始化

程序初始化部分就是运行程序，开始进行黑白棋游戏。首先初始化棋盘标志数组 board_flag，此数组为8行8列，用于记录棋盘上每个方格的状态，其值的含义如表22-1所示。

表22-1　全局变量的取值

取　　值	含　　义
0	表示棋子上次出现的棋盘格没有棋子
1	表示棋子上次出现的位置为黑子
2	表示棋子上次出现的位置为白子

初始化棋盘标志数组的代码如下：

```
01   for(i=0; i<8; i++)                              /*初始化棋盘标志位*/
02           for(j=0; j<8; j++)
03           {
04                   board_flag[i][j] = 0;
05           }
```

【代码解析】通过两个循环对数组进行初始化。

22.1.5　初始化图形设备

初始化图形设备就是在屏幕上绘制程序运行的图形界面，图形界面是程序可视化的基础，为此需要调用系统函数 initgraph(int far *gdriver, int far *gmode, char far *path)来初始化图形设备。函数的主要参数如下。

❑ *gdriver：图形驱动序号变量指针。

❑ *gmode：图形驱动器模式序号变量指针。

❑ *path：图形驱动程序所在的目录路径。

22.1.6　绘制棋盘

棋盘是进行黑白棋游戏的基础，所有棋子都要在此平台上进行相应的操作，因此绘制8×8的棋盘要先于其他部分。该部分调用绘图函数，根据坐标绘制网格并进行填充，绘图结果如图 22-1所示。以下是绘制棋盘功能函数的具体实现代码：

```
01   void draw_board()
02   {
03       int i;
04
05       max_x = getmaxx();                          /*得到当前图形模式下最大有效x坐标数值*/
06       max_y = getmaxy();                          /*得到当前图形模式下最大有效y坐标数值*/
07
08       setfillstyle(1, BLUE);                      /*设置填充模式和颜色*/
09       bar(0,0, max_x, max_y);                     /*绘制矩形，并以蓝色填充矩形内部区域*/
10
11       /*绘制8×8的棋盘*/
12       for(i=-4; i<=4; i++)
13           {
14                   /*绘制水平方向的线*/
15                   line(max_x/2-4*40, max_y/2 + i*40, max_x/2+4*40,max_y/2+i*40);
16
17                   /*绘制垂直方向的线*/
18                   line(max_x/2+i*40, max_y/2 - 4*40, max_x/2+i*40, max_y/2 + 4*40);
```

```
19              }
20      }
```

【代码解析】前面初始化过棋盘，其实是记录的方格的状态，但并不是绘制棋盘。上述代码第11~19行是绘制棋盘的线条，绘制好后才可以在棋盘上下棋。

22.1.7 交替绘制黑白棋

当黑棋在棋盘中确定落子以后，那么在棋子出现的初始位置应该马上显示白子；同理，当白棋在棋盘中确定落子以后，在棋子出现的初始位置应该马上出现黑子。程序中，棋子出现的初始位置的坐标设为（-1，0）。此时需要注意：棋子在初始位置时，只能往右移动，其他方向都不可移动。显示初始位置棋子和其颜色的函数为 show_init(int pat)。以下是可以移动的棋子出现在初始位置，交替出现黑白子的功能函数的具体实现代码。

```
01    void show_init(int pat)
02    {
03        setcolor(BLUE);                          /*初始化背景颜色为蓝色*/
04        switch(pat)                              /*根据pat选择不同情况下棋子的颜色*/
05        {
06            case 0:                              /*当前移动的棋子为黑色*/
07                setfillstyle(1, BLACK);
08                break;
09            case 1:                              /*当前移动的棋子为白色*/
10                setfillstyle(1, WHITE);
11                break;
12            default:
13                break;
14        }
15
16        x = -1;                                  /*恢复棋子初始位置的坐标*/
17        y = 0;
18        /*绘制棋子*/
19        fillellipse(max_x/2-4*40-20, max_y/2 -4*40+20, 18,18);
20    }
```

【代码解析】第1行的参数 pat 表明了棋子显示的颜色，当 pat 为 0 时，棋子为黑色；当 pat 为 1时，棋子为白色。然后通过第 4~14 行代码设置棋子的颜色。

22.1.8 游戏（同时判断是否有一方胜利）

游戏时移动棋子，需注意如下 3 点：

☐ 只能在棋盘范围之内移动。

☐ 移动到下一棋格后，恢复当前棋格被占之前的状态。

☐ 按回车键，准备放置棋子时，需要判断当前位置是否符合放置棋子的条件。这部分的流程如图 22-5 所示。

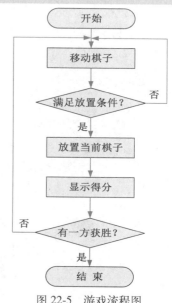

图 22-5 游戏流程图

1. 棋子移动模块的实现

当选择不同的棋子时，应该根据棋子的位置进行移动。需要注意的是放置位置条件的判定。以下是移动棋子的具体实现代码。移动棋子时，如果 s_right()函数返回 1，说明棋子满足放置条件，按回车键则可放置棋子，否则需要继续移动棋子，寻找合适的位置放置。

```
01    void move()
02    {
03        int key;
04        int pat = 0;
05        int cnt = 0;
06        int win = -1;
07
08        /*-------------------------------------------------*/
09        /*开始时，在棋盘中间黑白各放两枚棋子*/
10        x = 3;
11        y = 3;
12        show(0);                              /*放置黑棋*/
13        board_flag[x][y] = 1;
14        x = 4;
15        y = 4;
16        show(0);                              /*放置黑棋*/
17        board_flag[x][y] = 1;
18        x = 4;
19        y = 3;
20        show(1);                              /*放置白棋*/
21        board_flag[x][y] = 2;
22        x = 3;
23        y = 4;
24        show(1);                              /*放置白棋*/
25        board_flag[x][y] = 2;
26
27        /*恢复x、y的初始位置*/
28        x = -1;
29        y = 0;
30        /*-------------------------------------------------*/
31        for(;;)
32        {
33            print_score();                    /*显示黑白棋得分*/
34
35            key = bioskey(0);
36
37            switch(key)
38            {
39                case LEFT:                    /*按Left键，棋子向左移动*/
40                    if(x == -1)
41                    {
42                        break;
43                    }
44
45                    hide();                   /*隐藏棋子*/
46
47                    x--;
```

```
48              x = x<0?0:x;                        /*x需在棋盘范围内*/
49
50              show(pat);                          /*显示当前移动的棋子*/
51              break;
52          case RIGHT:                             /*按Right键，棋子向右移动*/
53              if(x == -1)
54              {
55                  setfillstyle(1, BLUE);          /*隐藏初始位置的棋子*/
56                  fillellipse(max_x/2 + (x-3)*40-20, max_y/2 + (y-4)*40+20, 18,18);
57              }
58              else
59              {
60                  hide();                         /*隐藏棋子*/
61              }
62              x++;
63              x = x>7?7:x;                         /*x需在棋盘范围内*/
64
65              show(pat);                          /*显示棋子*/
66              break;
67          case DOWN:                              /*按Down键，棋子向下移动*/
68              if(x == -1)
69              {
70                  break;
71              }
72
73              hide();                             /*隐藏棋子*/
74
75              y++;
76              y = y>7?7:y;                         /*y需在棋盘范围内*/
77
78              show(pat);                          /*显示棋子*/
79              break;
80          case UP:                                /*按Up键，棋子向上移动*/
81              if(x == -1)
82              {
83                  break;
84              }
85
86              hide();                             /*隐藏棋子*/
87
88              y--;
89              y = y<0?0:y;                         /*y需在棋盘范围内*/
90
91              show(pat);                          /*显示棋子*/
92              break;
93          case ENTER:
94              if( board_flag[x][y] != 0 )/*欲把棋子放置于有棋子的位置，则不允许*/
95              {
96                  break;
97              }
98              else
99              /*判断棋子是否可以放置*/
100             if(is_right(pat))
```

```
101                         {
102
103                                 if(pat == 0)                          /*黑白棋交替出现*/
104                                 {
105                                     pat = 1;
106                                 }
107                                 else
108                                 {
109                                     pat = 0;
110                                 }
111
112                                 show_init(pat);                        /*棋子出现在初始位置*/
113                                 cnt = 0;                               /*设置cnt累计计数*/
114                         }
115                         else
116                         {
117                         /*如果在棋子不可放置的位置连续按回车键多于10下，则表示放弃此次出棋*/
118                                 cnt++;
119                                 if(cnt > 10)
120                                 {
121                                     cnt = 0;
122                                     hide();                            /*隐藏此位置棋子*/
123                                     if(pat == 0)                       /*黑白棋交替出现*/
124                                     {
125                                         pat = 1;
126                                     }
127                                     else
128                                     {
129                                         pat = 0;
130                                     }
131                                     show_init(pat);
132                                 }
133                         }
134                         /*还剩余两个空格，按回车键可直接放置棋子*/
135                         if(w_scr+b_scr == 62 || w_scr+b_scr == 63)
136                         {
137                                 board_flag[x][y] = pat+1;
138                                 show(pat);
139                         }
140                         win = is_win();                                /*判断哪一方胜利*/
141                         setcolor(RED);                                 /*设置输出字符颜色为红色*/
142                         switch(win)
143                         {
144                                 case -1:                               /*继续游戏*/
145                                         break;
146                                 case 0:                                /*黑棋胜*/
147                                         settextstyle(0,0,2);/*设置图形模式下字符显示的字体、方向和大小*/
148                                         outtextxy(280,420,"Black Win!");/*输出 "Black Win!" */
149                                         getch();
150                                         exit(1);
151                                         break;
152                                 case 1:                                /*白棋胜*/
153                                         settextstyle(0,0,2);/*设置图形模式下字符显示的字体、方向和大小*/
```

```
154                          outtextxy(280,420,"White Win!");/*输出 "White Win!" */
155                          getch();
156                          exit(1);
157                          break;
158                     case 2:                          /*平局*/
159                          settextstyle(0,0,2);/*设置图形模式下字符显示的字体、方向和大小*/
160
161                          outtextxy(280,420,"Both Win!");/*输出 "Both Win!" */
162                          getch();
163                          exit(1);
164                          break;
165                     default:
166                          break;
167                     }
168                     setcolor(BLUE);                   /*恢复默认输出字体颜色*/
169                     break;
170                case ESC:                              /*退出游戏*/
171                     exit(1);
172                     break;
173                default:
174                     break;
175               }
176          }
177  }
```

【代码解析】 上述代码首先判断用户的按钮，通过键盘上的上、下、左、右方向键来判断。当用户按下回车键时，是上述代码的关键，此时需要判断该位置是否能放棋子，如果全部摆放完，还需要通过 win 参数来判断输赢。

2．移动棋子功能模块

移动过程中，需要判定显示移动到下一棋格位置的棋子及其颜色，还要恢复当前棋格被占以前的状态，因此此是移动与恢复的结合。以下是显示移动中的棋子及其颜色的功能函数的具体实现代码。

```
01   void show(int pat)                                  /*判断棋子的颜色*/
02   {
03        switch(pat)
04        {
05             case 0:                                   /*当前棋子为黑色*/
06                  setfillstyle(1, BLACK);
07                  break;
08             case 1:                                   /*当前棋子为白色*/
09                  setfillstyle(1, WHITE);
10                  break;
11             default:
12                  break;
13        }
14
15        /*绘制棋子*/
16        fillellipse(max_x/2+(x-3)*40-20, max_y/2 +(y-4)*40+20, 18,18);
17   }
```

【代码解析】 通过 pat 参数判断棋子的颜色，将这些信息封装在 show 函数中，每次判断就不需要重复编写各种 case 代码了，只需要一个参数就行了。

以下是恢复当前棋格被占以前状态的功能函数的具体实现代码。

```
01   void hide()
02   {
03       setcolor(BLUE);                                    /*设置当前绘制线颜色为蓝色*/
04
05       switch(board_flag[x][y])
06       {
07           case 0:                                        /*说明棋子上次出现的位置为无子*/
08               setfillstyle(1, BLUE);                     /*设置填充模式和颜色*/
09               fillellipse(max_x/2 + (x-3)*40-20, max_y/2 + (y-4)*40+20, 18,18);
10               break;
11           case 1:                                        /*说明棋子上次出现的位置为黑子*/
12               setfillstyle(1,BLACK);
13               fillellipse(max_x/2 + (x-3)*40-20, max_y/2 + (y-4)*40+20, 18,18);
14               break;
15           case 2:                                        /*说明棋子上次出现的位置为白子*/
16               setfillstyle(1, WHITE);
17               fillellipse(max_x/2 + (x-3)*40-20, max_y/2 + (y-4)*40+20, 18,18);
18               break;
19           default:
20               break;
21       }
22   }
```

【代码解析】在黑白棋这个例子的代码中，读者会经常发现一些 switch 分支语句，这是一个多条件判断的关键语句，不管是判断棋子的颜色，还是判断上一次是什么棋子，都用各种 case 语句来实现每个分支要做的功能。代码第 5 行就是判断一个坐标位置上次出现的是什么颜色的棋子的分支语句。

3．判断放置条件

棋子被移动到一个位置后，需要判断棋子是否满足放置条件，满足的情况下才能够放置。具体条件是：如果棋子放置后，在水平、垂直、斜线任一方向，其配合己方的棋子可以夹住对方的棋子，则满足棋子的放置条件。

以下是判断棋子是否满足放置条件的功能函数的具体实现代码。

```
01   int is_right(int pat)
02   {
03       int i, j;
04       int cnt = 0, flag = 0;      /*分别表示被夹住棋子计数和是否在任意方向上有被夹住的棋子*/
05       int temp_x, temp_y;         /*保存当前棋子的坐标*/
06
07       temp_x = x;
08       temp_y = y;
09
10       /*----------------------------------------------*/
11       /*判断向右的水平方向*/
12       for(i=x+1; i<8; i++)
13       {
14           if(board_flag[i][y] != 0 && board_flag[i][y] != pat + 1)
15           {
16               cnt++;
```

```
17              }
18          else
19          {
20              break;
21          }
22      }
23
24  /*在两个颜色相同的棋子之间的棋子变色，并且为其标志*/
25      if(i<8 && cnt != 0 && board_flag[i][y]==pat+1)
26      {
27          while(++x<i)
28          {
29
30              board_flag[x][y] = pat+1;              /*标志*/
31              hide();                                /*隐藏*/
32          }
33
34          board_flag[temp_x][temp_y] = pat+1;
35          flag++;
36      }
37
38      /*恢复x、y的初始值*/
39      x = temp_x;
40      y = temp_y;
41      /*--------------------------------------------*/
42      /*判断右上方向*/
43      cnt = 0;
44      j = y;
45      for(i=x+1; i<8; i++)
46      {
47          j--;
48          if(j<0)
49          {
50              j = 0;
51              i--;
52              break;
53          }
54
55          if(board_flag[i][j] != 0 && board_flag[i][j] != pat+1)
56          {
57              cnt++;
58          }
59          else
60          {
61              break;
62          }
63      }
64
65      /*在两个颜色相同的棋子之间的棋子变色，并且为其标志*/
66      if(i<8 && cnt != 0 && board_flag[i][j]==pat+1)
67      {
68          while(++x<i)
69          {
```

```
70                  y--;
71                  board_flag[x][y] = pat+1;                    /*标志*/
72                  hide();
73              }
74
75              board_flag[temp_x][temp_y] = pat+1;
76              flag++;
77          }
78
79      /*恢复x、y的初始值*/
80      x = temp_x;
81      y = temp_y;
82
83      /*--------------------------------------------------*/
84      /*判断向上的方向*/
85      cnt = 0;
86      for(i=y-1; i>=0; i--)
87      {
88          if(board_flag[x][i] !=0 && board_flag[x][i] != pat+1)
89          {
90              cnt++;
91          }
92          else
93          {
94              break;
95          }
96      }
97      /*在两个颜色相同的棋子之间的棋子变色，并且为其标志*/
98      if(i>=0 && cnt != 0 && board_flag[x][i] == pat+1)
99      {
100         while(--y>i)
101         {
102             board_flag[x][y] = pat+1;
103             hide();
104         }
105
106         board_flag[temp_x][temp_y] = pat+1;
107         flag++;
108     }
109     x = temp_x;
110     y = temp_y;
111
112     /*----------------------------------------------------------*/
113     /*判断左上方向*/
114     cnt = 0;
115     j = y;
116     for(i=x-1; i>=0; i--)
117     {
118         j--;
119         if(j<0)
120         {
121             j = 0;
122             i++;
```

```
123              break;
124          }
125          if(board_flag[i][j] != 0 && board_flag[i][j] != pat+1)
126          {
127              cnt++;
128          }
129          else
130          {
131              break;
132          }
133      }
134      /*在两个颜色相同的棋子之间的棋子变色，并且为其标志*/
135      if(i>=0 && cnt != 0 && board_flag[i][j] == pat+1)
136      {
137          while(--x>i)
138          {
139              y--;
140              board_flag[x][y] = pat+1;
141              hide();
142          }
143          board_flag[temp_x][temp_y] = pat+1;
144          flag++;
145      }
146      x = temp_x;
147      y = temp_y;
148
149      /*----------------------------------------------------------------*/
150      /*判断左水平方向*/
151      cnt = 0;
152      for(i=x-1; i>=0; i--)
153      {
154          if(board_flag[i][y] != 0 && board_flag[i][y] != pat+1)
155          {
156              cnt++;
157          }
158          else
159          {
160              break;
161          }
162      }
163      /*在两个颜色相同的棋子之间的棋子变色，并且为其标志*/
164      if(i>=0 && cnt != 0 && board_flag[i][y] == pat+1)
165      {
166          while(--x>i)
167          {
168              board_flag[x][y] = pat+1;
169              hide();
170          }
171          board_flag[temp_x][temp_y] = pat+1;
172          flag++;
173      }
174
175      x = temp_x;
```

```
176        y = temp_y;
177        /*------------------------------------------------------------*/
178        /*判断左下方向*/
179        cnt = 0;
180        j = y;
181        for(i=x-1; i>=0; i--)
182        {
183            j++;
184            if(j>7)
185            {
186                j = 7;
187                i++;
188                break;
189            }
190            if(board_flag[i][j] != 0 && board_flag[i][j] != pat+1)
191            {
192                cnt++;
193            }
194            else
195            {
196                break;
197            }
198        }
199        /*在两个颜色相同的棋子之间的棋子变色，并且为其标志*/
100        if(i>=0 && cnt != 0 && board_flag[i][j] == pat+1)
201        {
202            while(--x>i)
203            {
204                y++;
205                board_flag[x][y] = pat+1;
206                hide();
207            }
208            board_flag[temp_x][temp_y] = pat+1;
209            flag++;
210        }
211
212        x = temp_x;
213        y = temp_y;
214
215        /*------------------------------------------------------------*/
216        /*判断向下的方向*/
217        cnt = 0;
218        for(j=y+1; j<8; j++)
219        {
220            if(board_flag[x][j] != 0 && board_flag[x][j] != pat+1)
221            {
222                cnt++;
223            }
224            else
225            {
226                break;
227            }
228        }
```

励志照亮人生　编程改变命运

```
229        /*在两个颜色相同的棋子之间的棋子变色,并且为其标志*/
230        if(j<8 && cnt != 0 && board_flag[x][j] == pat+1)
231        {
232            while(++y<j)
233            {
234                board_flag[x][y] = pat+1;
235                hide();
236            }
237            board_flag[temp_x][temp_y] = pat+1;
238            flag++;
239        }
240        x = temp_x;
241        y = temp_y;
242
243        /*----------------------------------------------------------------*/
244        /*判断右下方向*/
245        cnt = 0;
246        j = y;
247        for(i=x+1; i<8; i++)
248        {
249            j++;
250            if(j>7)
251            {
252                j = 7;
253                i--;
254                break;
255            }
256            if(board_flag[i][j] != 0 && board_flag[i][j] != pat+1)
257            {
258                cnt++;
259            }
260            else
261            {
262                break;
263            }
264        }
265        /*在两个颜色相同的棋子之间的棋子变色,并且为其标志*/
266        if(i<8 && cnt != 0 && board_flag[i][j] == pat+1)
267        {
268            while(++x<i)
269            {
270                y++;
271                board_flag[x][y] = pat+1;
272                hide();
273            }
274            board_flag[temp_x][temp_y] = pat+1;
275            flag++;
276        }
277        x = temp_x;
278        y = temp_y;
279        /*----------------------------------------------------------------*/
280        if(flag != 0)
281        {
```

```
282              return 1;
283          }
284
285      return 0;
286  }
```

【代码解析】 上述代码判断水平（左和右）、垂直（上和下）、斜线（左上、左下、右上和右下）方向是否满足棋子的放置条件。读者重点注意 cnt 和 flag 这两个参数的使用与判断。

4．计分模块

放置棋子后，显示各方的得分。分数的计算方法为：各方棋子所占的棋格数目。调用 print_score() 函数打印出各方的当前得分。

以下是打印出各方当前得分的功能函数的具体实现代码。

```
01  void print_score()
02  {
03      int i, j;
04      int b_score = 0;                          /*黑子的得分*/
05      int w_score = 0;                          /*白子的得分*/
06      static char b_ch[20];
07      static char w_ch[20];
08
09      settextstyle(0, 0, 2);                    /*设置图形模式下字体、方向和大小*/
10
11      setcolor(BLUE);
12      outtextxy(220, 20, b_ch);                 /*擦除黑棋上次的得分*/
13      outtextxy(500, 20, w_ch);                 /*擦除白棋上次的得分*/
14
15      setcolor(RED);                            /*设置输出字体颜色为红色*/
16      outtextxy(10,20,"Black Score:");
17      outtextxy(300,20, "White score:");
18
19      for(i=0; i<8; i++)
20          for(j=0; j<8; j++)
21          {
22              if(board_flag[i][j] == 1)
23              {
24                  b_score += 1;                 /*黑棋的分数加1*/
25              }
26              else if(board_flag[i][j] == 2)
27              {
28                  w_score += 1;                 /*白棋的分数加1*/
29              }
30          }
31      sprintf(b_ch,"%d", b_score);              /*输出黑棋的得分*/
32      outtextxy(220, 20, b_ch);
33
34      sprintf(w_ch,"%d", w_score);              /*输出白棋的得分*/
35      outtextxy(500, 20, w_ch);
36
37      setcolor(BLUE);
38  }
```

【**代码解析**】本例的好处是将每个功能都进行了封装，如 show 函数、print_score 函数等。上述代码就是一个实现分数打印的函数。在该函数中又调用了 outtextxy 和 sprintf 函数分别输出两个棋子的得分。

5. 胜负判定模块

在放置棋子后，还需要判断是否有一方胜利，如果棋盘中还有空格，则游戏继续；否则，哪一方得分多，哪一方获胜。以下是判断哪方获胜功能函数的具体实现代码。

```
01    int is_win()
02    {
03        int i, j;
04
05        b_scr = 0;                                      /*黑棋分数*/
06        w_scr = 0;                                      /*白棋分数*/
07
08        /*扫描整个棋盘，统计黑棋和白棋的分数，以及判断游戏继续还是哪方获胜*/
09        for(i=0; i<8; i++)
10            for(j=0; j<8; j++)
11            {
12                if(board_flag[i][j] == 2)
13                {
14                    w_scr++;
15                }
16                else if(board_flag[i][j] == 1)
17                {
18                    b_scr += 1;
19                }
20            }
21
22            if(b_scr+w_scr < 64)
23            {
24                return -1;                              /*还有空格，程序继续运行*/
25            }
26
27            if(b_scr > w_scr)
28            {
29                return 0;                               /*黑棋获胜*/
30            }
31            else if(b_scr < w_scr)
32            {
33                return 1;                               /*白棋获胜*/
34            }
35            else
36            {
37                return 2;                               /*平局*/
38            }
39    }
```

【**代码解析**】前面的代码其实已经多次用到 is_win 函数来判断最终胜负。第 27~38 行语句是整个程序的中心。b_scr 和 w_scr 是黑、白两个棋子的分数，通过第 27 行比较两个分数的大小来判断结果。

至此，黑白棋所有的功能函数都实现了，添加以下一些宏定义、全局变量和 main 函数，运行程序，就是一个可以玩的黑白棋游戏了。

```
01   #include "stdio.h"
02   #include "graphics.h"
03
04   #define LEFT 0x4b00                              /*左键值*/
05   #define RIGHT 0x4d00                             /*右键值*/
06   #define DOWN 0x5000                              /*下键值*/
07   #define UP 0x4800                                /*上键值*/
08   #define ESC 0x011b                               /* ESC键值*/
09   #define ENTER 0x1c0d                             /*回车键值*/
10
11   int board_flag[8][8];
12   int x = -1, y = 0;                               /*棋子的初始位置标志*/
13   int max_x;
14   int max_y;
15   int b_scr = 0;                                   /*下完棋后，统计最后的得分*/
16   int w_scr = 0;
17
18   void draw_board();                               /*绘制棋盘*/
19   void move();                        /*移动棋子,按回车键放置棋子,如果s_right()函数返回1*/
20   void show_init(int pat);            /*可以移动的棋子出现在初始位置，交替出现黑白子*/
21   void hide();                        /*隐藏棋盘中移动的棋子上次出现位置的棋子*/
22   void show(int pat);                              /*显示当前移动中的棋子*/
23   int is_right(int pat);                           /*判断棋子是否可以放置*/
24   void print_score();                              /*打印出每个棋手的得分*/
25   int is_win();                                    /*判断哪一方获胜*/
26
27   void main()
28   {
29       int i, j;
30       int driver = DETECT, mode;
31
32       for(i=0; i<8; i++)                           /*初始化棋盘标志位*/
33           for(j=0; j<8; j++)
34           {
35               board_flag[i][j] = 0;
36           }
37
38       initgraph(&driver, &mode, "");               /*初始化图形设备*/
39       draw_board();                                /*绘制棋盘*/
40       print_score();                               /*显示开始时各方的分数*/
41       show_init(0);                   /*可以移动的棋子出现在初始位置，交替出现黑白子*/
42       move();                         /*移动棋子,按回车键放置棋子,如果s_right()函数返回1*/
43
44       getch();
45       closegraph();
46   }
```

【代码解析】因为代码已经封装好了所需要的函数，所以 main 函数只需要调用各个函数就可以了，这样，如果某个函数有错，只需要修改该函数本身，不需要再改变 main 函数的内容。第 38~42 行通过各种函数实现棋盘的绘制、棋子的移动等功能。

22.1.9　小结

在本节中，按照程序的要求和黑白棋的游戏规则，编制完成了黑白棋游戏。可以看出目前游戏执行后，可以进行双人游戏，已经初步达到了程序设计的目的和要求。但是程序缺少和计算机本身进行游戏的功能，并且游戏界面比较粗糙，需要进行更进一步的细化，有兴趣的读者可以参考图形图像的专业图书进行进一步的改进。从本节中，主要是学习简单绘制的实现、游戏过程的处理等方面的编程思路和方法。

22.2　五子棋

五子棋是很多手机上都安装了的游戏，是很多人休闲放松的一种方式。本节除介绍五子棋的玩法外，还详细介绍其开发过程。

22.2.1　程序功能要求

程序说明：五子棋是一款经典的益智类游戏，通常是黑棋先行。五子棋专用盘为 15×15 方格，五个子的连接方向为横、竖、斜，当任一方的五个子在某个方向上连成一线，则该方获胜。

程序要求：按照程序说明编写五子棋程序，要求可以进行双人之间的游戏。

程序输出：输出棋盘、棋子，并能够进行相应的操作。

说明　因为采用了TC中的图形库graphics.h，所以本例代码无法在LCC和VC中测试。

22.2.2　输入输出样例

根据程序要求，程序运行结果如图 22-6 所示。操作键盘，利用键盘中的左、右、上、下键来移动棋子。

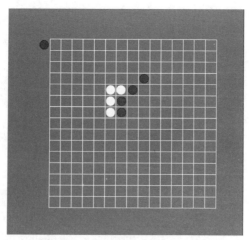

图 22-6　程序运行结果示意图

22.2.3　程序分析

可以看出，这个程序依然是算法与图形图像处理的结合。不但要求对程序设计中的处理过程算法有很好的掌握，而且更重要的是掌握图形图像处理方面的知识。要成功地设计一款游戏，必须对这两个方面的知识有很深入的了解。程序的整体设计思路如图 22-7 所示。

根据图 22-7 程序设计思路可以看出，本节中的函数依然按照功能模块来区分。下面介绍程序中主要的功能函数。

`void draw_board(void)`

功能：绘制 15×15 的棋盘。

参数：无。

游戏过程包含的功能函数比较多，例如，棋子的移动、判断哪方胜利等。如图 22-8 所示是程序在绘图过程中的算法流程。

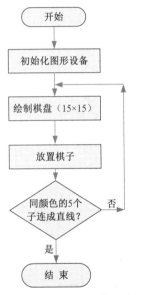

图 22-7　程序的整体设计思路

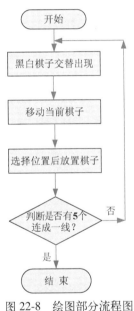

图 22-8　绘图部分流程图

`void show_init(int pat)`

功能：在棋盘外一固定位置交替出现黑白棋子。

参数：pat，为出现棋子的颜色，如果 pat=0，则出现黑子；如果 pat=1，则出现白子。

`void move(void)`

功能：移动当前棋子，选择位置后放置棋子。

参数：无。

`void hide(void)`

功能：移动棋子后，恢复棋子位置占据以前的状态。其状态分为三种，定义全局数组 board_flag[15][15] 进行棋盘每个棋格的状态标记。如果标记为 0，说明此处被占据以前没有棋子；如果标记为 1，说明此处被占据以前为一黑色棋子；如果标记为 2，说明此处被占据以前为白色棋子。

参数：无。

```
void show(int pat)
```

功能：显示当前移动的棋子。

参数：pat，为当前移动的棋子颜色，如果 pat＝0，则当前移动的棋子为黑色；如果 pat=1，则当前移动的棋子为白色。

```
int is_win(int pat)
```

功能：判断是否有相同颜色的棋子在横、竖、斜方向上连成一线。如有，则返回值为1，否则，返回值为0。

参数：pat，为当前棋子的颜色，如果 pat=0，则当前棋子为黑色；如果 pat=1，则当前棋子为白色。

22.2.4　主函数程序设计

五子棋游戏中主要是针对两种类型棋子的操作，平台是图形，因此要首先绘制基础平台，然后在此基础上进行相关的操作。主函数通过调用其他模块来实现各部分功能，以下是程序的具体实现代码：

```
01    #include "stdio.h"
02    #include "graphics.h"
03
04    #define LEFT 0x4b00                        /*左键值*/
05    #define RIGHT 0x4d00                       /*右键值*/
06    #define DOWN 0x5000                        /*下键值*/
07    #define UP 0x4800                          /*上键值*/
08    #define ESC 0x011b                         /* ESC键值*/
09    #define ENTER 0x1c0d                       /* 回车键值*/
10
11    int x=-1, y = 0;                           /*记录棋子移动点的坐标值*/
12    int max_x, max_y;
13    int board_flag[15][15];                    /*棋盘每格的状态标记数组*/
14
15    void draw_board();                         /*绘制15×15的棋盘*/
16    void show_init(int pat);                   /*棋子出现的初始位置，交替出现黑白棋子*/
17    void hide();                               /*恢复当前棋子位置被占据之前的状态*/
18    void show(int pat);                        /*显示当前移动的棋子*/
19    void move();                               /*移动棋子*/
20    int is_win(int pat);                       /*判断哪方赢了*/
21
22    void main()
23    {
24        int driver = DETECT, mode;
25        int i, j;
26
27        for(i=0; i<15; i++)
28            for(j=0; j<15; j++)
29            {
30                board_flag[i][j] = 0;          /*初始化棋盘每个棋格的状态标记数组*/
31            }
```

```
32
33          initgraph(&driver, &mode, "");                  /*初始化图形设备*/
34
35          draw_board();                                   /*绘制棋盘*/
36          show_init(0);                                   /*棋子出现的初始位值，出现黑子*/
37          move();                                         /*移动棋子*/
38
39          getch();
40          closegraph();                                   /*关闭图形设备*/
41      }
```

【代码解析】 代码第 4~9 行用 define 定义了几个宏常量。第 15~20 行声明了主函数需要用到的一些自定义函数，主函数将调用这些函数实现五子棋程序。

22.2.5　系统初始化

根据棋盘的格式和要求，通过下列函数来绘制棋盘这一基本的图形界面。功能函数的具体实现如下：

```
01   void draw_board()
02   {
03       int i;
04
05       max_x = getmaxx();                                 /*得到当前图形模式下的最大x坐标*/
06       max_y = getmaxy();                                 /*得到当前图形模式下的最大y坐标*/
07
08       setfillstyle(1, BLUE);                             /*设置棋盘背景为蓝色*/
09       bar(0,0, max_x, max_y);
10
11       for(i=-7; i<=8; i++)
12       {
13              line(max_x/2-7*26, max_y/2 +i*26, max_x/2+8*26, max_y/2+i*26);
                /*绘制棋盘水平方向的线*/
14              line(max_x/2+i*26, max_y/2-7*26, max_x/2+i*26, max_y/2+8*26);
                /*绘制棋盘垂直方向的线*/
15       }
16   }
```

【代码解析】 上述代码首先定义最大 x 和 y 坐标，然后通过一个循环，实现棋盘线的绘制。

22.2.6　移动棋子模块

移动棋子需要注意棋子的一些状态，本节根据开发过程来描述棋子的移动过程。

1. 棋子的初始化

根据操作棋子的具体要求，对棋子出现位置、颜色等进行初始设置。交替出现黑白棋子函数模块的具体实现代码如下所示：

```
01   void show_init(int pat)
02   {
03       setcolor(BLUE);
04       if(pat == 0)
05       {
06              setfillstyle(1, BLACK);                     /*设置填充的颜色，黑色*/
```

```
07            }
08            else
09            {
10                setfillstyle(1,WHITE);                          /*设置填充的颜色，白色*/
11            }
12            x = -1;
13            y = 0;
14
15            fillellipse(max_x/2-8*26+13, max_y/2-7*26+13, 12,12); /*绘制初始位置出现的棋子*/
16        }
```

【代码解析】第 4~11 行代码判断棋子的颜色并进行绘制，第 12~13 行将棋子出现的初始位置坐标设为（-1，0）。

2. 棋子移动及状态

以下是恢复当前棋子位置被占据之前状态的功能函数的具体实现代码。

```
01    void hide()
02    {
03        int m;
04
05        m = board_flag[x][y];
06        switch(m)
07        {
08            case 0:                                          /*标志为0时，说明此处背景色为蓝色*/
09                setfillstyle(1, BLUE);
10                break;
11            case 1:                                          /*标志为1时，说明此处为一黑色棋子*/
12                setfillstyle(1, BLACK);
13                break;
14            case 2:                                          /*标志为2时，说明此处为一白色棋子*/
15                setfillstyle(1, WHITE);
16                break;
17            default:
18                break;
19        }
20
21        fillellipse(max_x/2+(x-7)*26+13, max_y/2+(y-7)*26+13, 12,12);
            /*恢复棋子上一步状态*/
22    }
```

【代码解析】第 5 行是判断棋盘的标志，然后通过第 6~19 行判断 m 为各个值时要进行的操作。

3. 被选择棋子的移动

以下是显示当前移动的棋子功能函数的具体实现代码。

```
01    void show(int pat)
02    {
03        switch(pat)
04        {
05            case 0:
06                setfillstyle(1, BLACK);
07                break;
08            case 1:
```

```
09              setfillstyle(1, WHITE);
10              break;
11         default:
12              break;
13      }
14
15      fillellipse(max_x/2+(x-7)*26+13, max_y/2+(y-7)*26+13, 12,12);
          /*绘制当前位置的棋子*/
16  }
```

【代码解析】通过 pat 参数判断棋子的颜色，然后使用 setfillstyle 函数绘制棋子。

4．移动当前棋子

以下是移动当前棋子功能函数的具体实现代码。

```
01  void move()
02  {
03      int key;
04      int pat = 0;
05      /*-------------------------------------------------------------*/
06      for(;;)
07      {
08          key = bioskey(0);
09
10          switch(key)
11          {
12              case LEFT:
13                  if(x == -1)
14                  {
15                      break;
16                  }
17
18                  hide();
19
20                  x--;
21                  x = x<0?0:x;
22                  show(pat);
23                  break;
24              case RIGHT:
25                  if(x == -1)
26                  {
27                      setfillstyle(1, BLUE);        /*上次棋子出现的位置消失*/
28                      fillellipse(max_x/2 + (x-7)*26+13, max_y/2 + (y-7)*26+13, 12,12);
29                  }
30                  else
31                  {
32                      hide();                       /*隐藏棋子*/
33                  }
34                  x++;
35                  x = x>14?14:x;
36
37                  show(pat);                        /*棋子显示*/
38                  break;
39              case DOWN:
```

```
40              if(x == -1)
41              {
42                  break;
43              }
44
45              hide();
46
47              y++;
48              y = y>14?14:y;
49
50              show(pat);
51              break;
52          case UP:
53              if(x == -1)
54              {
55                  break;
56              }
57
58              hide();
59
60              y--;
61              y = y<0?0:y;
62
63              show(pat);
64              break;
65          case ENTER:
66              if(board_flag[x][y] != 0)  /*防止棋格处已经放置了棋子，而又一次放置*/
67              {
68                  break;
69              }
70
71              show(pat);
72              board_flag[x][y] = pat+1;
73              if(is_win(pat))
74              {
75                  settextstyle(0, 0, 3);
76                  setcolor(RED);
77                  if(pat == 0)
78                  {
79                      outtextxy(max_x/2-80, max_y/2,"Black Win!");
80                  }
81                  else
82                  {
83                      outtextxy(max_x/2-80, max_y/2,"White Win!");
84                  }
85                  setcolor(BLUE);
86                  getch();
87                  exit(1);
88              }
89
90              if(pat == 0)
91              {
92                  pat = 1;
```

```
93                    }
94                  else
95                  {
96                      pat = 0;
97                  }
98                  show_init(pat);
99
100                 break;
101         case ESC:
102                 exit(1);
103                 break;
104         default:
105                 break;
106         }
107     }
108 }
```

【代码解析】通过 key 参数判断用户按下的键，按下上、下、左、右 4 个按键不放棋子，当按下回车键时最关键，需要判断棋格内是否有棋子，是否已经决出胜负等。

22.2.7　程序胜负判定

程序在运行中要不断地判定胜负，以决定程序是运行还是结束。以下是判断是否有相同颜色棋子的五子连成一线，如果是，返回 1；否则返回 0 的具体实现代码。

```
01  int is_win(int pat)
02  {
03      int i, j;
04      int cnt = 0;
05
06      /*判断是否有五子连在一起*/
07
08      /*------------------------------------------------------------*/
09      /*判断水平方向*/
10      cnt = 0;
11      i = x;                                  /*因为是水平方向，所以只判断x坐标*/
12      while(i<15)
13      {
14          if(board_flag[i][y] == pat+1)
15          {
16              cnt++;                          /*连在一起的棋子个数*/
17          }
18          else
19          {
20              break;
21          }
22          i++;
23      }
24
25      i = x-1;                                /*因为是水平方向，所以只判断x坐标*/
26      while(i>=0)
27      {
28          if(board_flag[i][y] == pat+1)
```

```
29              {
30                  cnt++;                          /*连在一起的棋子个数*/
31              }
32              else
33              {
34                  break;
35              }
36              i--;
37          }
38          if(cnt >= 5)                            /*已经有五子连成一线*/
39          {
40              return 1;
41          }
42          /*---------------------------------------------------------*/
43          /*判断45度斜线方向*/
44          cnt = 0;
45          i = x;                                  /*要判断x、y两个坐标*/
46          j = y;                                  /*要判断x、y两个坐标*/
47          while(i<15)
48          {
49              if(j<0)
50              {
51                  break;
52              }
53              if(board_flag[i][j] == pat+1)
54              {
55                  cnt++;                          /*连在一起的棋子个数*/
56              }
57              else
58              {
59                  break;
60              }
61              i++;
62              j--;
63          }
64
65          i = x-1;                                /*要判断x、y两个坐标*/
66          j = y+1;                                /*要判断x、y两个坐标*/
67          while(i>=0)
68          {
69              if(j>14)
70              {
71                  break;
72              }
73              if(board_flag[i][j] == pat+1)
74              {
75                  cnt++;                          /*连在一起的棋子个数*/
76              }
77              else
78              {
79                  break;
80              }
81              i--;
```

```
82              j++;
83          }
84
85          if(cnt >=5)                              /*已经有五子连成一线*/
86          {
87              return 1;
88          }
89
90          /*--------------------------------------------------------------*/
91          /*判断垂直方向*/
92          cnt = 0;
93          j = y;                                   /*因为是垂直方向，所以只要判断y坐标*/
94          while(j>=0)
95          {
96              if(board_flag[x][j] == pat+1)
97              {
98                  cnt++;                           /*连在一起的棋子个数*/
99              }
100             else
101             {
102                 break;
103             }
104             j--;
105         }
106
107         j = y+1;                                 /*因为是垂直方向，所以只要判断y坐标*/
108         while(j<15)
109         {
110             if(board_flag[x][j] == pat+1)
111             {
112                 cnt++;                           /*连在一起的棋子个数*/
113             }
114             else
115             {
116                 break;
117             }
118             j++;
119         }
120
121         if(cnt>=5)                               /*已经有五子连成一线*/
122         {
123             return 1;
124         }
125         /*--------------------------------------------------------------*/
126         /*判断135度斜线方向*/
127         cnt = 0;
128         i = x;                                   /*要判断x、y两个坐标*/
129         j = y;                                   /*要判断x、y两个坐标*/
130         while(i>=0)
131         {
132             if(j<0)
133             {
```

```
134                    break;
135                }
136
137            if(board_flag[i][j] == pat+1)
138            {
139                cnt++;                          /*连在一起的棋子个数*/
140            }
141            else
142            {
143                break;
144            }
145
146            i--;
147            j--;
148        }
149
150        i = x+1;                                 /*要判断x、y两个坐标*/
151        j = y+1;                                 /*要判断x、y两个坐标*/
152        while(i<15)
153        {
154            if(j>14)
155            {
156                break;
157            }
158            if(board_flag[i][j] == pat+1)
159            {
160                cnt++;                          /*连在一起的棋子个数*/
161            }
162            else
163            {
164                break;
165            }
166            i++;
167            j++;
168        }
169
170        if(cnt >= 5)                             /*已经有五子连成一线*/
171        {
172            return 1;
173        }
174
175
176        return 0;                                /*还没有五子连成一线*/
177    }
```

　　【代码解析】 上述代码是判断返回值，如果为1，就表示该局已经分出胜负。变量cnt用来累计连成一条线的棋子个数，当其大于等于5时，则胜负已定。

22.2.8　小结

　　本程序的设计和上一节的基本相同，只是在算法结构和控制方面有所差异。目前五子棋游戏的玩家众多，此程序的操作采用键盘不大方便，如果可以结合鼠标操作，则会更加便捷一些。另外，界面部分的编写是一个程序的外衣，读者如果感兴趣，可以从这两个方面入手，结合以前学习的知识，对程序加以完善。

22.3　扫雷游戏

扫雷游戏最早出现在 Windows 操作系统上，随着 Windows 的流行，这个小游戏也越来越受广大用户的欢迎，也有很多不同编程语言的游戏版本。本节介绍如何用 C 开发扫雷游戏。

22.3.1　程序功能要求

程序说明：扫雷游戏是 Windows 自带的一款非常经典的游戏，相信很多读者并不陌生。在本小节中，参考 Windows 中的扫雷游戏，采用 C 来开发自己的扫雷程序。

程序要求：

（1）在界面上绘制 10×10 的棋盘，每次开始游戏后，都在随机位置产生不多于 15 个雷。

（2）按 A、a 键，进行扫雷操作。

（3）按 Q、q 键，表示无法判断此处是否有雷，在其上标志"?"。

（4）按 W、w 键，在当前位置标记"@"，表示确认此处有雷。

（5）按 D、d 键，如果当前位置已经被挖开，且周围标记"@"（有雷）符合其数字，则挖开周围未挖的方格。

（6）每次找到一个地雷，棋盘上方显示的雷数减 1。

输出结果：输出游戏界面，并能够进行扫雷游戏。

说明　因为采用了TC中的图形库graphics.h，所以本例代码无法在LCC和VC中测试。

22.3.2　输入输出样例

按照程序要求，编写的程序在运行后的结果如图 22-9 所示。

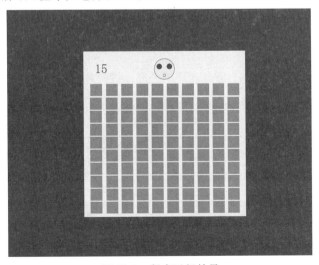

图 22-9　程序运行结果

22.3.3　程序分析

从程序的要求可以看出，这是一个将图形图像处理方法和技术与键盘操作、数据处理算法相结合的综合程序。如果已经掌握了上面所说的内容，那么不但能够编写扫雷游戏，而且还能编写出更加华丽的游戏外观。根据游戏规则，程序的整体设计思路如图22-10所示。

为了便于理解程序，下面结合流程图来分析一下程序中用到的主要功能函数。

（1）初始化游戏参数以及界面的模块包含如下功能函数。

`void init(void)`

功能：初始化程序中的全局变量。

参数：无。

`void draw_board(void)`

功能：绘制 10×10 的棋盘。

参数：无。

`void draw_rec(int type)`

功能：绘制棋盘中的小方格。

参数：type，绘制不同类型的方格，0表示方格未挖开，1表示方格已挖开，2表示标记有雷，3表示标记"？"号，4表示显示雷。

`void draw_face(int type)`

功能：绘制棋盘上方的笑脸。

参数：type，绘制不同类型的笑脸，0表示吃惊，1表示高兴，2表示悲伤。

`int operate_mine(void)`

功能：在棋盘中随机产生雷的数目，并且返回其值。

参数：无。

（2）从键盘读入操作信息并进行相应处理的模块包含如下功能函数。

`void move(void)`

功能：从键盘上读入操作信息，并作相应的处理。按键名称和含义如表22-2所示。

参数：无。

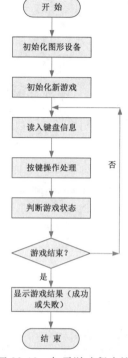

图 22-10　扫雷游戏程序流程图

表22-2　按键名称和含义

按键名称	含　　义
A、a	扫雷
Q、q	标记"？"
W、w	标记"@"，说明此处有雷
D、d	如果当前处已经被挖开，且周围标记"@"（有雷）符合其数字，则挖开周围未挖的方格
←	向左移动

（续）

按键名称	含　义
→	向右移动
↑	向上移动
↓	向下移动

```
void hide(void);
```

功能：恢复上一次选择方格的状态。全局变量数组 board_flag[10][10] 记录棋盘中每个方格的状态，状态取值和含义如表 22-3 所示。

参数：无。

表 22-3　状态表取值和含义

状态取值	含　义
0	方格未被挖开或标记过
1	方格被挖开
2	方格标记"@"，此处有雷
3	方格标记"？"

```
void show(void)
```

功能：显示当前选择方格的状态。方格状态如表 22-3 所示。

参数：无。

```
void open_mine(void)
```

功能：按 A、a 键，在当前处挖雷。如果挖开的方格有雷，则游戏失败；如果挖开的方格处有数字，则显示数字；如果挖开的方格什么也没有，则挖开其周围的方格。

参数：无。

```
void open_around(void)
```

功能：按 D、d 键，如果当前处已经被挖开，且周围标记"@"（有雷）符合其数字，则挖开周围未挖的方格。

参数：无。

（3）判断游戏当前状态模块包含如下功能函数。

```
int is_win(void)
```

功能：是否正确挖完了所有的雷。返回 0，游戏需继续，雷没有被挖完；返回 1，表示所有的雷都被正确地挖完。

参数：无。

22.3.4　程序设计

挖雷游戏是算法与图形图像处理的结合，在每一个位置不但需要判断当前状态，要考虑其周围的资源，还要处理要显示的图形和状态。在程序设计过程中，必须注意算法和程序的完整性。

1. 主函数功能模块

根据程序流程图编写程序代码，通过调用其他模块函数实现各部分功能。以下是扫雷游戏具体实现的源代码。

```
01    #include "stdio.h"
02    #include "stdlib.h"
03    #include "graphics.h"
04
05    #define LEFT      0x4b00                          /*左键值*/
06    #define RIGHT     0x4d00                          /*右键值*/
07    #define DOWN      0x5000                          /*下键值*/
08    #define UP        0x4800                          /*上键值*/
09    #define ESC       0x011b                          /* ESC键值*/
10    #define ENTER     0x1c0d                          /* 回车键值*/
11    #define UPQ       0x1051                          /*疑问, 是否为雷*/
12    #define LOWQ      0x1071
13    #define UPA       0x1e41                          /*A、a键, 挖雷*/
14    #define LOWA      0x1e61
15    #define UPW       0x1177                          /*W、w键, 标记方块有雷*/
16    #define LOWW      0x1157
17    #define UPD       0x2064            /*D、d键, 如果当前处雷挖完, 则挖开周围未挖开的区域*/
18    #define LOWD      0X2044
19
20    int board_flag[10][10];                          /*标记棋盘每个小方格的状态*/
21    int mine_num[10][10];                            /*记录每个方格周围的雷数*/
22    int mine_table[10][10];                          /*记录随机产生的雷数*/
23
24    int max_x, max_y;                                /*得到图形模式下的最大坐标*/
25    int x = 0, y = 0;
26    int NUM = 0;                                     /*统计当前雷数*/
27
28    void init();                                     /*初始化全局变量*/
29    void draw_board();                               /*绘制棋盘*/
30    void draw_rec(int type);                         /*绘制棋盘中的小方格*/
31    void draw_face(int type );                       /*绘制棋盘上的小人脸*/
32    int  operate_mine();                             /*随机产生雷, 并且返回雷的个数*/
33    void move();                                     /*从键盘读入操作信息, 并作相应的处理*/
34    void hide();                                     /*恢复上一次选择方格的状态*/
35    void show();                                     /*显示当前选择方格的状态*/
/*按A、a键挖雷, 如果挖开的方格没有雷, 也没有数字, 则挖开其周围的方格*/
36    void open_mine();
/*按D、d键, 如果当前处已经被挖开, 且周围标记"@"(有雷)符合其数字, 则挖开周围未挖的方格*/
37    void open_around();
38    int  is_win();                                   /*是否正确挖完了所有的雷*/
39
40    void main()
41    {
42        int driver = DETECT, mode;
43        char ch[20];
44
45        initgraph(&driver, &mode, "");
46        for(;;)
```

```
47       {
48           init();                                        /*初始化全局变量*/
49           settextstyle(0,0,2);              /*设置图形模式下字符显示的字体、水平方向和大小*/
50           outtextxy(0,0,"If press ESC is end, else continue!" );
51           if(bioskey(0) == ESC)                          /*按ESC键，退出程序*/
52           {
53               break;
54           }
55           draw_board();                                  /*绘制棋盘*/
56           NUM = operate_mine();                          /*随机产生雷*/
57           sprintf(ch, "%d", NUM);
58           settextstyle(0,0,2);
59           outtextxy(max_x/2-85, max_y/2-90-15, ch);      /*显示雷的数目*/
60           move();                                        /*游戏*/
61       }
62       getch();
63       closegraph();                                      /*关闭图形设备*/
64   }
```

【代码解析】代码第 5~18 行定义了一些宏常量，第 29~38 行声明了本例所需要的一些自定义函数。

2．参数初始化

以下是初始化全局变量功能函数的具体实现代码。

```
01   void init()
02   {
03       int i, j;
04       x = 0;
05       y = 0;
06
07       for(i=0; i<10; i++)
08           for(j=0; j<10; j++)
09           {
10               board_flag[i][j] = 0;
11               mine_table[i][j] = 0;
12               mine_num[i][j] = 0;
13           }
14   }
```

【代码解析】上述代码对所有位置和标记进行初始化。每个游戏都应该有这么一个 init 函数，如本游戏要初始化界面、坐标、装备等。

22.3.5　初始化图形设备

本节介绍棋盘的开发过程，包括棋盘的绘制和方格的绘制。

1．棋盘绘制模块

根据程序要求绘制棋盘，可以借鉴上一小节的代码操作。以下是绘制棋盘功能函数的具体实现。

```
01   void draw_board()
02   {
03       int i, j;
04       max_x = getmaxx();                           /*得到图形模式下的最大x坐标*/
```

```
05          max_y = getmaxy();                          /*得到图形模式下的最大y坐标*/
06
07          setfillstyle(1, BLACK);                     /*设置屏幕的填充模式为实填充,填充颜色为黑色*/
08          bar(0,0, max_x, max_y);
09
10          setfillstyle(1, LIGHTGRAY);                 /*设置屏幕的填充模式为实填充,填充颜色为浅灰色*/
11          bar(max_x/2-90, max_y/2-90-30, max_x/2+90+3, max_y/2+90+3);/*设置棋盘填充色*/
12
13          setfillstyle(1, DARKGRAY);                  /*设置小方格填充模式为实填充,填充色为深灰色*/
14          for(i=-5; i<5; i++)
15              for(j=-5; j<5; j++)
16              {
17                  bar(max_x/2+i*18+3, max_y/2+j*18+3, max_x/2+i*18+18, max_y/2+j*18+18);
                    /*绘制小方格*/
18              }
19
20          draw_face(0);                               /*绘制棋盘上的人脸*/
21      }
```

【代码解析】 不管绘制什么样的棋盘,首先获取最大的 x、y 坐标,然后使用函数 setfillstyle 对棋盘进行填充,最后通过循环绘制界面。

2．小方格绘制模块

以下是绘制小方格功能函数的具体实现代码。

```
01      void draw_rec(int type)
02      {
03          char ch[10];
04
05          switch(type)
06          {
07              case 0:                                 /*表示此方格未挖开*/
08                  setfillstyle(1, DARKGRAY);
09                  bar(max_x/2+(x-5)*18+3, max_y/2+(y-5)*18+3, max_x/2+(x-5)*18+18,
max_y/2+(y-5)*18+18);
10                  break;
11              case 1:         /*表示此方格已经挖开,并且显示数字(如果周围没有雷则不显示数字)*/
12                  setfillstyle(1, WHITE);
13                  bar(max_x/2+(x-5)*18+3,max_y/2+(y-5)*18+3,max_x/2+(x-5)*18+
                    18,max_y/2+(y-5)*18+18);
14
15                  if(mine_num[x][y] == 0)
16                  {
17                      break;
18                  }
19                  sprintf(ch,"%d", mine_num[x][y]);
20                  setcolor(GREEN);
21                  settextstyle(0,0,2);
22                  outtextxy(max_x/2+(x-5)*18+3, max_y/2+(y-5)*18+3, ch);
                    /*输出方格上显示的数字*/
23                  setcolor(WHITE);                    /*恢复默认设置的颜色*/
24                  break;
25              case 2:                                 /*方格上做标记"@",说明此方格有雷*/
26                  setfillstyle(1, DARKGRAY);
```

```
27              bar(max_x/2+(x-5)*18+3,max_y/2+(y-5)*18+3,max_x/2+(x-5)*18+18,
                max_y/2+(y-5)*18+18);
28              setcolor(RED);
29              settextstyle(2,0,5);
30              outtextxy(max_x/2+(x-5)*18+3+3, max_y/2+(y-5)*18+3, "@");
31              setcolor(WHITE);
32              break;
33          case 3:                          /*无法判断方格是否有雷，做标记"？"*/
34              setfillstyle(1,DARKGRAY);
35              bar(max_x/2+(x-5)*18+3,max_y/2+(y-5)*18+3,max_x/2+(x-5)*18+18,
                max_y/2+(y-5)*18+18);
36              setcolor(BLACK);
37              settextstyle(2,0, 5);
38              outtextxy(max_x/2+(x-5)*18+3+3, max_y/2+(y-5)*18+3, "?");
39              setcolor(WHITE);
40              break;
41          case 4:                          /*显示雷*/
42              setfillstyle(1, RED);          /*设置填充模式为实填充，填充色为红色*/
43              bar(max_x/2+(x-5)*18+3,max_y/2+(y-5)*18+3,max_x/2+(x-5)*18+18,
                max_y/2+(y-5)*18+18);
44              setcolor(BLACK);   /*设置当前绘制椭圆线形颜色为黑色*/
45              setfillstyle(1, BLACK);/*设置填充模式为实填充，填充色为黑色*/
46              fillellipse(max_x/2+(x-5)*18+3+7, max_y/2+(y-5)*18+3+7, 5,5);
                /*绘制雷*/
47              setcolor(WHITE);
48              break;
49          default:
50              break;
51      }
52  }
```

【代码解析】这里判断方格的 5 种状态，前面设计中已经很清楚地描述了 0、1、2、3、4 这 5 种状态。上述代码完成 5 种状态下的操作。

3．绘制图标

以下是绘制棋盘上人脸图标功能函数的具体实现代码。

```
01  void draw_face(int type)
02  {
03      setfillstyle(1, YELLOW);
04      setcolor(BLACK);
05      fillellipse(max_x/2, max_y/2-90-15, 10,10);               /*绘制头*/
06
07      setfillstyle(1, BLACK);
08      fillellipse(max_x/2-3, max_y/2-90-18,2,2);               /*绘制眼睛*/
09      fillellipse(max_x/2+3, max_y/2-90-18, 2,2);
10
11      switch(type)
12      {
13          case 0:
14              ellipse(max_x/2, max_y/2-90-10,0,360, 2,2); /*绘制嘴，吃惊的口形*/
15              break;
16          case 1:
17              arc(max_x/2, max_y/2-90-10, 200, 340, 3);               /*高兴的口形*/
```

```
18                  break;
19              case 2:
20                  arc(max_x/2, max_y/2-90-10, 10, 160,3);        /*悲伤的口形*/
21                  break;
22              default:
23                  break;
24          }
25          setcolor(WHITE);                                       /*恢复默认设置的颜色*/
26      }
```

【代码解析】C语言中，任何界面都是通过代码绘制完成的。上述代码就是绘制了一个扫雷中常见的人脸。通过第11行判断参数type的值，然后根据不同的值，使用arc函数来完成绘制。

22.3.6　事件处理模块

当用户操作雷块时，有一些操作发生。本节介绍这些事件的处理。

1. 随机雷发生模块

以下是随机产生地雷并且返回地雷的个数功能函数的具体实现代码。

```
01      int operate_mine()
02      {
03          int i, j;
04          int m, n;
05          int m_i, m_j;
06          int m_num = 0;                                         /*保存产生雷的数目*/
07
08          randomize();                                          /*初始化随机数发生器*/
09
10          for(i=0; i<10; i++)
11              for(j=0; j<10; j++)
12              {
13                  if(random(8) == 1)                            /*随机产生雷*/
14                  {
15                      mine_table[i][j] = -1;                    /*-1表示有雷*/
16                      m_num++;
17
18                      /*统计方格周围雷的数目*/
19                      for(m=-1; m<2; m++)
20                          for(n=-1; n<2; n++)
21                          {
22                              m_i = i+m;
23                              m_j = j+n;
24                              if(m_i>=0 && m_i<10 && m_j>=0 && m_j<10)
25                              {
26                                  mine_num[m_i][m_j]++;         /*计数*/
27                              }
28                          }
29
30                  }
31              }
32
```

```
33              return m_num;
34      }
```

【代码解析】 地雷并不是预先埋好的，否则永远都是固定的位置有雷。所以本例使用了第 8 行的函数，实现一个随机雷模块。

2．按键处理模块

以下是从键盘读入操作信息并做相应处理的功能函数的具体实现代码。

```
01      void move()
02      {
03          int temp_NUM;                                   /*保存上一次雷的数目*/
04          int key;
05          char ch[20];
06
07          while(1)
08          {
09              temp_NUM = NUM;
10              sprintf(ch, "%d", NUM);
11              settextstyle(0,0,2);
12              outtextxy(max_x/2-85, max_y/2-90-15, ch);   /*显示当前雷数*/
13
14              key = bioskey(0);                           /*判断按键*/
15
16              switch(key)
17              {
18                  case LEFT:
19                      hide();
20                      x--;
21                      x = x>=0?x:0;                        /*x最小值取0*/
22                      show();
23                      break;
24                  case RIGHT:
25                      hide();
26                      x++;
27                      x = x>9?9:x;                         /*x最大值取9*/
28                      show();
29                      break;
30                  case UP:
31                      hide();
32                      y--;
33                      y = y>=0?y:0;                        /*y最小值取0*/
34                      show();
35                      break;
36                  case DOWN:
37                      hide();
38                      y++;
39                      y = y>9?9:y;                         /*y最大值取9*/
40                      show();
41                      break;
42                  case UPA:                                /*挖雷*/
43                  case LOWA:
44                      if(board_flag[x][y] != 0)
```

```
45                    {
46                        break;
47                    }
48                    if(mine_table[x][y] == -1)
49                    {
50                        /*踩雷后，显示所有的雷*/
51                        for(x = 0; x<10; x++)
52                            for(y=0; y<10; y++)
53                            {
54                                if(mine_table[x][y] == -1)
55                                {
56                                    draw_rec(4);
57                                }
58                            }
59                        draw_face(2);                    /*显示出悲伤的表情*/
60                        getch();
61                        return;
62                    }
63
64                    open_mine();                         /*挖雷*/
65                    show();                              /*显示当前选择的方块*/
66                    if(is_win())
67                    {
68                        setcolor(RED);
69                        outtextxy(max_x/2-20, max_y/2, "WIN");
70                        setcolor(WHITE);
71                        getch();
72                        return;
73                    }
74                    break;
75                case UPW:                                /*标记 "@"，说明方格中有雷*/
76                case LOWW:
                    /*如果在已经标记为 "@" 的方格上再按一次 w 键，则取消标记 "@"*/
77                    if(board_flag[x][y] == 2)
78                    {
79                        NUM++;
80                        board_flag[x][y] = 0;
81                        draw_rec(0);
82                        break;
83                    }
84                    if(board_flag[x][y] != 0)
85                    {
86                        break;
87                    }
88
89                    NUM--;
90                    board_flag[x][y] = 2;
91                    draw_rec(2);                         /*显示标记 "@"*/
92                    show();                              /*显示当前选择的方块*/
93                    /*判断是否扫完雷*/
94                    if(is_win())
95                    {
96                        setcolor(RED);
```

```
97                        outtextxy(max_x/2-20, max_y/2, "WIN");
98                        setcolor(WHITE);
99                        getch();
100                       return;
101                   }
102               break;
103           case UPQ:                              /*标记"?"，说明方格是否有雷无法判断*/
104           case LOWQ:
                  /*如果在已经标记为"?"的方格上再按一次 w 键，则取消标记"?"*/
105               if(board_flag[x][y] == 3)
106               {
107                   board_flag[x][y] = 0;
108                   draw_rec(0);
109                   break;
110               }
111               if(board_flag[x][y] != 0)
112               {
113                   break;
114               }
115               board_flag[x][y] = 3;
116               draw_rec(3);                        /*显示标记"?" */
117               show();                             /*显示当前选择的方块*/
118               break;
119           case UPD:
120           case LOWD:
121               open_around();
122               show();
123               if(is_win())                        /*判断是否胜利*/
124               {
125                   settextstyle(0,0,3);
126                   setcolor(RED);
127                   outtextxy(max_x/2-20, max_y/2, "WIN");
128                   setcolor(WHITE);
129                   getch();
130                   return;
131               }
132               break;
133           case ESC:                              /*按 ESC 键，退出游戏*/
134               exit(1);
135               break;
136           default:
137               break;
138       }
139
140       setcolor(LIGHTGRAY);
141       sprintf(ch,"%d", temp_NUM);
142       settextstyle(0,0,2);
143       outtextxy(max_x/2-85, max_y/2-90-15, ch);    /*擦除上一次雷的数目*/
144       setcolor(WHITE);
145   }
146 }
```

【代码解析】第 7 行是一个无限循环，读者可以通过本例代码来了解如何让无限循环退出。第

7~138行通过判断用户的按键，来实现各种扫雷操作，如挖雷、标记等。

3. 方格状态处理模块

以下是恢复上一次选择方格的状态功能函数的具体实现代码。

```
01    void hide()
02    {
03        switch(board_flag[x][y])
04        {
05            case 0:                          /*表示此方格未挖开*/
06                draw_rec(0);
07                break;
08            case 1:                          /*挖开并且显示数字*/
09                draw_rec(1);
10                break;
11            case 2:                          /*方格上有标记，表明此方格有雷*/
12                draw_rec(2);
13                break;
14            case 3:
15                draw_rec(3);
16                break;
17            default:
18                break;
19        }
20    }
```

【代码解析】 在扫雷游戏中，有些方格上有数字，表示旁边有多少雷。上述代码其实是判断board_flag[x][y]的值，然后执行draw_rec函数。

以下是显示当前选择方格状态的具体实现代码。

```
void show()
{
    setcolor(BLUE);
    rectangle(max_x/2+(x-5)*18+3, max_y/2+(y-5)*18+3, max_x/2+(x-5)*18+18,
max_y/2+(y-5)*18+18);
    setcolor(WHITE);
}
```

22.3.7　游戏处理部分

当用户挖雷后，需要判断是否是雷区。本节介绍这些判断的操作。

1. 挖雷处理模块

按A、a键，在当前处挖雷，如果挖开的方格有雷，则游戏失败；如果挖开的方格处有数字，则显示数字；如果挖开的方格什么也没有，则挖开其周围的方格。此功能函数的具体实现代码如下：

```
01    void open_mine()
02    {
03        int temp_x, temp_y;
04        int m, n;
05
06        temp_x = x;
07        temp_y = y;
```

```
08
09          if(mine_num[x][y] == 0 && board_flag[x][y] == 0)/*如果挖开的方格没有雷也没有数字*/
10          {
11              board_flag[x][y] = 1;
12              draw_rec(1);                                        /*挖开此处方格*/
13
14              /*挖开此方格周围的方格*/
15              for(m=-1; m<2; m++)
16                  for(n=-1; n<2; n++)
17                  {
18                      x = temp_x + m;
19                      y = temp_y + n;
20                      if(x == temp_x && y == temp_y)
21                      {
22                          continue;
23                      }
24                      if(x>=0 && x<10 && y>=0 && y<10)
25                      {
26                          open_mine();
27 }
28                  }
29          }
30          else
31          {
32              board_flag[x][y] = 1;
33              draw_rec(1);                                        /*挖雷*/
34          }
35
36          x = temp_x;
37          y = temp_y;
38  }
```

【代码解析】代码第 26 行是一处递归调用，当挖开的方格没有数字也没有雷时，继续挖其周围的方格；如果还是没有数字也没有雷，则重复执行这个操作，这就是递归调用，重复执行某一个操作，这与循环不同。

2．状态处理模块

按 D、d 键，如果当前处已经被挖开，且周围标记"@"（有雷）符合其数字，则挖开周围未挖的方格。此功能函数的具体实现代码如下：

```
01  void open_around()
02  {
03      int m_num = 0;
04      int cnt = 0;
05      int m, n;
06      int temp_x, temp_y;
07      temp_x = x;
08      temp_y = y;
09
10      if(board_flag[x][y] == 1)                        /*此处方格已经挖开*/
11      {
12          m_num = mine_num[x][y];
13          if(m_num != 0)
```

```
14              {
15                  /*判断当前方格周围标记有雷数目是否符合当前数字，如果是，挖开其周围剩余未挖的方格*/
16                  for(m=-1; m<2; m++)
17                      for(n=-1; n<2; n++)
18                      {
19                          x = temp_x+m;
20                          y = temp_y+n;
                            /*统计周围标记雷的数目*/
21                          if(x>=0 && x<10 && y>=0 && y<10 && board_flag[x][y] == 2)
22                          {
23                              cnt++;
24                          }
25                      }
26
27                  if(cnt == m_num)
28                  {
29                      /*判断周围是否有未挖开的方块*/
30                      for(m=-1; m<2; m++)
31                          for(n=-1;n<2; n++)
32                          {
33                              x = temp_x+m;
34                              y = temp_y+n;
35                              if(x>=0 && x<10 && y>=0 && y<10 && board_flag[x][y] == 0)
36                              {
37                                  /*是雷*/
38                                  if(mine_table[x][y] == -1)
39                                  {
40                                      /*踩雷后，显示所有的雷*/
41                                      for(x = 0; x<10; x++)
42                                          for(y=0; y<10; y++)
43                                          {
44                                              if(mine_table[x][y] == -1)
45                                              {
46                                                  draw_rec(4);        /*显示雷*/
47                                              }
48                                          }
49                                      draw_face(2);            /*显示悲伤的表情*/
50                                      getch();
51                                      exit(1);
52                                  }
53                                  /*不是雷*/
54                                  if(mine_num[x][y] == 0)
                                    /*如果数字为 0，则继续挖开其周围的方格*/
55                                  {
56                                      open_mine();
57                                  }
58                                  board_flag[x][y] = 1;
59                                  draw_rec(1);
60                              }
61                          }
62                  }
63              }
64      }
```

```
65
66          x = temp_x;
67          y = temp_y;                                          /*恢复 x、y 的初始值*/
68      }
```

【代码解析】第 37~51 行是上述的代码的关键，当踩雷后，需要执行第 46 行代码显示雷，然后执行第 49 行代码显示悲伤表情，最后通过 exit(1)退出程序。

3．程序判定模块

判断是否正确挖完了所有的雷，此功能函数的具体实现代码如下：

```
01  int is_win()
02  {
03      int i, j;
04
05      for(i=0; i<10; i++)
06          for(j=0; j<10; j++)
07          {
08              if(board_flag[i][j] == 0)
09              {
10                  return 0;                           /*游戏还没有完，继续*/
11              }
12
13              if(board_flag[i][j] == 2)
14              {
15                  if(mine_table[i][j] != -1)
16                  {
17                      return 0;                       /*游戏还没有完，继续*/
18                  }
19              }
20          }
21
22      return 1;                                       /*游戏成功结束,正确地挖完了所有的雷*/
23  }
```

【代码解析】游戏有两个返回值，1 表示游戏成功结束，0 表示还没有挖完所有雷，游戏还得继续。

22.3.8　小结

通过上面的程序实现了 C 语言下的扫雷游戏，可以采用键盘进行操作，达到了程序的功能要求。但是也可以看出，程序的界面比较粗糙，而且采用键盘操作非常不方便，并且目前的程序只实现了 10×10 的游戏，还不够完善。借助之前学习的知识，可以不断地进行完善。首先是界面的改良，其次是加入鼠标操作。相信有兴趣的读者一定能够实现拥有自己独特风格的扫雷游戏。

22.4　速算 24

在茶馆休息时，很多人喜欢玩纸牌，而常见的一种玩法就是"速算 24"。本节介绍这种游戏的玩法和开发过程。

22.4.1　程序功能要求

程序说明："速算 24"游戏的玩法是，随意抽出 4 张扑克牌，采用加、减、乘、除以及括号快速地将它们连接起来，连接后的公式计算结果应为 24。"速算 24"可以非常好地锻炼口算的速度和水平，因此得到了大范围的推广。在这小节中，将用 C 语言编程实现一个"速算 24"的游戏。

程序要求：每次随机产生不同的数字，要求快速地输入正确的计算公式。

程序输出：输出一个界面，显示不同的数字扑克，并能够输入计算公式，进行相应的计算。

22.4.2　输入输出样例

程序运行结果如图 22-11 所示。如果输入表达式计算正确，则输出如图 22-12 所示；如果输入表达式计算错误，则输出如图 22-13 所示。

图 22-11　程序运行结果

图 22-12　输入表达式正确

图 22-13　输入表达式错误

22.4.3　程序分析

按照程序的要求可以看出，程序是将图形图像处理方法和公式的分解与计算以及按键操作融合为了一体。程序的整体设计思路如图 22-14 所示。

根据程序流程图，下面介绍一下程序中主要的功能函数。

（1）随机抽取 4 张扑克牌模块包含如下的功能函数。

```
void play(void)
```

功能：发扑克牌。

参数：无。

```
void rand_sel(int n)
```

功能：随机选择扑克牌。从扑克牌中随机选择花色和数字。

参数：n，根据数字 n 产生随机数。

（2）判断 4 张牌运算后的结果是否可能等于 24 模块包含如下功能函数。

```
int is_right(float n[],int m)
```

功能：根据穷举法，列举 4 张牌所有的可能运算。如果有算式计算结果等于 24，则返回 1；如果所有的算式计算结果都不等于 24，则返回 0。对于返回 0 的 4 张

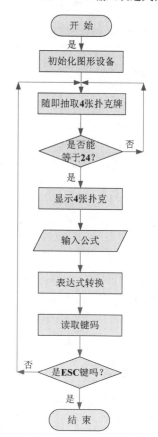

图 22-14　程序的整体设计思路

牌，则需要重新选取。

　　参数：n[]，公式数组；m，计算数字的个数。

　　（3）在屏幕上绘制出 4 张牌的模块中包含如下功能函数。

```
void draw_pk(int n,int sel, int num)
```

　　功能：绘制出选择的扑克牌的花色和数字。

　　参数：n，在不同的位置选择图标；sel，选择 4 种花色中的一个；num，在扑克牌上面显示的数字。

　　（4）将输入的中缀算式转换为后缀的模块中包含如下功能函数。

```
void change(char *lp_sur, char *lp_dst)
```

　　功能：从中缀表达式转换为后缀表达式。

　　参数：*lp_sur，数组 A 的首地址；*lp_dst，数组 B 的首地址。

```
double compute(char *lp_dst);
```

　　功能：计算后缀表达式的值。

　　参数：*lp_dst，数组 B 的首地址。

22.4.4　程序设计

　　扑克牌的数字和颜色选择主要通过随机算法来生成,而公式的计算则是参考公式提取算法来进行。因此这个小节的程序相对比较简单。

　　根据流程图编写各个模块函数，以下是速算 24 游戏的具体实现代码。

```
01    #include "stdio.h"
02    #include "stdlib.h"
03    #include "graphics.h"
04
05    #define ESC        0x011b                          /* ESC键值*/
06
07    int temp_sel[4]={0};
08    float temp_num[4]={0};
09    int cnt = 0;
10    char pk[4][13] =                                   /*扑克牌*/
11          {
12                'A','2','3','4','5','6','7','8','9','10','J','Q','K',
13                'A','2','3','4','5','6','7','8','9','10','J','Q','K',
14                'A','2','3','4','5','6','7','8','9','10','J','Q','K',
15                'A','2','3','4','5','6','7','8','9','10','J','Q','K'
16          };
17
18    void play();                                       /*发扑克牌*/
19    void rand_sel(int n);                              /*随机选择扑克牌*/
20    void draw_pk(int n,int sel, int num);
21    int is_right(float n[],int m);
22
23    void main()
24    {
25        char sur[100], dst[100];
```

```
26            int key;
27            double result = 0;
28            int max_x, max_y;
29
30            int driver = DETECT, mode;
31
32            initgraph(&driver, &mode, "");
33
34            max_x = getmaxx();                                      /*得到图形模式下最大x坐标*/
35            max_y = getmaxy();                                      /*得到图形模式下最大y坐标*/
36
37            for(;;)
38            {
39                cleardevice();                                     /*清屏*/
40                setbkcolor(BLACK);
41                play();
42                gotoxy(1,15);
43
44                printf("----------------------------------------------------------\n");
45                printf("Please input the format as follows: (4+2)*(22-3)\n");
46                printf("----------------------------------------------------------\n\n\n");
47
48                scanf("%s", sur);
49                change(sur, dst);                                  /*中级表达式转换为后级表达式*/
50
51                result = compute(dst);                             /*计算后缀表达式的值*/
52                getch();
53
54                if(abs(result-24)<0.0001)                          /*判断结果是否等于24*/
55                {
56                    cleardevice();
57                    setbkcolor(BLUE);
58                    settextstyle(0,0,5);
59                    outtextxy(max_x/2-40, max_y/2, "GOOD");
60                }
61                else
62                {
63                    cleardevice();
64                    setbkcolor(BLUE);
65                    settextstyle(0,0, 5);
66                    outtextxy(max_x/2-40, max_y/2, "WRONG");
67                }
68
69                gotoxy(1,20);
70                printf("Pressing Esc is end!:");
71
72            key = bioskey(0);
73            switch(key)
74            {
75                case ESC:                                          /*按ESC键,退出比赛*/
76                    exit(1);
77                    break;
78                default:
```

```
79              break;
80          }
81          getch();
82      }
83      getch();
84      closegraph();
85  }
```

【代码解析】第 10~16 行定义扑克牌，4 种花色的每种 13 张牌，所以是数组 pk[4][13]。第 18~21 行声明了本例用到的自定义函数。

22.4.5　扑克牌处理部分

玩过计算机游戏的人都知道，发牌都是自动的，就是通过程序来控制发牌。

1．发牌模块函数

以下是发牌功能函数的具体实现代码。

```
01  void play()
02  {
03      int i;
04      char cx[4][50];
05
06      do                                              /*进入循环*/
07      {
08          for(i = 0; i<4; i++)
09          {
10              rand_sel(i);                            /*随机选取扑克牌数字*/
11          }
12
13          cnt = 0;
14          is_right(temp_num, 4);
15      }while(cnt == 0);
16
17      /*绘制出扑克牌*/
18      for(i=0; i<4; i++)
19          {
20              draw_pk(i,temp_sel[i], temp_num[i]);
21          }
22
23  }
```

【代码解析】代码第 10 行是随机发牌的关键，这个函数会在下面介绍。上述代码使用了 do...while 流程控制语句，不管是否满足条件，这个循环都会被执行一次。

2．牌色与花色的随机选择模块

以下是随机选择扑克牌花色和数字功能函数的具体实现代码。

```
01  void rand_sel(int n)
02  {
03      int i, j;
04      int sel=0, num=0;                               /*选择的花色*/
05      char ch[5];
```

```
06
07          setfillstyle(1,WHITE);
08          bar( 10+n*110, 10, + 10+n*110+90, 10+120);
09
10          setcolor(GREEN);                              /*设置扑克牌的边框*/
11          rectangle(10+n*110, 10, + 10+n*110+90, 10+120);
12          setcolor(WHITE);
13
14          randomize();                                  /*随机初始化器*/
15
16          sel = random(4);
17          num = random(13)+1;
18          while(pk[sel][num] == -1)                     /*同一个位置不重复选取*/
19          {
20              sel = random(4);
21              num = random(13)+1;
22          }
23          pk[sel][num] = -1;                            /*标记，此位置已经选取过*/
24
25          temp_sel[n] = sel;
26          temp_num[n] = num;
27  }
```

【代码解析】凡是随机就用到第 14 行的初始化器，然后通过 random 函数实现随机数的获取。

3．绘制扑克牌部分功能

以下是绘制扑克牌功能函数的具体实现代码。

```
01  void draw_pk(int n,int sel, int num)
02  {
03      char ch[5];
04      switch(sel)
05      {
06          case 0:                                       /*红桃*/
07              settextstyle(0,0,2);
08              setcolor(RED);
09              sprintf(ch, "%c", 3);
10              outtextxy(10+n*110+10, 10+10, ch);        /*左上角输出花色*/
11              outtextxy(10+n*110+90-20, 10+120-20, ch); /*右下角输出花色*/
12              sprintf(ch, "%d", num);                   /*输出数字*/
13              outtextxy(10+n*110+40, 10+60, ch);
14              setcolor(WHITE);
15              break;
16          case 1:                                       /*黑桃*/
17              settextstyle(0,0,2);
18              setcolor(BLACK);
19              sprintf(ch, "%c", 3);
20              outtextxy(10+n*110+10, 10+10, ch);        /*左上角输出花色*/
21              outtextxy(10+n*110+90-20, 10+120-20, ch); /*右下角输出花色*/
22              sprintf(ch, "%d", num);                   /*输出数字*/
```

```
23              outtextxy(10+n*110+40, 10+60, ch);
24              setcolor(WHITE);
25              break;
26          case 2:                                        /*方块*/
27              settextstyle(0,0,2);
28              setcolor(RED);
29              sprintf(ch, "%c", 4);
30              outtextxy(10+n*110+10, 10+10, ch);         /*左上角输出花色*/
31              outtextxy(10+n*110+90-20, 10+120-20, ch);  /*右下角输出花色*/
32              sprintf(ch, "%d", num);                    /*输出数字*/
33              outtextxy(10+n*110+40, 10+60, ch);
34              setcolor(WHITE);
35              break;
36          case 3:                                        /*草花*/
37              settextstyle(0,0,2);
38              setcolor(BLACK);
39              sprintf(ch, "%c", 5);
40              outtextxy(10+n*110+10, 10+10, ch);         /*左上角输出花色*/
41              outtextxy(10+n*110+90-20, 10+120-20, ch);  /*右下角输出花色*/
42              sprintf(ch, "%d", num);                    /*输出数字*/
43              outtextxy(10+n*110+40, 10+60, ch);
44              setcolor(WHITE);
45              break;
46          default:
47              break;
48      }
49  }
```

【代码解析】sel 变量用来判断扑克牌的花色，通过代码注释读者可以看到各种花色下的代码处理，每个 case 条件代表一种花色判断。

22.4.6　程序运算部分

以下是判断 4 张扑克牌经过运算后是否可能等于 24 功能函数的具体实现代码。

```
01  int is_right(float n[],int m)
02  {
03      int i, j;
04      int h,p,r;
05      float result = 0;
06      float num[4] = {0};
07
08      if(m==1)
09      {
10          if(abs(n[0] - 24) < 0.001)                     /*判断计算结果是否等于24*/
11          {
12              cnt++;
13              return 1;
14          }
15          return 0;
```

```
16          }
17
18      for(i=0;  i<m;  i++)                                    /*计算所有算式组合*/
19      {
20          if(cnt != 0)                           /*cnt不等于0，说明有一种算式结果等于24*/
21          {
22              break;
23          }
24          for(j=0;  j<m;  j++)
25          {
26              if(i==j)                                       /*排除与自身的算式组合*/
27              {
28                  continue;
29              }
30
31              for(h=0;  h<4;  h++)                           /*利用穷举法计算其所有组合的结果*/
32              {
33                  switch(h)
34                  {
35                      case 0:
36                          result = n[i]+n[j];
37                          break;
38                      case 1:
39                          result = n[i] - n[j];
40                          break;
41                      case 2:
42                          result = n[i]*n[j];
43                          break;
44                      case 3:
45                          if(n[j] == 0)
46                          {
47                              break;
48                          }
49                          result = n[i]/n[j];
50                          break;
51                      default:
52                          break;
53                  }
54
55                  r = 0;
56                  num[r] = result;
57                  for(p=1; p<4; p++)                         /*计算结果重新存储在数组中*/
58                  {
59                      if(p!=i && p!= j)                      /*排除已经计算过的数字*/
60                      {
61                          r++;
62                          num[r] = n[p];
63                      }
64                  }
```

```
65
66                    is_right(num,m-1);                    /*递归调用*/
67              }
68
69        }
70    }
71
72    return 0;
73 }
```

【代码解析】因为涉及数学计算，所以本例使用了一些数学函数，如第 10 行的 abs 函数是求整数的绝对值。代码第 66 行是一个递归调用，前面也曾多次用到这种方式，表示递归循环执行某些操作。

22.4.7　小结

本程序的难点在于判断 4 张扑克牌经过输入的运算公式计算后，运算的结果是否可能等于 24，即 is_right()函数的编写。这里再次复习了前面学过的知识，温故知新是进一步学好 C 语言的良好途径。

通过本章这 4 个例子的学习，希望读者能掌握 C 语言开发实际项目的原理和过程。

第 23 章　面试题解析

不管你 C 语言学得有多好，也不管你是否有过工作经历，在面试前做一些准备，肯定是有备无患的。在最近流行的一些职场类培训中，"面试准备"是冲入职场的第一步。学习完本书后，笔者也希望读者能做好准备。所以本书参考了一些常见的面试题，让读者做热身准备。

23.1　基础知识

基础知识是一切准备的基础，因为如果你连 C 语言基础都不懂，那你可能完全不适合这份工作。

23.1.1　指针自增自减有什么不同

指针的自增和自减是将指针所指的地址加 1 或者减 1 的操作，有前置和后置的两种使用形式。

【分析】

先来看一个指针自增的示例代码。

```
01   #include "stdio.h"
02   #include "conio.h"
03   main()
04   {
05     char str[]="chinese people";          /*定义一个数组*/
06     char *p=&str[0];                       /*定义指向数组第一个元素的指针*/
07     char *tem=&str[1];                     /*定义指向数组第二个元素的指针*/
08     printf("p=%p\n",p);
09     printf("*p=%c\n",*p);
10     ++*p++;                                /*自增运算*/
11     printf("p=%p\n",p);
12     printf("*p=%c\n",*p);
13     puts(str);
14   getch();
15   }
```

在上面代码中，p 是一个指针变量，++p 将 p 加 1；++*p 将*p 所指单元加 1；*p++只将 p 加 1；++*p++将 p 加 1，同时也将*p 所指单元加 1。

23.1.2　什么是递归

递归作为一种算法在程序设计语言中广泛应用，它是指函数、过程、子程序在运行过程中直接或间接调用自身而产生的循环现象。通常一个过程或函数直接或间接调用自己本身，我们把这种过程或函数叫递归过程或递归函数。

23.1.3　宏定义与操作符的区别

宏定义是 C 语言开始提供的 3 种预处理功能中的一种，这 3 种预处理分别是：宏定义、文件包含、条件编译。宏定义的语法格式为：

```
#define <标识符> <字符串>
```

【分析】

宏定义是替换，不做计算，也不做表达式求解。另外宏定义的替换在编译前进行，所以它不占用内存。宏的展开不占运行时间，只占编译时间，而操作符则占运行时间。

23.1.4　引用与值传递的区别

值传递传的是一个值的副本，函数对形参的操作不会影响实参的值；而引用传递传的引用对象的内存地址，函数对形参的操作会影响实参的值，实参的值将会随着形参值的更改而同时进行更改。

23.1.5　指针和引用有什么区别

指针和引用都是关于地址的概念，指针指向一块内存，它的内容是所指内存的地址。而引用是某块内存的别名。指针是作为一个真正的实体而存在的。

指针的功能非常强大，指针能够毫无约束地操作内存中的任何东西。由于指针功能强大，所以导致它比较危险，如果使用不当的话会对程序运行造成很大的影响。如果一些场合只需要借用一下某个对象的别名，那么就可以使用引用，而避免使用指针，以免发生意外。程序员可以根据程序的需要来灵活选择方案。

23.1.6　什么是栈

栈数据结构是通过对线性表的插入和删除操作进行限制而得到的(插入和删除操作都必须在表的同一端完成)，因此，栈是一个后进先出的数据结构。其中能插入和删除数据的那端被称为栈顶，另一端被称为栈底。

栈的实现有两种方式：一种是顺序实现；另一种是链式实现。使用顺序实现时，主要是在初始化栈时，需要为栈预先分配空间。

23.1.7　main 函数执行前还会执行什么代码

全局对象的构造函数会在 main 函数之前执行。笔者曾经应聘过一个加拿大的兼职工作，当初加拿大方面给的所有的题都是一些包含多个构造函数的对象,考核的主要内容就是每个构造函数执行的先后顺序。外企公司特别注意这种题型，而初学者经常在这方面有点混乱。通过此题也希望读者能深入理解面向对象的知识。

23.1.8　static 有什么用途

静态变量的类型说明符是 static。静态变量当然是属于静态存储方式，但是属于静态存储方式的量不一定就是静态变量。例如外部变量虽属于静态存储方式，但不一定是静态变量，必须由 static 加以定义后才能成为静态外部变量，或称静态全局变量。

【分析】

通过上述概念的了解，可以知道 static 的主要用途有以下两个：

❑ 限制变量的作用域。

❑ 设置变量的存储域。

23.1.9　定义 int **a[3][4]，则变量占用的内存空间为多少

还是常见的对 C 语言的内存考核。回答占用内存空间应该考虑 16 位和 32 位的问题。

【分析】

```
int **p;
```

上述代码在 16 位下 sizeof(p)=2，32 位下 sizeof(p)=4，所以占用内存总共是 $3 \times 4 \times$ sizeof(p)。

23.1.10　什么是预编译

预编译就是处理以#开头的指令，比如复制#include 包含的文件代码、#define 宏定义的替换、条件编译等。预编译就是为编译做预备工作的阶段，主要处理以#开始的预编译指令。

预编译指令指示了在程序正式编译前就由编译器进行的操作，可以放在程序中的任何位置。

何时需要预编译呢？

（1）总是使用不经常改动的大型代码体。

（2）程序由多个模块组成，所有模块都使用一组标准的包含文件和相同的编译选项。在这种情况下，可以将所有包含文件预编译为一个预编译头。

23.1.11　int (*s[10])(int)表示什么意义

int (*s[10])(int)是函数指针数组，将每个指针指向一个 int func(int param)函数。

【分析】

虽然本题的答案只有一句话，但这道题却难倒了无数 C 语言的面试者。第一可能是因为他们面试时太紧张；第二就是没有看清楚题目；第三可能是真的不会。那就要仔细阅读本书的第 17 章了。

23.1.12　结构体与共同体有何区别

两者的区别如下：

（1）结构体和共同体都是由多个不同的数据类型成员组成，但在任何同一时刻，共同体中只存放一个被选中的成员（所有成员共用一块地址空间），而结构体的所有成员都存在（不同成员的存放地址不同）。

（2）对共同体的不同成员赋值，将会对其他成员重写，原来成员的值就不存在了；而对结构体的不同成员赋值是互不影响的。

23.2　算法和思维逻辑知识

算法是 C 语言学习的关键。在面试中，很容易碰到一些思维逻辑题，有的题可能没有正确的答案，都是一种考查，目的在于对面试者的分析能力做出判断。

23.2.1　100 美元哪里去了

3 个朋友住进了一家宾馆。结账时，账单总计 3000 美元。3 个朋友每人分摊 1000 美元，并把这 3000 美元如数交给了服务员，委托他到总台代交账。但在交账时，正逢宾馆实施价格优惠，总台退还给服务员 500 美元，实收 2500 美元。服务员从这 500 美元退款中扣下了 200 美元，只退还 3 个客人 300 美元。3 个客人平分了这 300 美元，每人取回了 100 美元。这样，3 个客人每人实际支付 900 美元，共支付 2700 美元，加上服务员扣的 200 美元，共计 2900 美元，那么另外差的 100 美元到哪里去了？

【答案】

这道题纯粹是文字游戏，但是如果你的头脑不够清晰，很可能把你搞糊涂了。客人实际支付 2700 美元，就等于总台实际收的 2500 美元加上服务员扣的 200 美元。这 2700 美元上加上 200 美元是毫无道理的；而这 2700 美元上加上退回的 300 美元，这是有道理的，因为这等于客人原先交给服务员的 3000 美元。

这道题告诉我们，面试时不要慌乱，否则没有问题也会出问题。

23.2.2　将 16 升水平均分给四个人

有 3 个桶，两个大桶的容量是 8 升，一个小桶的容量是 3 升。现在有 16 升水装满了两大桶，小桶空着，如何把这 16 升水平均分给 4 个人？

> **说明**　没有其他任何工具，4 人自备容器，分出去的水不可再要回来。

【分析】

将 3 个桶中水的状态记作 x-y-z，x 代表第一个 8 升桶中水的体积，y 代表第二个 8 升桶中水的体积，z 代表 3 升桶中水的体积。分水步骤如下：

（1）从 8-8-0 变到 8-5-3，然后将 3 升给第 1 个人，变为 8-5-0。

（2）从 8-5-0 变到 8-2-3，然后将 2 升给第 2 个人，变为 8-0-3。

（3）从 8-0-3 变到 8-3-0，变到 5-3-3，变到 5-6-0，变到 2-6-3，最后变到 2-8-1，然后将 1 升给第 1 个人，变为 2-8-0。

（4）从 2-8-0 变到 2-5-3，变到 7-0-3，变到 7-3-0，变到 4-3-3，变到 4-6-0，最后变到 1-6-3，然后将 1 升给第 3 个人，变为 0-6-3。

（5）从 0-6-3 变到 0-8-1，然后将 1 升给第 4 个人，变为 0-8-0。

（6）从 0-8-0 变到 0-5-3，变到 3-5-0，变到 3-2-3，然后将 2 升给第 2 个人，将 2 个 3 升分别给第 3、4 个人。

说明	虽然本题的解题过程非常长，但并不复杂，只要根据8升桶和3升桶的差，不停地轮换，最终就能够让4个人平分这16升水。

23.2.3 算出小王买了几瓶啤酒、几瓶饮料

小王请小李到家会餐。小王知道小李爱动脑筋，于是就给他出了一道题：

"我今天买啤酒和饮料共花了9.90元，你猜一猜我买了几瓶啤酒、几瓶饮料？猜对了我自罚一杯白酒，猜错了罚你一杯。"

小李只用了几分钟时间就算出来了，小王只好自罚一杯。已知：啤酒每瓶1.7元，饮料每瓶0.7元，你能算出小王买了几瓶啤酒、几瓶饮料吗？

【分析】

解法一：设啤酒买 x 瓶，饮料买 y 瓶，根据题意得：

$17x+7y=99$，两边除以 y 的系数 7 得：$2x+3x/7+y=14+1/7$；移项整理得：$2x+y-14=(1-3x)/7$

由：$x>0$，$y>0$，

得：$(1-3x)<0$，

得：$2x+y<14$，$x≤6$。

由：$x>0$、$y>0$ 的左边是整数可知，右边也是整数。在 $1≤x≤6$ 的范围内，只有 $x=5$ 满足条件，故得 $x=5$，$y=2$。即啤酒买了 5 瓶，饮料买了 2 瓶。此解法要求思维比较严密，不理解的话可以看解法二。

解法二：因为 $17×6>99$，所以啤酒最多买 5 瓶。不妨先假定买 2 瓶，于是饮料必然是 9 瓶，此时共需花 9.7 元，余 0.2 元。如果多买 1 瓶啤酒，就要少买 3 瓶饮料，并余 0.4 元；如果多买 2 瓶啤酒（即买 4 瓶），就要少买 6 瓶饮料，并余 0.80 元，加原来的 0.20 元共余 1 元，正好是 1 瓶啤酒与 1 瓶饮料的差价，即再多买 1 瓶啤酒，少买 1 瓶饮料，正好是 9.9 元。此解法用的是试探法，实现比较简单。

23.2.4 找出不同的苹果

有 10 筐苹果，每筐里有 10 个苹果，共 100 个苹果。每筐里每个苹果的重量都一样，其中 9 筐每个苹果的重量都是 1 斤，另一筐中每个苹果的重量都是 0.9 斤，但是外表完全一样，用眼或手无法分辨。现在要用一台普通的大秤一次把重量轻的这筐找出来。

【分析】

把 10 筐苹果按 1~10 编上号，按每筐的编号从里面取出相应数量的苹果，如从编号为 1 的筐里取 1 个，从编号为 2 的筐里取 2 个，……，共$(1+10)×10/2 = 55$ 个。如果每个苹果的重量都是 1 斤，一共应该是 55 斤。由于有一筐的重量较轻，所以不可能到 55 斤，只能在 54~54.9 斤之间。如果称量的结果比 55 斤少 n 两，重量较轻的就一定是编号为 n 的那筐。如第一筐为较轻的那一筐，总重量应为 54.9 斤；第二筐为较轻的那一筐，总重量应为 54.8 斤……

实际上，为了称量的方便，第 10 筐的苹果也可不取，一共取 45 个，最多 45 斤。如果称得的结果正好是 45 斤，说明第 10 筐是轻的。否则，少几两，就说明编号为几的那筐苹果是轻的。

23.2.5 找出不同的球

有 12 个小球，其中有一个小球重量不同，能用天平称 3 次就找到那个小球吗？

【分析】

可用假设和分析法来解决本题。

（1）小球 1~12 编号。

（2）把编号 1~4 的小球放到 A 组，把编号 5~8 的小球放到 B 组，把编号 9~12 的小球放到 C 组。

（3）把 A 组和 B 组进行比较（第一次称量），可能会出现两种情况，一种是平衡，一种是失衡。

（4）当（3）是平衡时可以断定重量不同的小球在 C 组，把 C 组的小球按编号分成两组，编号为 9~11 的小球一组 C1，编号为 12 的小球单独一组 C2。在 B 组中任拿出 3 个小球为一组 B1 和 C1 比较（第二次称量），若平衡则编号为 12 的小球为重量不同的小球；若不平衡，可知重量不同的小球在 C1 组中。如果 C1 重于 B1 则说明重量不同的小球重于普通的小球，否则轻于。在 C1 中拿出编号为 9 和 10 的小球进行比较（第三次称量），平衡则编号 11 是重量不同的小球；如果不平衡，则根据上面得出的不同重量的小球和普通小球的轻重关系可以找出不同的小球。

（5）当（3）不平衡时，说明 C 组的小球是正常的小球，不正常的小球在 A 组或 B 组中。取（1，2，3，5）为一组 X，（4，9，10，11）为一组 Y，（6，7，8）为一组 Z。

（6）根据（5），当 A 重于 B，记作（1，2，3，4）>（5，6，7，8）。称量 X 和 Y（二次称量），如果 X > Y，即（1，2，3，5）>（4，9，10，11），可知不同的小球在 1、2、3 号中，且质量不同小球重于普通小球。比较编号为 1 和 2 的小球，若质量相同则 3 号为质量不同的小球，若小球 1 重于小球 2 则小球 1 为重量不同的小球，否则 2 号为重量不同的小球。如果 X<Y，则说明编号为 4 的小球为重量不同的小球。若 X=Y，则说明重量不同的小球在 Z 组中，并且重量不同的小球轻于普通的小球。比较编号为 6 和 7 的小球，若相等则说明 8 号小球为重量不同的小球，若 6 号轻于 7 号则说明 6 号为重量不同的小球，否则为 7 号。

（7）根据（5），当 A 轻于 B，记作（1，2，3，4）<（5，6，7，8）。称量 X 和 Y（二次称量），如果 X < Y，即（1，2，3，5）<（4，9，10，11），可知不同的小球在 1、2、3 号中，且质量不同小球轻于普通小球。比较编号为 1 和 2 的小球，若质量相同则 3 号为质量不同的小球，若小球 1 轻于小球 2 则小球 1 为重量不同的小球，否则 2 号为重量不同的小球。如果 X>Y，则说明编号为 4 的小球为重量不同的小球，若 X=Y，则说明重量不同的小球在 Z 组中，并且重量不同的小球重于普通的小球。比较编号为 6 和 7 的小球，若相等则说明 8 号小球为重量不同的小球；若 6 号重于 7 号则说明 6 号为重量不同的小球，否则为 7 号。

23.2.6 猜自己的帽子颜色

教师把他最得意的 3 个学生叫到一起，想测测他们的智力。他先让 3 个学生前后站成一排，然后拿出三白两黑共 5 顶帽子，让学生看过后把两顶帽子藏起来，把其他 3 顶帽子给他们戴上。3 个学生都看不见自己戴的帽子，但后边的能看见前边的，前边的看不见后边。教师让 3 个学生说出自己戴的帽子的颜色。经过一段时间的思考后，最前边的学生回答说：我戴的是白色的。他是怎样知道的？

当 3 个学生是相对站立的，彼此互相能看到。经过一段时间，3 个学生异口同声地说自己戴的是白帽子。他们是怎么猜到的？

【分析】

当 3 个学生站成一排时：最前面的为 A，最后面的为 C，中间的为 B。可假设 A 头上的帽子是黑色的。对于 C 来说他看到的有两种可能，两黑或一白一黑。

假设 C 此时看到的是两黑，那么 C 便可以轻易地推断自己的是白色的，因为 5 顶帽子中只有两个是黑色的，如图 23-1 所示。然而 C 没有推出结果，可知 C 看到的不是两黑。即 C 看到的是一黑一白，如图 23-2 所示。

图 23-1 C 看到的第一种情况　　　　　　　图 23-2 C 看到的第二种情况

此时 B 可根据 C 没有给出结果，也可推知是一黑一白。而 A 的帽子就是黑色的，那么 B 肯定很快能给出结果。然而 B 却没有。所以可以推知假设不成立。即 A 戴的不是黑色的帽子，而是白色的。所以 A 会很快地给出这个结果。

当 3 个学生相对站立时，对于 A 来说猜测自己头上的帽子有以下两种可能性：

（1）头上的帽子是黑色的，如图 23-3 所示。此时 A 会认为，当自己头上戴的是黑色的帽子时，B、C 都将看到的一黑一白。B 会考虑假如自己戴的是黑色的帽子，那么 C 便会在第一时间猜出他戴的是白色的帽子，而 C 没有，说明 B 戴的是白色的帽子，B 会在第二时间说出自己戴的是白色的帽子。但是 B 也没有说出自己戴的是白色的帽子，说明 A 戴的不是黑色的帽子。

（2）头上的帽子是黑色的，如图 23-4 所示。

图 23-3 A 的第一种猜测　　　　　　　　图 23-4 A 的第二种猜测

对于 A，没有人说出自己戴的帽子的颜色，就说明 A 和另外两个人戴的都是白色的帽子，所以 3 人在第一时间异口同声说出自己戴的帽子的颜色。

23.2.7　3 筐水果各是什么

有 3 筐水果，第一筐装的全是苹果，第二筐装的全是橘子，第三筐是橘子与苹果混在一起。筐上的标签都是骗人的，比如，如果标签写的是"橘子"，那么可以肯定筐里不会只有橘子，可能还有苹果。你的任务是选其中一筐，从里面只拿一个水果，然后正确写出 3 筐水果的标签。

【分析】

确定以下两点是解决本题的关键：

（1）确定所有标签都是错误的：

"筐上的标签都是骗人的"，即每一筐上的标签都是错的。

（2）选取标有"混合"标签筐中的水果作为标准。

因为只能拿取一个水果，所以一定要避免拿取真正混合筐中的水果，否则将无法进行正确判断。根据（1）可知，贴有混合标签的那一筐肯定不是真正的混合筐。

如果在标有"混合"标签的筐中拿出的是苹果，那么根据（1）可知，标有"苹果"的那一筐水果肯定就是橘子，标有"橘子"的那一筐肯定就是混合水果。

如果在标有"混合"标签的筐中拿出的是橘子，那么根据（1）可知，标有"橘子"的那一筐水果肯定就是苹果，标有"苹果"的那一筐肯定就是混合水果。

23.2.8　最后剩下的是谁

1～50 号运动员按顺序排成一排。教练下令："单数运动员出列！"剩下的运动员重新排队编号。教练又下令："单数运动员出列！"如此下去，最后只剩下一个人，他是几号运动员？如果教练下的命令是"双数运动员出列！"最后剩下的又是谁？

【分析】

（1）单数出列：

第一次 1，2，3，4，5，6，7，8，9…，出列后剩余 1，3，5，7，9，11…。

第二次 1，3，5，7，9，11，13…，出列后剩余 1，5，9，13…。

第三次 1，5，9，13…，出列后剩余 1，9，15…。示意图如图 23-5 所示。

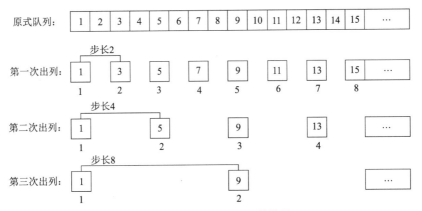

图 23-5　3 次单数出列后的结果

根据观察可以看出，每次出列的相邻两个人步长之差每次都是上次的 2 倍。可以推知倒数第二次的步长为 32，出列的为 1，33。最后一次出列的为 1。

（2）双数出列：

第一次 1，2，3，4，5，6，7，8，9…，出列后剩余 2，4，6，8，10，12…。

第二次 2，4，6，8，10，12…，出列后剩余 4，8，12，16…。

第三次 4，8，12，16…，出列后剩余 8，16，24…。示意图如图 23-6 所示。

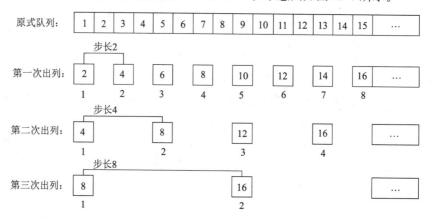

图 23-6　3 次双数出列后的结果

根据观察可以看出，每次出列的相邻两个人步长之差每次都是上次的 2 倍。可以推知倒数第二次的步长为 32，出列的为 16，32，48。最后一次出列的为 48。

23.2.9　聪明的商人

从前有两个相邻的 A 国和 B 国，关系很好，货币可以通用。后来两国发生了矛盾。A 国国王下令：B 国的 100 元只能购买 A 国 80 元货物。B 国的国王也下令：A 国的 100 元只能购买 B 国 80 元的货物。结果，有个聪明的人利用这个机会发了一笔大财。他是怎样做的呢？

【分析】

在 A 国用 A 国币换 B 国币，再把 B 国币带到 B 国换成 A 国币，就是以"保值"的兑换"贬值"的，再把"贬值"的变成"保值"的，来回往复。但是这种便宜的事只能一开始实现，因为以后谁也不会拿本国的钱到邻国去用，那些在对方国家的钱早晚要被这些聪明的商人兑换完的。

23.2.10　红球和白球

将 25 个红球和 25 个白球混合后再分成数量相等的两堆,左边一堆里的红球与右边一堆里的白球哪个多？

【分析】

设左边一堆中白球数量为 x，则左边一堆红球数量为：25-x，右边一堆的白球数量为：25-x。所以左边一堆的红球数量和右边一堆的白球数量是一样多的。

23.2.11　乌龟赛跑

有两只乌龟一起赛跑。甲龟到达 10 米终点线时，乙龟才跑到 9 米。现在如果让甲龟的起跑线退后 1 米，这时两龟再同时起跑比赛，问甲、乙两龟是否同时到达终点？

【分析】

设甲龟跑 10 米的时间为 t，则甲龟的速度为 10/t，而乙龟的速度为 9/t。甲龟后退 1 米后，离

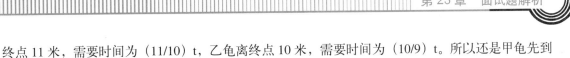

终点 11 米，需要时间为（11/10）t，乙龟离终点 10 米，需要时间为（10/9）t。所以还是甲龟先到终点。

23.2.12　投硬币

连续 10 次向上扔硬币，每一次掉在地面上都是正面向上。假设一切情况照旧，第十一次扔硬币，正面向上的可能性是百分之几?

【分析】

这里主要考查面试者的观察和分析能力。原题中说的是前 10 次都是正面，是已经发生的事情，对以后发生的事情是没有影响的，所以第十一次扔硬币和第一次扔硬币时正面向上的几率是一样的，都是 50%。

附录 ASCII 编码表

1．ASCII 编码

数字代表计算机的语言。计算机是如何使用字母来与程序和其他计算机进行通信的呢？一种方法是把字符集（字符集是一组共享一些关系的字母、数字和其他字符，例如，标准 ASCII 字符集包括字母、数字、符号和组成 ASCII 代码方案的控制代码）转换为数字形式。

在 20 世纪 60 年代，标准化的需要带来了美国标准信息交换码（ASCII，将英语中的字符表示为数字的代码。为每个字符分配一个介于 0 到 127 之间的数字。大多数计算机都使用 ASCII 表示文本，以便于在计算机之间传输数据）。ASCII 表包含 128 个数字，分配给了相应的字符（字符：字母、数字、标点或符号）。ASCII 为计算机提供了一种存储数据和与其他计算机及程序交换数据的方式。

2．ASCII 非打印控制字符

ASCII 表上的数字 0~31 分配给了控制字符，用于控制像打印机之类的一些外围设备。例如，12 代表换页/新页功能，此命令指示打印机跳到下一页的开头。

ASCII 非打印控制字符表

十进制	十六进制	字符	十进制	十六进制	字符
0	0	空	16	10	数据链路转义
1	1	头标开始	17	11	设备控制 1
2	2	正文开始	18	12	设备控制 2
3	3	正文结束	19	13	设备控制 3
4	4	传输结束	20	14	设备控制 4
5	5	查询	21	15	反确认
6	6	确认	22	16	同步空闲
7	7	响铃	23	17	传输块结束
8	8	backspace	24	18	取消
9	9	水平制表符	25	19	媒体结束
10	0A	换行/新行	26	1A	替换
11	0B	竖直制表符	27	1B	转义
12	0C	换页/新页	28	1C	文件分隔符
13	0D	回车	29	1D	组分隔符
14	0E	移出	30	1E	记录分隔符
15	0F	移入	31	1F	单元分隔符

3．ASCII 打印字符

数字 32~126 分配给了能在键盘上找到的字符，当查看或打印文档时就会出现。数字 127 代表 DELETE 命令。

ASCII 打印字符表

十进制	十六进制	字符	十进制	十六进制	字符	十进制	十六进制	字符
32	20	space	64	40	@	96	60	`
33	21	!	65	41	A	97	61	a
34	22	"	66	42	B	98	62	b
35	23	#	67	43	C	99	63	c
36	24	$	68	44	D	100	64	d
37	25	%	69	45	E	101	65	e
38	26	&	70	46	F	102	66	f
39	27	'	71	47	G	103	67	g
40	28	(	72	48	H	104	68	h
41	29	)	73	49	I	105	69	i
42	2A	*	74	4A	J	106	6A	j
43	2B	+	75	4B	K	107	6B	k
44	2C	,	76	4C	L	108	6C	l
45	2D	-	77	4D	M	109	6D	m
46	2E	.	78	4E	N	110	6E	n
47	2F	/	79	4F	O	111	6F	o
48	30	0	80	50	P	112	70	p
49	31	1	81	51	Q	113	71	q
50	32	2	82	52	R	114	72	r
51	33	3	83	53	S	115	73	s
52	34	4	84	54	T	116	74	t
53	35	5	85	55	U	117	75	u
54	36	6	86	56	V	118	76	v
55	37	7	87	57	W	119	77	w
56	38	8	88	58	X	120	78	x
57	39	9	89	59	Y	121	79	y
58	A	:	90	5A	Z	122	7A	z
59	B	;	91	5B	[	123	7B	{
60	C	<	92	5C	\	124	7C	|
61	3D	=	93	5D	]	125	7D	}
62	3E	>	94	5E	^	126	7E	~
63	3F	?	95	5F	_	127	7F	DEL

众筹

国内第一本社交众筹著作：教你用博客、微信、微博、SNS轻松玩转众筹，揭秘庞大"社交众筹红利"

未来属于众筹。十年内，众筹在全球将有3000亿美元的市场规模。

本书站在市场最前沿，回眸众筹历史，描述众筹的当下图景，理性分析众筹模式的革命性，勾勒出在社交网站上玩转众筹的模式，并深入解读中美众筹业不同的发展机遇与监管规则，解密推动众筹成为主流筹资方式的动力所在。

本书适合希望在互联网金融新浪潮中所斩获的读者，是低收入群体、初始创业者、梦想家及中小微企业通过互联网融资方式找到机遇、迅速成长的必备金融服务读本。